普通高等教育“十一五”国家级规划教材

普通高等教育精品教材

中文版 3ds max 9 效果图制作课堂实训

朱仁成　郝生武　于德会　编著

西安电子科技大学出版社

内 容 简 介

中文版 3ds max 9 是国内最流行的动画制作与效果图表现软件。本书是一本介绍利用中文版 3ds max 9 制作效果图的入门教程。全书以课堂教学的方式细致地讲解了中文版 3ds max 9 各个功能的使用方法与技巧，自始至终贯穿了效果图制作的思想与理念，并提供了大量效果图设计实例。全书共分 9 课，内容包括中文版 3ds max 9 简介、基本建模技术、对象的编辑与修改、材质与贴图的编辑、灯光与相机的设置、渲染输出与后期处理技术等，最后给出了两个完整的效果图制作实例，以提高读者的操作技能。

本书的最大特点是以课堂教学的形式向读者讲述效果图的制作要领，可以帮助读者快速掌握各种效果图的制作技巧。

全书内容翔实，语言精炼，条理清晰，实例丰富，可作为普通高等院校、高职高专院校相关专业的教材，也可作为广大建筑效果图制作爱好者的学习参考书。

图书在版编目(CIP)数据

中文版 3ds max 9 效果图制作课堂实训 / 朱仁成，郝生武，于德会编著.
—西安：西安电子科技大学出版社，2009.1(2015.10 重印)
普通高等教育“十一五”国家级规划教材
ISBN 978-7-5606-2155-5

Ⅰ. 中…　Ⅱ. ① 朱…　② 郝…　③ 于…　Ⅲ. 三维—动画—图形软件，3ds max 9—高等学校—教材
Ⅳ. TP391.41

中国版本图书馆 CIP 数据核字(2008)第 187123 号

策　　划　毛红兵
责任编辑　邵汉平　毛红兵
出版发行　西安电子科技大学出版社(西安市太白南路 2 号)
电　　话　(029)88242885　88201467　　邮　　编　710071
网　　址　www.xduph.com　　电子邮箱　xdupfxb001@163.com
经　　销　新华书店
印刷单位　陕西大江印务有限公司
版　　次　2015 年 10 月第 5 次印刷
开　　本　787 毫米×1092 毫米　1/16　印　张　21.875
字　　数　519 千字
印　　数　14 001～17 000 册
定　　价　46.00 元(含光盘)
ISBN 978-7-5606-2155-5/TP・1099

XDUP 2447001-5

前　言

目前，效果图制作是一个很热门的职业，除了专业效果图制作公司以外，以个人、工作组、工作室等形式为主的效果图制作单位多如牛毛。究其原因，是这个行业投资小、收益快，一台电脑一个人就可以投入工作，只要拥有技术就可以"接单"。因此，越来越多的人对此都产生了浓厚的兴趣，希望在较短的时间内掌握一技之长，成为一名优秀的效果图制作人员。

很多人在学习效果图制作前会有这样或那样的疑问，如"学习效果图制作难吗？"、"我能学会吗？"、"我应该自学，还是参加培训班呢？"……诸如此类问题，我们无法逐一回答，每一个人都有各自的特殊情况，不能一概而论。但有一点是确定的，就是学习效果图制作并不难，具有高中水平就可以完全胜任并且能够做得很好。虽然效果图制作行业很热门，但它毕竟不是高科技，说得通俗一点，实际上是一项"绘图员"工作。当然，这个行业对绘图者也有一些特殊的要求，例如要有一定的审美意识，要了解相关的专业知识，要懂得一些软件知识……

为了满足高职院校、社会培训班以及个人的学习需求，我们组织专业教师、设计师精心编写了本书。本书以传统授课的方式全面讲解了效果图制作技术，每一课都分为"课堂讲解"、"课堂实训"、"课堂总结"和"课后练习"四大部分。在"课堂讲解"部分又安排了大量的"随堂练习"，这样既可以满足读者自学的需要，也可以满足老师授课的需要。全书自始至终贯穿了"实训"的基本思想，每一个重要的知识点都有实例来加以佐证，让读者可以更容易地理解相关知识。"随堂练习"中都是非常小的例子，只针对某一个知识点进行佐证。"课堂实训"部分都是相对较大的例子，是针对整课内容而设计的，涉及的知识面比较多，有益于提高读者灵活运用所学知识的能力。

全书共分 9 课，以简洁明快、通俗易懂的语言介绍了中文版 3ds max 9 效果图制作技术。具体内容安排如下：

第 1 课：概括介绍了效果图的应用、特点、表现技术与制作流程及中文版 3ds max 9 的工作环境等知识。

第 2 课：介绍了三维建模与修改技术，同时介绍了对象的基本操作，如选择、复制、旋转与镜像等。

第 3 课：重点介绍了制作效果图时经常使用的二维建模技术以及二维图形修改命令的使用方法。

第 4 课：介绍了几种特殊的建模方法，例如放样建模、布尔运算建模、多边形建模等。

第 5 课：介绍了材质的概念、材质编辑器的使用方法和贴图的类型，以及贴图坐标的使用。

第 6 课：介绍了中文版 3ds max 9 中的灯光类型、重要的灯光参数、灯光与相机的设置方法等。

第 7 课：介绍了关于效果图渲染输出方面的常识，还略讲了一些效果图后期处理方面的知识。

第 8 课：以玄关为例，介绍了室内效果图的制作过程，重点学习了多边形建模、建筑材质、光度学灯光的技术与方法。

第 9 课：以住宅楼为例，介绍了室外效果图的制作过程，重点学习了二维与三维建模、普通灯光、后期合成的技术与方法。

为了方便读者学习，本书中所有实例的制作结果以及调用的贴图、材质、线架等都存放在随书所附的光盘中。读者朋友在制作过程中如果遇到疑难问题，可根据需要调用随书光盘中的相关文件。

本书的主要编写人员有青岛恒星职业技术学院朱仁成，青岛科技大学郝生武，海军防空工程学院青岛分院于德会，以及青岛恒星职业技术学院陈金昌、陈杰、韩伟、蒋旭光等；参加编写和制作的人员还有孙爱芳、张桂敏、刘焱、朱海燕、于岁等。在本书的编写过程中，得到了青岛恒星职业技术学院有关领导和老师的大力支持，在此一并表示感谢。

由于水平有限，书中难免存在纰漏，如果您对本书有什么意见或建议的话，请告诉我们。我们的电子邮件地址是 qdzrc@sina.com。

作　者

目　　录

第 1 课

起步——效果图制作基础

主 要 内 容

- 电脑效果图概述
- 电脑效果图的应用
- 电脑效果图的特点
- 启动中文版 3ds max 9
- 认识 3ds max 9 工作界面
- 效果图制作流程

1.1 课堂讲解

3ds max 是近年来出现在 PC 平台上最优秀的三维制作软件之一，它具有强大的三维建模和动画功能，被广泛应用于各个领域。在效果图制作行业，3ds max 一直担当着重要的角色，大多数业内人员都使用 3ds max 制作效果图。它可以完成从建模、编辑材质、设置灯光到渲染输出等重要环节的工作。另外，它还具有建筑材质、建筑构件(门、窗、树等)、光度学灯光等功能，更增强了效果图制作能力。

1.1.1 电脑效果图概述

在学习运用电脑绘制效果图之前，首先介绍一下什么是电脑效果图，以便让读者对其有一个总体的认识，并初步了解它的基本制作过程与制作方式。

电脑效果图是以计算机为工具创作的图形或图像，是随着计算机技术的迅速发展而出现的一种全新的作图方式，通常应用于新产品展示、工业产品开发、建筑与房地产等领域，尤其以建筑与装饰行业中的应用最为广泛，如室内装潢设计、园区规划、建筑外观设计等都需要使用电脑效果图来表现。

效果图是设计师向客户展示设计意图、空间环境、色彩效果与材料质感的一种重要手段，被广泛应用于工程招标及施工指导或宣传中，一幅精美的效果图会令人赏心悦目，具有较高的欣赏价值与实用价值。

电脑效果图的制作不同于传统的手绘效果图，它与普通的手绘效果图相比，在介质、绘制过程等方面都存在着很大的差别。电脑效果图比较逼真、自然，趋于照片化，如图 1-1 和图 1-2 所示；手绘效果图的艺术感比较强，但在表现建筑材质时不够逼真，如图 1-3 和图 1-4 所示。

图 1-1　室外建筑电脑效果图

图 1-2　室内装饰电脑效果图

图 1-3　室外建筑手绘效果图

图 1-4　室内装饰手绘效果图

1.1.2　电脑效果图的应用

根据绘制的目的和最终效果的不同，电脑效果图主要应用于以下几方面：

(1) 表达设计意图：设计人员充分利用电脑效果图所具有的效果真实、修改方便等特点，在计算机中进行设计意图的构思。这类效果图类似于建筑设计中的构思草图，往往比较简单和概念化，以追求大的空间效果和设计者的主观感受，如图 1-5 所示。

(2) 研究建筑造型：设计人员通过在计算机中创建模型，从各个角度推敲建筑造型的体积、比例、尺度等各方面的效果，但不重视细节的表现。这类效果图实际上是对建筑模型的研究，可以辅助设计者进行设计，作用类似于手绘建筑效果图中的分析图。在绘制过程中，追求建筑形象的抽象表达，一般不进行过多的后期处理，如图 1-6 所示。

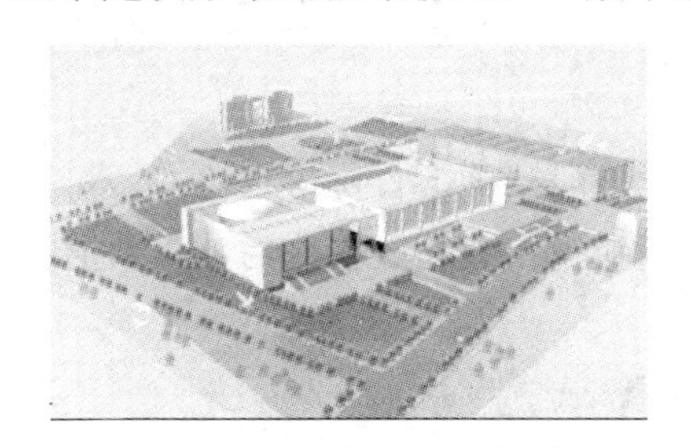

图 1-5　用于表达设计意图的电脑效果图

图 1-6　用于研究建筑造型的电脑效果图

(3) 模拟实际效果：这类电脑效果图主要用于反映建筑在周围环境中的实际效果，比较真实、全面地反映了建筑本身的造型、空间、光影、色彩、材质、局部等各个环节的特点。这是目前电脑效果图应用的主流。设计者除了需要创建精美的模型外，还要在灯光、材质以及建筑环境等方面进行渲染，同时还需要做大量的后期处理工作，如图 1-7 所示。

图 1-7　用于模拟实际效果的电脑效果图

(4) 表现艺术效果：这类电脑效果图往往超越了建筑的真实性，更注重追求某种特殊的艺术风格，以体现制作者自身的喜好，如图 1-8 所示。

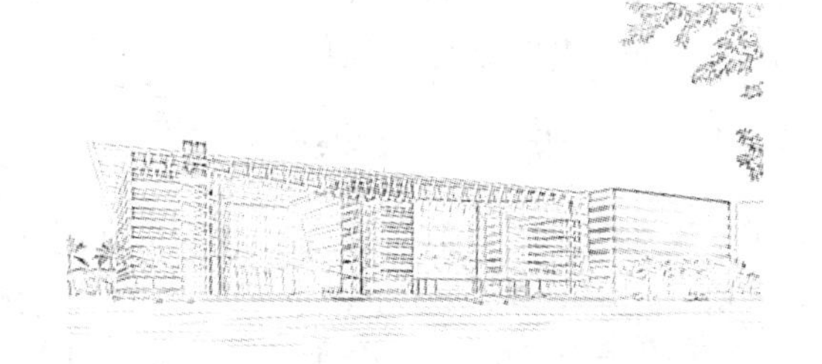

图 1-8　用于表现艺术效果的电脑效果图

1.1.3 电脑效果图的特点

传统的效果图都是由设计人员手绘而成的，绘制周期较长，耗费的人力、财力较多，如需中途修改，只能重新来做。而电脑效果图通常都是由设计人员利用电脑制作的，具有制作速度快、周期短、效果逼真等特点，如需修改，可以进行局部调整，不需重新制作。下面介绍电脑效果图的特点。

■ 便于制作

在制作电脑效果图时，使用设计软件提供的三维视图，更容易准确地把握建筑的透视效果。三维视图由坐标系来度量，有着精确的尺度标准，制作出来的效果图一方面能够准确地表现设计人员的设计意图，另一方面对设计人员的绘画水平要求也不高，完全可以由非美术人员进行制作。

■ 易修改，可重用

电脑效果图需要修改时，设计人员可以在原文件的基础上直接进行修改。对于变换视角或比例，就更容易解决了，只需对原场景进行变换视角或缩放操作后，重新渲染出图即可，如图1-9所示。

图1-9 不同视角的建筑效果图

■ 准确真实

由于电脑设计软件提供了准确的视角、尺度参照和大量的捕捉工具，因而在表现建筑效果图时，物体与场景、物体与物体之间的关系都比较明确、真实，而且易于控制。另外，强大的材质、贴图功能可以使建筑更加逼真。

■ 易存储，易传输

电脑效果图均以标准数据文件形式存放在电脑磁盘中，能够方便地利用各种介质进行备份，还可以通过网络进行快速传输。

1.1.4 启动中文版3ds max 9

制作效果图的主要工具是3ds max 9，利用它可以完成从建模到渲染的整个过程。因此，本书重点介绍中文版3ds max 9的应用技术。在电脑上成功安装了中文版3ds max 9软件之后，桌面上会自动出现一个快捷图标，通过它可以启动3ds max系统。具体的启动方法有三种。

方法一：单击桌面左下角的 按钮，在弹出的菜单中选择【所有程序】/【Autodesk】/【Autodesk 3ds Max 9 32-bit】/【Autodesk 3ds Max 9 32 位】命令，即可启动该系统，如图 1-10 所示。

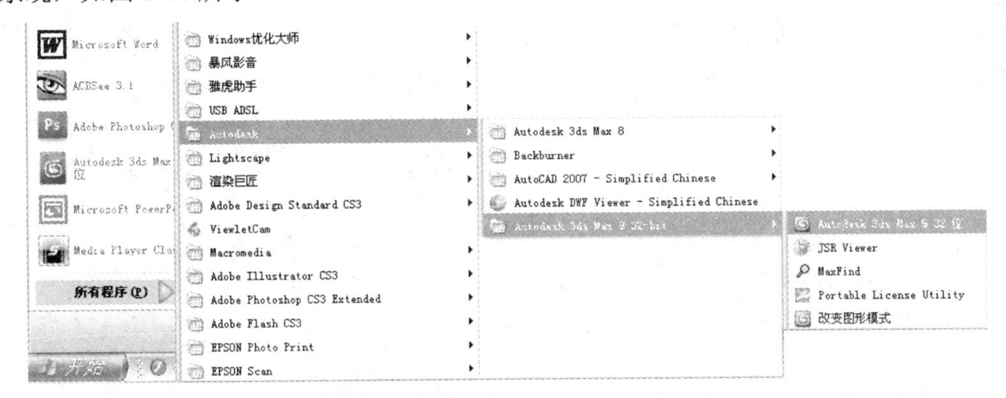

图 1-10　启动 3ds max 9 系统

方法二：在桌面上双击快捷图标，同样可以启动 3ds max 9 系统。

方法三：直接双击“*.max”格式的文件，可以启动 3ds max 9 系统，同时打开该文件。

首次启动中文版 3ds max 9 软件时，将弹出【图形驱动程序设置】对话框，如图 1-11 所示，选择其中的【OpenGL】选项即可。

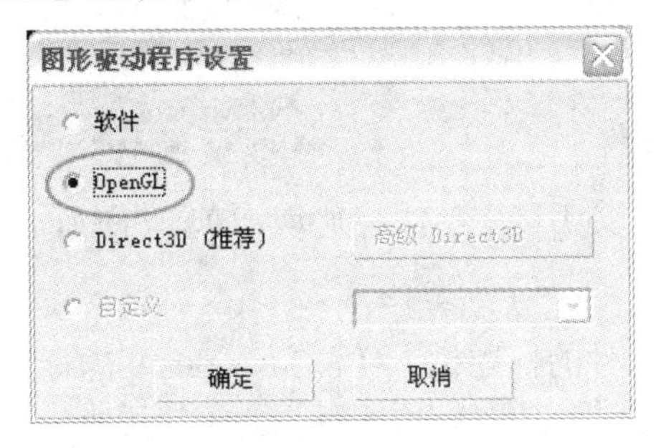

图 1-11　【图形驱动程序设置】对话框

单击 确定 按钮，则出现如图 1-12 所示的启动画面，同时系统将必要的程序载入内存。该画面消失后，即可进入中文版 3ds max 9 软件工作环境。

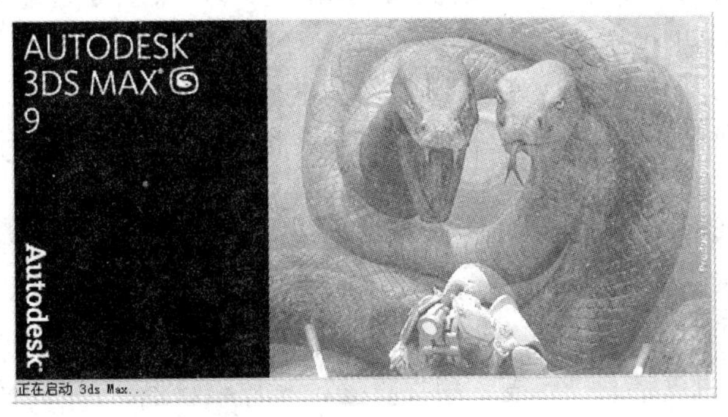

图 1-12　3ds max 9 启动画面

1.1.5 认识 3ds max 9 的工作界面

中文版 3ds max 9 的工作界面(如图 1-13 所示)共由八部分组成：界面最上方三行分别为标题栏、菜单栏和工具栏；中间的四个视图部分为视图区；视图区的右侧为命令面板；状态栏控制区、动画控制区和视图控制区位于界面的最下方，自左向右排列。

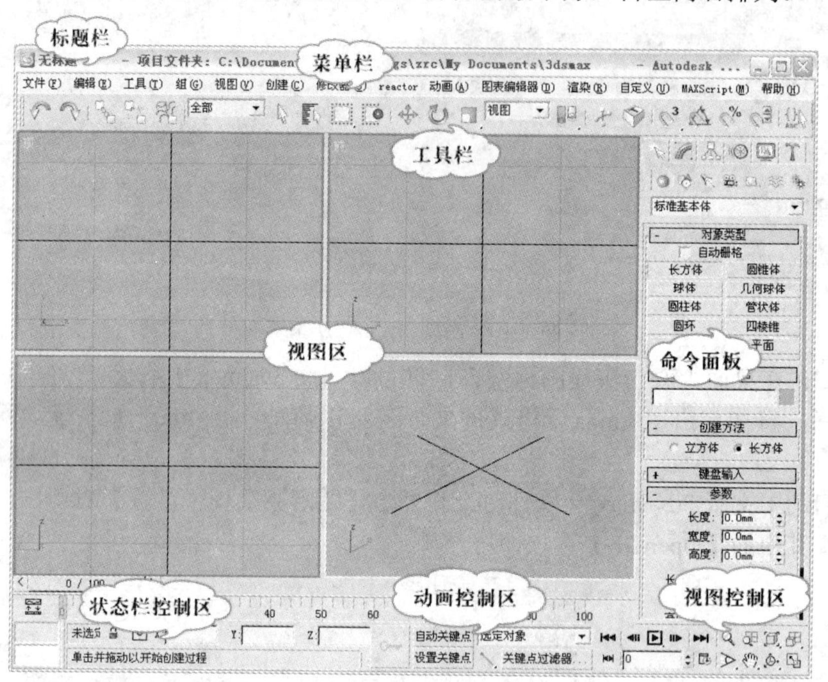

图 1-13 中文版 3ds max 9 的工作界面

1. 标题栏

与其它 Windows 应用软件的标题栏一样，3ds max 9 的标题栏用于显示软件的名称、打开文件的名称，还包括最小化、最大化/还原、关闭等按钮。

2. 菜单栏

菜单栏位于标题栏的下方，包括【文件】、【编辑】、【工具】、【组】、【视图】、【创建】、【修改器】、【reactor】、【动画】、【图表编辑器】、【渲染】、【自定义】、【MAXScript】和【帮助】等 14 个菜单项。

菜单栏的操作与其它 Windows 应用软件基本相同，其中大部分菜单命令可以通过工具栏直接执行。相对而言，由于工具栏操作简单，因而大部分用户倾向于使用工具栏中的各种工具按钮。

菜单栏中的命令很多，在此不做一一介绍。下面根据菜单命令的使用频率详细介绍【文件】菜单中的相关命令。

- 【新建】：选择该命令后，可以清除当前场景中的内容，而无需更改系统设置。该命令中包括视口配置、捕捉设置、材质编辑器、背景图像等选项。
- 【重置】：选择该命令后，可以清除当前场景中的所有参数并重置程序设置。

- 【打开】：选择该命令后，在弹出的【打开文件】对话框中可以选择要打开的场景文件(max 格式)。
- 【打开最近】：该菜单命令中显示了最近打开和保存的文件，按操作的时间顺序排列，最近操作的文件列在第一位。
- 【保存】：选择该命令后，可以保存当前场景中的内容。如果是第一次对场景进行保存，则将弹出【文件另存为】对话框。
- 【另存为】：选择该命令后，可以将场景文件以另外一个新名称保存，即创建一个文件备份。
- 【合并】：选择该命令后，在弹出的【合并文件】对话框中可以将其它场景文件中的对象合并到当前场景中。在将整个场景与其它场景组合时，也可以使用该命令。
- 【导入】：选择该命令后，在弹出的【选择要导入的文件】对话框中可以导入其它格式的文件，如 3ds、shp、dwg、dxf、ls 等格式的文件。
- 【导出】：选择该命令后，在弹出的【选择要导出的文件】对话框中可以将当前文件导出为其它格式的文件，如 dwg、3ds、dxf、lp 等格式的文件。

随堂练习：打开文件

(1) 启动中文版 3ds max 9 软件。

(2) 单击菜单栏中的【文件】/【打开】命令，或者按下 Ctrl+O 键，弹出【打开文件】对话框，选择本书配套光盘“调用”文件夹中的“装饰瓶.max”线架文件，如图 1-14 所示。

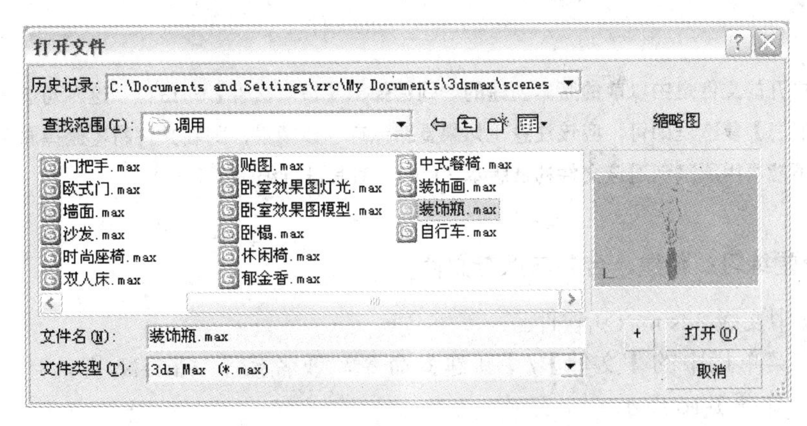

图 1-14　【打开文件】对话框

- 【历史记录】：用于显示以前访问过的文件的路径。对于常用路径而言，使用这种方法可以快速找到文件的位置，从而提高工作效率。
- 【缩略图】：在此可以观察到将要打开的文件的内容。该缩略图显示最后保存文件时当前视图中的内容。
- 【查找范围】：用于选择要打开的文件的路径，在下方的文件列表中可以选择要打开的文件。
- 【文件名】：用于显示所选择文件的名称。

- 【文件类型】：用于显示要打开的文件的格式。

(3) 单击对话框中的 打开(O) 按钮，即可打开“装饰瓶.max”线架文件，如图 1-15 所示。

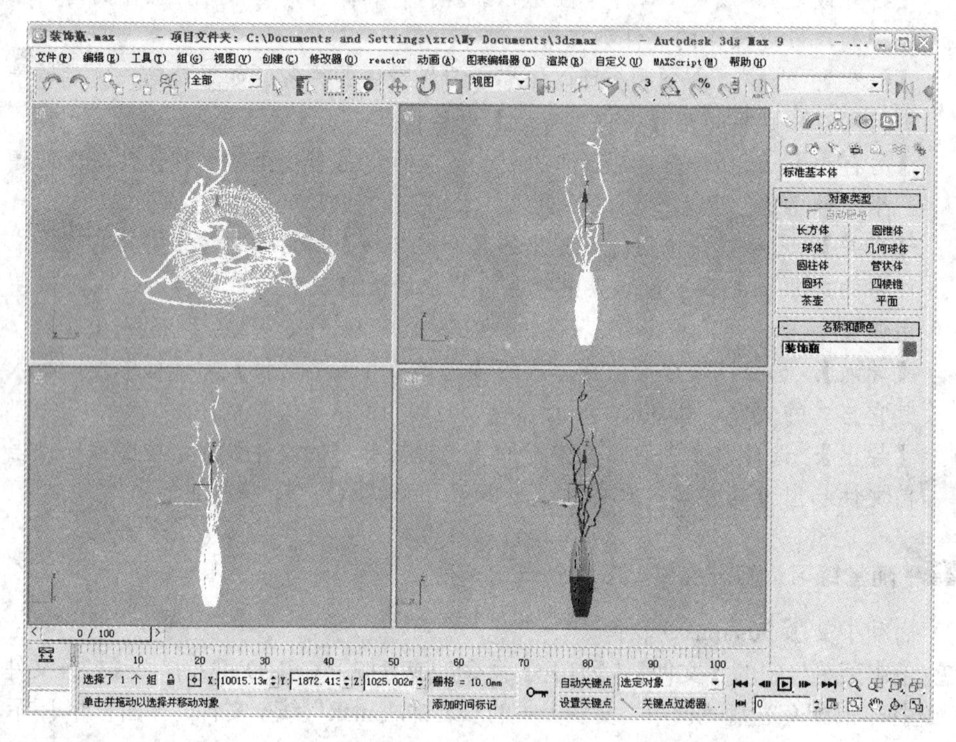

图 1-15　打开的文件

> 如果打开的文件是由以前的版本创建的，则会弹出【过时文件】对话框，这时勾选其中的【不显示此消息】复选框即可。应该注意，如果重新保存了该场景，则新文件将覆盖掉原来的文件，这时就不能再用原来创建该文件的低版本 3ds max 对其进行编辑了。

随堂练习：新建、合并与保存文件

(1) 启动中文版 3ds max 9 软件。

(2) 单击菜单栏中的【文件】/【新建】命令，或者按下 Ctrl+N 键，弹出【新建场景】对话框，如图 1-16 所示。

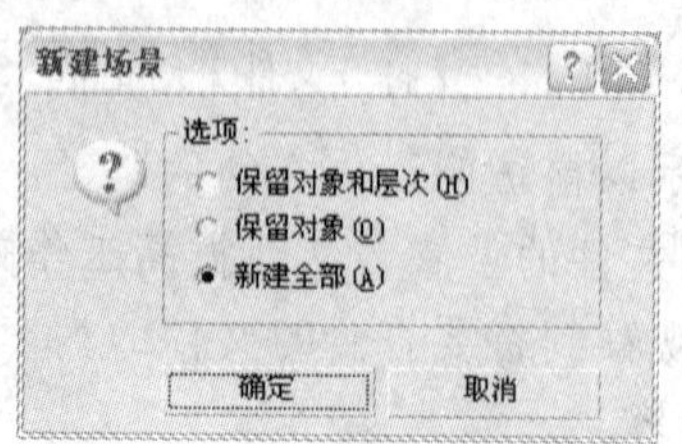

图 1-16　【新建场景】对话框

- 【保留对象和层次】：选择该选项后，将保留全部对象以及它们之间的层次连接关系，但应删除全部的动画键点，以便于重新制作动画。

- 【保留对象】：选择该选项后，将保留全部对象，但应删除它们之间的层次连接关系和动画键点。
- 【新建全部】：选择该选项后，将清除全部对象，恢复系统默认选项。

(3) 使用对话框中的默认选项，单击 确定 按钮，则清除当前场景中的全部对象，重新创建新文件。

(4) 单击菜单栏中的【文件】/【合并】命令，在弹出的【合并文件】对话框中选择本书配套光盘“调用”文件夹中的“自行车.max”线架文件，如图 1-17 所示。

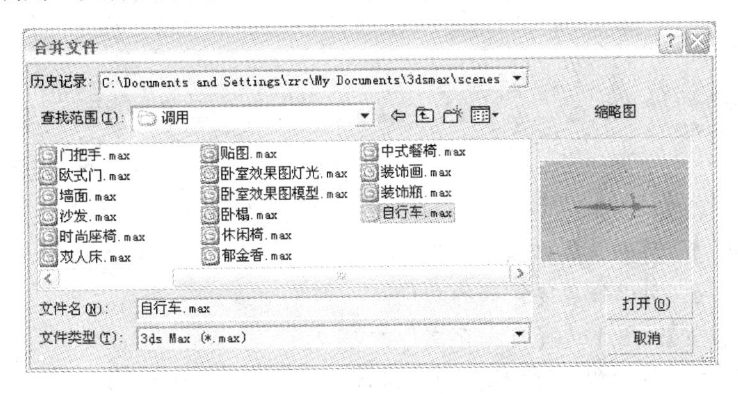

图 1-17　【合并文件】对话框

(5) 单击对话框中的 打开(O) 按钮，弹出【合并-自行车.max】对话框，如图 1-18 所示。

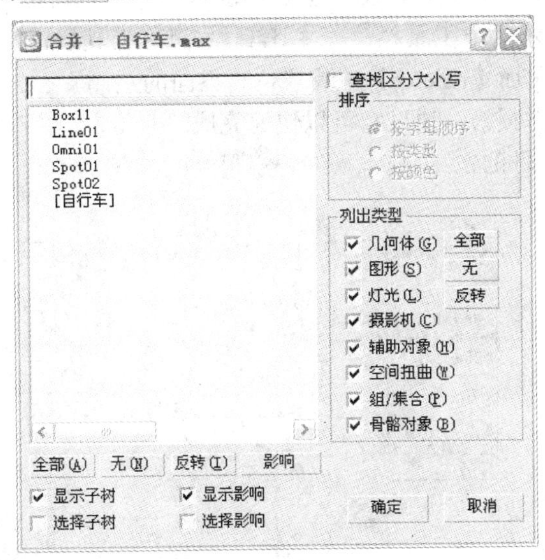

图 1-18　【合并-自行车.max】对话框

- 【排序】：用于控制左侧列表中对象的排序。其中共有三个选项，分别为【按字母顺序】、【按类型】和【按颜色】。
- 【列出类型】：用于控制左侧列表中显示不同的对象类型。
- 对话框下方的 全部(A) 、 无(N) 、 反转(I) 按钮用于选择、取消或反选上方列表中的对象。

(6) 单击 全部(A) 按钮，再单击 确定 按钮，将全部对象合并到当前场景中。

(7) 单击菜单栏中的【文件】/【保存】命令，或者按下 Ctrl+S 键，弹出【文件另存为】对话框，在【文件名】文本框中输入“练习”，并选择保存位置，如图 1-19 所示。

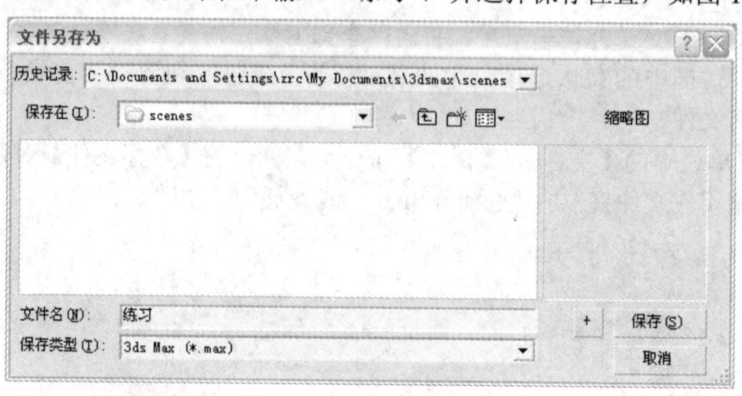

图 1-19 【文件另存为】对话框

- 【保存在】: 用于选择要保存文件的路径。
- 【文件名】: 用于命名要保存的文件。
- 【保存类型】: 用于选择要保存文件的格式。

(8) 单击对话框中的 保存(S) 按钮，可将文件保存为“练习.max”。

3. 工具栏

工具栏是各类常用命令的集合，3ds max 中的很多命令均可以通过工具栏上的按钮来实现。默认情况下将显示两个工具栏——主工具栏(简称工具栏)和【reactor】工具栏。主工具栏位于界面的顶部，而【reactor】工具栏位于界面的左侧。

主工具栏的使用非常频繁，通过它可以快速完成 3ds max 中的很多操作。图 1-20 所示为 3ds max 9 中文版软件的主工具栏。

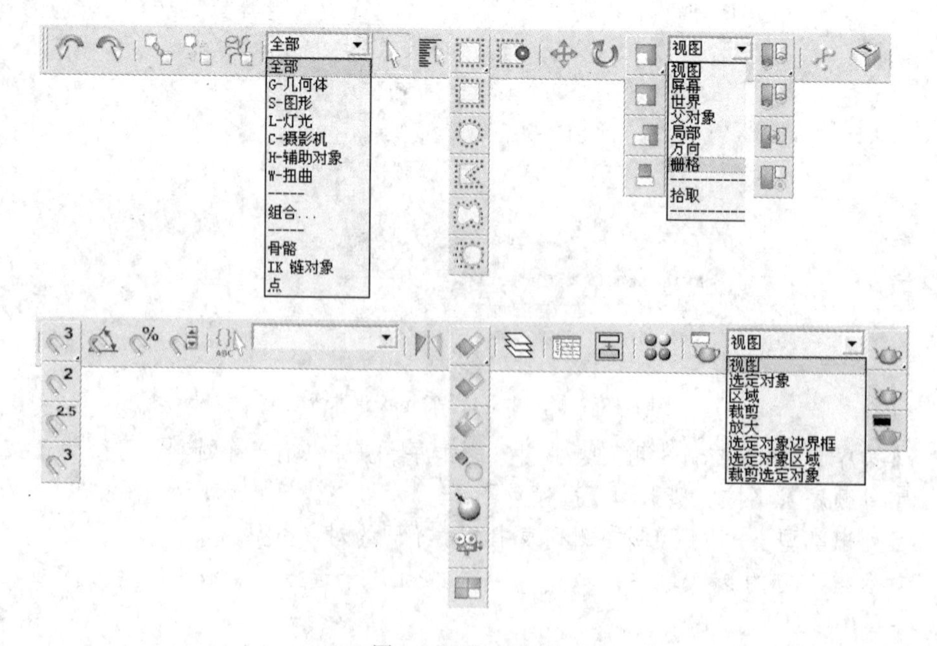

图 1-20 主工具栏

在主工具栏中，部分按钮的右下角有一个小三角形标记，表示在该按钮下还隐藏着其它按钮(例如、按钮等)。在该按钮上按住鼠标左键不放，即可弹出其相关的隐藏按钮。

只有当屏幕的分辨率为 1280×1024 时，主工具栏才会被全部显示出来，而在常用的 1024×768 或更低分辨率的情况下，主工具栏不能完全显示出来。如果要显示隐藏部分，可以将光标置于主工具栏的空白处，当光标变为图标时，按住鼠标左键拖曳，即可查看隐藏的工具栏部分。

其实，3ds max 9 中文版软件还提供了很多浮动工具栏，需要时可以随时打开。在主工具栏的空白处单击鼠标右键，将弹出如图 1-21 所示的快捷菜单，选择其中的选项即可显示或关闭相应的浮动工具栏。

【轴约束】工具栏：用于锁定坐标轴的方向，从而进行单方向或双方向的变换操作，如图 1-22 所示。

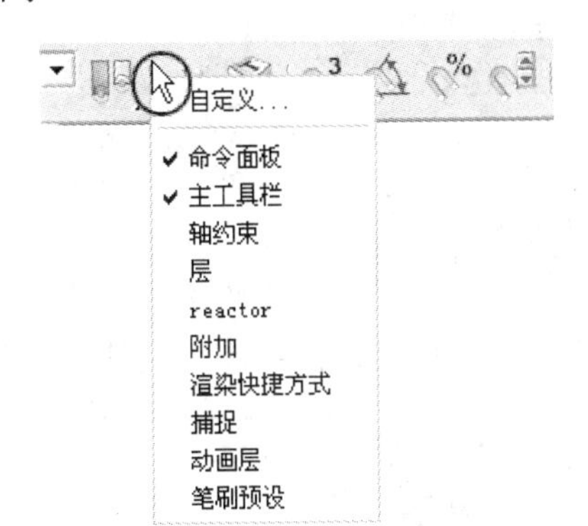

图 1-21　快捷菜单

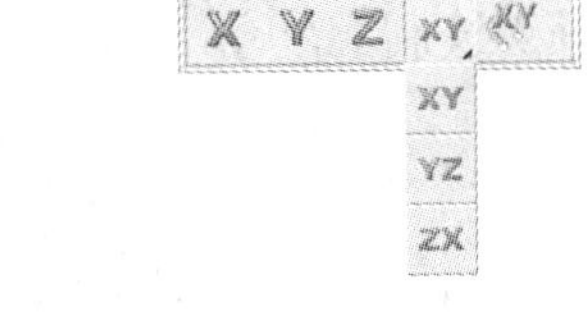

图 1-22　【轴约束】工具栏

【层】工具栏：用于管理场景信息，使具有一定关系的对象存放在不同的层中，以方便操作，如图 1-23 所示。

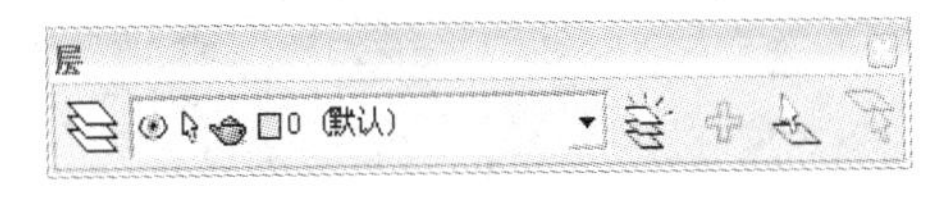

图 1-23　【层】工具栏

【reactor】工具栏：默认状态下位于界面的左侧，通过单击其中的工具按钮，可以快速访问 reactor 动力学功能的一些对象命令，如图 1-24 所示。

图 1-24　【reactor】工具栏

【附加】工具栏：包含了自动栅格、阵列等功能按钮，如图 1-25 所示。

【渲染快捷方式】工具栏：利用它可以指定三个自定义预设按钮的设置，通过这些按钮可以在各种渲染预设之间进行切换，如图 1-26 所示。

【捕捉】工具栏：用于设置捕捉功能，如图 1-27 所示。

【动画层】工具栏：这是一个新增的浮动工具栏，用于设置动画的相关属性，如图 1-28 所示，在室内外效果图制作中基本使用不到该工具栏。

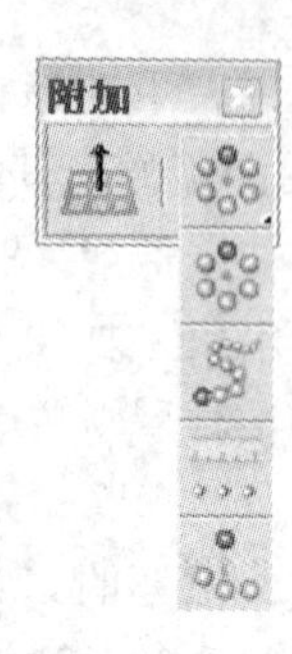

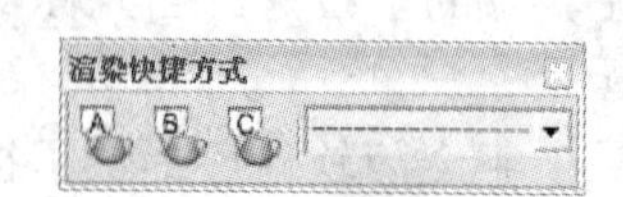

图 1-25 【附加】工具栏　　　　图 1-26 【渲染快捷方式】工具栏

图 1-27 【捕捉】工具栏

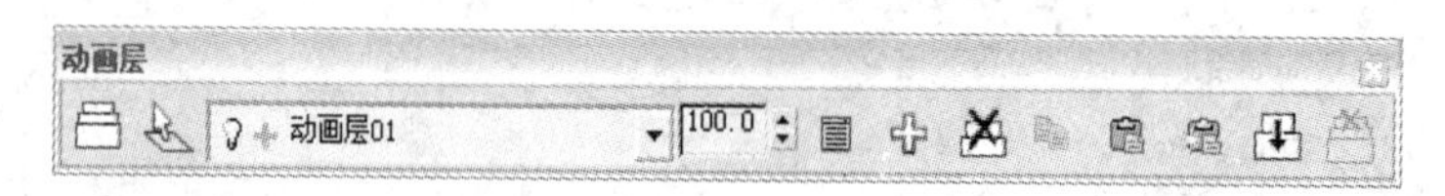

图 1-28 【动画层】工具栏

【笔刷预设】工具栏：在编辑可编辑多边形时，如果使用【软选择】、【绘制变形】属性或者使用【顶点绘制】命令，则在该工具栏中可以快速访问绘制工具的笔刷预设，如图 1-29 所示。

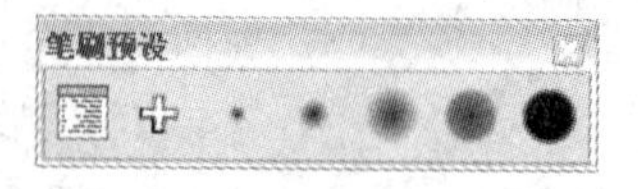

图 1-29 【笔刷预设】工具栏

单击菜单栏中的【自定义】/【显示 UI】/【显示浮动工具栏】命令，可以一次性打开所有的浮动工具栏。

4. 视图区

工作界面的中间是四个大小相同的视图，即视图区。这是 3ds max 的主要工作区域，默认情况下是四视图显示方式，即顶视图、前视图、左视图和透视图，当前激活的视图四周以黄色边框显示，如图 1-30 所示。

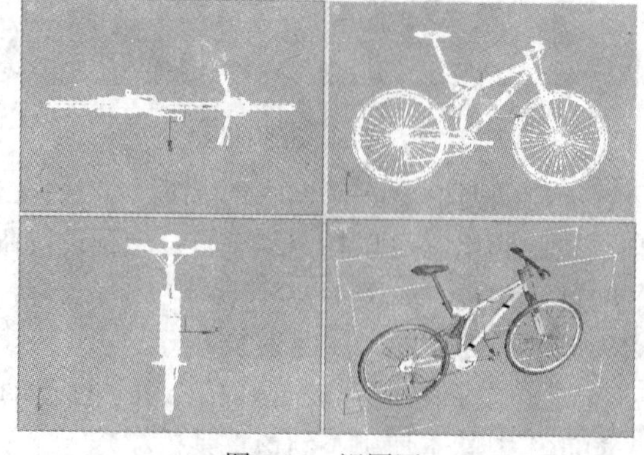

图 1-30 视图区

顶视图：显示从上往下所观察到的对象形态。

前视图：显示从前往后所观察到的对象形态。

左视图：显示从左往右所观察到的对象形态。

透视图：显示从任意角度观察到的对象形态，类似于现实生活中对对象的观察，可以产生近大远小的空间感。

除了以上四种视图之外，3ds max 系统还提供了另外几种视图类型，如果用户对当前视图类型不满意，则可以改变视图的类型。具体操作方法如下：

(1) 将光标指向视图左上角的视图类型位置处，单击鼠标右键。

(2) 在弹出的快捷菜单中选择【视图】命令，将弹出一个子菜单，如图 1-31 所示。

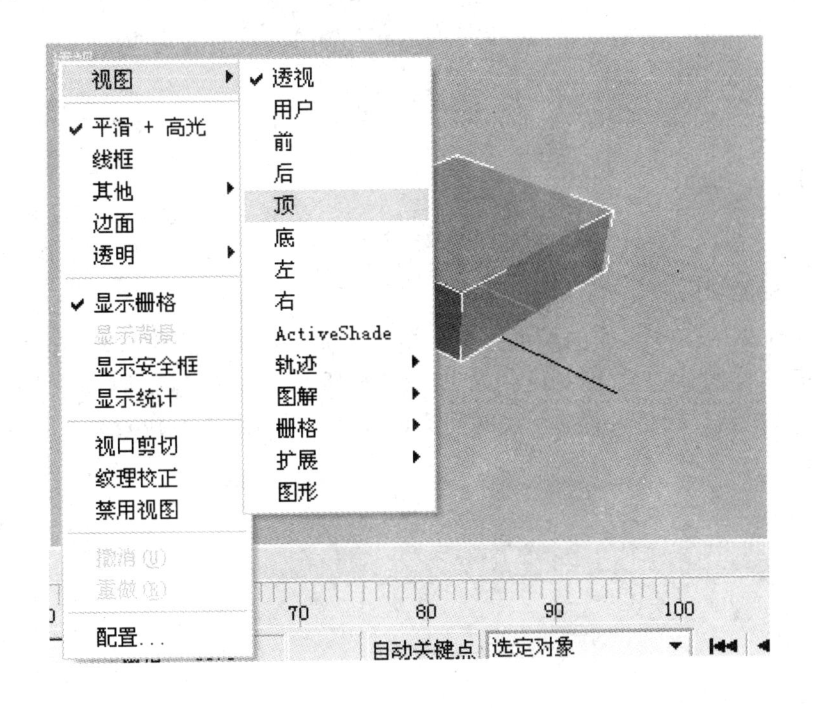

图 1-31 子菜单

(3) 在子菜单中选择所需的视图命令，即可改变当前视图的类型。

用户也可以使用快捷键来改变各视图的类型，各快捷键分别是：前视图(F)、后视图(K)、顶视图(T)、底视图(B)、左视图(L)、右视图(R)、透视图(P)、等距用户视图(U)和相机视图(C)。

5．命令面板

命令面板位于视图区的右侧，是使用频率最高的一个工作区域。它由六个标签面板组成，从左向右依次为创建命令面板、修改命令面板、层次命令面板、运动命令面板、显示命令面板和工具命令面板，如图 1-32 所示。使用命令面板可以实现对象的建模、动画、设置灯光、对象的显示与隐藏等功能，操作时每次只能显示一个命令面板。命令面板是我们学习 3ds max 的重点内容，以后的课程中将对其进行详细讲解。

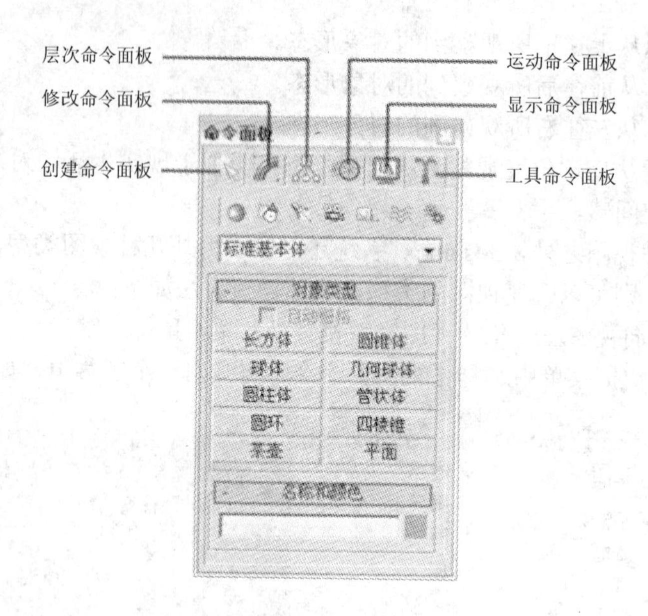

图 1-32　命令面板

6．状态栏控制区

在 3ds max 9 工作界面的最下方有一个用于显示场景和当前命令的提示与信息的区域，我们将其称为状态栏控制区，如图 1-33 所示，其中包括时间滑块、轨迹栏、MAXScript 侦听器、栅格设置显示及时间标记等，这些内容在制作效果图时很少用到，只做了解即可。

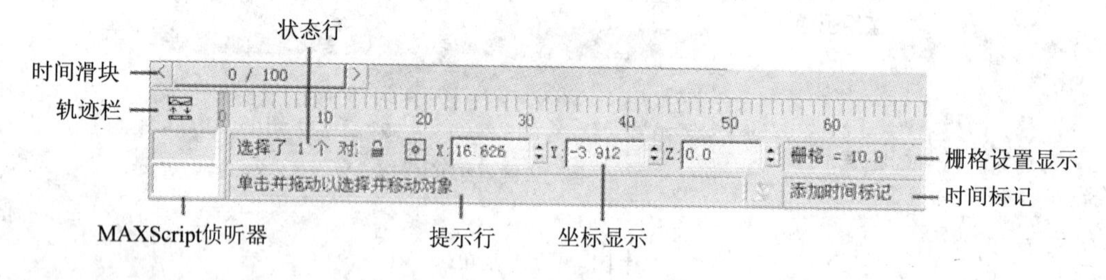

图 1-33　状态栏控制区

7．动画控制区

动画控制区位于状态栏控制区的右侧，用于动画的各项操作及控制，如图 1-34 所示。

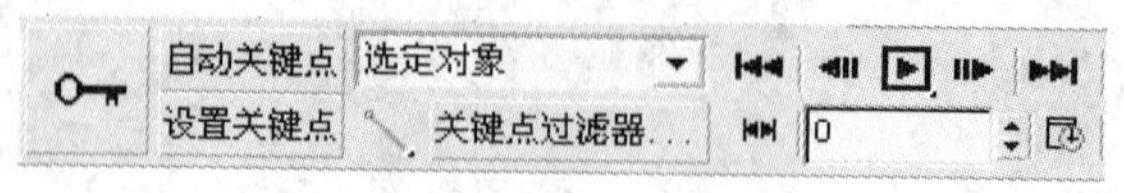

图 1-34　动画控制区

8．视图控制区

视图控制区位于工作界面的右下角，用于控制视图的观察方式，共有八个按钮，如图 1-35 所示。视图的种类不同，其相应的控制工具也会有所不同。下面以标准视图为例对各个视图工具按钮进行介绍。

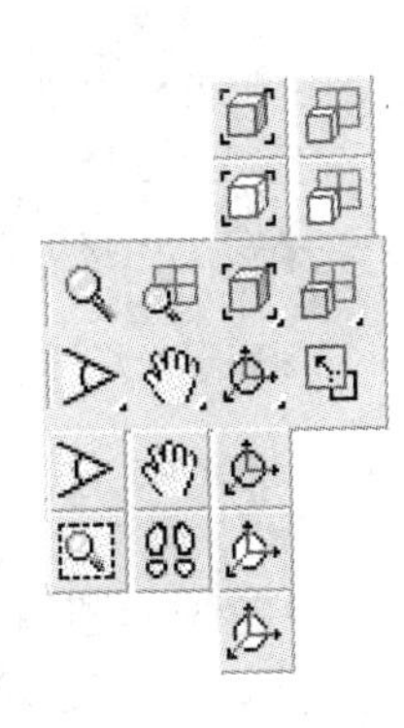

图 1-35　视图控制区

- 缩放：该工具用于控制视图中对象的缩放显示。选择该工具后，按住鼠标左键向上拖曳为放大显示，向下拖曳为缩小显示。
- 缩放所有视图：缩放工具仅对当前视图起作用，而工具同时控制所有视图的缩放显示，其用法与缩放工具一致。
- 最大化显示选定对象：该工具用于将所选择的对象以最大化方式显示在视图中，其快捷键为 Z。
- 最大化显示：该工具用于将场景中的所有对象(不论选择与否)以最大化的方式显示在视图中。
- 所有视图最大化显示选定对象：用于将选定的对象(必须为选择状态)以最大化的方式同时显示在四个视图中。
- 所有视图最大化显示：用于将场景中所有的对象(不论选择与否)以最大化的方式同时显示在四个视图中。
- 缩放区域：该工具的作用是通过框选方式对视图中的局部对象进行放大显示，该工具的快捷键为 Ctrl+W。
- 视野：该工具只用于透视图，通过上下拖动鼠标，可以改变透视图中的镜头值。
- 平移：该工具用于平移场景，以便于观察视野外的对象，其快捷键为 Ctrl+P。
- 穿行：用于启动穿行导航功能，使用穿行导航功能可以通过按下方向键在透视图或相机视图内移动视线。
- 弧形旋转：这是透视图与用户视图的一种专用控制工具，激活该按钮后，可以通过旋转视图来改变观察对象的视点。
- 弧形旋转选定对象：作用与弧形旋转按钮相同，只是视点在被选择的对象上。
- 弧形旋转子对象：同样用于对象视点的旋转，只是视觉中心在被选择对象的子对象上。
- 最大化视口切换：单击该按钮，可以使当前视图在最小化视图与最大化视图之间进行切换。

除了标准视图外，相机视图、等距用户视图也有各自的控制按钮。图 1-36 分别为相

机视图和聚光灯视图的控制按钮，其使用方法与上面类似。

图 1-36　相机视图和聚光灯视图的控制按钮

1.1.6　效果图制作流程

通常情况下，使用 3ds max 制作效果图时应遵循一定的工作流程。我们根据各个阶段工作内容的不同，可以将效果图制作分为四步进行：首先，根据导入的 CAD 图形创建模型并赋予材质；其次，设置合适的相机与灯光；然后，将效果图渲染输出；最后，将输出的效果图进行后期处理，使其更加完美。整个工作流程示意图如图 1-37 所示。

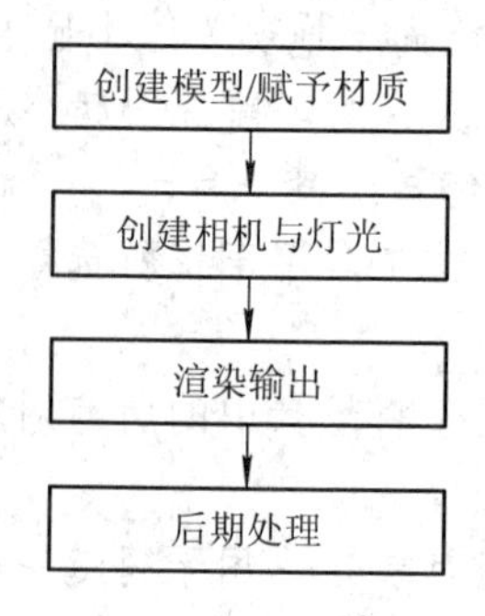

图 1-37　效果图制作流程示意图

1．创建模型/赋予材质

建模是效果图制作的基础。为了快速、准确地创建模型，一般情况下需要通过菜单栏中的【文件】/【导入】命令，将 CAD 平面图或立面图导入到 3ds max 中，然后将它作为底图进行描线建模，这样可以大大提高工作效率。赋予材质是指为创建的各种模型赋予相应的材质，使其表面效果更加接近现实。

2．创建相机与灯光

创建相机的目的是要表现出效果图的层次感与立体透视感，而创建灯光的目的是为赋予材质后的模型进行布光，营造真实的光照效果。

3．渲染输出

渲染输出是效果图制作在 3ds max 中的最后一个环节。渲染时，要注意尺寸及视图的设置。

4．后期处理

渲染后的效果图还需使用图形图像处理软件——Photoshop 进行一些后期处理工作，例如添加一些花草、树木及人物修饰等，使效果图更加生动、完美。

上述制作流程并不是一成不变的。例如，我们可以一边创建模型一边赋予材质，也可以在创建完所有模型后再赋予材质，还可以在建模时就创建好相机或者最后设置相机等。在制作效果图时，要根据具体情况灵活对待。

1.2 课堂实训

本课主要介绍了一些 3ds max 的基本知识，包括 3ds max 的启动，工作环境，文件的基本操作，效果图制作流程等内容。这些内容看似简单，其实不然，刚接触该软件的读者如果想要熟练操作它，则需多加练习。

1.2.1 文件的基本操作练习

本练习中我们重点学习文件的基本操作，包括打开、合并、保存等操作。首先打开本书配套光盘中的“双人床.max”线架文件，然后使用【合并】命令将“床头柜.max”文件合并进来。最终的渲染效果如图 1-38 所示。

图 1-38　最终的渲染效果

(1) 启动 3ds max 9 中文版软件。

(2) 单击菜单栏中的【文件】/【打开】命令，在弹出的【打开文件】对话框中选择本书配套光盘“调用”文件夹中的“双人床.max”线架文件，如图 1-39 所示。

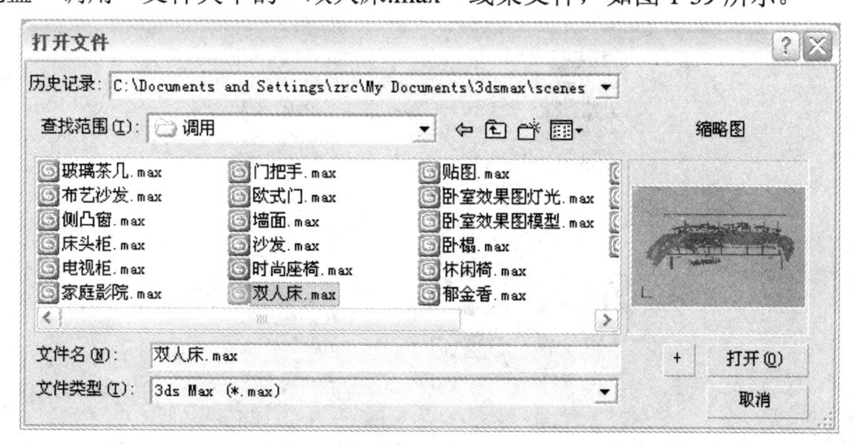

图 1-39　【打开文件】对话框

(3) 单击对话框中的 打开(O) 按钮，将选择的文件打开，如图 1-40 所示。

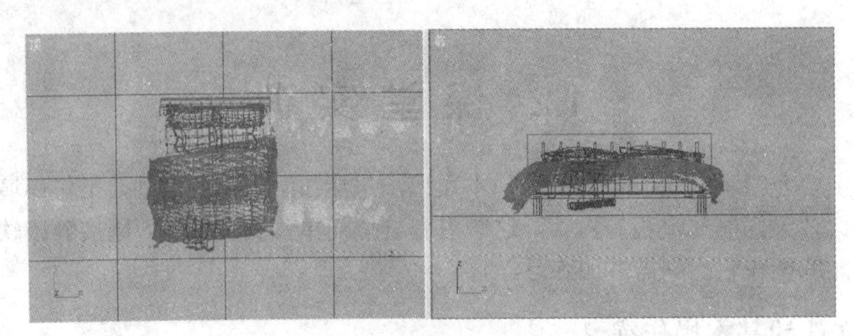

图 1-40　打开的文件

(4) 单击菜单栏中的【文件】/【合并】命令，在弹出的【合并文件】对话框中选择本书配套光盘“调用”文件夹中的“床头柜.max”线架文件，如图 1-41 所示。

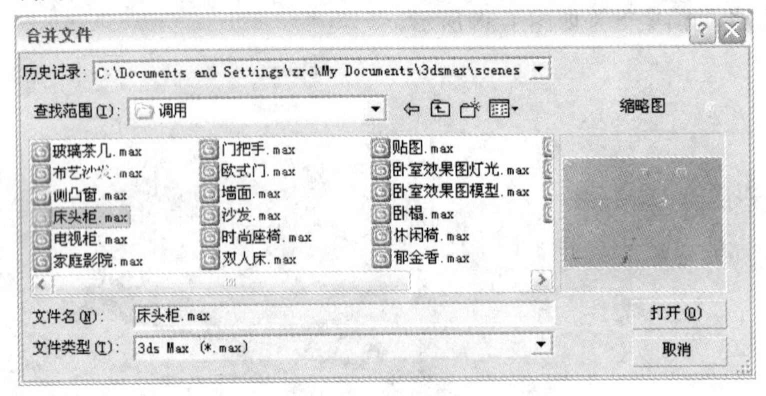

图 1-41　【合并文件】对话框

(5) 单击对话框中的 打开(O) 按钮，则弹出【合并-床头柜.max】对话框，如图 1-42 所示。

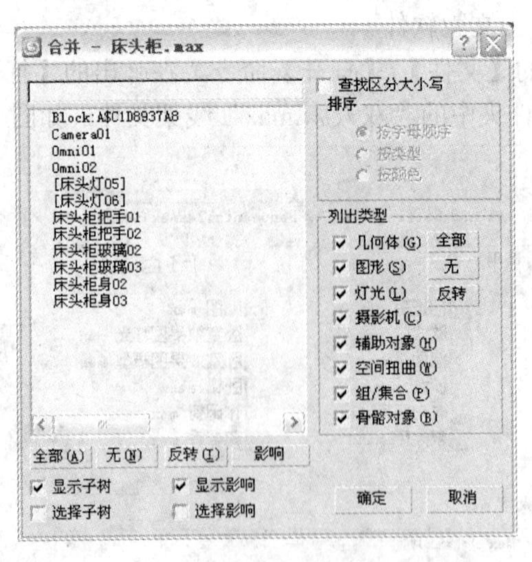

图 1-42　【合并-床头柜.max】对话框

(6) 单击对话框下方的 全部(A) 按钮，选择列表中的全部选项，然后单击 确定 按钮，将选择的内容全部合并到场景中。

(7) 由于合并的对象与场景中的对象存在重名现象，因而合并文件时弹出了【重复名称】对话框，这时可勾选其中的【应用于所有重复情况】复选框，如图 1-43 所示。

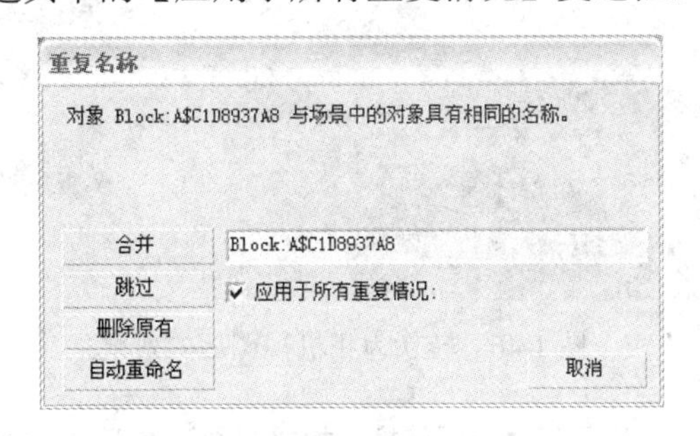

图 1-43　【重复名称】对话框

(8) 单击【重复名称】对话框中的 自动重命名 按钮，使重名对象合并到场景中后自动重新命名。

(9) 由于合并对象的材质与场景中对象的材质存在重名，因此又弹出了【重复材质名称】对话框，这时可勾选其中的【应用于所有重复情况】复选框，如图 1-44 所示。

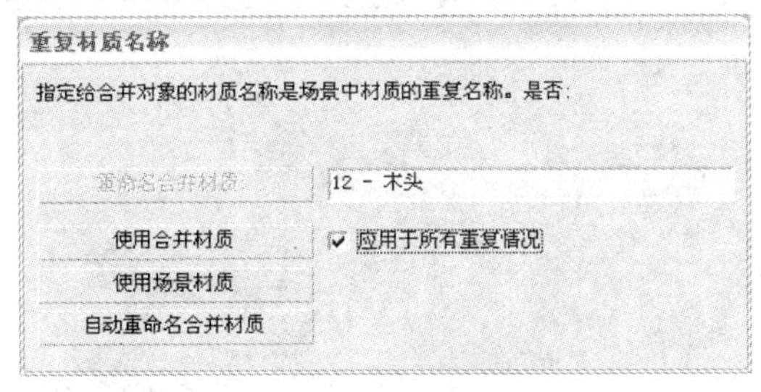

图 1-44　【重复材质名称】对话框

(10) 单击 使用场景材质 按钮，合并后的造型如图 1-45 所示。

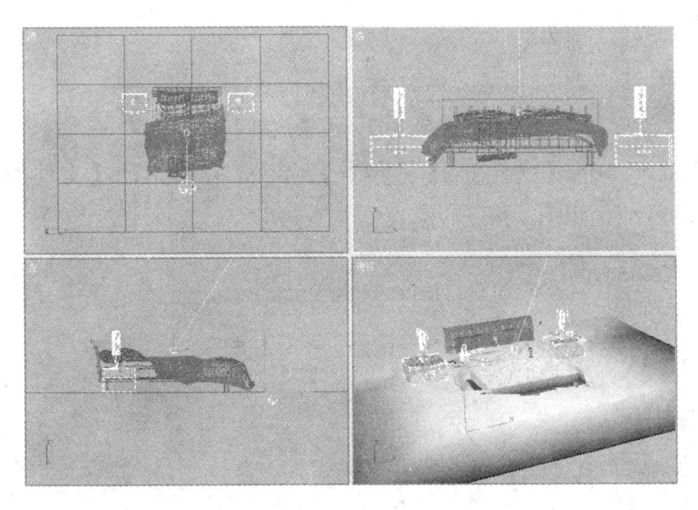

图 1-45　合并后的造型

(11) 在透视图中单击鼠标右键，激活透视图，然后按下 C 键，将其转换为相机视图，结果如图 1-46 所示。

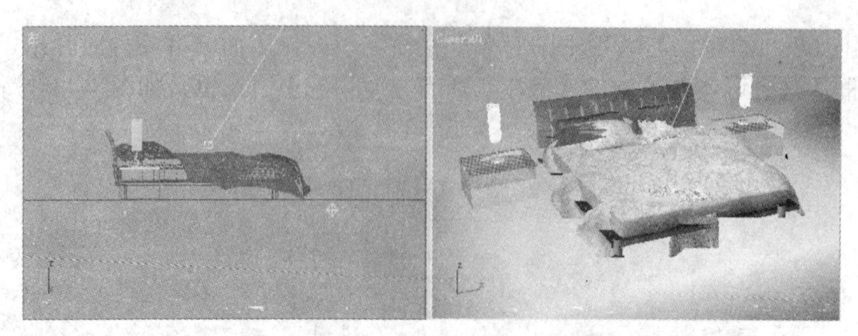

图 1-46　转换为相机视图后的效果

> **如果场景中没有相机，则不能将视图转换为相机视图。本例中，合并床头柜时就将场景中的相机、灯光全部合并到了当前场景中，因此按下 C 键后，透视图就转换成了相机视图。**

(12) 确认当前视图为相机视图，按下 F9 键，快速渲染相机视图，其渲染效果如图 1-47 所示。

图 1-47　渲染效果

(13) 单击菜单栏中的【文件】/【另存为】命令，在弹出的【文件另存为】对话框中输入文件名“床组合”，如图 1-48 所示。

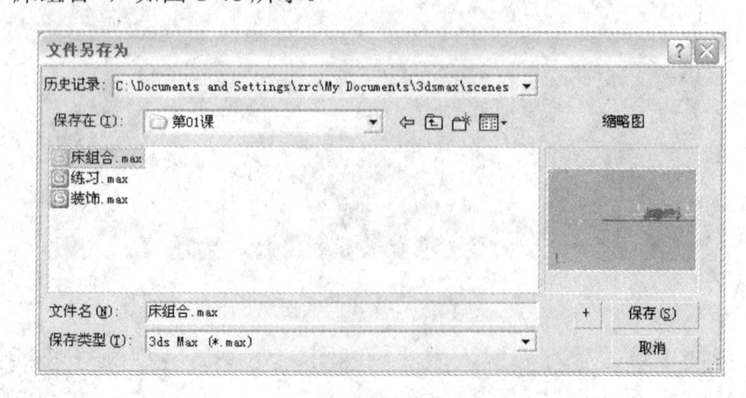

图 1-48　【文件另存为】对话框

(14) 单击对话框中的 保存(S) 按钮，将文件保存为“床组合.max”文件。

1.2.2　视图控制操作练习

灵活地控制视图是使用 3ds max 进行效果图制作的前提。为了让读者熟悉并掌握视图控制操作，我们将打开本书配套光盘中的“自行车.max”文件进行练习。

(1) 启动 3ds max 9 中文版软件。

(2) 单击菜单栏中的【文件】/【打开】命令，打开本书配套光盘“调用”文件夹中的“自行车.max”线架文件，如图 1-49 所示。

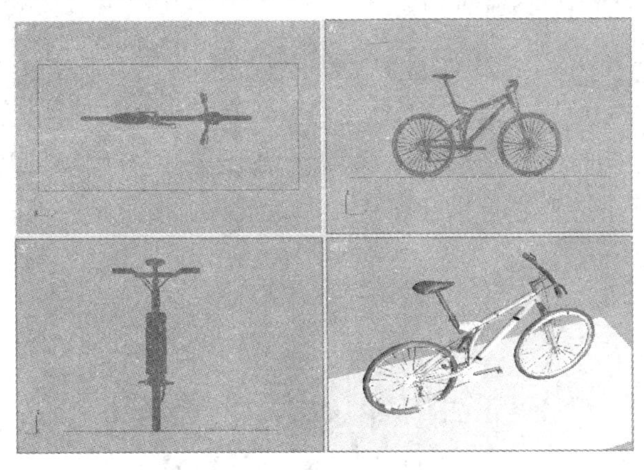

图 1-49　打开的文件

(3) 如果要对自行车造型的车轮进行细致观察，可以单击按钮，在前视图中的车轮处按住鼠标左键拖曳，则出现一个虚线框，如图 1-50 所示。

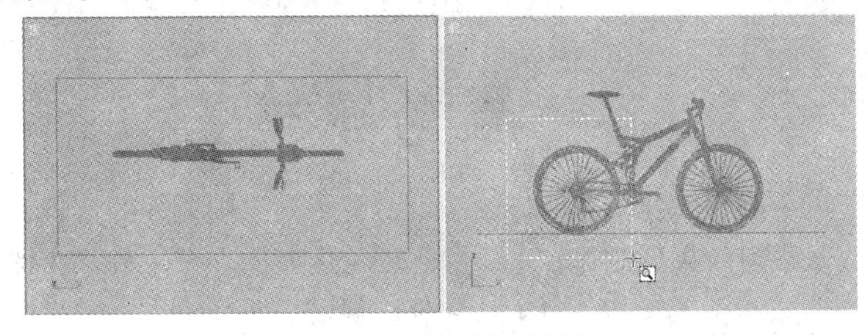

图 1-50　出现的虚线框

(4) 松开鼠标左键，则车轮部分将放大显示，如图 1-51 所示。

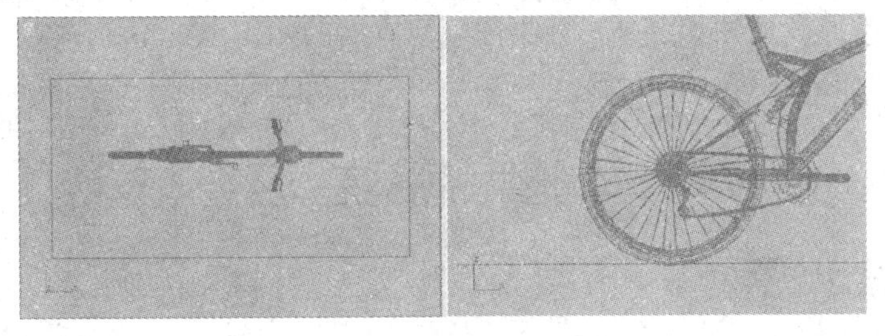

图 1-51　放大显示后的效果

(5) 确认当前视图为透视图，单击按钮或按下 Alt+W 键，将透视图以最大化显示。

(6) 在视图控制区中激活按钮，在透视图中按住鼠标左键拖曳，可以从不同的角度观察对象，如图 1-52 所示。

(7) 如果要对自行车造型放大显示以进行细致观察，则需激活按钮，在透视图中按住鼠标左键向上拖曳，可通过减小视野来观察对象，如图 1-53 所示。

图 1-52　从不同的角度观察对象

图 1-53　通过减小视野来观察对象

(8) 如果要对自行车造型进行平移观察，则需激活按钮，在视图中按住鼠标左键拖曳，如图 1-54 所示。

图 1-54　平移观察造型的形态

读者还可以选择其它视图控制工具来对视图进行控制操作，以加强练习。

1.3　课堂总结

本课是学习效果图制作的第一课，介绍了很多关于效果图制作的常识，了解这些知识有助于我们今后深入学习效果图制作技术。除了理论内容的介绍之外，本课还重点学习了 3ds max 9 的界面构成与基本操作。例如，软件的启动，工作界面，效果图制作流程以及一些基本操作等。为了便于读者巩固所学的知识，在课堂实训部分列举了两个实例，重点练习一些常规的操作，以加深大家对课堂内容的理解。

另外，除了掌握软件知识之外，效果图表现方面的知识也是不可缺少的，对于初次接触效果图制作行业的读者来说，应该多补充一些美学方面的知识，提高审美意识。

1.4　课后练习

一、填空题

1．电脑效果图主要应用在以下几个方面：__________、__________、__________和__________。

2．电脑效果图的特点如下：________、_________、________和_________。

3．单击任务栏中的______按钮，在弹出的菜单中选择【所有程序】/【_______】/【Autodesk 3ds max 9 32-bit】/【Autodesk 3ds max 9 32 位】命令，可以启动 3ds max 9 中文版软件。

4．3ds max 9 中文版软件的工作界面由八部分组成，分别是标题栏、菜单栏、工具栏、________、_________、状态栏控制区、动画控制区和_________。

5．视图控制区中的__________按钮用于将所选择的对象以最大化方式显示在视图中，其快捷键为 Z。

6．命令面板位于视图区的右侧，由六个标签面板组成，从左向右依次为________、_________、_________、_________、________和_________。

二、操作题

1．打开本书配套光盘“调用”文件夹中的“装饰瓶.max”线架文件，将其另存为“装饰.max”。

2．对打开的文件进行各种视图控制操作，全方位观察模型。

3．在透视图中调整好模型的视角与位置，按下 F9 键快速渲染透视图，观察渲染效果。

第 2 课

基础——三维建模与基本操作

主 要 内 容

- 创建命令面板
- 几何体的创建
- 对象的基本操作
- 修改命令面板
- 几个三维修改命令

2.1 课堂讲解

在 3ds max 中，创建造型离不开命令面板。通过前一课的学习我们知道，命令面板位于 3ds max 工作界面的右侧，由六个面板组成，自左向右依次为创建、修改、层次、运动、显示和工具命令面板。其中，创建命令面板主要用于模型的创建，这节课重点介绍该命令面板的使用。除此之外，还将学习对象的基本操作，包括对象的选择、变换、复制和成组等。

2.1.1 创建命令面板

顾名思义，创建命令面板用于创建各种对象，是 3ds max 的核心工作区。它提供了丰富的工具，用于完成模型的创建与编辑、灯光与相机的控制等。创建命令面板是最复杂、最重要的一个命令面板，它内容繁杂、分支众多，在 3ds max 中的所有工作都离不开创建命令面板。当在几何体创建命令面板的【对象类型】卷展栏中单击 长方体 按钮后，显示如图 2-1 所示的创建命令面板。

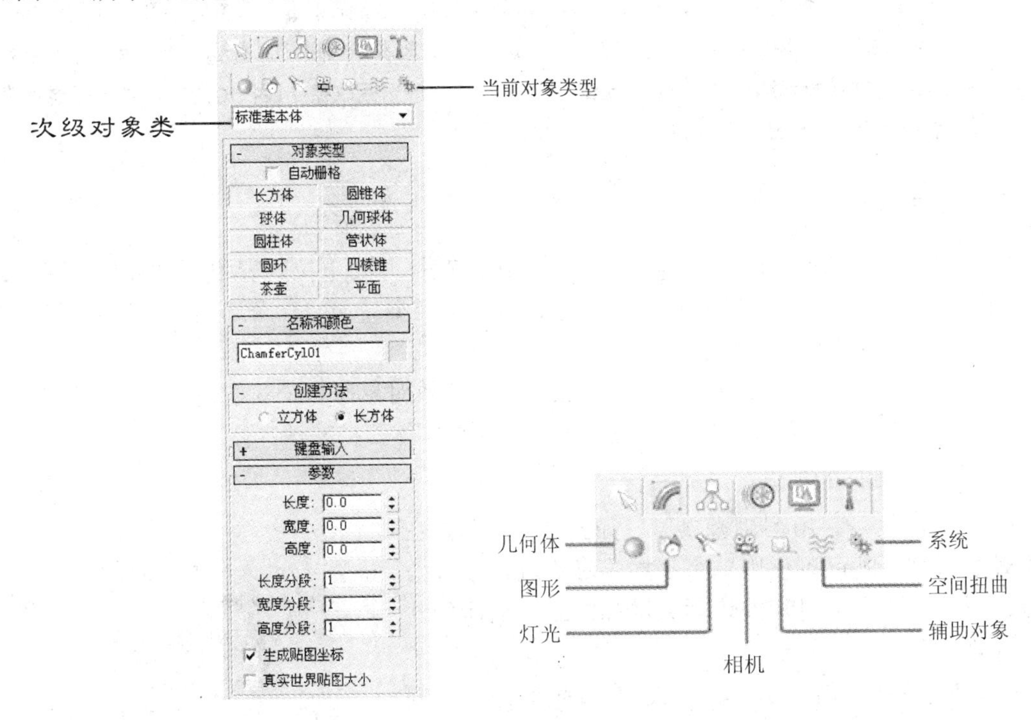

图 2-1　创建命令面板

图 2-2　当前对象类型

- 当前对象类型：分别为几何体、图形、灯光、相机、辅助对象、空间扭曲与系统，如图 2-2 所示。
- 次级对象类型：是指当前对象类型的子级分类，通过该下拉列表可以选择不同的子级分类对象。
- 【对象类型】卷展栏：该卷展栏以按钮的形式显示所有的创建工具，使用时

只要单击某个按钮即可，操作方便快捷。

- 【名称和颜色】卷展栏：该卷展栏用于设置对象的名称和颜色。左侧的文本框用于设置对象名称，右侧的色块用于设置对象的颜色。
- 【创建方法】卷展栏：该卷展栏用于设置对象的创建方法。例如，对于球体可以以“中心”或“边”进行创建，而对于长方体可以以“长方体”或“立方体”进行创建。值得注意的是，该项必须在创建对象之前设置，否则无效。
- 【键盘输入】卷展栏：该卷展栏允许用户通过键盘直接创建对象，使用这种方法可以创建具有精确尺寸的造型。按下 Tab 键可以切换到不同的数值框，按下回车键可以确认输入的数值，最后单击 创建 按钮可以直接创建造型。
- 【参数】卷展栏：该卷展栏用于修改新创建对象的基本参数。默认情况下，新创建的对象都处于选择状态，一旦取消了选择，如需重新修改对象的参数，则只能在修改命令面板中进行操作。

> 在 3ds max 中，卷展栏是频繁出现的字眼。何为卷展栏？卷展栏就是可卷起可展开的参数分类栏目。由于 3ds max 中的参数非常多，因此采用这种方式既易于使用，又易于管理。另外，如果某一个卷展栏中的参数非常多，无法全部显示，则可以将光标放在卷展栏的某处，当光标显示为图标时上下拖曳鼠标，即可观察其它参数。

2.1.2 几何体的创建

单击创建命令面板中的 标准基本体 按钮，在打开的下拉列表中可以看到共有 11 个选项。试想一下，每一个选项都可以创建很多对象类型，而 11 个选项又会是多少呢？是不是每个选项都要掌握呢？

其实不然，尽管对象类型各不相同，但是对于多数对象而言，其创建过程是一致的，而在效果图制作中，经常使用的只有两种——标准基本体和扩展基本体。

1．标准基本体的创建

标准基本体共有 10 种对象类型，如图 2-3 所示。在制作效果图时，既可以使用单个基本体对象进行建模，也可以使用修改命令对基本体对象进行修改，从而创建复杂造型。

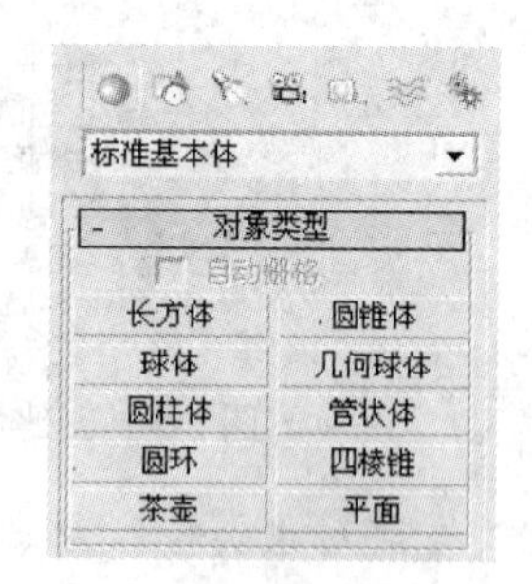

图 2-3　标准基本体

基本体(也称几何体)对象的创建非常简单，只需要在视图中拖曳鼠标，就可以创建各种基本体对象。根据创建对象时拖曳鼠标的次数不同，我们将几何体分为三类：一次创建完成的几何体、再次创建完成的几何体和三次创建完成的几何体。

● 一次创建完成的标准几何体

一次创建完成的标准几何体是指拖曳一次鼠标就可以完成的标准几何体，包括球体、几何球体、茶壶和平面等四种，其形态如图 2-4 所示。

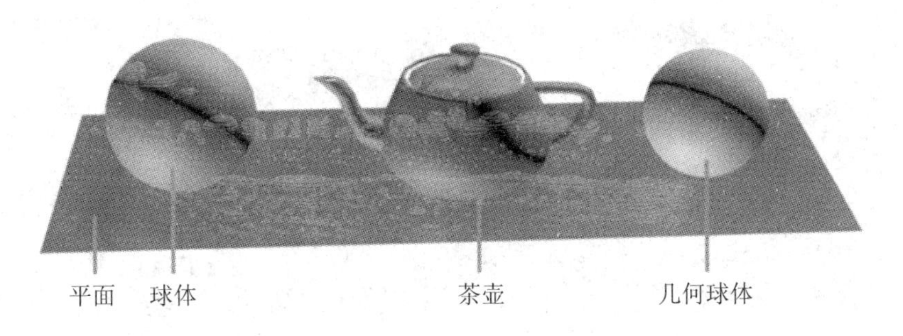

图 2-4　一次创建完成的标准几何体

【球体】：用于创建面状或光滑的球体，也可以创建半球体。

【几何球体】：用于创建以三角面相接而成的球体。当然，也可创建半球体，其外形与球体基本相同，只是组成的面不同。二者的形态区别如图 2-5 所示。

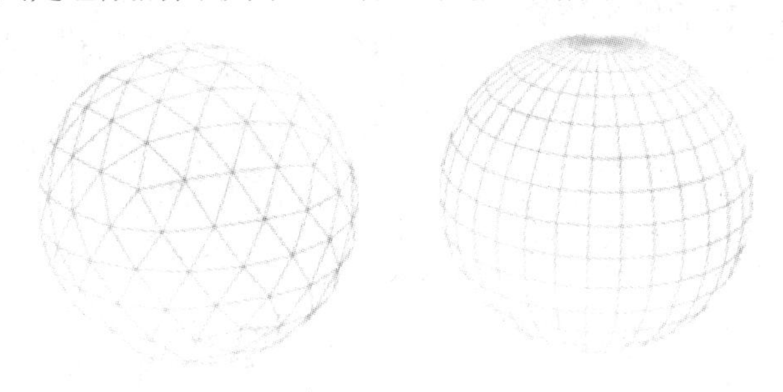

图 2-5　几何球体与球体的区别

【茶壶】：用于创建标准的茶壶造型，也可以创建茶壶造型的一部分，如壶盖、壶体、壶把等。

【平面】：用于创建地面及山地等造型，这是一种特殊的多边形网格物体。

随堂练习：创建茶壶造型

虽然对象的造型不同，但它们的创建方法是一样的。下面以“茶壶”为例学习这类几何体的创建方法。

(1) 单击创建命令面板中的 按钮，单击【对象类型】卷展栏中的 茶壶 按钮。

(2) 在【创建方法】卷展栏中选择【中心】选项，则将以中心向外的方式创建对象，如图 2-6 所示。

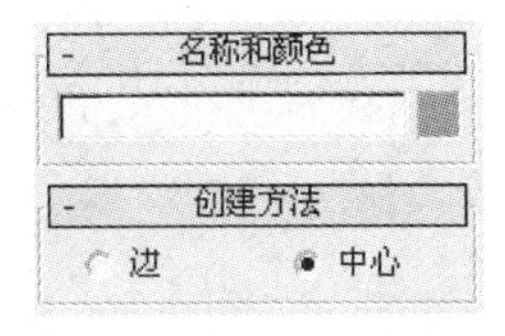

图 2-6　【创建方法】卷展栏

(3) 在顶视图中按下鼠标左键拖曳，创建一个大小合适的茶壶，释放鼠标后的结果如图 2-7 所示。

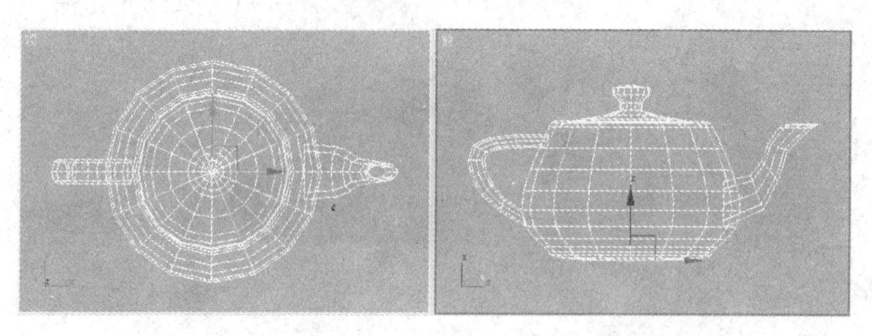

图 2-7　创建的茶壶

(4) 单击鼠标右键，结束茶壶造型的创建，此时的茶壶形态与参数如图 2-8 所示。

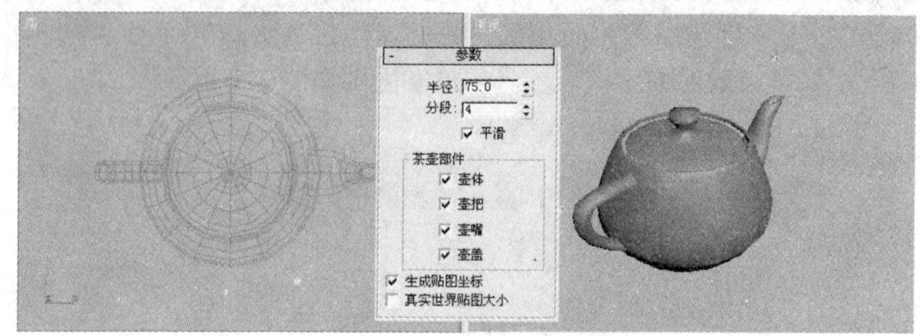

图 2-8　茶壶形态与参数

常用参数的意义如下：

- 【半径】：用于设置茶壶的半径数值，即茶壶的大小。
- 【分段】：用于设置茶壶造型的光滑度，其数值越大，茶壶越光滑；反之，茶壶越粗糙。图 2-9 所示为不同分段数值的造型效果。

图 2-9　不同分段数值的造型效果

- 【平滑】：选择该选项后，可以使茶壶表面光滑。
- 【茶壶部件】：通过勾选下面的选项，可以只创建茶壶造型的一部分。如图 2-10 所示，自左向右分别为创建的壶体、壶把、壶嘴和壶盖造型。

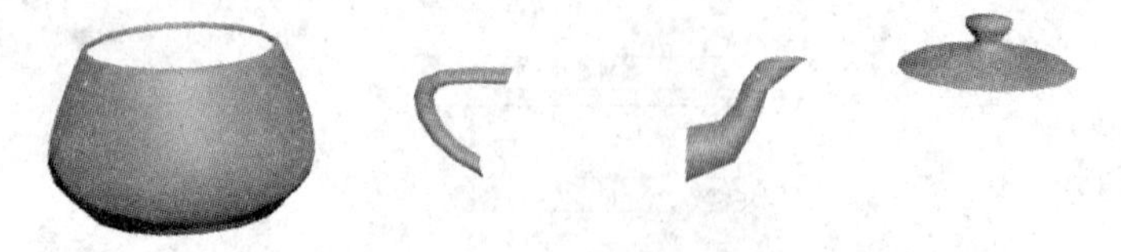

图 2-10　创建的茶壶部件

● 两次创建完成的标准几何体

两次创建完成的标准几何体是指拖曳两次鼠标完成的标准几何体，包括长方体、圆柱体、圆环和四棱锥等四种，其形态如图 2-11 所示。

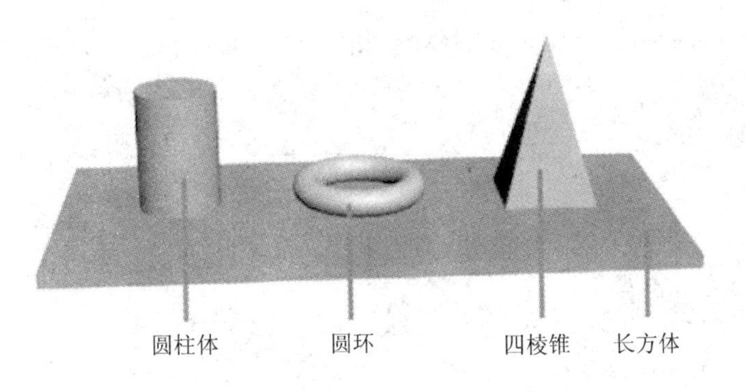

图 2-11　两次创建完成的标准几何体

【长方体】：用于制作六面体或长方体，如地面等，在效果图制作中使用最多。

【圆柱体】：用于制作棱柱体、圆柱体以及局部棱柱或圆柱造型。

【圆环】：用于制作圆环以及局部圆环的造型，其截面为正多边形，在效果图制作中经常用于生成筒灯造型。

【四棱锥】：用于制作四棱锥造型。

随堂练习：创建长方体造型

下面以“长方体”为例学习这类几何体的创建方法。

(1) 在创建命令面板中确认 按钮处于激活状态，单击【对象类型】卷展栏中的 长方体 按钮。

(2) 在顶视图中按下鼠标左键拖曳，确定长方体的底面大小，如图 2-12 所示。

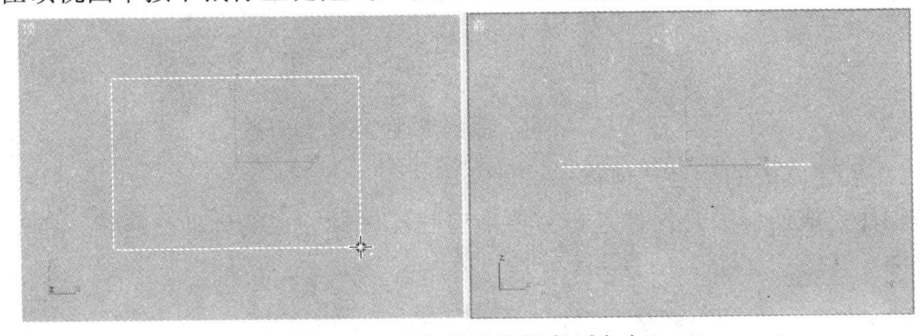

图 2-12　确定长方体的底面大小

(3) 底面大小合适后释放鼠标，再移动光标至合适位置处后，单击左键，确定长方体的高度，如图 2-13 所示。

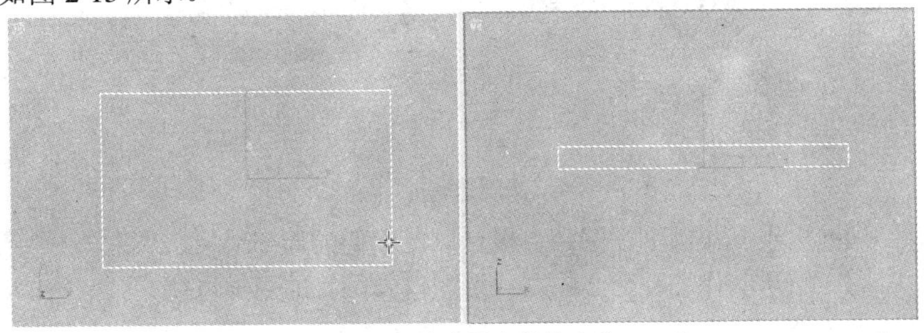

图 2-13　确定长方体的高度

(4) 最后单击鼠标右键，结束长方体造型的创建，其形态和参数如图 2-14 所示。

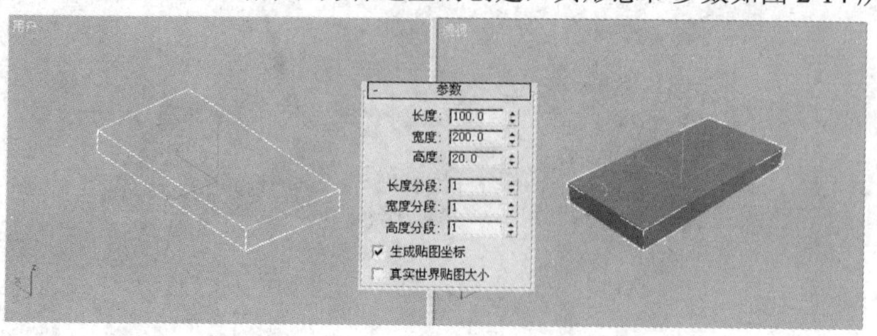

图 2-14　长方体的形态和参数

常用参数的意义如下：

- 【长度】：用于设置长方体的长度值。
- 【宽度】：用于设置长方体的宽度值。
- 【高度】：用于设置长方体的高度值。
- 【长度分段】：用于设置长度的分段数值。
- 【宽度分段】：用于设置宽度的分段数值。
- 【高度分段】：用于设置高度的分段数值。

图 2-15 所示为设置不同分段数值时的长方体形态。

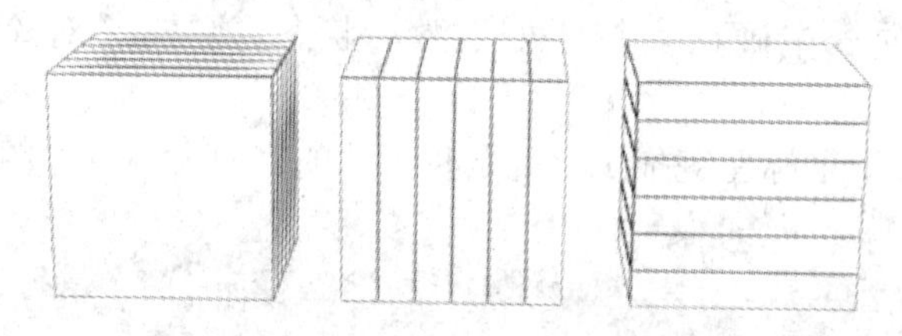

图 2-15　不同分段数值时的长方体形态

- 三次创建完成的标准几何体

三次创建完成的标准几何体是指需要拖曳三次鼠标完成的标准几何体，包括圆锥体和管状体两种，其形态如图 2-16 所示。

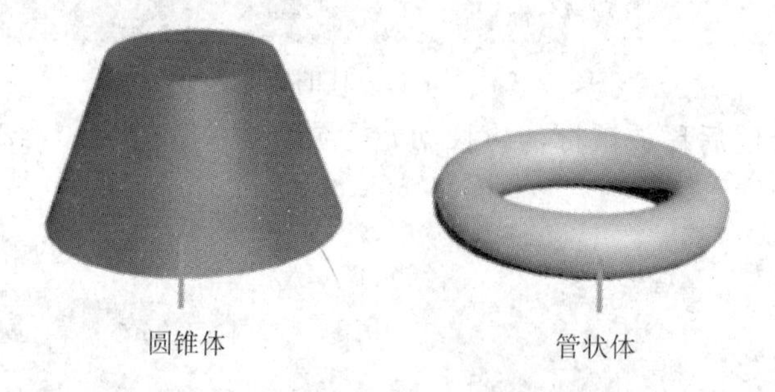

图 2-16　三次创建完成的标准几何体

【圆锥体】：用于制作圆锥、圆台、棱台以及它们的局部造型。

【管状体】：用于制作各种空心的圆管造型以及圆管的局部造型。

随堂练习：创建圆锥体造型

下面以“圆锥体”为例学习这类几何体的创建方法。

(1) 在创建命令面板中确认 按钮处于激活状态，单击【对象类型】卷展栏中的 圆锥体 按钮。

(2) 在【创建方法】卷展栏中选择【中心】选项，则将以中心向外的方式创建对象，如图 2-17 所示。

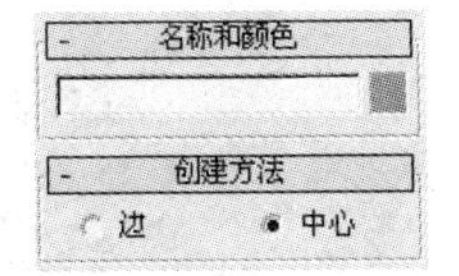

图 2-17　【创建方法】卷展栏

(3) 在顶视图中按下鼠标左键拖曳，确定圆锥体的底面大小，如图 2-18 所示。

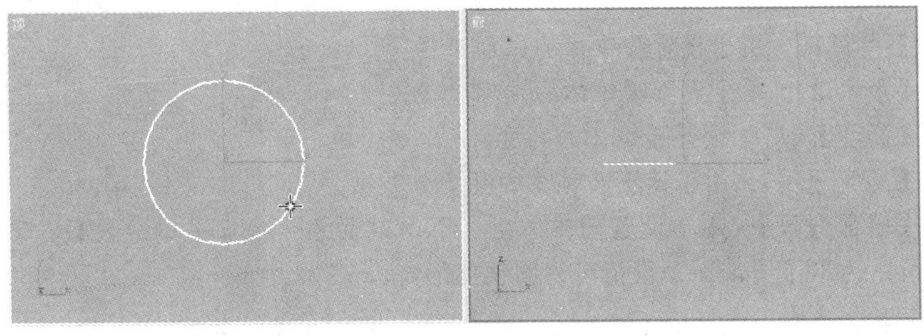

图 2-18　确定圆锥体的底面大小

(4) 确定底面大小后释放鼠标，然后向上移动鼠标至合适位置，单击鼠标左键，确定圆锥体的高度，如图 2-19 所示。

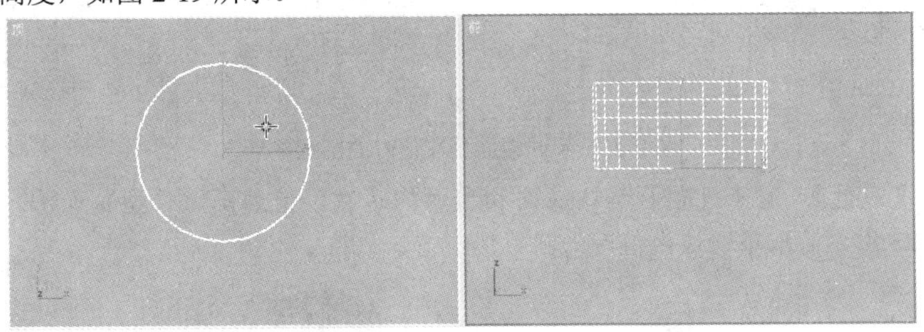

图 2-19　确定圆锥体的高度

(5) 向外移动鼠标，大小合适后再次单击鼠标左键，确定圆锥体的顶面大小，此时的造型形态如图 2-20 所示。

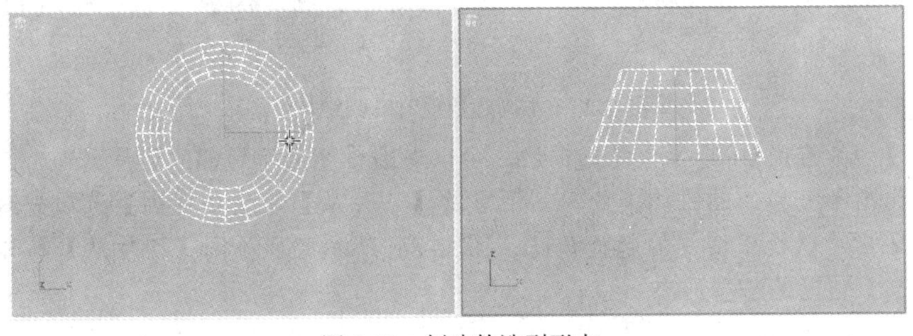

图 2-20　创建的造型形态

(6) 最后单击鼠标右键，结束圆锥体的创建，圆锥体的形态与参数如图 2-21 所示。

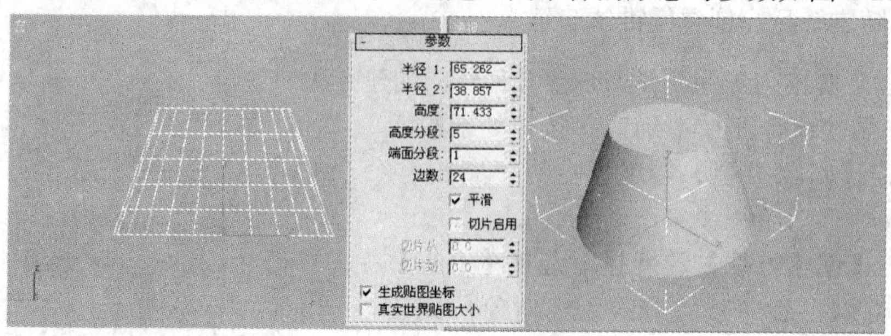

图 2-21　圆锥体的形态和参数

常用参数的意义如下：

- 【半径 1】：用于设置圆锥体的底面半径。
- 【半径 2】：用于设置圆锥体的顶面半径。
- 【高度】：用于设置圆锥体的高度。
- 【高度分段】：用于设置圆锥体的高度分段数。
- 【端面分段】：用于设置圆锥体上、下两端面沿半径向外的分段数。图 2-22 所示为取不同端面分段值时的圆锥体形态。

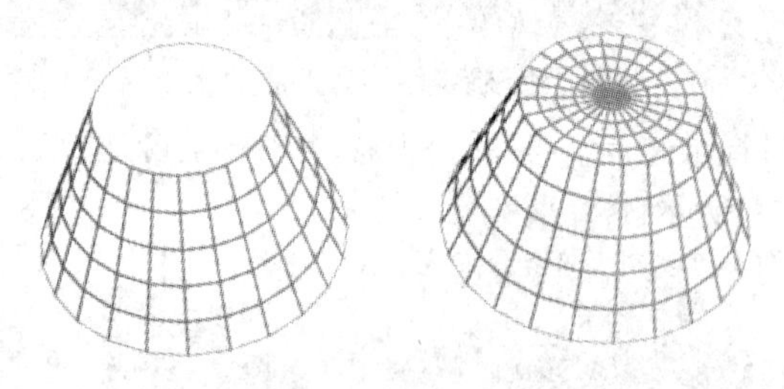

图 2-22　不同端面分段值时的圆锥体形态

- 【边数】：用于设置圆锥体底面和顶面的边数，值越高，造型越光滑。图 2-23 所示为取不同边数值时的圆锥体形态。

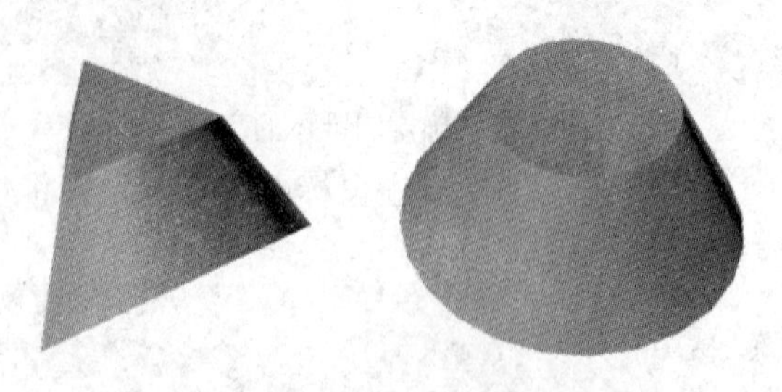

图 2-23　不同边数值时的圆锥体形态

- 【切片启用】：选择该复选框后，可以对圆锥体进行局部的切片处理，从而制作出不完整的圆锥体。此时其下方的【切片从】与【切片到】选项被激活，用户可以设置切片的起止角度。图 2-24 所示为取不同【切片从】与【切片到】值时的造型形态。

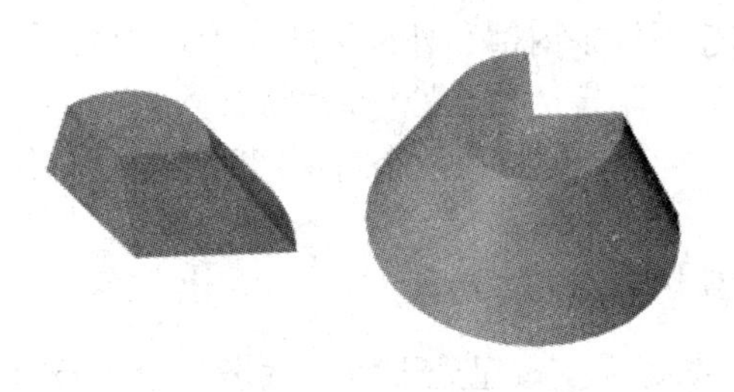

图 2-24　不同【切片从】与【切片到】值时的造型形态

2．扩展基本体的创建

扩展基本体是在标准基本体的基础上增加扩展特性后的几何体。在创建命令面板中单击 标准基本体 按钮，在打开的下拉列表中选择“扩展基本体”选项，即可显示扩展基本体按钮。

扩展基本体比标准基本体的形态更复杂，参数也比较多，因此能够制作出更为复杂的造型。图 2-25 显示了 13 种扩展基本体的基本形态。

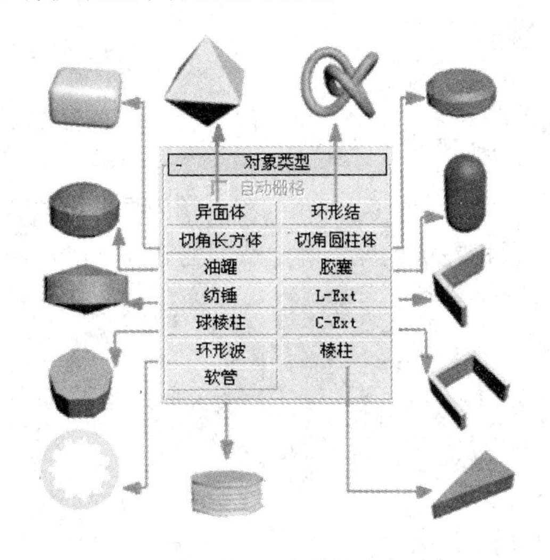

图 2-25　扩展基本体的基本形态

【异面体】：用于制作各种奇特表面组合的多面体，如钻石、链子球等。

【环形结】：用于制作管状相互连缠在一起的造型。

【切角长方体】：用于制作边缘有倒角的长方体，倒角可以使对象更圆滑、真实，如桌面、方柱等造型。

【切角圆柱体】：用于制作边缘有倒角的柱体，如坐垫、塞子等造型。

【油罐】：用于制作带有球体凸出顶部的柱体，如油桶等造型。

【胶囊】：用于制作两端带有半球的圆柱体，与胶囊形态相近。

【纺锤】：用于制作两端带有圆锥尖顶的柱体，如纺锤等造型。

【L-Ext】：用于制作 L 形夹角的立体墙造型。

【球棱柱】：用于制作具有不规则边缘的特殊圆柱，一般用于动画制作中。

【C-Ext】：用于制作 C 形夹角的立体墙造型。

【环形波】：用于创建不规则内部和外部边的环形，一般用于动画制作中。

【棱柱】：用于制作等腰不等边的三棱柱造型。

【软管】：用于制作一种可以连接在两个对象间的可变形物体，一般用于动画制作中。

随堂练习：创建切角圆柱体造型

(1) 在创建命令面板中确认按钮处于激活状态，单击标准基本体按钮，在弹出的下拉列表中选择“扩展基本体”选项，如图 2-26 所示。

(2) 单击【对象类型】卷展栏中的切角圆柱体按钮，在下方的【创建方法】卷展栏中选择【中心】选项，这样将以中心向外的方式创建对象，如图 2-27 所示。

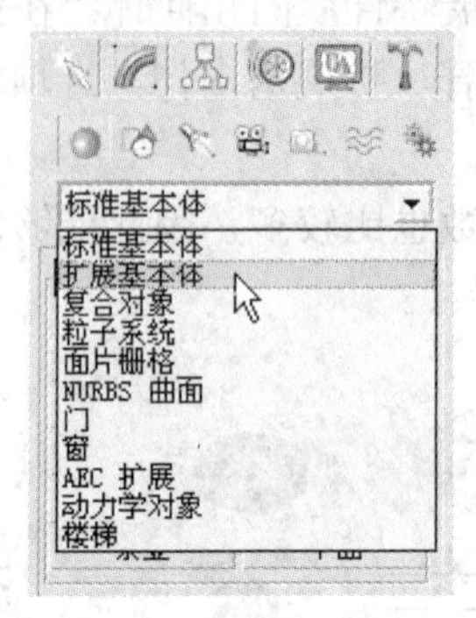

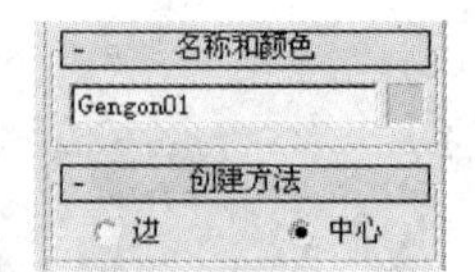

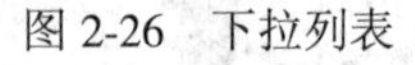

图 2-26 下拉列表　　　　图 2-27 【创建方法】卷展栏

(3) 在顶视图中按下鼠标左键拖曳，确定造型的底面大小，如图 2-28 所示。

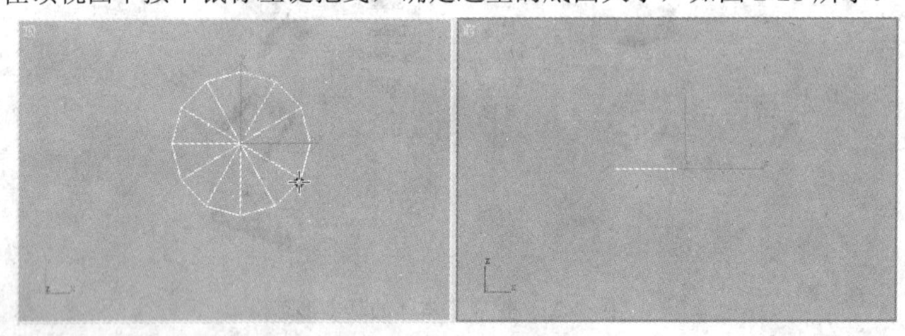

图 2-28 确定造型的底面大小

(4) 释放鼠标，然后向上移动鼠标至适合位置后，单击鼠标左键，确定造型的高度，如图 2-29 所示。

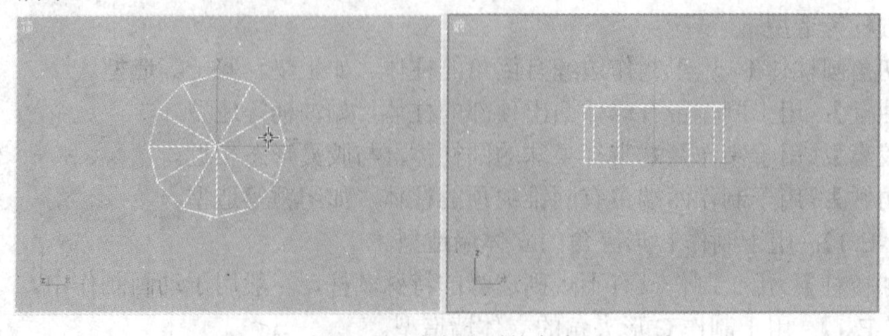

图 2-29 确定造型的高度

(5) 向中心处移动鼠标，大小合适后再次单击鼠标左键，确定造型的圆角大小。

(6) 单击鼠标右键，结束切角圆柱体的创建，此时的造型形态与参数如图 2-30 所示。

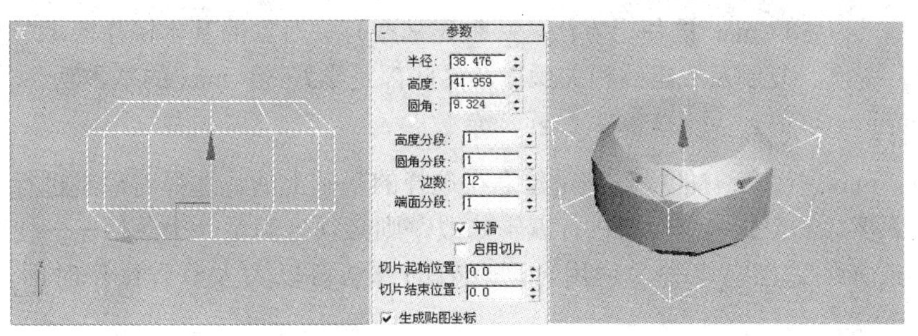

图 2-30　切角圆柱体的造型形态与参数

常用参数的意义如下：

- 【半径】: 用于设置切角圆柱体半径的大小。
- 【高度】: 用于设置切角圆柱体的高度。
- 【圆角】: 用于设置切角圆柱体的圆角大小。
- 【高度分段】: 用于设置切角圆柱体的高度分段数。
- 【圆角分段】: 用于设置切角圆柱体圆角部分的分段数，值越高，棱角越光滑。图 2-31 所示为取不同圆角分段值时的造型形态。
- 【边数】: 用于设置切角圆柱体上、下两端面的边数，值越高，造型越光滑。图 2-32 所示为取不同边数值时的造型形态。

图 2-31　不同圆角分段值时的造型形态

图 2-32　不同边数值时的造型形态

- 【端面分段】: 用于设置切角圆柱体的上、下两端面沿半径向外的分段数。
- 【启用切片】: 选择该复选框后，可以对切角圆柱体进行局部的切片处理，从而制作出不完整的圆锥体。图 2-33 所示为取不同切片起始位置与切片结束位置值时的造型形态。

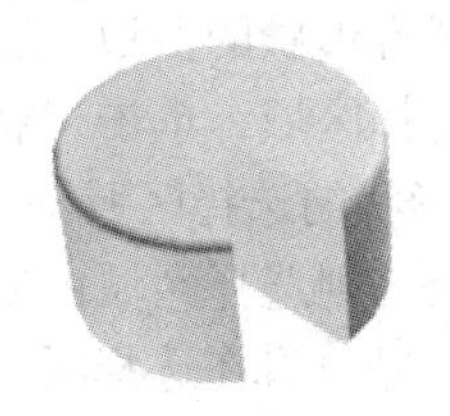
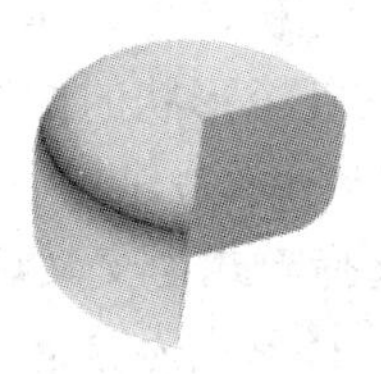

图 2-33　不同切片起始位置与切片结束位置值时的造型形态

2.1.3 对象的基本操作

要熟练掌握 3ds max 的使用方法，必须先掌握有关对象的基本操作。本节主要介绍对象的选择、变换、复制及成组的相关操作，这些都是学好 3ds max 的基本功。

1. 选择

在 3ds max 中，所有的操作都是建立在选择的基础上的，选择对象是进行一切操作的前提，如果要对一个或多个对象进行编辑修改，则必须先满足一个条件——使对象处于选择状态。选择的方法有多种，运用合理有效的方法可以大大节省操作时间，提高工作效率。

● 使用选择按钮

在 3ds max 9 中文版的工具栏中，有八种具有选择功能的按钮，除 按钮之外，其余的工具按钮都具有多重功能。图 2-34 显示的是工具栏中具有选择功能的按钮。

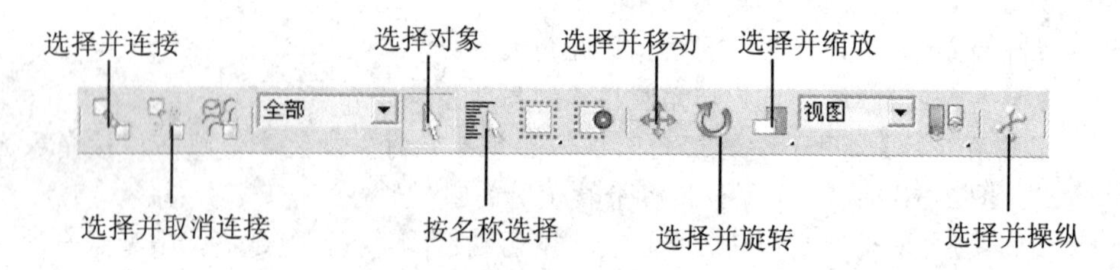

图 2-34 具有选择功能的按钮

在视图中创建了对象之后，激活工具栏中任意一个具有选择功能的按钮，都可以通过单击鼠标来选择对象或拖曳鼠标框选对象。

在视图中的空白位置处单击鼠标左键，可以取消对象的选择状态；单击其它的对象，则在选择该对象的同时取消前面选择的对象。

按住 Ctrl 键的同时依次单击其它的对象，可以选择多个对象。

按住 Alt 键的同时单击已经被选择的对象，可以取消其选择状态。

● 区域选择

区域选择对象是使用鼠标拖曳出一个虚线框，根据虚线框所围成的选择区域来选择对象的一种方法。具体操作方法如下：

(1) 单击工具栏中的 按钮，在视图中拖曳鼠标来建立选择区域。

(2) 单击工具栏中的 按钮，在视图中的空白位置处拖曳鼠标，可以产生矩形选择区域；单击 按钮，在视图中的空白位置处拖曳鼠标，可以产生圆形选择区域；单击 按钮，在视图中多次单击鼠标左键，可以建立任意形状的多边形选择区域；单击 按钮，在视图中拖曳鼠标，可以建立任意形状的曲线选择区域；单击 按钮，可以通过随意拖曳鼠标来选择多个对象。图 2-35 所示为建立不同形状的选择区域。

(3) 如果当前的区域选择模式为交叉选 ，则选择区域内或被虚线框挂到的对象都会被选择；如果当前的区域选择模式为窗选 ，则只有在选择区域内的对象才会被选择。

(4) 按住 Ctrl 键的同时继续框选对象，可以增加选择对象；按住 Alt 键的同时继续框选对象，可以将被选择的对象从选择集中减除。

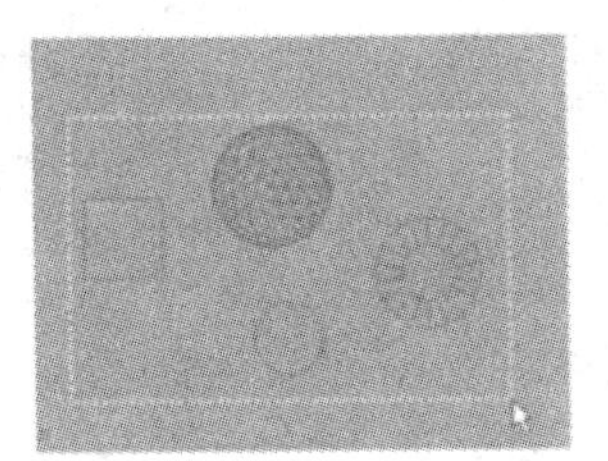

矩形选择区域

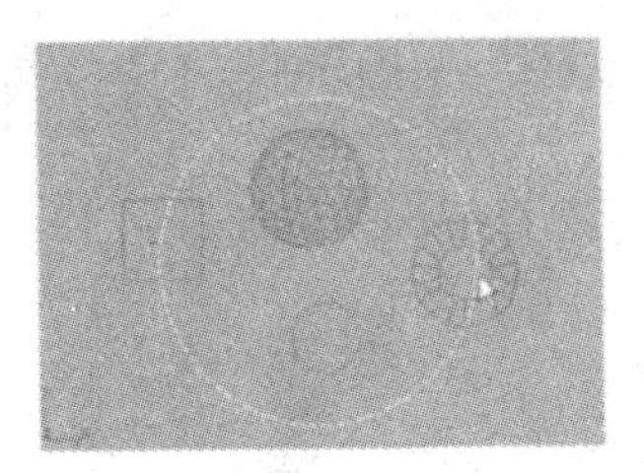

圆形选择区域

多边形选择区域

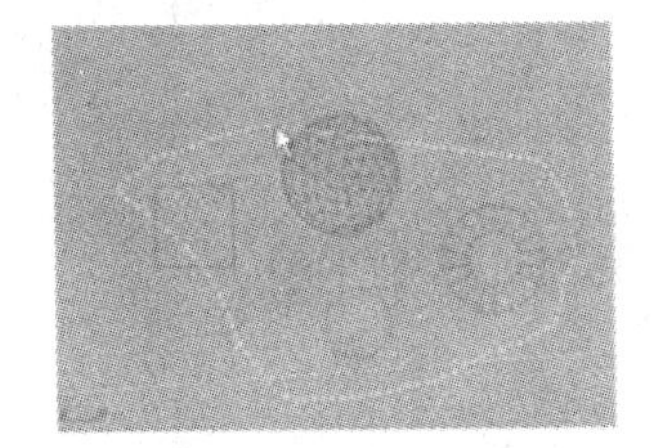

曲线选择区域

绘制选择区域

图 2-35 不同形状的选择区域

● 根据名称选择

在 3ds max 中创建对象时，系统将为创建的对象自动命名，因此，用户除了用上述两种方法选择对象外，还可以根据名称选择对象。如果创建的场景比较复杂，并且对象之间有重叠，采用这种方式可以既快捷又准确地选择对象。

单击工具栏中的按钮，或者按下 H 键，将弹出【选择对象】对话框，如图 2-36 所示，通过该对话框可以根据名称选择对象。

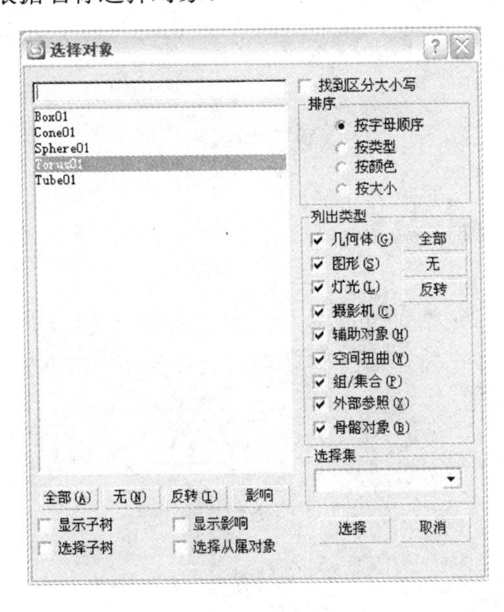

图 2-36 【选择对象】对话框

● 过滤选择

当场景中包含了几何体、灯光、图形、摄影机(相机)等多种类型的对象时，可以通过 3ds max 9 中文版的过滤功能来选择对象。使用过滤功能可以进一步缩小选择范围，使操

作更容易实现。例如，在复杂的场景中只想选择某一盏灯光，可以单击工具栏中的选择过滤器，在打开的下拉列表中选择“灯光”，如图 2-37 所示，这样就过滤掉了其它对象，再使用前面介绍的方法进行选择就比较方便了。

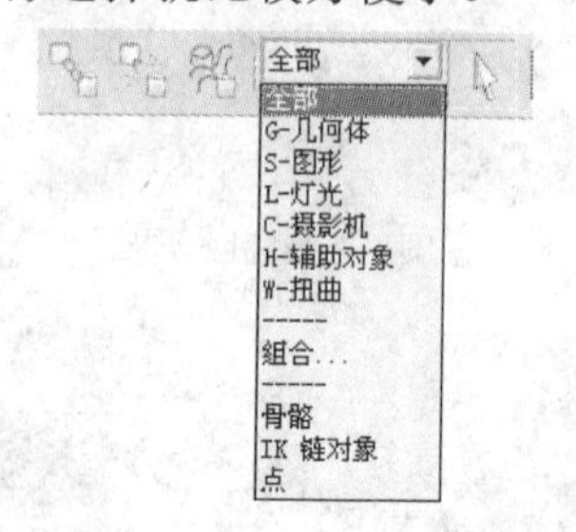

图 2-37　选择过滤器

2．变换

对象的变换主要有移动、旋转和缩放三种，分别可以通过工具、工具和工具实现。通过前一节的学习，我们了解到这三个工具除了自身具备的功能外，还具有选择对象的功能。下面介绍三种工具的变换功能。

- 选择并移动工具

选择并移动工具用于选择对象并对其进行移动操作。只要激活该按钮，便可以根据特定的坐标系与坐标轴对选择的对象进行移动操作。操作时，要注意当前坐标轴的选择，当前坐标轴显示为黄色，如图 2-38 所示的 X 轴便是当前坐标轴。

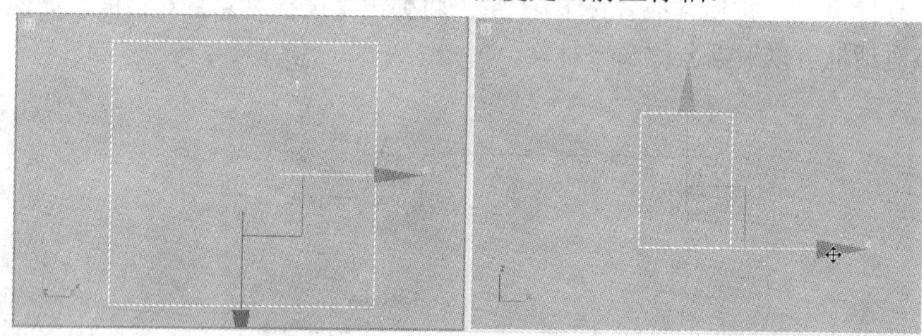

图 2-38　坐标轴

选择某个对象后，在按钮上单击鼠标右键，将弹出【移动变换输入】对话框，在该对话框中输入数值后，可以非常精确地移动对象的位置，如图 2-39 所示。

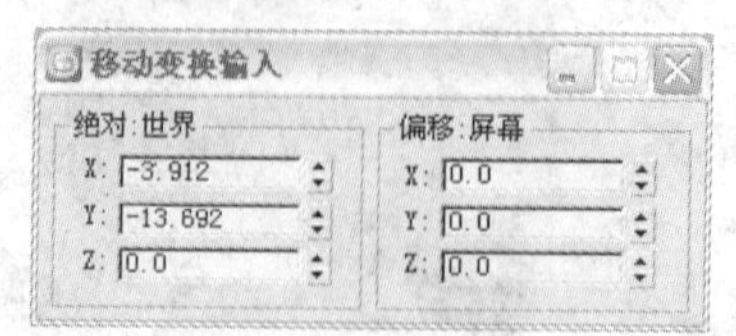

图 2-39　【移动变换输入】对话框

- 选择并旋转工具

选择并旋转工具用于选择对象并对其进行旋转操作，其用法与工具相同。使用工具进行旋转操作时要注意坐标轴的识别，红色代表 X 轴、绿色代表 Y 轴、蓝色代表 Z 轴，黄色代表被锁定的轴。图 2-40 所示为对象在旋转过程中的状态。

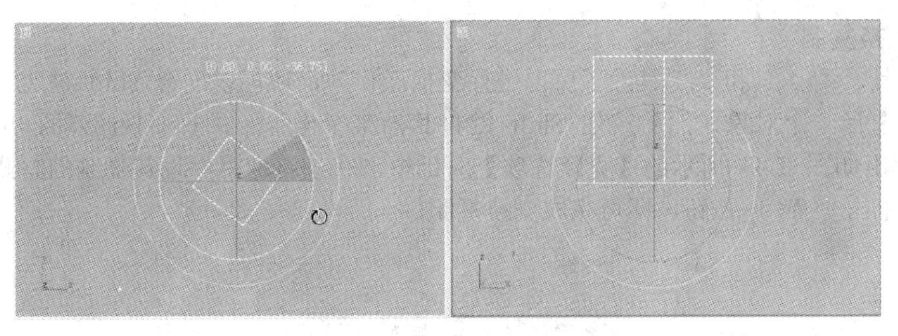

图 2-40　对象在旋转过程中的状态

选择了某个对象后，激活按钮并在按钮上单击鼠标右键，将弹出【旋转变换输入】对话框，在该对话框中输入数值后，可以精确地旋转对象，如图 2-41 所示。

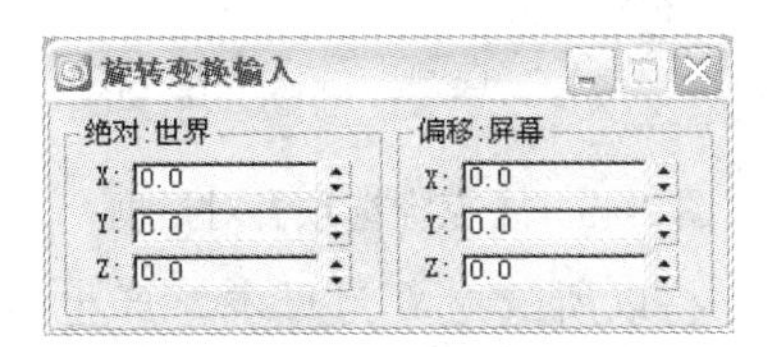

图 2-41　【旋转变换输入】对话框

- 选择并均匀缩放工具

除了选择并均匀缩放工具外，单击按钮并按住鼠标左键不放，还可以观察到两个隐藏按钮——选择并非均匀缩放工具和选择并挤压工具，创建造型时，使用它们可以对造型进行缩放操作。

- 选择并均匀缩放工具：在三个轴向(X、Y、Z)上进行等比例缩放，只改变对象的体积，不改变其形态。
- 选择并非均匀缩放工具：在指定的坐标轴上进行不等比缩放，其体积与形态都会发生变化。
- 选择并挤压工具：在指定的坐标轴上做挤压变形，保持原体积不变而形态发生变化。

这三个缩放工具与其它变换工具的功能相同，通过在该按钮上单击鼠标右键，在弹出的【缩放变换输入】对话框中输入数值，可以精确地缩放对象，如图 2-42 所示。

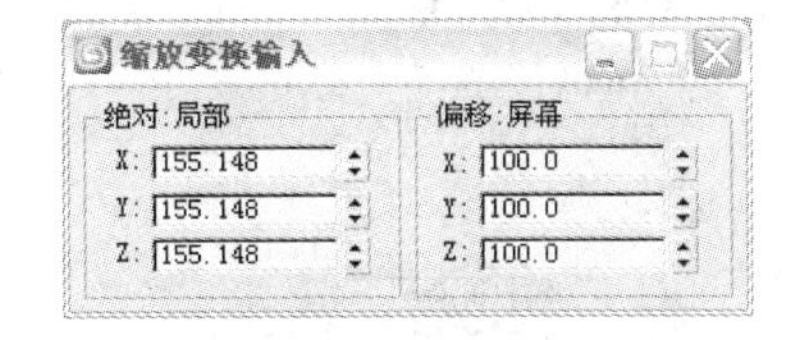

图 2-42　【缩放变换输入】对话框

3. 复制

复制对象是指将选择的对象制作出精确的复制品，这是建模工作中的一项重要内容。复制对象的方法很多，如可以利用键盘复制对象，也可以利用工具栏中的工具按钮复制对象，如镜像工具、空间工具、快照工具和阵列工具等，这几种工具既是变换工具，也是复制工具，使用频率非常高。

● 变换复制

工具、工具和工具除了可以进行变换操作外，还可以配合 Shift 键进行复制操作。首先选择一个对象，然后按住 Shift 键将其沿某个坐标轴进行变换(移动、旋转、缩放)，将弹出如图 2-43 所示的【克隆选项】对话框，在该对话框中设置复制的方式、数量及名称后单击 确定 按钮，即可完成变换复制。

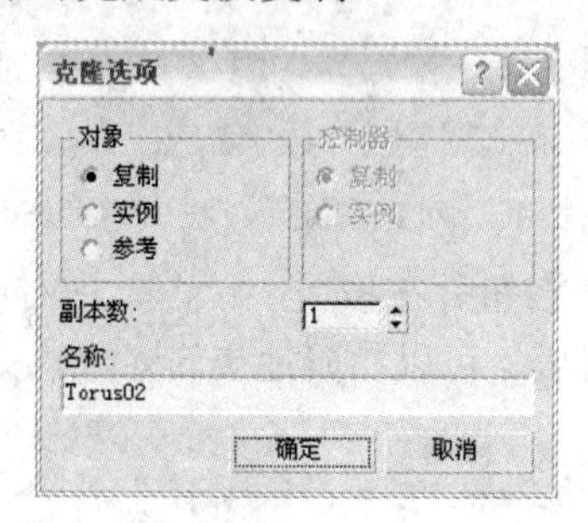

图 2-43 【克隆选项】对话框

- 【复制】：选择该项后，将以所选对象为母本，产生一些互不相关的复制品。
- 【实例】：选择该项后，将以所选对象为母本，产生一些相互关联的复制品，改变其中的一个对象时，其它的对象也会随之发生变化。
- 【参考】：选择该项后，将以所选对象为母本，产生单向的关联复制品，即改变母本对象时，复制产生的对象也随之变化，但是改变复制对象时，则不会影响母本对象。
- 【副本数】：用于设置复制对象的数量。
- 【名称】：用于设置复制出的新对象的名称。

● 镜像复制

镜像工具按钮位于主工具栏中，用于产生一个或多个对象的镜像，既可以在镜像对象的同时复制，也可以只镜像不复制，并且可以沿不同的坐标轴进行偏移镜像。

在进行镜像操作时，首先要选择对象，然后单击工具栏中的按钮，将弹出【镜像：屏幕 坐标】对话框，如图 2-44 所示。在该对话框中可以设置镜像轴、镜像方式及偏移值，单击 确定 按钮，即可完成镜像操作。

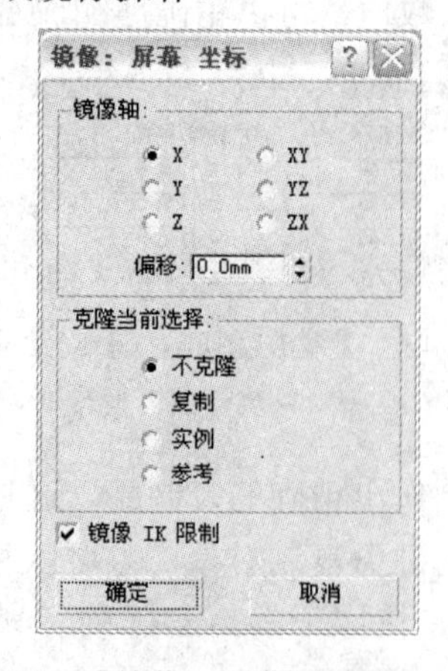

图 2-44 【镜像：屏幕 坐标】对话框

- 【镜像轴】：用于选择镜像的对称轴。
- 【偏移】：用于设置镜像对象与原对象间的距离，该距离通过轴心点来计算。
- 【克隆当前选择】：用于选择复制方式，除了可以将所选对象进行镜像外，还可以将其镜像复制。

● 阵列复制

在进行阵列操作前，首先要打开【附加】工具栏，该工具栏中包含了阵列工具、快照工具、间隔工具和克隆并对齐工具等，如图 2-45 所示。

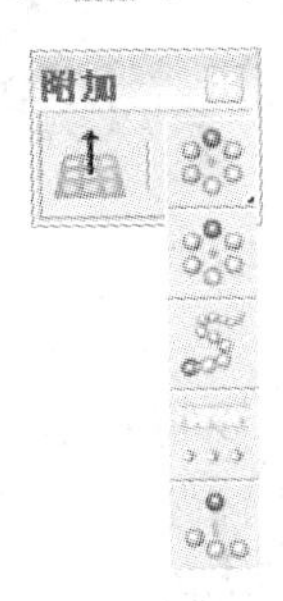

图 2-45　【附加】工具栏

阵列工具：用于产生一维、二维和三维的阵列复制。在使用该工具时，需要先选择对象，然后单击按钮，这时将弹出【阵列】对话框，如图 2-46 所示。在该对话框设置阵列的轴向、数量、类型等选项后单击 确定 按钮，即可阵列复制所选对象。

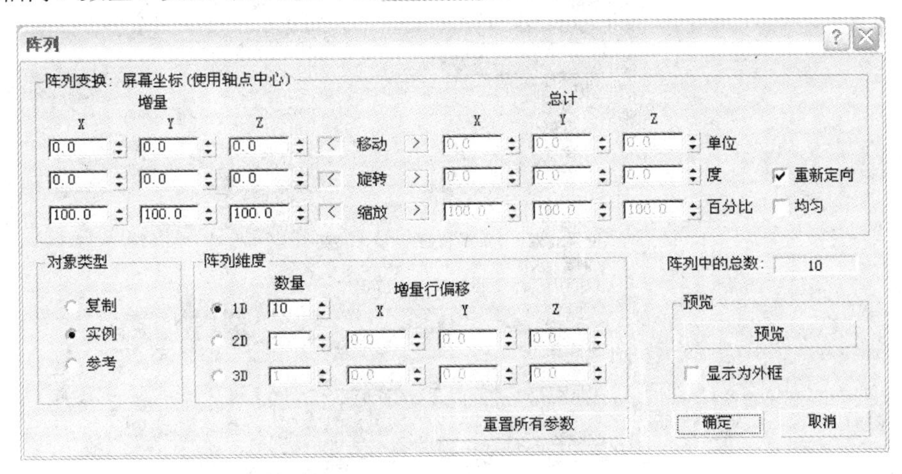

图 2-46　【阵列】对话框

快照工具：用于将特定帧中的对象以当前的状态克隆出一个新的对象，一般在动画制作中使用。在使用该工具时，同样需要先选择对象，然后单击按钮，这时将弹出【快照】对话框，如图 2-47 所示，根据需要设置好参数后确认即可。

间隔工具：用于在一条曲线路径上将所选对象进行复制，可以整齐均匀地进行排列，也可以设置其间距。在使用该工具时，要先选择对象，然后单击按钮，这时将弹出【间隔工具】对话框，如图 2-48 所示。单击对话框中的 拾取路径 按钮，在视图中拾取路径，可以沿路径进行复制；单击对话框中的 拾取点 按钮，可以在视图中指定的两点之间进行复制。

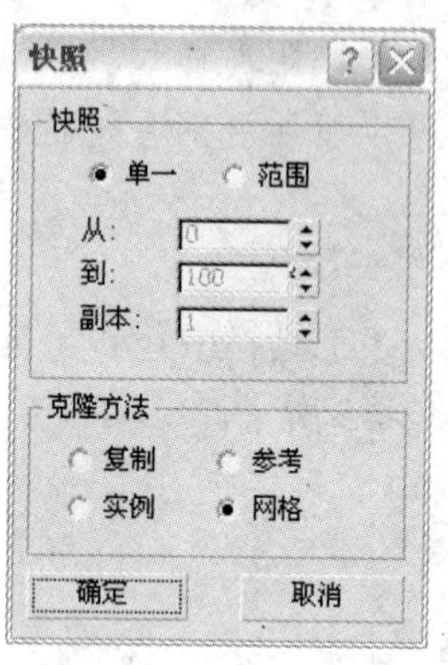

图 2-47 【快照】对话框

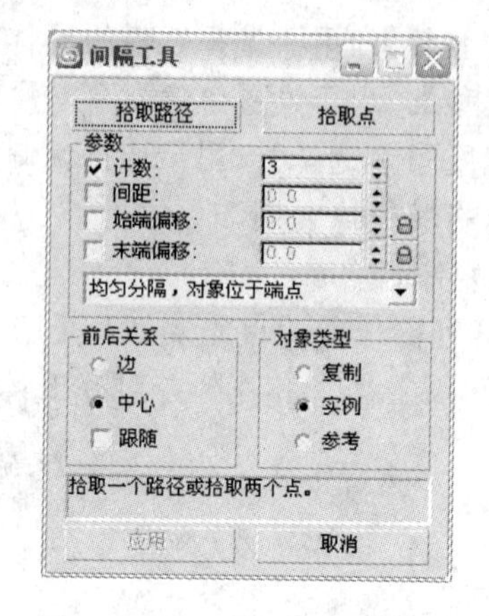

图 2-48 【间隔工具】对话框

克隆并对齐工具：使用该工具可以将当前所选对象分布到目标对象上。在使用工具时，首先要选择对象，然后单击按钮，将弹出【克隆并对齐】对话框，如图 2-49 所示。在该对话框中单击 拾取 按钮，指定目标对象，然后设置相关参数并确认即可。

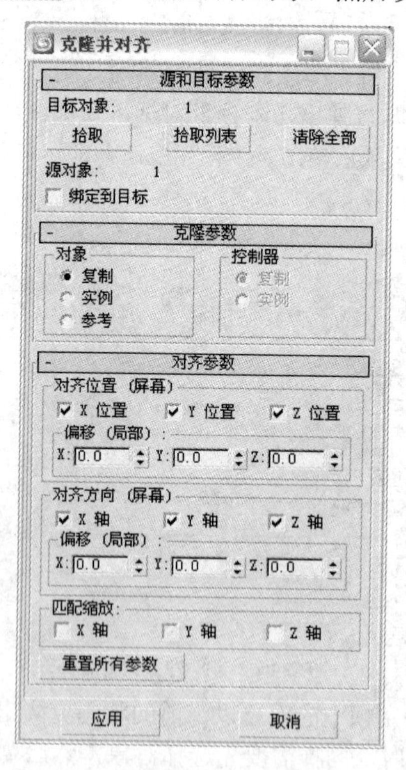

图 2-49 【克隆并对齐】对话框

4. 隐藏、显示与冻结

在效果图制作过程中，为了便于观察与操作，经常需要对场景中的对象进行显示、隐藏与冻结操作。要隐藏、显示或冻结对象，可以通过以下两种方法实现——快捷菜单和显示命令面板。

● 快捷菜单

在视图中选择要隐藏、显示或冻结的对象，然后单击鼠标右键，从弹出的快捷菜单中选择相应命令，即可完成对对象的显示、隐藏与冻结操作，如图 2-50 所示。

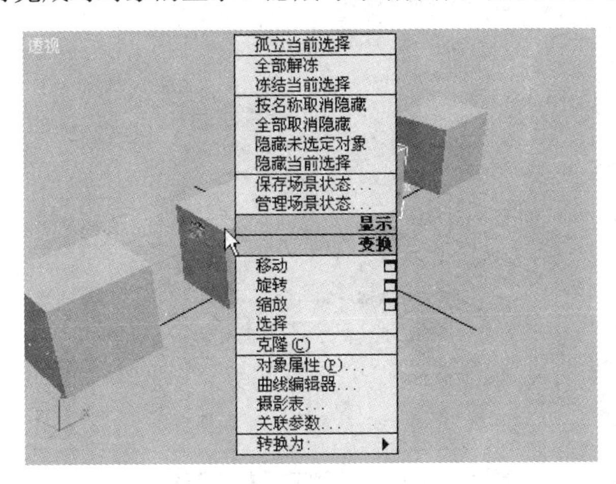

图 2-50　快捷菜单

● 显示命令面板

显示命令面板主要用于控制场景中各种对象的显示情况，通过显示、隐藏、冻结等控制可以更好地完成动画、效果图的制作，加快画面的显示速度。显示命令面板如图 2-51 所示。

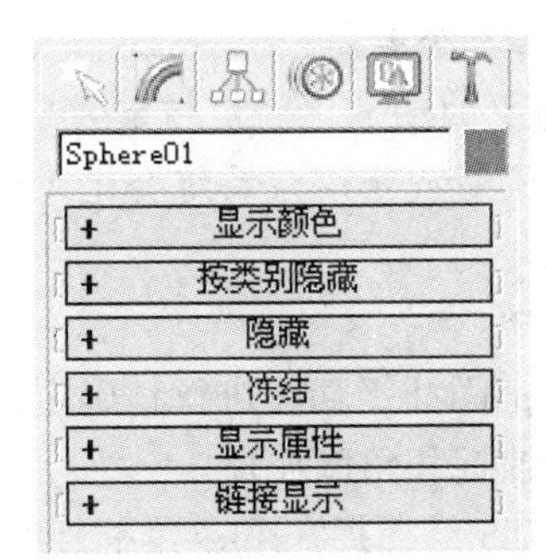

图 2-51　显示命令面板

- 【显示颜色】卷展栏：用于设置视图中对象及线框的显示颜色。
- 【按类别隐藏】卷展栏：用于设置视图中对象的隐藏类型。
- 【隐藏】卷展栏：用于隐藏对象，从而加快显示速度。
- 【冻结】卷展栏：用于冻结视图中的对象，以避免发生误操作。
- 【显示属性】卷展栏：用于控制所选对象的显示属性。
- 【链接显示】卷展栏：用于控制层级链接的显示情况。

5．对齐与捕捉

在效果图的建模过程中，为了确保位置的精确性，经常要使用对齐与捕捉功能。

● 对齐

对齐就是通过移动被选择的对象，使它与指定对象自动对齐。在选择要对齐的对象

时，单击工具栏中的按钮，然后在视图中选择对齐的目标对象，将弹出【对齐当前选择】对话框，如图 2-52 所示。在该对话框中可以设置对齐的位置、方向与匹配比例等。

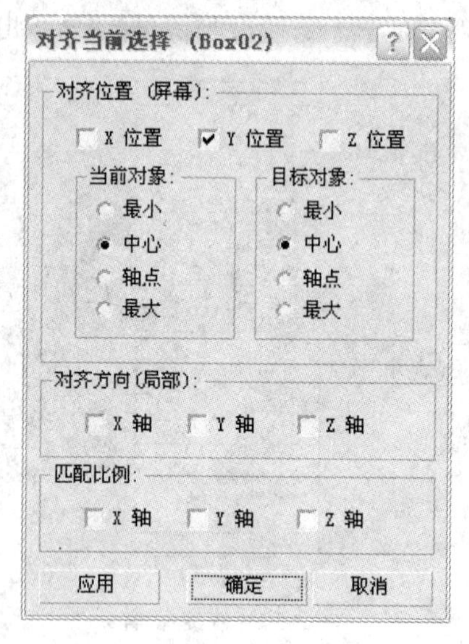

图 2-52 【对齐当前选择】对话框

- 【对齐位置】：用于指定对齐的方式，包括对齐的坐标轴、当前对象与目标对象的对齐设置。
- 【对齐方向(局部)】：用于指定对齐方向的坐标轴，根据对象自身坐标系统完成，可根据需要自由选择三个轴向。
- 【匹配比例】：将目标对象的缩放比例沿指定的坐标轴施加到当前的对象上。要求目标对象已经进行了缩放修改，系统会记录缩放的比例，将比例值应用到当前对象上。

● 捕捉

制作效果图时经常需要使用空间捕捉功能进行精确定位。3ds max 中提供了多种捕捉功能，最常用的捕捉功能是空间捕捉和角度捕捉。

空间捕捉分为二维捕捉、2.5 维捕捉和三维捕捉三种形式。

- 二维捕捉：只捕捉当前栅格平面上的点、线等，适用于在绘制平面图时捕捉各坐标点。
- 2.5 维捕捉：不但可以捕捉到当前平面上的点、线等，还可以捕捉到三维空间中的对象在当前平面上的投影，适用于描绘和勾勒三维对象轮廓。
- 三维捕捉：直接捕捉空间中的点、线等，为建筑模型安置门窗时经常使用该功能。

单击按钮打开捕捉功能后，在该按钮上单击鼠标右键，将弹出【栅格和捕捉设置】对话框，如图 2-53 所示，用户可以在【捕捉】选项卡中任意选择捕捉方式。

角度捕捉主要用于精确旋转对象。使用它可以有效地控制旋转单位，默认情况下，对象旋转一下的转动角度是 5°。在角度捕捉按钮上单击鼠标右键，会弹出【栅格和捕捉设置】对话框，如图 2-54 所示，在【选项】选项卡中可以修改转动的角度。

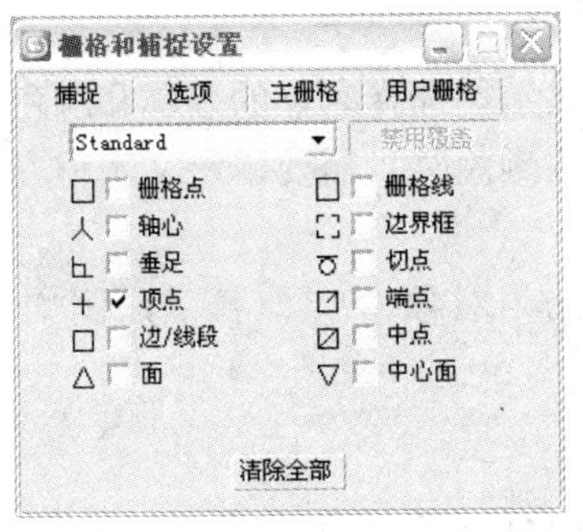

图 2-53　【栅格和捕捉设置】对话框 1

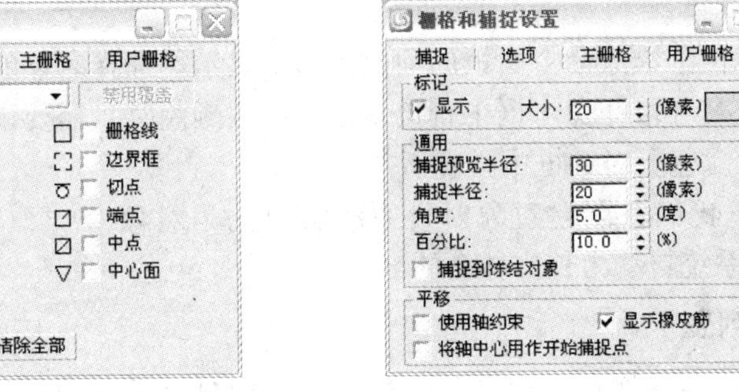

图 2-54　【栅格和捕捉设置】对话框 2

6. 成组

组是由一个或几个独立的几何对象组成的可以合并与分离的集合，构成组的几何对象仍然具有各自的一些特性。组为我们对多个对象进行相同的操作提供了一种理论基础，成组的所有对象可以视为一个物体，能够同时接受修改命令或制作动画等，这大大提高了操作的灵活性与易用性。

组是 3ds max 9 中的一个重要概念，将对象成组后可以进行统一的操作，成组不会对原对象做任何修改，也不会改变对象的自身特性。对象成组之后，单击组内的任意一个对象，都将选择整个组。用户可以像操作单个对象一样对组进行修改、编辑操作，操作完成后还可以解散组。

组的操作非常简单，主要通过【组】菜单来完成，包括成组、解组、打开、关闭、附加、分离等。读者可以自己尝试这些菜单命令，这里不作详细介绍了。

2.1.4　修改命令面板

修改命令面板是 3ds max 模型的修改平台，在这里既可以修改对象的基本参数，也可以为对象添加修改命令。使用修改命令的步骤非常简单，首先选择场景中的对象，然后单击命令面板中的 按钮，即可进入修改命令面板。在该面板中可以执行如下修改操作：

- 修改对象的创建参数。
- 为对象添加修改命令，从而改变对象的表现形态。
- 调整修改命令的参数。
- 删除修改命令。
- 将对象转换为可编辑网格对象。

下面，我们按照修改命令面板的功能对其组成部分进行介绍，如图 2-55 所示。

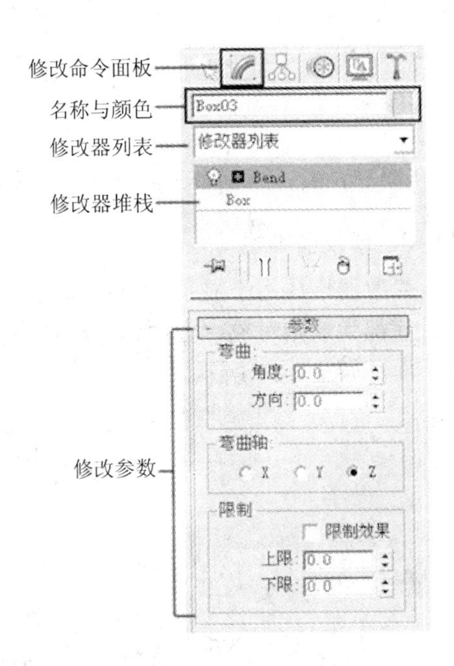

图 2-55　修改命令面板

1．名称与颜色

名称与颜色位于修改命令面板的顶部，用于显示被选择对象的名称和颜色，并且可以随时更改。对象名称可在文本框中直接修改；修改颜色时，需要单击文本框右侧的色块，在打开的【对象颜色】对话框中设置所需的颜色。

通常情况下我们在创建对象时，系统会自动为对象命一个名字，例如，上图中的“Box03”就是系统自动为长方体命的名字。

2．修改器列表

单击 修改器列表 ，在打开的下拉列表中可以选择所需的修改命令，如图 2-56 所示。

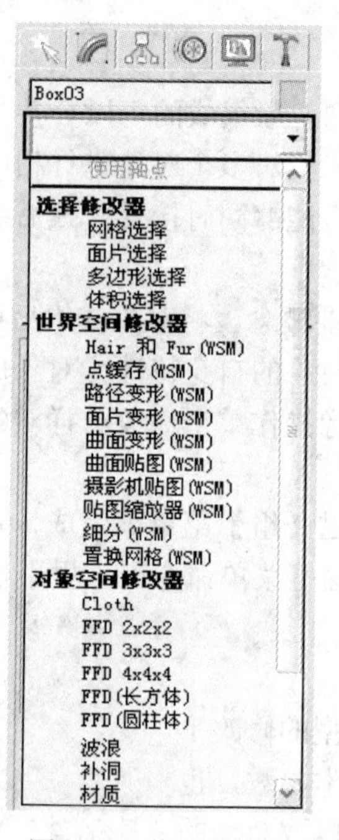

图 2-56　修改器列表

3．修改器堆栈

修改器堆栈用于显示修改对象的历史记录，其中包括对象的创建参数和所用的修改命令，底部为原始对象，上面为修改命令，按照自下向上的顺序排列，最新的修改命令将在最上面，如图 2-57 所示。

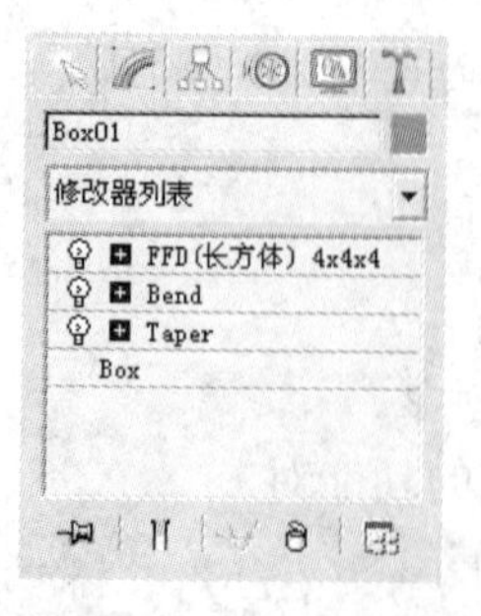

图 2-57　修改器堆栈

修改器堆栈的下方提供了多个按钮，这些按钮起到了辅助修改的功能。

- (锁定堆栈)按钮：激活该按钮后，可以将修改器堆栈锁定到当前的对象上，这样，无论在场景中选择任何对象，命令面板中依然显示锁定对象的修改内容。
- (显示最终结果开/关切换)按钮：如果当前的位置处于修改器堆栈的中间或底层，则视图中只显示当前所在位置之前的修改结果。激活此按钮后，可以观察到最后的修改结果。
- (使唯一)按钮：当向一组选择对象加入修改命令时，这个修改命令会同时影响所有对象，以后再调节这个修改命令的参数时，会对所有的对象同时进行修改。按下此按钮后，可以将共同的修改命令独立分配给每个对象，使它们失去彼此的关联关系。该按钮也可以使单个对象从一组对象中独立出来，获得所有独立的修改命令。
- (从堆栈中移除修改器)按钮：用于删除当前选中的修改命令。
- (配置修改器集)按钮：单击该按钮后，从弹出的菜单中选择所需的命令，可以对修改器堆栈进行编辑，如图 2-58 所示。

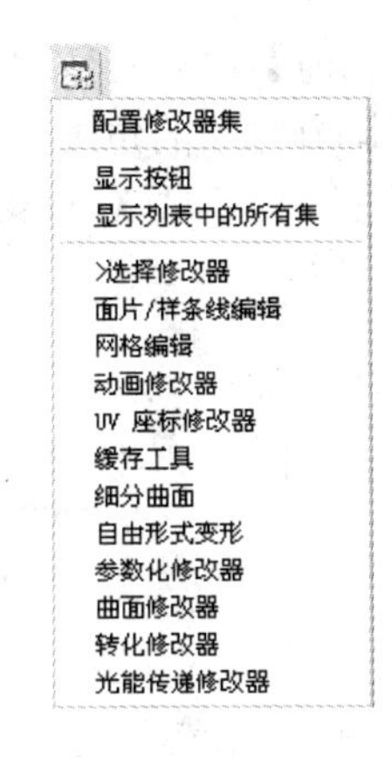

图 2-58　弹出的菜单

4. 修改参数区

在修改器堆栈的下方是修改参数区，它以参数卷展栏的形式保存着对象的各种创建参数和修改参数，如果用户对创建的对象不满意，则可以选择该对象，在修改命令面板的修改参数区中修改它的参数。图 2-59 所示分别为长方体的创建参数和【Bend】(弯曲)修改命令的参数。

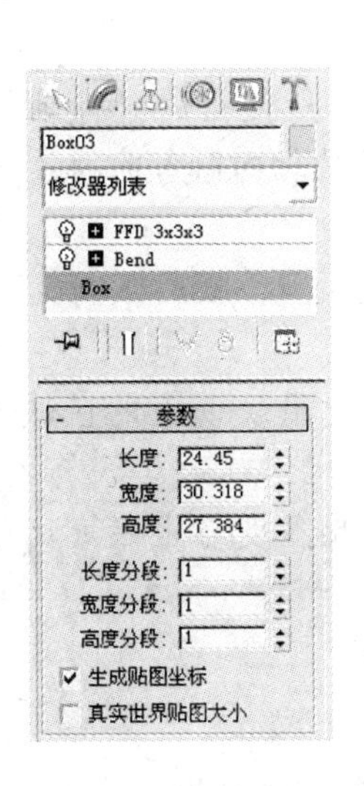

图 2-59　参数修改区

2.1.5 几个三维修改命令

利用基本几何体创建模型是一种最常规的建模方法，这种方法只能创建一些简单的、形态规则的模型。对于复杂的模型这种方法就不适用了，通常需要借助三维修改命令对其进行修改编辑，从而得到复杂的造型。常用的三维修改命令包括【弯曲】、【锥化】和【FFD】等。

1.【弯曲】命令

【弯曲】命令是效果图建模中常用的一种修改命令，它可以对对象进行弯曲处理，并且能够调节弯曲的角度、方向以及弯曲依据的坐标轴向，还可以限制弯曲在一定的区域之内。图 2-60 所示是对对象进行不同弯曲处理后的效果。

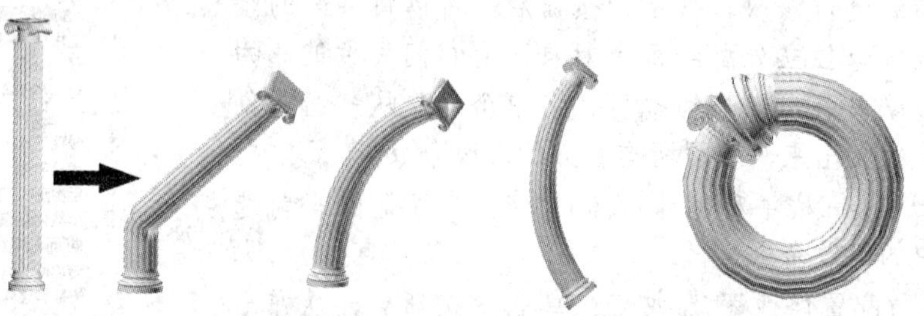

物体原始的形状　　　　进行不同程度弯曲后的形状

图 2-60　不同弯曲处理后的效果

【弯曲】命令的使用方法非常简单：先选择要修改的对象，然后进入修改命令面板，选择【修改器列表】中的【弯曲】命令后，即可进行修改操作。

【弯曲】命令的【参数】卷展栏如图 2-61 所示。

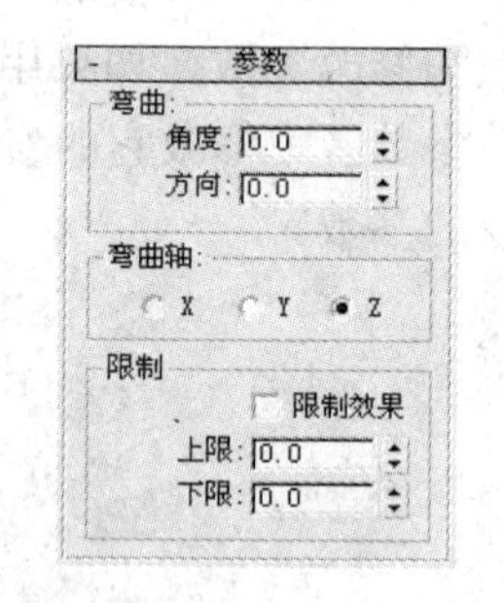

图 2-61　【参数】卷展栏

- 【角度】：用于输入所选对象的弯曲角度，取值范围为 −999 999～999 999。
- 【方向】：用于输入所选对象弯曲的方向，取值范围为 −999 999～999 999。
- 【弯曲轴】：用于设置所选对象弯曲时所依据的坐标轴向，即 X、Y、Z 三个轴向，选择不同的轴向时弯曲的效果也不同。
- 【限制效果】：选择该复选框时，通过设置下面的限制数值可以影响所选对象的弯曲效果。
- 【上限】：用于设置弯曲的上限，在此限度以上的区域将不会受到弯曲的影响。
- 【下限】：用于设置弯曲的下限，在此限度与上限之间的区域将受到弯曲影响。

随堂练习：【弯曲】命令的使用

(1) 在创建命令面板中单击 按钮，然后单击 标准基本体 ，在打开的下拉列表中

选择“扩展基本体”选项。

(2) 单击【对象类型】卷展栏中的 油罐 按钮，在顶视图中创建一个油罐，其在视图中的形态与参数设置如图 2-62 所示。

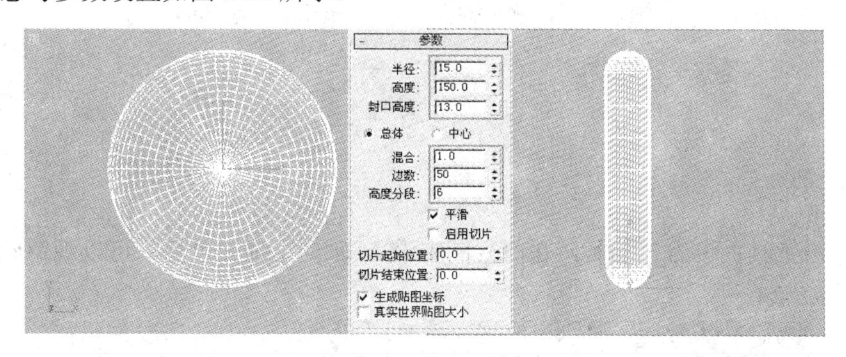

图 2-62　创建的油罐

创建油罐时，要将其【高度分段】值设置为 6。如果使用默认值 1，则执行到后面的【弯曲】命令时，就不会达到预期的效果。因此，在执行【弯曲】命令时，一定要设置合理有效的分段数。

(3) 单击 按钮，进入修改命令面板，在【修改器列表】中选择【弯曲】命令，在【参数】卷展栏中设置各项参数，弯曲后的造型形态如图 2-63 所示。

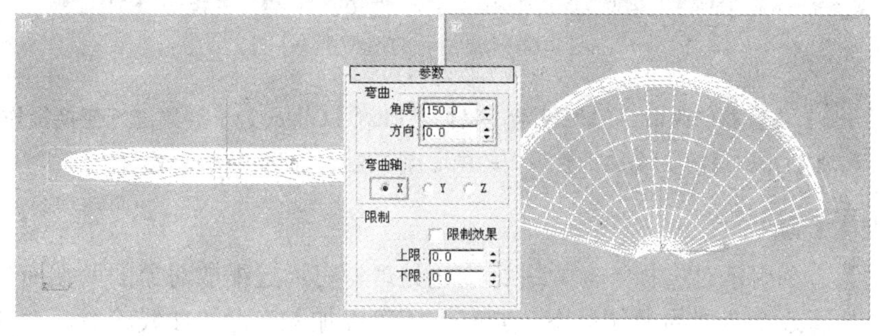

图 2-63　弯曲后的造型形态

(4) 在修改命令面板的【参数】卷展栏中调整【弯曲轴】为 Z 轴，此时的造型形态如图 2-64 所示。

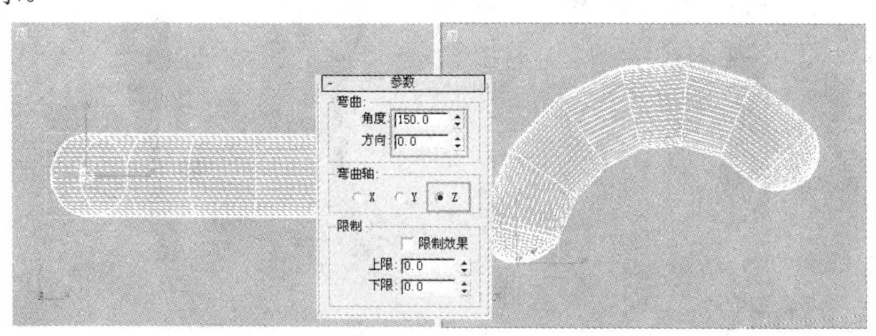

图 2-64　调整后的造型形态

(5) 在修改器堆栈中单击修改命令左侧的“+”号，展开其子对象，单击【Gizmo】项，进入子对象层级，如图 2-65 所示。

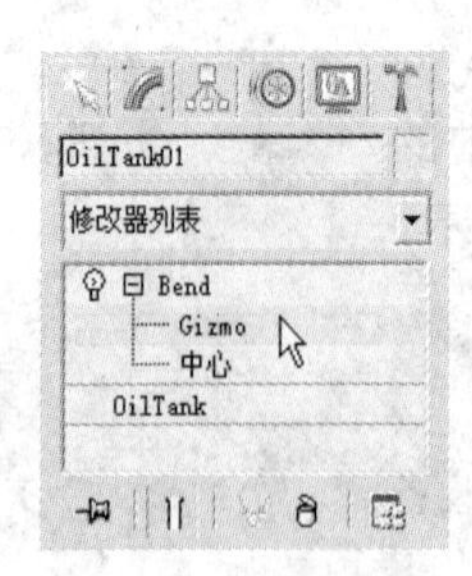

图 2-65 修改器堆栈

(6) 单击工具栏中的工具，在前视图中沿 Y 轴向上拖曳鼠标，可以观察到调整后的造型形态如图 2-66 所示。

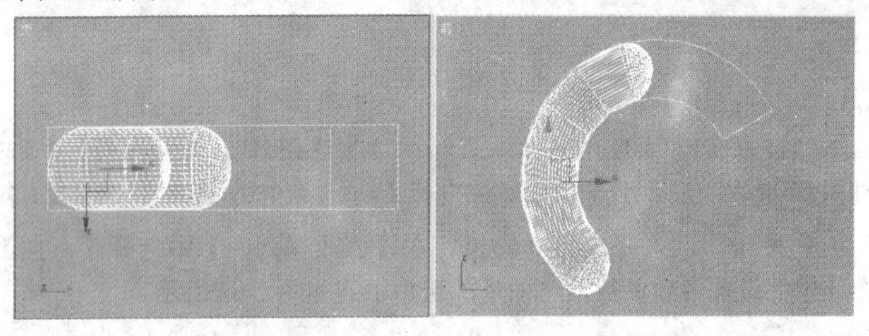

图 2-66 调整后的造型形态

【Gizmo】是弯曲修改命令的子对象，我们可以对【Gizmo】子对象进行变换操作或者设置动画，移动【Gizmo】子对象会调整弯曲的中心点位置，从而改变弯曲效果。

2.【锥化】命令

【锥化】命令用于对选择的对象进行锥化处理，可通过缩放对象的两端而使对象产生锥形轮廓，从而改变造型的具体形态；同时，还可以加入光滑的曲线轮廓，允许自由控制锥化的倾斜度和曲线轮廓的曲度。图 2-67 所示为使用【锥化】命令前、后的造型形态。

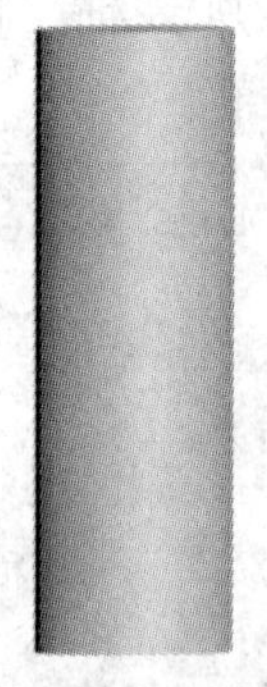

修改前的造型

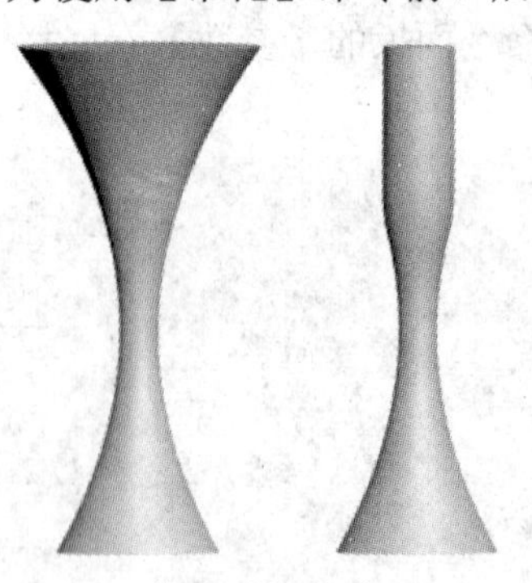

修改后的造型

图 2-67 使用【锥化】命令前、后的造型形态

使用【锥化】命令时，需要先选择要修改的对象，然后进入修改命令面板，在【修改器列表】中选择【锥化】命令后即可进行修改操作。

【锥化】命令的【参数】卷展栏如图 2-68 所示。

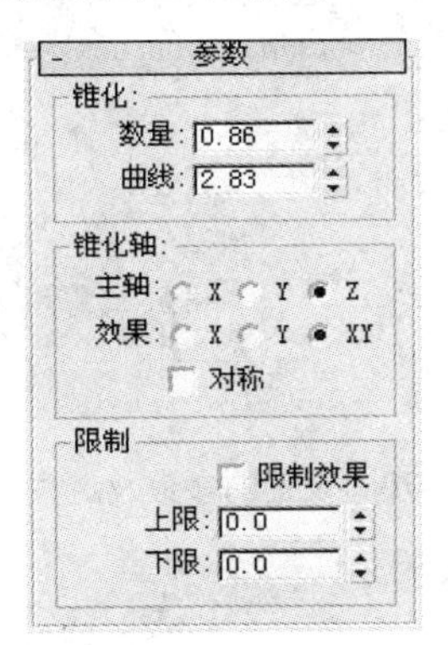

图 2-68　【参数】卷展栏

- 【数量】: 用于设置锥化的大小程度。取正值时，对象向外进行锥化；取负值时，对象向内进行锥化。
- 【曲线】: 用于设置锥化曲线的弯曲程度。取值为 0 时，锥化曲线为直线；大于 0 时，锥化曲线向外凸出，值越大，凸出得越剧烈；小于 0 时，锥化曲线向内凹陷，值越小，凹陷得越厉害。
- 【主轴】: 用于设置锥化所依据的主要坐标轴向，默认为 Z 轴。
- 【效果】: 用于设置锥化所影响的轴向，默认为 XY 轴。
- 【对称】: 选择该复选框后，对象将产生对称的锥化效果。

随堂练习：【锥化】命令的使用

(1) 在创建命令面板中单击按钮，单击【对象类型】卷展栏中的 管状体 按钮，在顶视图中创建一个管状体，其形态与参数如图 2-69 所示。

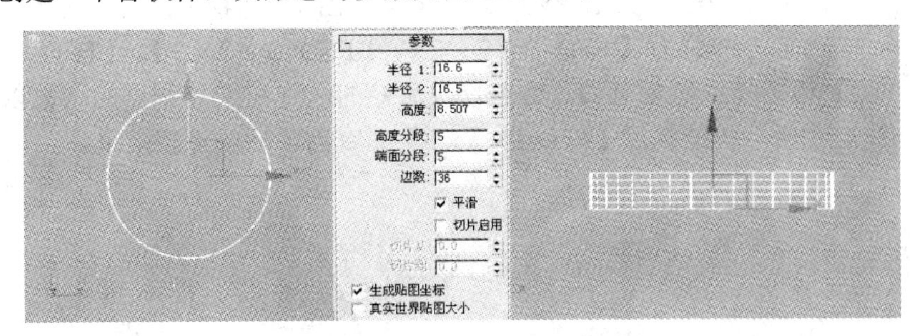

图 2-69　管状体的形态及参数设置

(2) 单击按钮，进入修改命令面板，在【修改器列表】中选择【锥化】命令，在【参数】卷展栏中设置合适的参数，结果如图 2-70 所示。

(3) 单击【对象类型】卷展栏中的 圆柱体 按钮，在顶视图中创建一个【半径】为 16.6、【高度】为 0.1 的圆柱体，位置如图 2-71 所示。

这样，通过修改圆柱体，我们制作了一个容器，并用一个圆柱体作为容器的底。如果给它赋上材质，就会非常漂亮了。

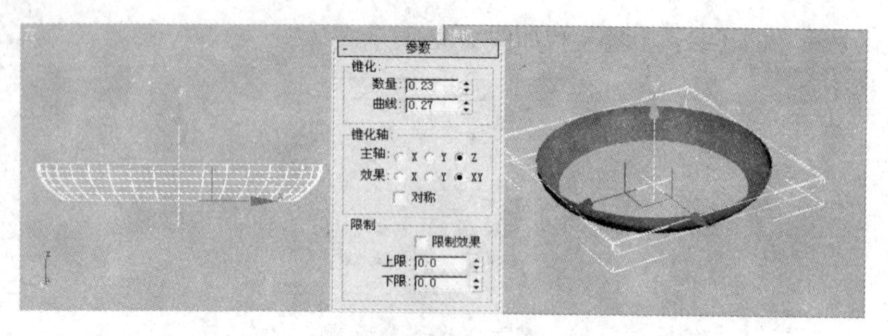

图 2-70　设置的参数及造型形态

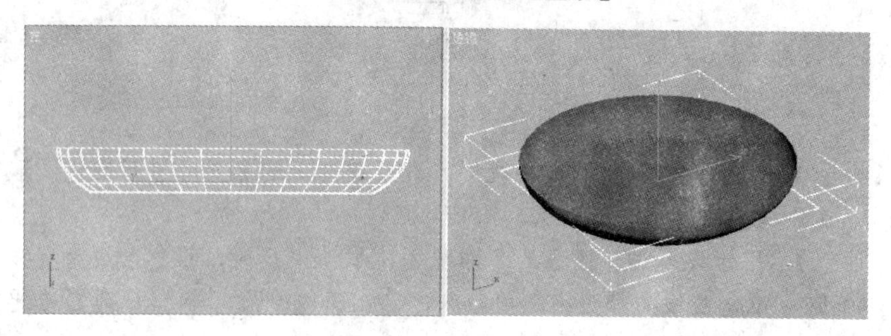

图 2-71　创建的圆柱体

3.【FFD】命令

FFD 是 Free Form Deformation 的简写，即自由形体变形，该命令通过控制点来影响物体的外形，产生柔和的变形效果，常用于制作计算机动画，也用来创建优美的造型。

FFD 命令在对象外围加入一个结构线框，它由控制点构成，在结构线框子层级中，可以对整个线框进行变形操作；在【控制点】子对象层级中，可以通过移动每个控制点来改变物体的造型。

FFD 自由变形不仅是变形修改命令，还可以作为空间扭曲物体使用。对于它的形式，可以分为多个工具，分别为【FFD 2×2×2】、【FFD 3×3×3】、【FFD 4×4×4】、【FFD(长方体)】和【FFD(圆柱体)】，这些修改命令的区别在于控制点的个数以及排列的方式不同。图 2-72 所示就是执行【FFD 3×3×3】命令前、后的造型效果。

修改前的造型

修改后的造型

图 2-72　执行修改命令前、后的造型效果

- 【FFD 2×2×2】命令的每边上有两个控制点。
- 【FFD 3×3×3】命令的每边上有三个控制点。
- 【FFD 4×4×4】命令的每边上有四个控制点。
- 【FFD(长方体)】命令可以自由指定每条边上控制点的数目，通过设置控制点数目，可以包含前面的三种类型。
- 【FFD(圆柱体)】命令的控制线框为柱体方式，其控制点的数目也可自由设定。

下面以【FFD 3×3×3】命令为例介绍一些主要参数的作用。当对一个物体使用了【FFD 3×3×3】命令后，其【FFD 参数】卷展栏如图 2-73 所示。

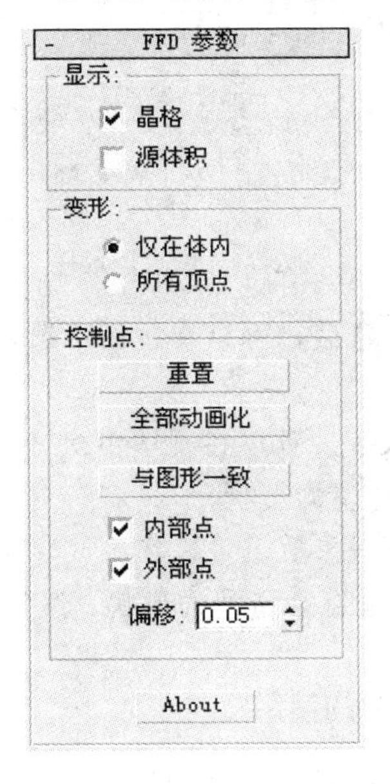

图 2-73　【FFD 参数】卷展栏

- 【晶格】：选择该复选框后，将在视图中显示连接控制点的线条，即结构线框。
- 【源体积】：选择该复选框后，调整控制点时只改变物体的形状，不改变结构线框的形状。
- 【仅在体内】：选择该项后，只有位于 FFD 结构线框内的物体会受到变形影响。
- 【所有顶点】：选择该项后，物体的所有顶点都会受到变形影响，不管它们位于结构线框的内部还是外部。
- 单击 重置 按钮，可以将所有控制点恢复到初始位置。
- 单击 全部动画化 按钮，可以为全部控制点指定 Point 3(点 3)动画控制器，使其可以在轨迹视图中显示出来。
- 单击 与图形一致 按钮，修改后的 FFD 线框的控制点向模型的表面靠近，使 FFD 线框更接近模型的形态。
- 【内部点】：选择该复选框后，只有物体的内部点受到【与图形一致】操作的影响。

- 【外部点】：选择该复选框后，只有物体的外部点受到【与图形一致】操作的影响。
- 【偏移】：用于设置受【与图形一致】操作影响的控制点偏移对象曲面的距离。
- 单击 About 按钮，可以显示版权和许可信息提示框。

在修改器堆栈中单击【FFD 3×3×3】前面的“+”号，打开其子对象层级，可以看到【FFD 3×3×3】命令有 3 个子对象，如图 2-74 所示。

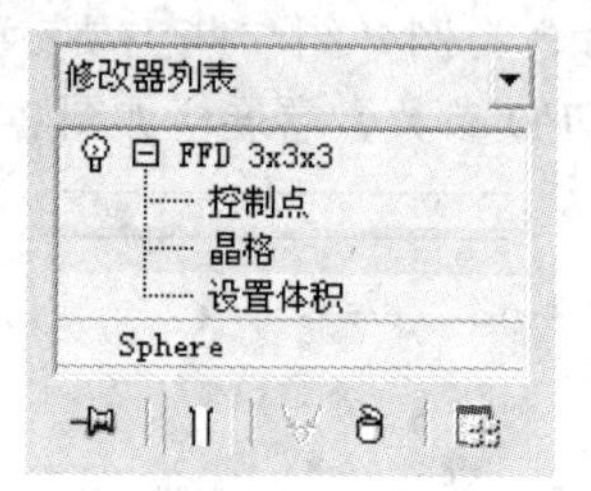

图 2-74　修改器堆栈

- 【控制点】：单击该子对象后，可以在视图中选择控制点并移动它的位置，从而改变造型的形状。
- 【晶格】：单击该子对象后，可以在视图中对 FFD 结构线框实施移动、缩放及旋转操作，从而改变造型的形状。
- 【设置体积】：单击该子对象后，可以在不改变造型形状的前提下调整控制点的位置，使 FFD 结构线框符合造型的形状，从而起到参照作用。

随堂练习：【FFD】命令的使用

下面，我们使用【FFD】命令制作一把休闲椅。

(1) 单击菜单栏中的【文件】/【重置】命令，重新设置系统。

(2) 在创建命令面板中单击 按钮，单击【对象类型】卷展栏中的 圆柱体 按钮，在顶视图中创建一个圆柱体，其参数设置及造型形态如图 2-75 所示。

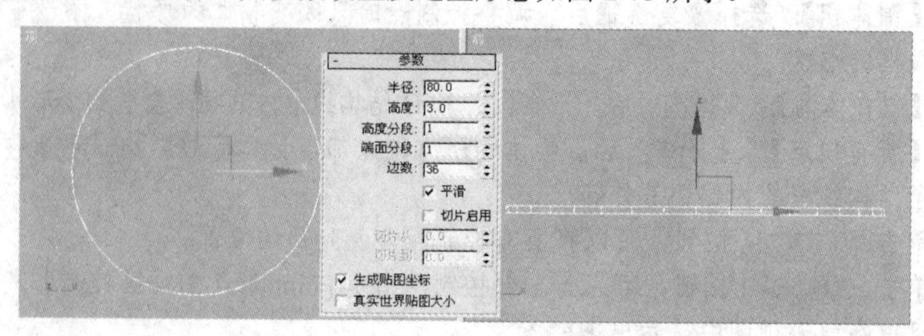

图 2-75　圆柱体的参数设置及造型形态

(3) 单击 按钮，进入修改命令面板，在【修改器列表】中选择【FFD 3×3×3】命令。

(4) 在修改器堆栈中单击【FFD 3×3×3】前面的“+”号，然后单击【控制点】项，进入其子对象层级，如图 2-76 所示。

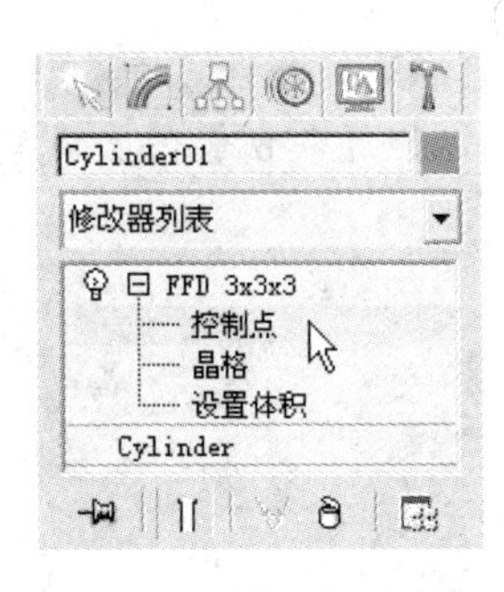

图 2-76　修改器堆栈

(5) 在顶视图中选择中间的一组控制点，使用工具沿 Y 轴向下移动，如图 2-77 所示。

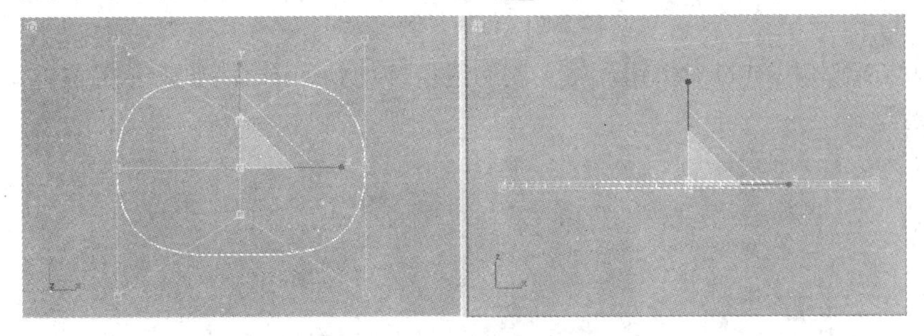

图 2-77　移动控制点的位置

(6) 在前视图中选择中间的一组控制点，使用工具沿 Y 轴向下移动，如图 2-78 所示。

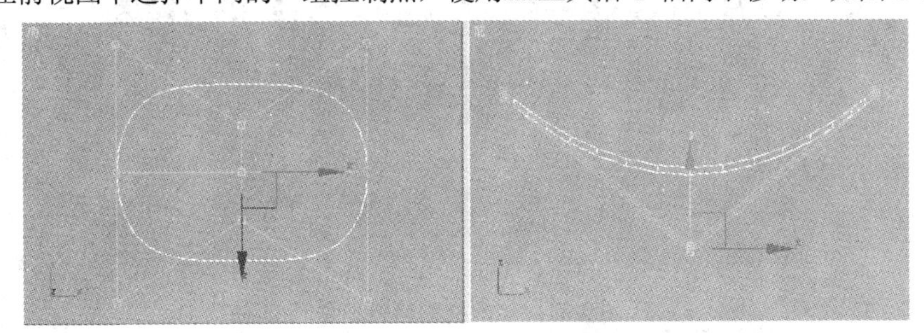

图 2-78　移动控制点的位置

(7) 在修改器堆栈中单击【FFD 3 × 3 × 3】，退出【控制点】子对象层级。

(8) 单击工具栏中的按钮，在激活的按钮上单击鼠标右键，在弹出的【栅格和捕捉设置】对话框中设置【角度】值为 90，如图 2-79 所示。

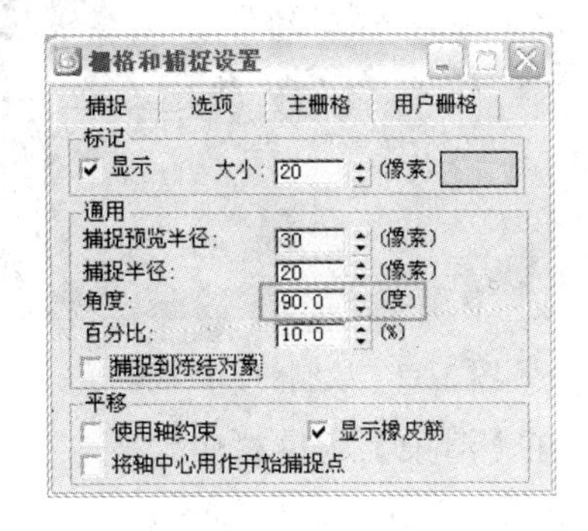

图 2-79　【栅格和捕捉设置】对话框

(9) 确定变形后的造型处于选择状态，单击工具栏中的按钮，按住 Shift 键的同时在前视图中将其沿 Y 轴向下旋转 90°，以【实例】的方式复制一个造型，如图 2-80 所示。

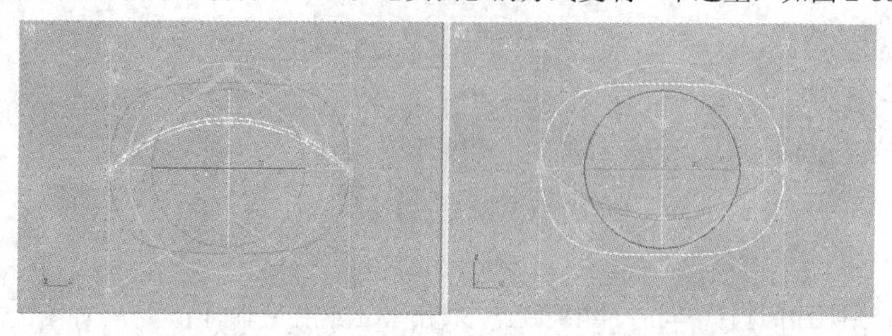

图 2-80　旋转复制的造型

(10) 单击工具栏中的按钮，将复制的造型移动到如图 2-81 所示的位置，作为休闲椅的椅背造型。

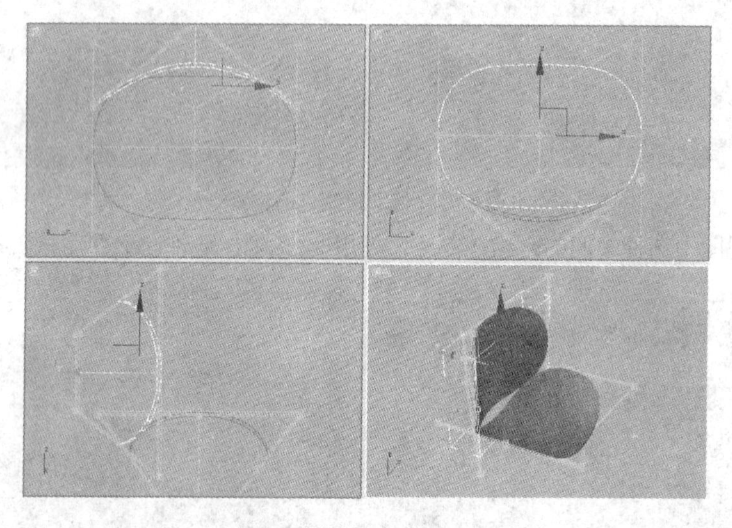

图 2-81　休闲椅的椅背造型

(11) 在创建命令面板中单击按钮，单击【对象类型】卷展栏中的 线 按钮，在左视图中绘制一条如图 2-82 所示的二维线形。

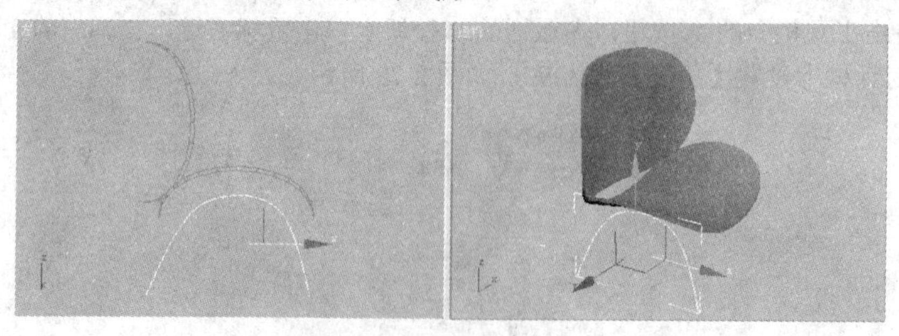

图 2-82　绘制的二维线形

(12) 进入修改命令面板，在【渲染】卷展栏中设置二维线形的各项参数，如图 2-83 所示，这样就可以在视图中观察到二维线形的粗细了。

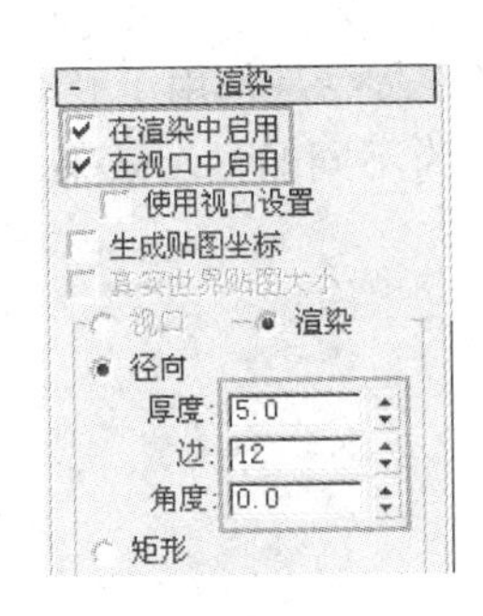

图 2-83　【渲染】卷展栏

(13) 选择工具栏中的 按钮，按住 Shift 键，在顶视图中将二维线形沿 X 轴以【实例】的方式复制一个作为椅腿造型，调整其位置，如图 2-84 所示。

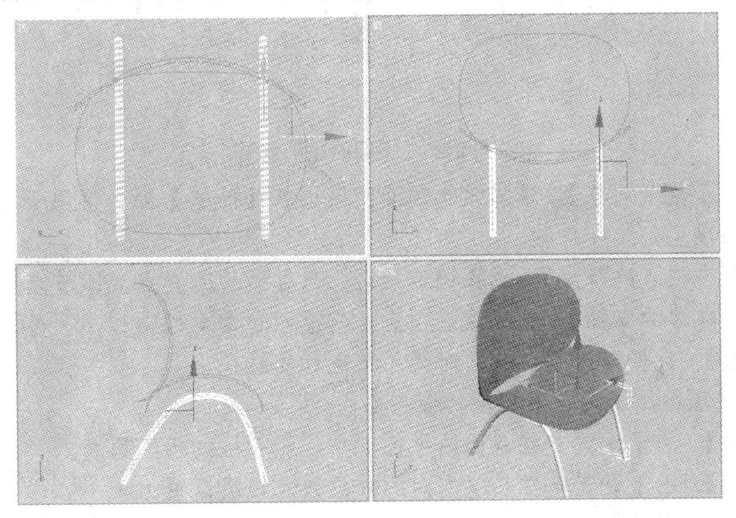

图 2-84　复制的椅腿造型

这样，我们就利用一个圆柱体通过【FFD 3×3×3】命令制作了一个简易的休闲椅模型。

4.【晶格】命令

【晶格】命令也是一个非常重要的修改命令，使用它可以制作一些结构框架模型，也可以获得线框渲染效果。该命令常用于展示建筑结构，既能作用于整个对象，也能作用于选择的子对象。其【参数】卷展栏如图 2-85 所示。

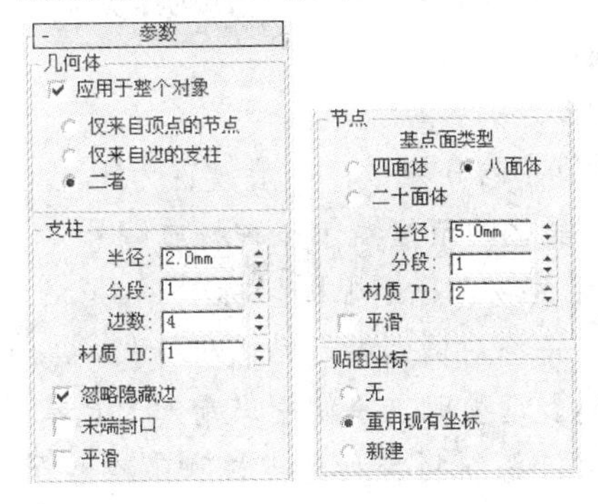

图 2-85　【参数】卷展栏

【几何体】选项组用于指定修改命令是作用于整个物体还是作用于子对象，并控制支柱和节点的显示情况，图 2-86 所示为不同的显示效果。

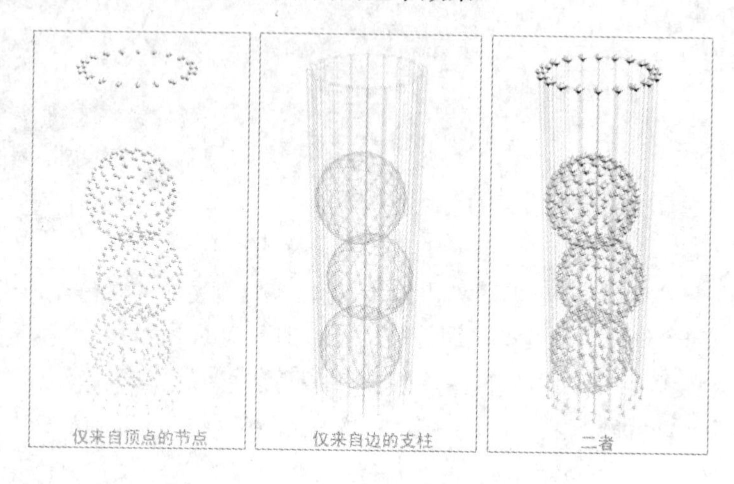

图 2-86　不同的显示效果

- 【应用于整个对象】：选择该选项后，可以将【晶格】命令应用于对象的所有边或线段上。
- 【仅来自顶点的节点】：选择该选项后，只显示边的交点，即节点。
- 【仅来自边的支柱】：选择该选项后，只显示边即支柱造型，不显示节点。
- 【二者】：选择该选项后，同时显示节点和支柱。

【支柱】选项组用于设置支柱的控制参数。

- 【半径】：用于设置支柱截面的半径大小，即支柱的粗细程度。
- 【分段】：用于设置支柱长度方向的分段数，一般设置为 1。
- 【边数】：用于设置支柱截面的边数，边数越多，支柱越近似于圆柱。
- 【材质 ID】：用于为晶格中所有支柱赋予一种材质编号，便于以后给支柱和节点分别赋予不同的材质。
- 【忽略隐藏边】：选择该选项后，将只对可见边作晶格修改。
- 【末端封口】：选择该选项后，将为支柱两端加盖，使其成为封闭造型。

【节点】选项组中提供了用于控制节点的相关参数。

- 【基点面类型】：用于设置以何种几何体作为节点的基本造型，可以选择四面体、八面体和二十面体。
- 【半径】：用于设置节点的半径大小。
- 【分段】：用于设置节点的分段数，一般设置为 1。
- 【材质 ID】：用于为晶格的节点赋予一种材质编号。

【贴图坐标】选项组用于为物体指定贴图坐标。

- 选择【无】选项时，将不对框架指定贴图坐标。
- 选择【重用现有坐标】选项时，将使用当前对象已有的贴图坐标。
- 选择【新建】选项时，系统将自动为支柱和节点赋予贴图坐标，即为支柱指定圆柱贴图，为节点指定球体贴图。

2.2　课堂实训

本课中我们重点学习了一些三维建模技术，即基本的几何体、三维修改命令，同时还介绍了对象的基本操作，如选择、变换、复制等。这些内容都是效果图制作的基础，通过对象的合理组合、修改，可以制作出一些效果图中常用的造型。下面通过本课学习的知识，进行效果图制作的基础训练。

2.2.1　制作餐桌造型

在室内效果图中，餐桌是一种很常用的家具，在表现餐厅效果图时，往往都会摆放一张餐桌。下面我们就来制作一个简易、美观、实用的餐桌造型。为了实例的完整性，本例对餐桌进行了材质调配，对于这一部分内容，读者可以按照步骤操作即可，重点学习如何运用基本几何体创建模型。本例的最终效果如图 2-87 所示。

图 2-87　餐桌效果

(1) 启动 3ds max 9 中文版系统。

(2) 在创建命令面板中单击 按钮，单击 标准基本体 ，在弹出的下拉列表中选择“扩展基本体”选项。

(3) 单击【对象类型】卷展栏中的 切角长方体 按钮，在顶视图中创建一个切角长方体，命名为“桌面 01”，其参数设置及在视图中的形态如图 2-88 所示。

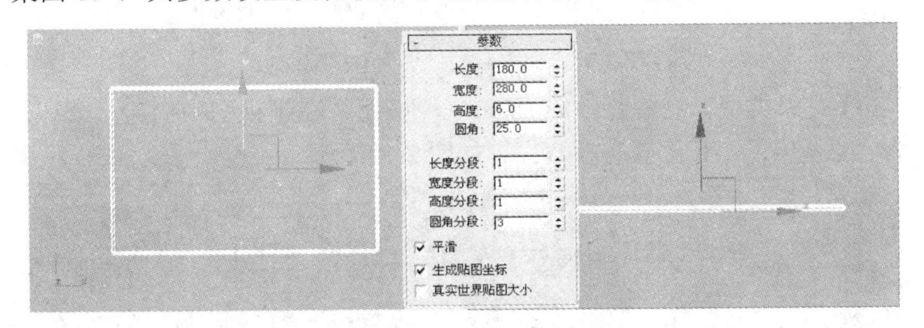

图 2-88　“桌面 01”造型的参数设置及形态

(4) 选择工具栏中的 按钮，在前视图中选择“桌面 01”造型，按住 Shift 键的同时将其沿 Y 轴向上拖曳至合适位置后释放鼠标，在弹出的【克隆选项】对话框中设置参数如图 2-89 所示。

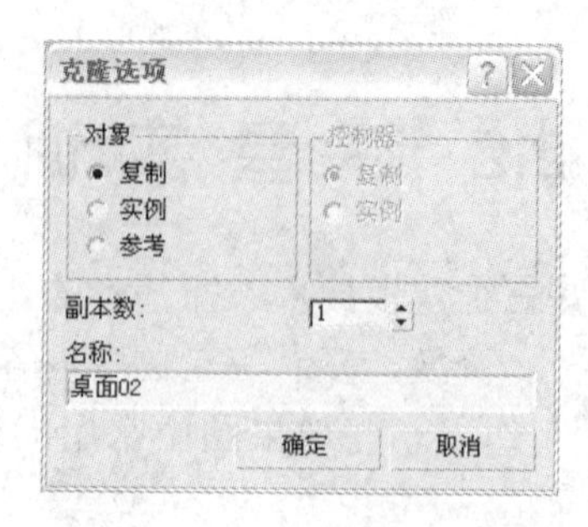

图 2-89 【克隆选项】对话框

(5) 单击 确定 按钮，将“桌面 01”造型沿 Y 轴以【复制】的方式向上复制一个，系统默认名称为“桌面 02”，如图 2-90 所示。

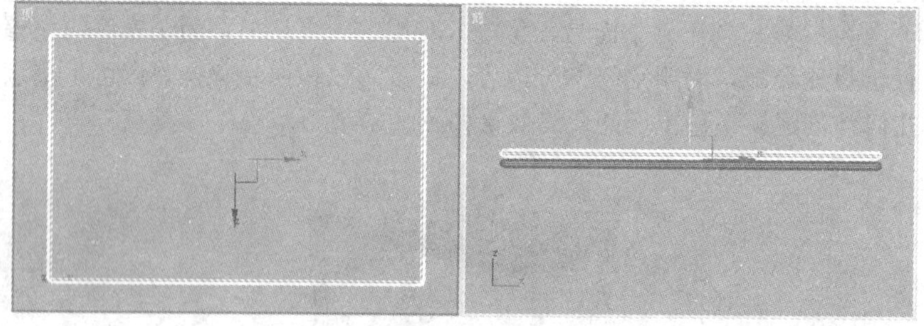

图 2-90 复制的“桌面 02”造型

(6) 选择“桌面 02”造型，单击按钮进入修改命令面板，在【参数】卷展栏中修改其【长度】为 165、【宽度】为 260、【高度】为 4，调整后的造型形态如图 2-91 所示。

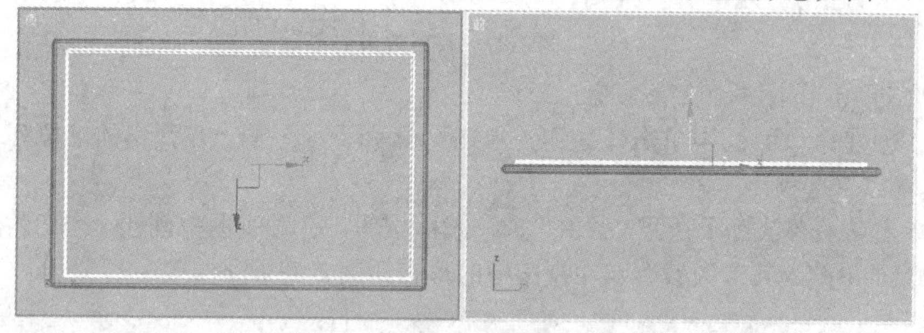

图 2-91 调整后的“桌面 02”造型

(7) 单击【对象类型】卷展栏中的 切角圆柱体 按钮，在顶视图中创建一个切角圆柱体，将其命名为“桌腿 01”，其位置与参数设置如图 2-92 所示。

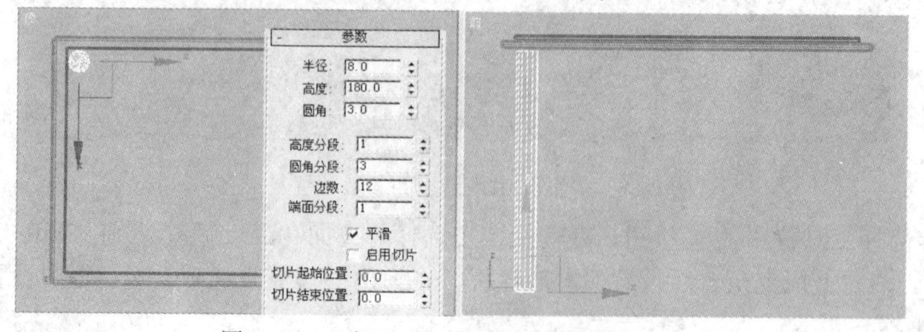

图 2-92 “桌腿 01”造型的位置与参数设置

(8) 选择工具栏中的 按钮，在顶视图中选择“桌腿 01”造型，按住 Shift 键的同时将其沿 Y 轴向下拖曳至合适位置后释放鼠标，在弹出的【克隆选项】对话框中设置参数如图 2-93 所示。

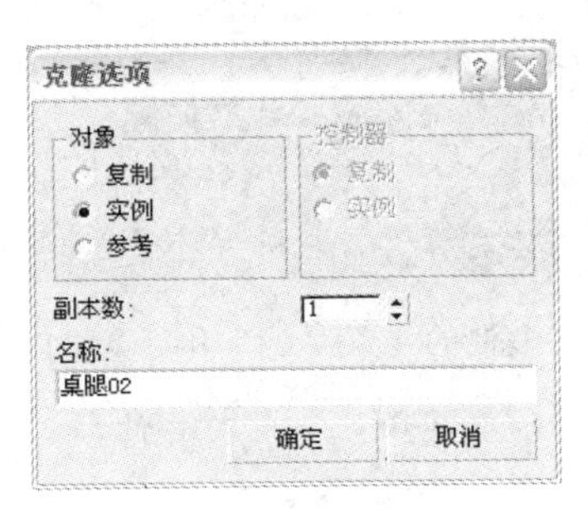

图 2-93　【克隆选项】对话框

(9) 单击 确定 按钮，将“桌腿 01”造型沿 Y 轴以【实例】的方式向下复制一个，系统默认名称为“桌腿 02”，其位置如图 2-94 所示。

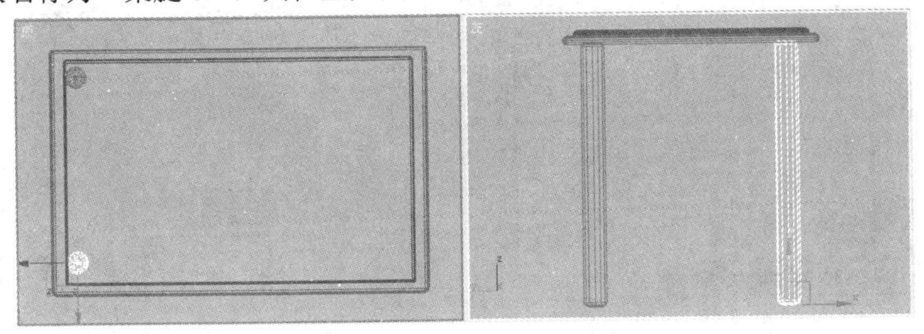

图 2-94　“桌腿 02”造型的位置

(10) 在顶视图中同时选择“桌腿 01”和“桌腿 02”造型，单击工具栏中的 按钮，在弹出的【镜像：屏幕 坐标】对话框中设置参数如图 2-95 所示。

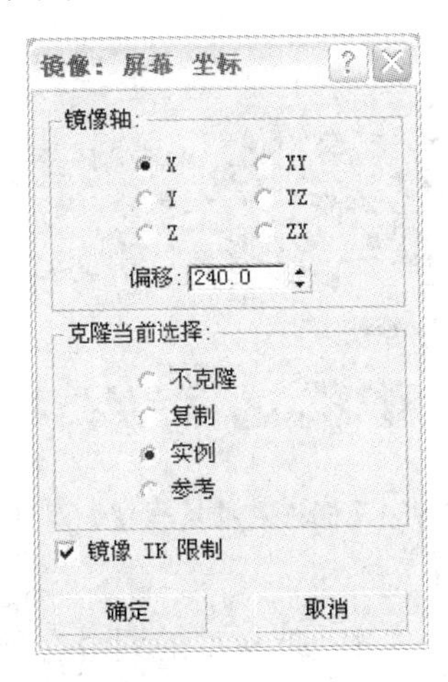

图 2-95　【镜像：屏幕 坐标】对话框

(11) 单击 确定 按钮，将选择的造型沿 X 轴以【实例】的方式向右镜像复制一组，得到“桌腿 03”和“桌腿 04”造型，如图 2-96 所示。

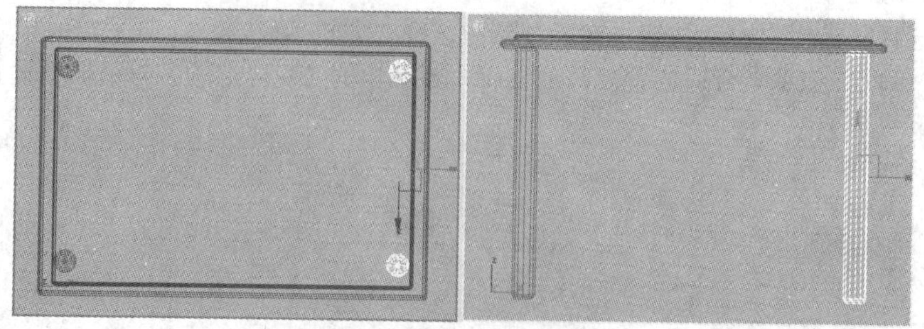

图 2-96　复制的“桌腿 03”和“桌腿 04”造型

(12) 在创建命令面板中单击 扩展基本体 ，在打开的下拉列表中选择“标准基本体”选项。

(13) 单击【对象类型】卷展栏中的 长方体 按钮，在前视图中创建一个【长度】为 20、【宽度】为 250、【高度】为 10 的长方体，命名为“横梁 01”，调整其位置如图 2-97 所示。

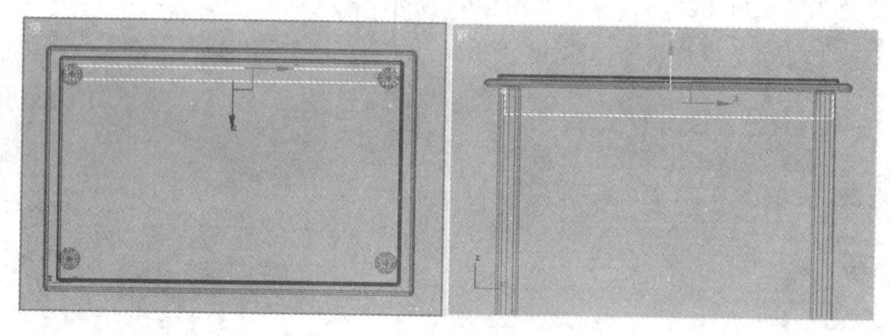

图 2-97　创建的“横梁 01”造型

(14) 激活工具栏中的按钮，并在该按钮上单击鼠标右键，在弹出的【栅格和捕捉设置】对话框中设置旋转的角度为 90°，如图 2-98 所示。

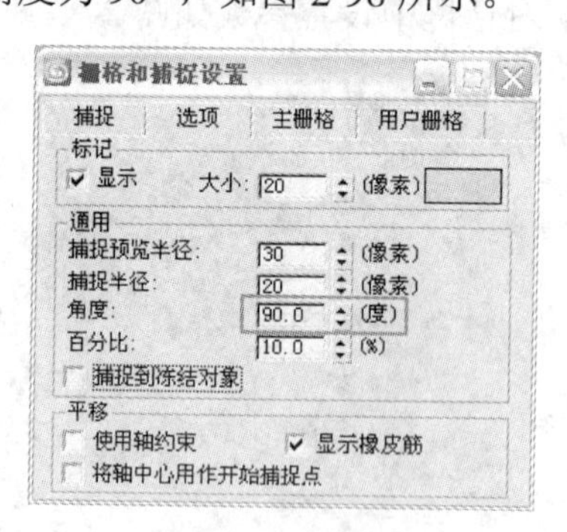

图 2-98 【栅格和捕捉设置】对话框

(15) 关闭【栅格和捕捉设置】对话框。

(16) 选择工具栏中的按钮，按住 Shift 键的同时在顶视图中沿 Z 轴旋转“横梁 01”造型 90° 后释放鼠标，在弹出的【克隆选项】对话框中设置参数如图 2-99 所示。

(17) 单击 确定 按钮，将选择的造型以【复制】的方式旋转 90° 复制一个，得到“横梁 02”造型，如图 2-100 所示。

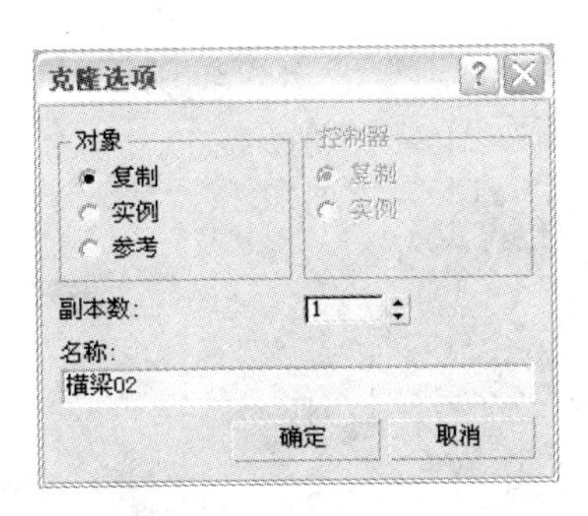

图 2-99　【克隆选项】对话框

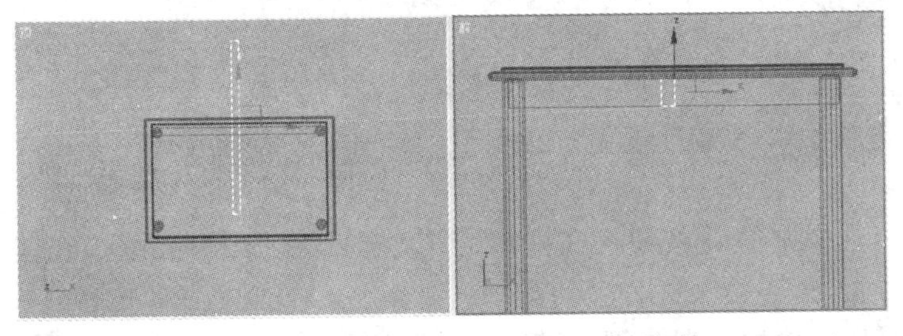

图 2-100　旋转复制的“横梁 02”造型

(18) 选择“横梁 02”造型，进入修改命令面板，在【参数】卷展栏中修改其【长度】为 20、【宽度】为 140、【高度】为 10，并调整其位置如图 2-101 所示。

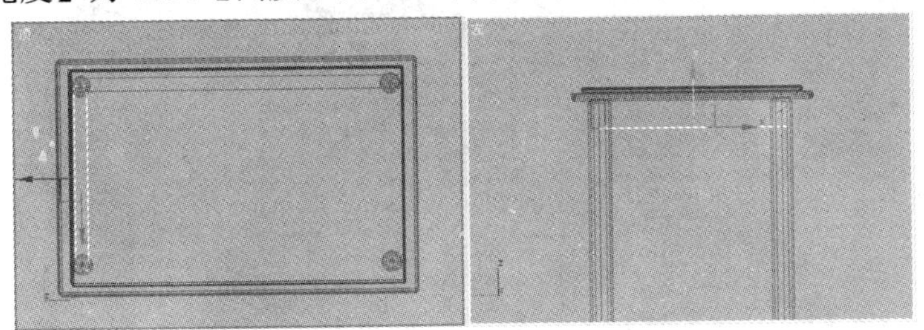

图 2-101　调整后的“横梁 02”造型

(19) 在顶视图中同时选择“横梁 01”和“横梁 02”造型，单击工具栏中的按钮，在弹出的【镜像：屏幕 坐标】对话框中设置参数如图 2-102 所示。

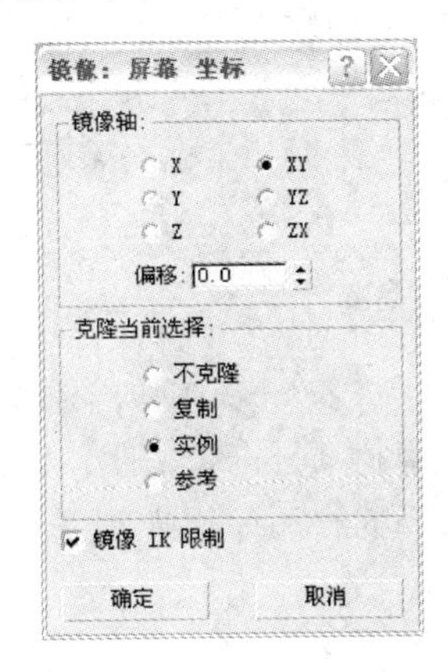

图 2-102　【镜像：屏幕 坐标】对话框

(20) 单击 确定 按钮，将所选造型沿 XY 轴以【实例】的方式镜像复制一组，并运用工具栏中的工具调整其位置如图 2-103 所示。

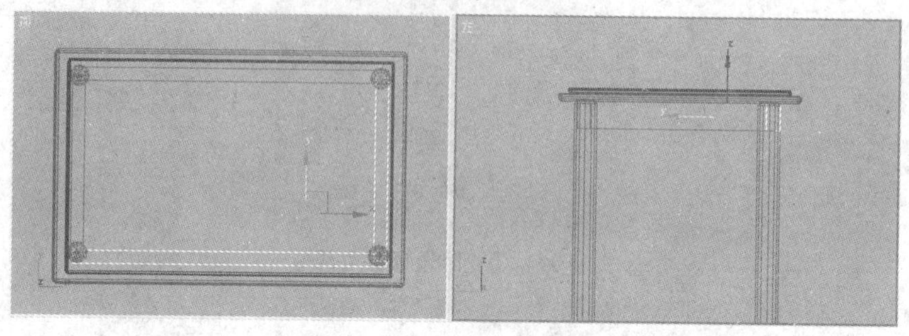

图 2-103　调整复制的造型位置

至此我们完成了“餐桌”模型的创建，为了使餐桌更漂亮一些，下面为餐桌赋予材质。

(21) 单击工具栏中的按钮，在弹出的【材质编辑器】对话框中选择一个空白的示例球。

(22) 在【材质编辑器】对话框中单击工具行中的按钮，在弹出的【材质/贴图浏览器】对话框中选择【材质库】选项，如图 2-104 所示。

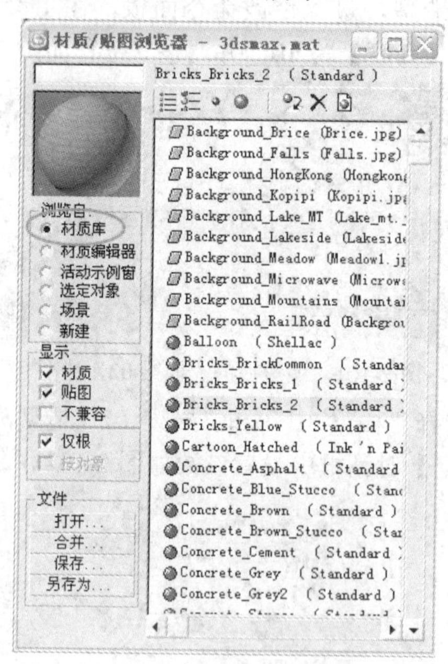

图 2-104　【材质/贴图浏览器】对话框

(23) 单击对话框下方的 打开... 按钮，在弹出的【打开材质库】对话框中选择本书配套光盘“材质库”文件夹中“专用材质.mat”文件，如图 2-105 所示。

(24) 单击 打开(O) 按钮，将选择的材质库添加到【材质/贴图浏览器】对话框中，如图 2-106 所示。

(25) 双击“木纹”材质选项，将其添加给当前材质示例球。

(26) 在视图中选择全部造型，单击按钮，将该材质赋予所选造型。

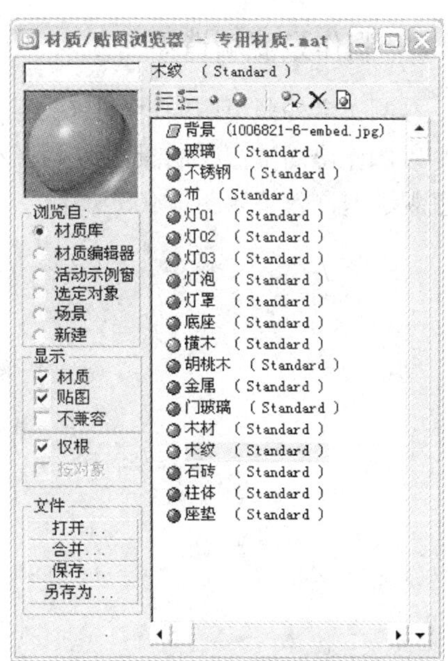

图 2-105　【打开材质库】对话框　　　　图 2-106　【材质/贴图浏览器】对话框

材质是 3ds max 的重点，这一部分内容将在后面详细讲解，在此只要求按照步骤制作出相关效果即可，仅作了解。

(27) 激活透视图，按下 F9 键快速渲染透视图，渲染效果如图 2-107 所示。

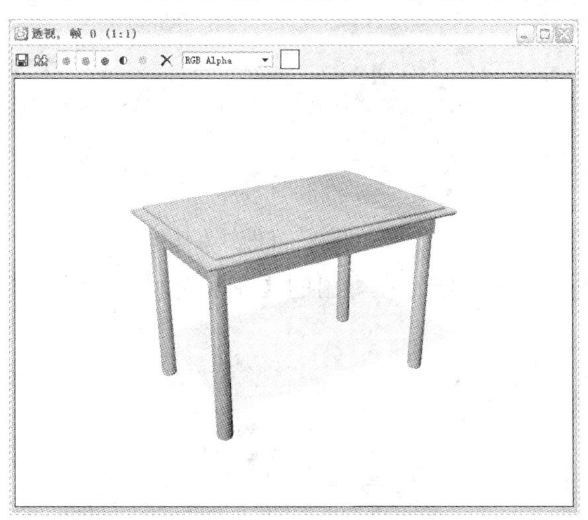

图 2-107　餐桌的渲染效果

(28) 单击菜单栏中的【文件】/【保存】命令，将场景保存为“餐桌.max”文件。

默认情况下，在 3ds max 中渲染场景时其背景色为黑色。为了印刷美观和更好地突出造型的形态，在渲染场景时我们调整了渲染背景并设置了灯光。读者按照上述操作步骤完成实例后，渲染出的图片背景是黑色的，本书以后的内容中不再特别提示。如果想得到本例的最终渲染效果，可以打开本书配套光盘中的源文件进行查看。

2.2.2 制作景观墙造型

在制作室外效果图的过程中，经常需要制作环境中的景观建筑，借助本课学习的内容就可以制作出简洁漂亮的景观造型。本例中我们利用【弯曲】、【锥化】命令制作一个常见的景观造型，效果如图 2-108 所示。

图 2-108 景观造型效果

(1) 启动 3ds max 9 中文版系统。

(2) 在几何体创建命令面板中单击 长方体 按钮，在顶视图中创建一个【长度】为 600、【宽度】为 9180、【高度】为 100、【宽度分段】为 25 的长方体，如图 2-109 所示。

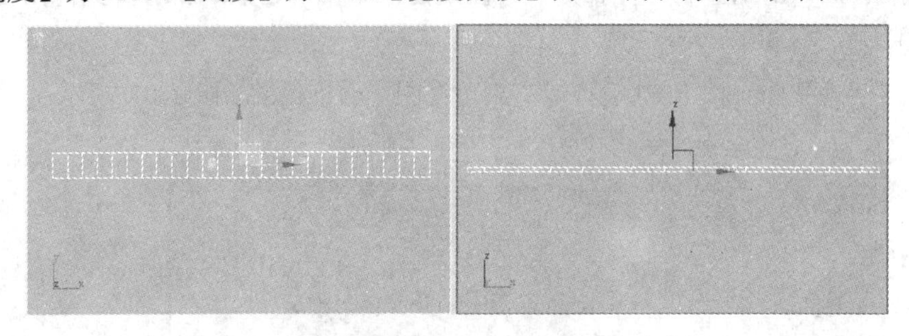

图 2-109 创建的长方体

(3) 按下键盘中的 Ctrl+V 键，在弹出的【克隆选项】对话框中设置选项如图 2-110 所示。

图 2-110 【克隆选项】对话框

(4) 单击 确定 按钮，将其在原位置以【复制】的方式复制一个，修改其【长度】为 510、【宽度】为 9090，调整其位置如图 2-111 所示。

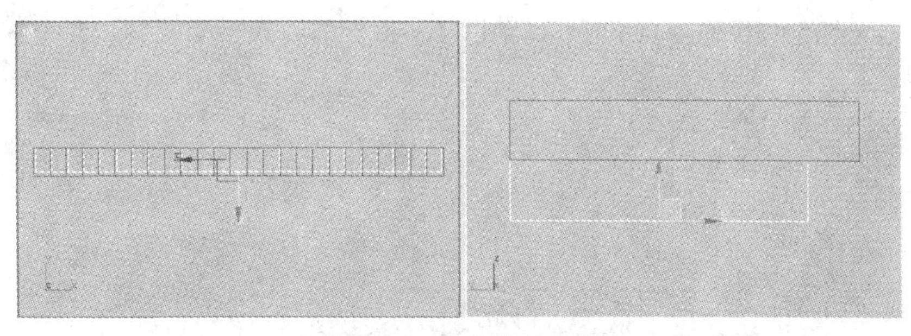

图 2-111　复制的长方体

(5) 继续在顶视图中创建一个【长度】为 400、【宽度】为 9000、【高度】为 300、【宽度分段】为 25 的长方体和一个【长度】为 510、【宽度】为 9090、【高度】为 50、【宽度分段】为 25 的长方体，调整其位置如图 2-112 所示。

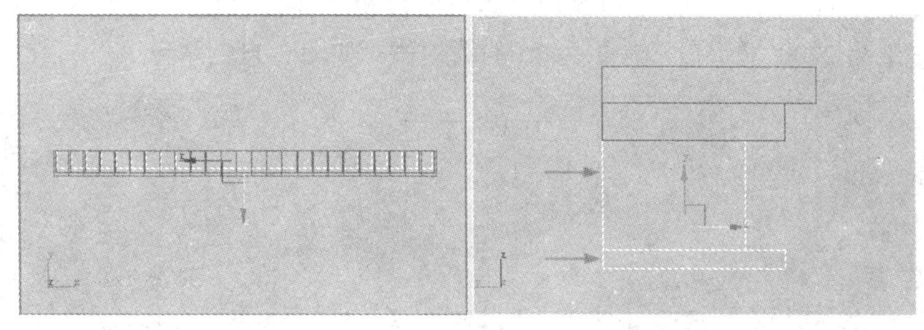

图 2-112　创建的长方体

(6) 在左视图中创建一个【长度】为 220、【宽度】为 50、【高度】为 20 的长方体，调整其位置如图 2-113 所示。

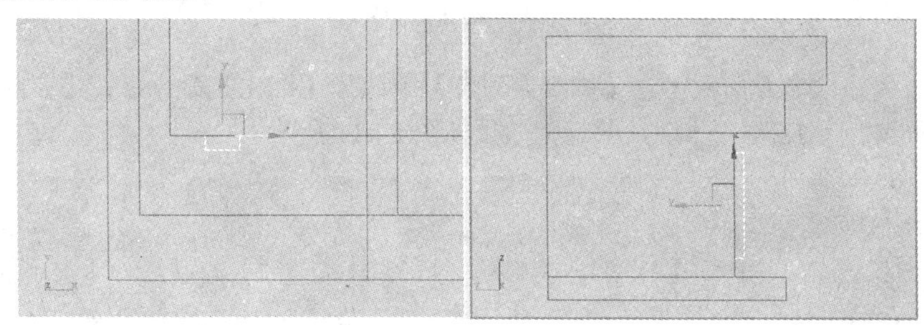

图 2-113　创建的长方体

(7) 单击工具栏中的 按钮，在顶视图中选择刚才创建的长方体，按住 Shift 键将其沿 X 轴移动一段距离，然后释放鼠标，在弹出的【克隆选项】对话框中设置参数如图 2-114 所示。

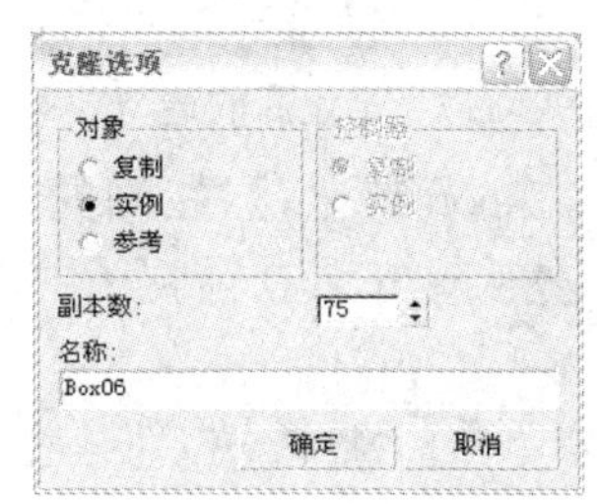

图 2-114　【克隆选项】对话框

(8) 单击 确定 按钮，将其沿 X 轴以【实例】的方式移动复制 75 个，位置如图 2-115 所示。

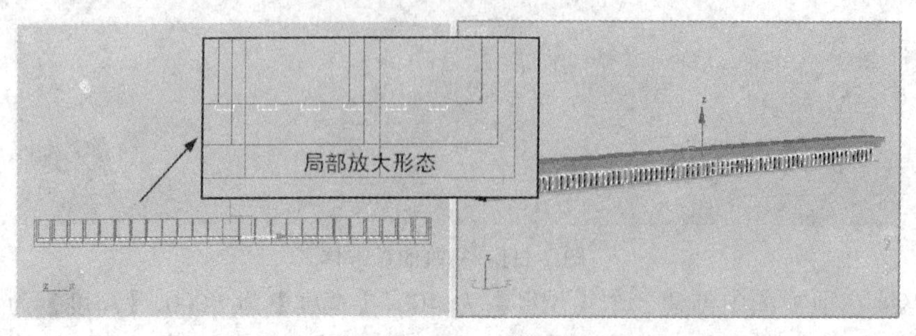

图 2-115　复制的长方体

(9) 在几何体创建命令面板中单击 圆柱体 按钮，在顶视图中创建一个【半径】为 120、【高度】为 2200、【高度分段】为 15 的圆柱体，如图 2-116 所示。

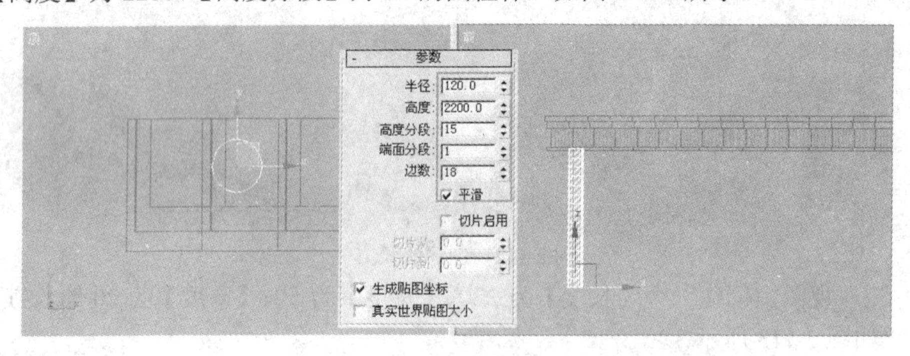

图 2-116　创建的圆柱体

(10) 进入修改命令面板，在【修改器列表】中选择【锥化】命令，在【参数】卷展栏中设置【曲线】为 1.2，则锥化后的造型效果如图 2-117 所示。

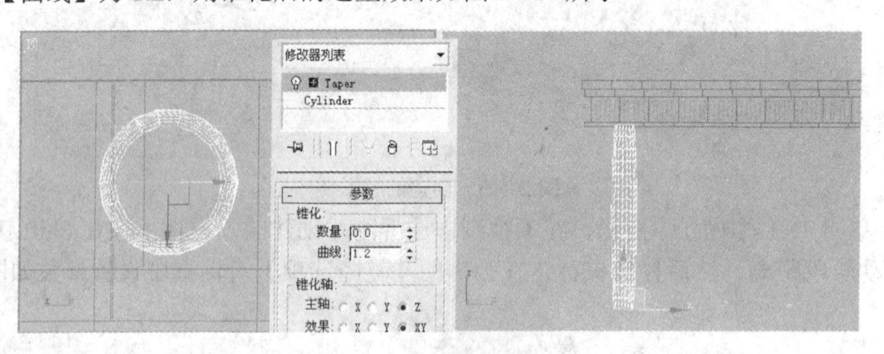

图 2-117　锥化后的造型效果

(11) 在修改器堆栈中单击【Taper(锥化)】左侧的“+”号，展开其子对象，单击【Gizmo】项，进入子对象层级。使用工具在前视图中沿 Y 轴向下拖曳鼠标，改变锥化的形态，如图 2-118 所示。

(12) 在几何体创建命令面板中单击 圆锥体 按钮，在顶视图中创建一个圆锥体，其参数及位置如图 2-119 所示。

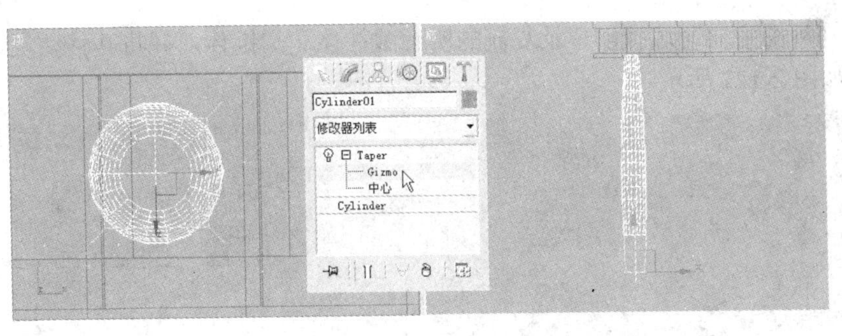

图 2-118 改变锥化的形态

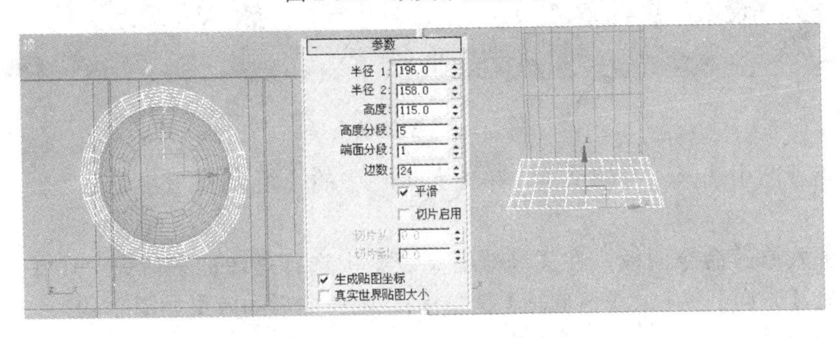

图 2-119 创建的圆锥体

(13) 在修改命令面板的【修改器列表】中选择【锥化】命令，在【参数】卷展栏中设置【曲线】为 0.5，则锥化后的造型效果如图 2-120 所示。

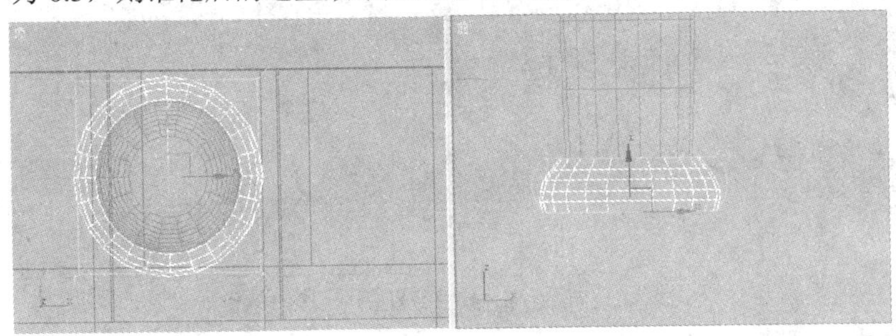

图 2-120 锥化后的造型效果

(14) 在前视图中同时选择圆柱体和圆锥体，将其沿 X 轴以【实例】的方式移动复制一组，位置如图 2-121 所示。

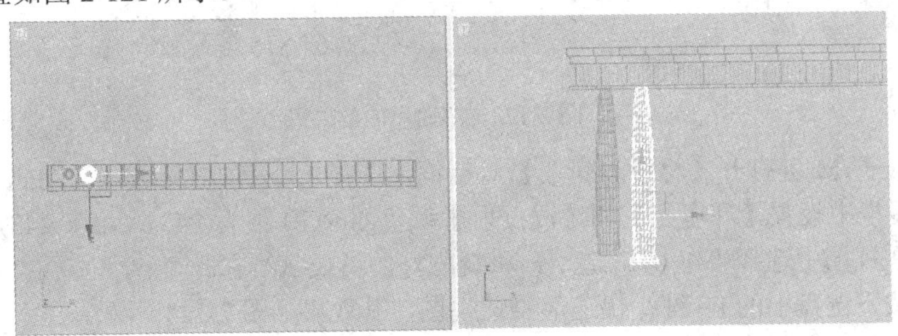

图 2-121 复制的造型

(15) 在视图中同时选择创建及复制的所有圆柱体和圆锥体，并将其移动复制 3 组，调整其位置如图 2-122 所示。

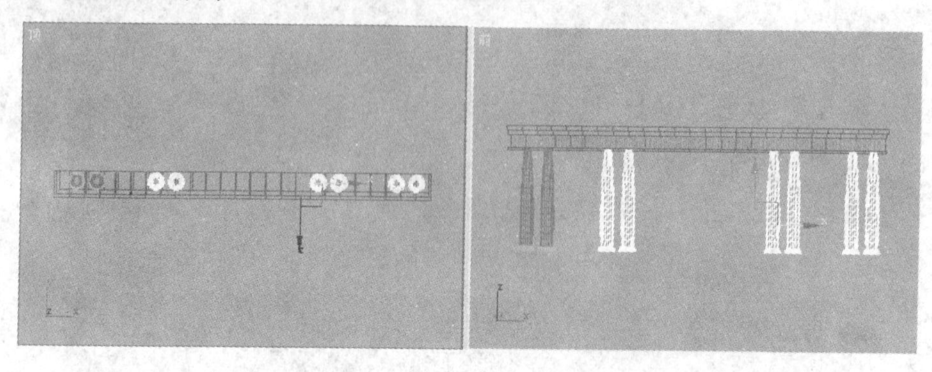

图 2-122　复制的造型

(16) 在视图中选择所有的造型，单击菜单栏中的【组】/【成组】命令，将其成组为“组 01”。

(17) 进入修改命令面板，在【修改器列表】中选择【弯曲】命令，设置弯曲的【角度】为 135、【方向】为 90、【弯曲轴】为 X 轴，则弯曲后的效果如图 2-123 所示。

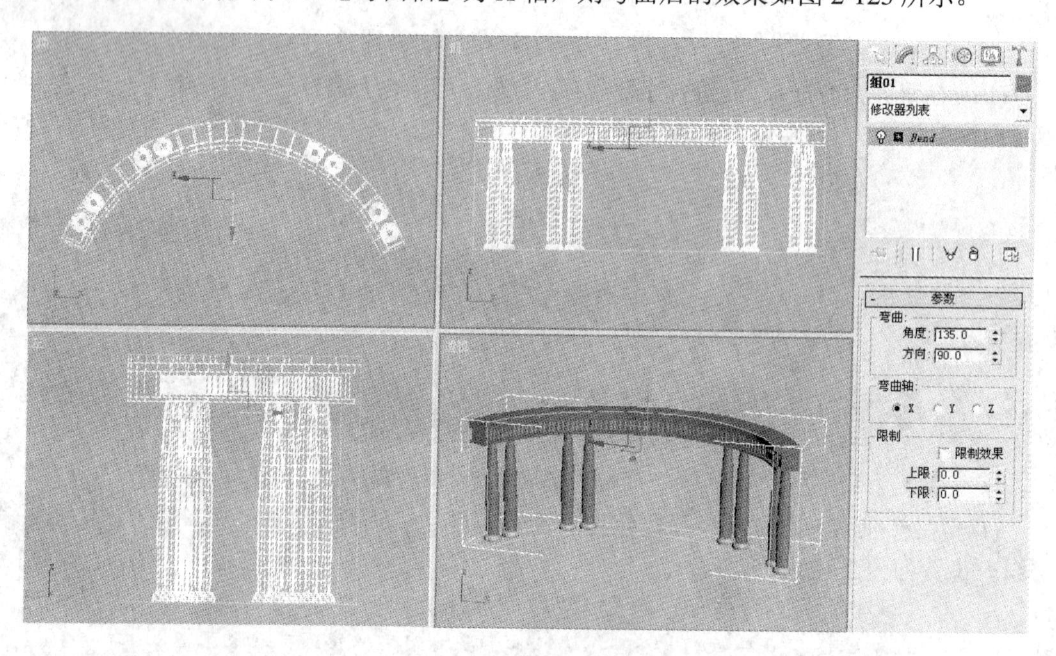

图 2-123　弯曲后的效果

(18) 按下 M 键打开【材质编辑器】对话框，选择一个空白的示例球，在【Blinn 基本参数】卷展栏中设置【环境光】和【漫反射】颜色的 RGB 值为(243、243、243)。

(19) 在视图中选择“组 01”造型，将调配好的材质赋给它。

(20) 按下键盘中的 F9 键，快速渲染透视图，其效果如图 2-124 所示。

(21) 单击菜单栏中的【文件】/【保存】命令，将场景保存为“景观墙.max”文件。

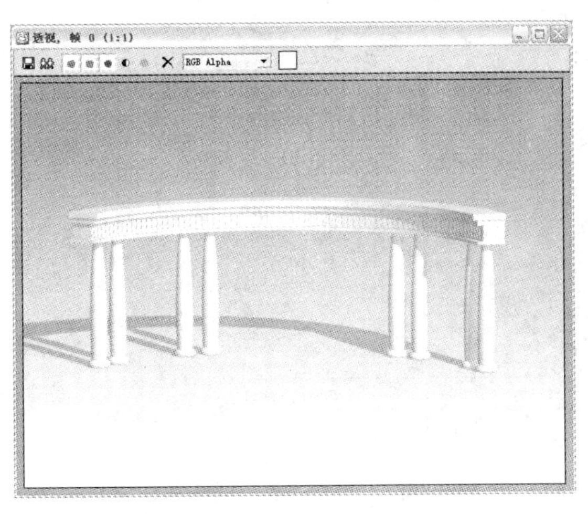

图 2-124　渲染效果

2.2.3　制作一个垃圾篮

在表现室内效果图时，为了丰富空间，可以在室内放置一些必要的物件，使空间富有层次与活力。垃圾篮不是一种常见的室内物件，但在表现厨房、卫生间效果图时，适当地摆放一下，会给效果图增添很多生活气息。本例将制作一个垃圾篮造型，效果如图 2-125 所示。

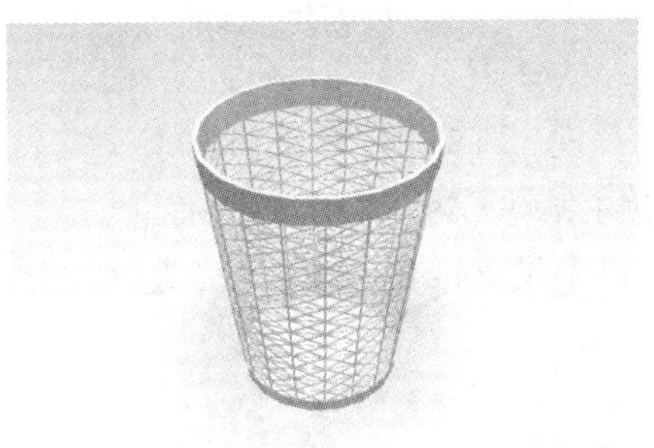

图 2-125　垃圾篮效果

(1) 启动 3ds max 9 中文版系统。

(2) 在几何体创建命令面板中单击【对象类型】卷展栏中的 管状体 按钮，在顶视图中创建一个【半径 1】为 130、【半径 2】为 130、【高度】为 300、【高度分段】为 14、【边数】为 18 的管状体，如图 2-126 所示。

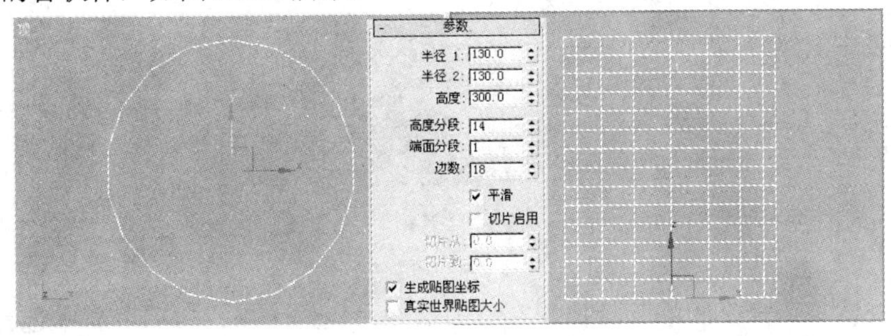

图 2-126　创建的管状体 1

(3) 在顶视图中再创建一个【半径 1】为 134、【半径 2】为 128、【高度】为 37、【边数】为 20 的管状体，如图 2-127 所示。

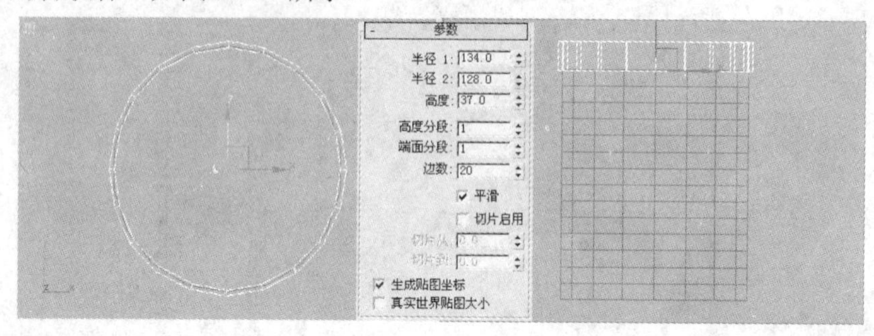

图 2-127　创建的管状体 2

(4) 在【对象类型】卷展栏中单击 圆柱体 按钮，在顶视图中创建一个【半径】为 132、【高度】为 20、【高度分段】为 1、【边数】为 18 的圆柱体，如图 2-128 所示。

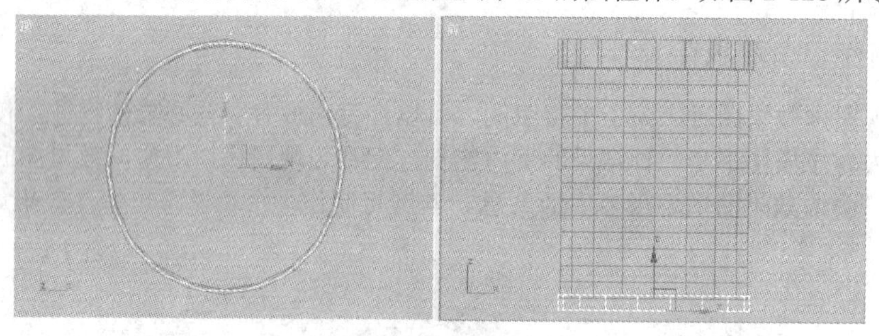

图 2-128　创建的圆柱体

(5) 在视图中选择所有的造型，进入修改命令面板。在【修改器列表】中选择【锥化】命令，在【参数】卷展栏中设置锥化的【数量】值为 0.32、【曲线】值为 0.03，则锥化后的造型效果如图 2-129 所示。

图 2-129　锥化后的造型效果

(6) 在视图中选择中间的管状体，在修改命令面板的【修改器列表】中选择【晶格】命令，在【参数】卷展栏中调整适当的参数，效果如图 2-130 所示。

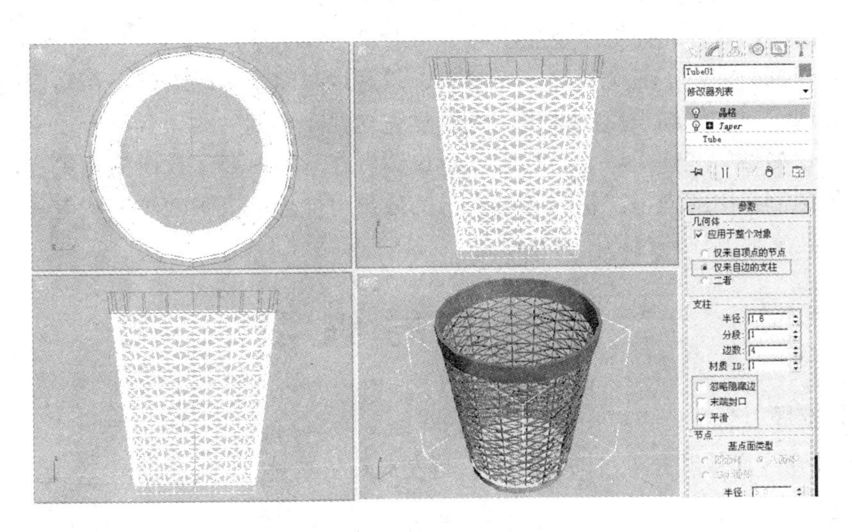

图 2-130　造型效果

(7) 按下 M 键打开【材质编辑器】对话框，选择一个空白的示例球，在【Blinn 基本参数】卷展栏中调整【环境光】和【漫反射】颜色的 RGB 值为(253、199、0)，并设置【高光级别】为 70、【光泽度】为 44。

(8) 在视图中选择整个垃圾篓造型，将调配好的材质赋给它。

(9) 按下键盘中的 F9 键，快速渲染透视图，效果如图 2-131 所示。

图 2-131　渲染效果

(10) 单击菜单栏中的【文件】/【保存】命令，将场景保存为“垃圾篓.max”文件。

2.3 课堂总结

本课主要介绍了几何体的创建，包括标准基本体、扩展基本体以及几个重要的三维修改命令，还讲解了效果图制作过程中经常使用的各种基本操作，如选择、变换、复制、隐

藏、显示、冻结、对齐、捕捉以及成组等。

课堂实训部分涉及了三个实例——餐桌、景观墙与垃圾筐的创建。在实例的制作过程中，重点体现了对本课知识点的运用。读者学完这几个实例后要做到举一反三，尽可能地运用本课知识多做一些建模练习。另外，建议读者在学习时要注意研究相关参数的作用及它们在效果图制作中的应用。初学者制作出的效果可能会与书中效果有些差异，这并不重要，关键是要掌握方法与技巧，打牢基础。

2.4 课后练习

一、填空题

1．创建命令面板共分七种对象类型，自左向右依次为_______、______、______、________、________、________与_______。

2．选择对象的方式多种多样，请列出 3ds max 中选择对象的方法：_____________、_____________、_______________、_______________。

3．按住______键的同时依次单击对象，可以加选对象；按住______键的同时单击已经被选择的对象，可以减选对象。

4．如果要对成组后的对象进行单独编辑，则应先执行菜单栏中的__________命令。

5．选择场景中的对象，然后单击命令面板中的_____按钮，即可进入修改命令面板。

6．修改器堆栈用于显示___________，其中包括对象的_________和_________。

7．____修改命令可以使选择的对象沿某一轴向弯曲一定的角度，使用该命令时一定要设置合理有效的________。

8．复制对象时，共有________、________和________三种方式。

二、操作题

1．请读者完成“方几”模型的创建，并打开本书配套光盘“材质库”文件夹中的“专用材质.mat”文件，将其中的“木纹”材质赋给它，最终效果如图 2-132 所示。

2．打开本书配套光盘“调用”文件夹中的“阵列.max”线架文件，使用阵列复制的方法制作出规则排列的椅子，最后效果如图 2-133 所示。

图 2-132　方几造型的最终效果

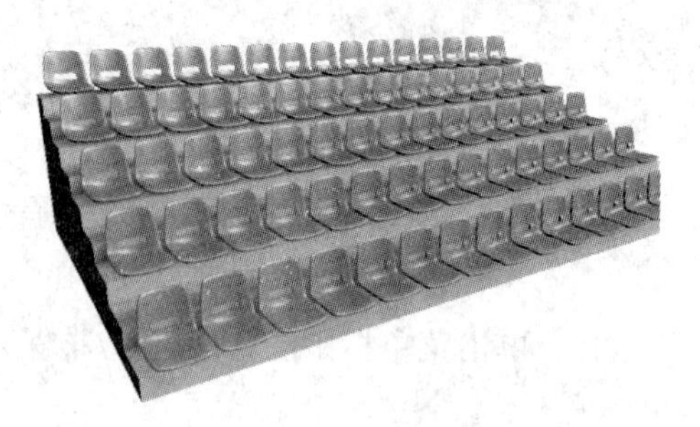

图 2-133　阵列复制的效果

第 3 课

进阶——二维图形建模技术

主 要 内 容

- 二维图形的绘制
- 【编辑样条线】命令
- 【挤出】命令
- 【车削】命令
- 【倒角】命令
- 【倒角剖面】命令

3.1 课堂讲解

在效果图制作过程中，建模工作是基础。上节课重点学习的是三维建模技术，但是，要完成一个比较复杂的效果图，仅靠这些方法是不够的。本课我们学习二维图形建模技术，即二维图形的绘制，通过修改二维图形得到三维模型。

通过修改二维图形进行建模的方法适合于制作一些形状复杂的模型，这类模型一般不易被分解成简单的几何体，而使用二维图形进行修改建模则相对容易一些。所以说，二维图形是构成其他三维模型的基础。

3.1.1 二维图形的绘制

在 3ds max 中，二维图形的类型有两种，即样条线和 NURBS 曲线，在效果图制作中可以将它们作为平面和线条物体，也可以作为截面或路径通过修改命令生成三维实体，还可以作为放样对象的截面或路径。

在创建命令面板中单击 按钮，切换到图形创建命令面板，在【对象类型】卷展栏中可以观察到共有 11 种二维图形，如图 3-1 所示。

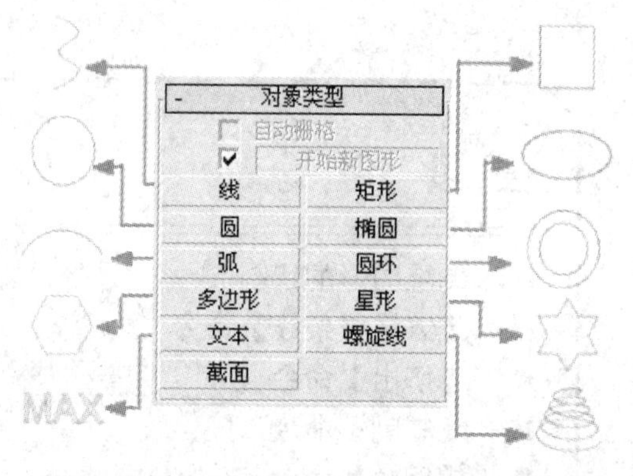

图 3-1　图形创建命令面板

【开始新图形】选项默认状态下处于开启状态，表示每绘制一个二维图形，都被作为一个新的独立对象；如果将该选项关闭，那么多次绘制的二维图形将被作为一个独立的对象。

1．线的绘制

线是二维图形绘制过程中应用最为广泛的一种命令。使用它可以绘制任意形状的封闭或不封闭的直线或曲线，如图 3-2 所示。用户可以定义曲线顶点的类型，以便对曲线进行调整。

图 3-2　绘制的线形

绘制线的基本步骤如下：

(1) 在创建命令面板中单击 按钮，单击【对象类型】卷展栏中的 线 按钮。

(2) 在顶视图中的合适位置处单击鼠标左键，确定线的第一点。

(3) 移动鼠标，在合适位置处再次单击鼠标左键，确定线的第二点，如图 3-3 所示。

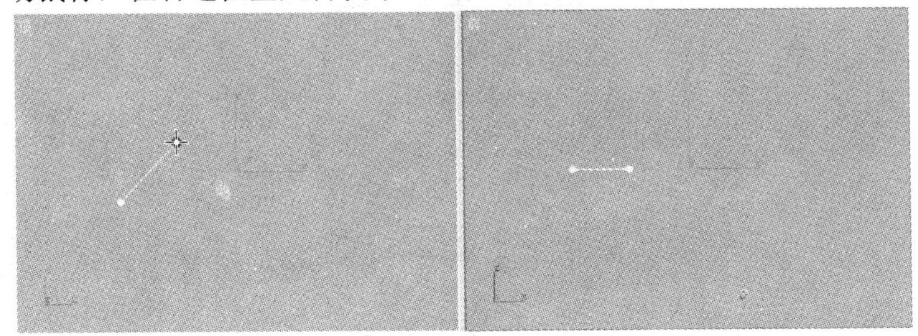

图 3-3　确定线的第二点

(4) 再次移动鼠标，在合适位置处再次单击鼠标左键，确定线的第三点，如图 3-4 所示。

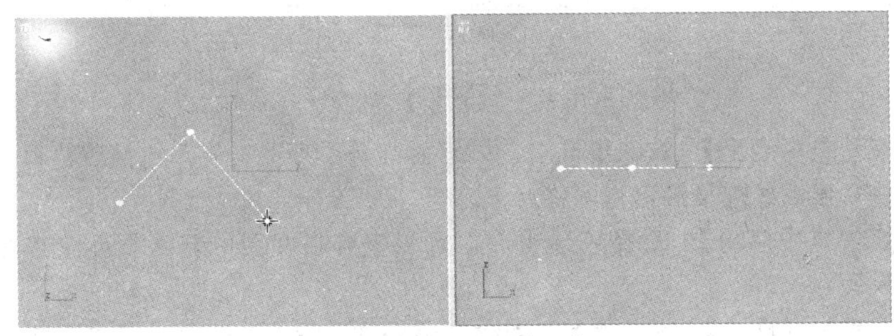

图 3-4　确定线的第三点

(5) 再次移动鼠标，在合适位置处按下鼠标左键拖曳，则产生弧线，如图 3-5 所示。

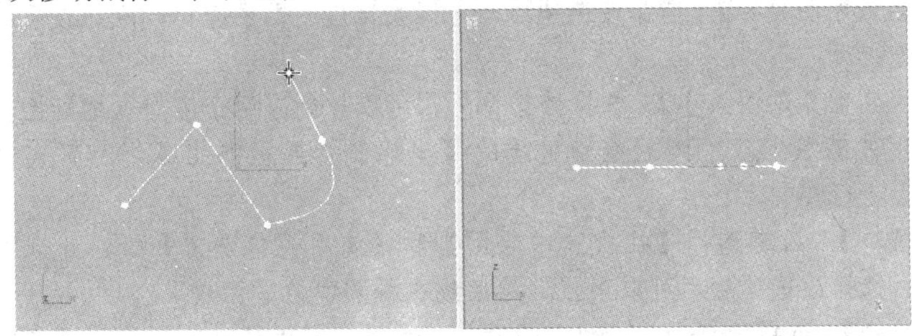

图 3-5　制作的线形

(6) 单击鼠标右键，结束线的绘制。

如果要绘制封闭的曲线，则要在结束线的绘制时将光标指向第一个点单击鼠标，这时将弹出【样条线】对话框，如图 3-6 所示，单击 是(Y) 按钮，即可将曲线闭合。

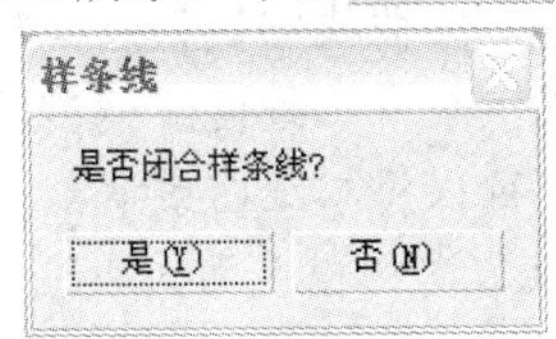

图 3-6　【样条线】对话框

2．线的重要属性

绘制了二维曲线以后，在修改命令面板中可以调整其参数，其中【渲染】卷展栏如图3-7所示。

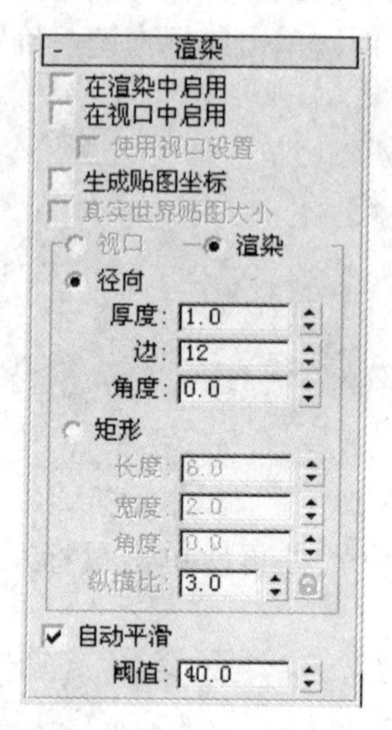

图3-7 【渲染】卷展栏

- 【在渲染中启用】：默认情况下，二维曲线是不可渲染的，选择该选项后，可以将二维曲线渲染输出为网格对象。
- 【在视口中启用】：选择该选项后，可以直接在视图中显示二维曲线的渲染效果。
- 【使用视口设置】：用于控制二维曲线按视图设置进行显示。只有选择【在视口中启用】时该选项才可用。
- 【生成贴图坐标】：选择该选项后，可以直接应用贴图坐标，默认设置为禁用状态。
- 【真实世界贴图大小】：选择该选项后，可以控制应用于该对象的贴图材质所使用的缩放方法。缩放值由材质的【坐标】卷展栏中的【使用真实世界比例】进行控制。
- 【视口】：只有选择【在视口中启用】和【使用视口设置】时，此选项才可用。选择该选项后，可以设置二维曲线在视图中的显示效果。
- 【渲染】：选择该选项后，可以设置二维曲线的可渲染性。当启用【在视口中启用】选项时，渲染效果将显示在视图中。
- 【径向】：选择该选项后，可以将二维曲线渲染为圆形横截面的3D对象。
- 【厚度】：用于指定视图或渲染中二维曲线的直径大小。
- 【边】：用于设置可渲染的二维曲线的边数或面数。
- 【角度】：用于调整视图或渲染中二维曲线横截面的旋转角度。
- 【矩形】：选择该选项后，可以将二维曲线渲染为矩形横截面的3D对象。
- 【长度】：用于指定沿Y轴方向的横截面大小。
- 【宽度】：用于指定沿X轴方向的横截面大小。

- 【角度】: 与上面的【角度】相同。
- 【纵横比】: 用于设置矩形横截面的纵横比。
- 【自动平滑】: 选择该选项后，可以使用【阈值】选项指定的值自动平滑二维曲线。
- 【阈值】: 该参数以度数为单位，如果二维曲线分段之间的角度小于阈值，则可以将任何两个相接的样条线分段进行相同的平滑处理。

【插值】卷展栏可以控制二维曲线的生成。所有二维曲线都划分为近似真实曲线的较小直线，二维曲线上每个顶点之间的划分数量称为步数。步数越多，曲线越平滑。其卷展栏如图 3-8 所示。

- 【步数】: 用于设置在二维曲线的两个顶点之间插入的分段数，可以手动指定，也可以选择【自适应】选项。
- 【优化】: 选择该选项后，系统将自动从二维曲线上删除不需要的分段数。如果选择【自适应】选项，则【优化】选项不可用。

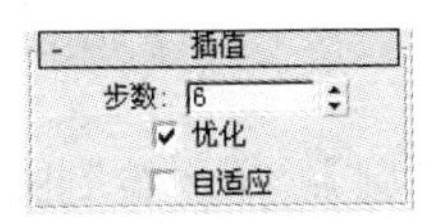

图 3-8 【插值】卷展栏

- 【自适应】: 选择该选项后，系统将自动根据二维曲线的形状调整分段数，此时的【优化】和【步数】都不可用。

这里介绍一下【创建方法】卷展栏，如图 3-9 所示，该卷展栏只出现在创建命令面板中。

- 【初始类型】: 该选项组用于设置单击鼠标绘制曲线时所创建的顶点类型。其中【角点】用于绘制折线，顶点之间以直线连接；【平滑】用于绘制曲线，顶点之间以曲线连接，且曲线的曲率由端点之间的距离决定。

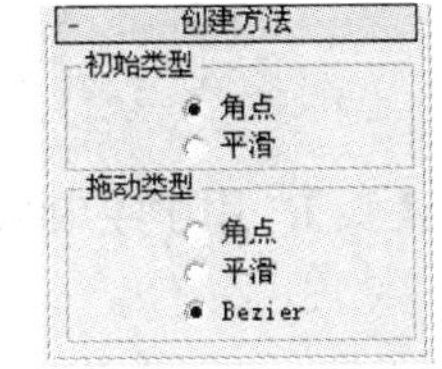

图 3-9 【创建方法】卷展栏

- 【拖动类型】: 该选项组用于设置拖动鼠标绘制曲线时所创建的顶点类型。其中【角点】方式绘制的线在顶点之间为直线；【平滑】方式绘制的线在顶点处产生光滑的曲线；【Bezier】(贝塞尔)方式绘制的线将在顶点处产生光滑的曲线，并具有控制手柄。

【平滑】方式与【Bezier】(贝塞尔)方式都能产生光滑的曲线，但是【平滑】方式生成的曲线是不可调整的，而【Bezier】(贝塞尔)方式生成的曲线是可调整的，可以通过控制手柄调整曲率和方向。图 3-10 所示为三种不同类型的顶点。

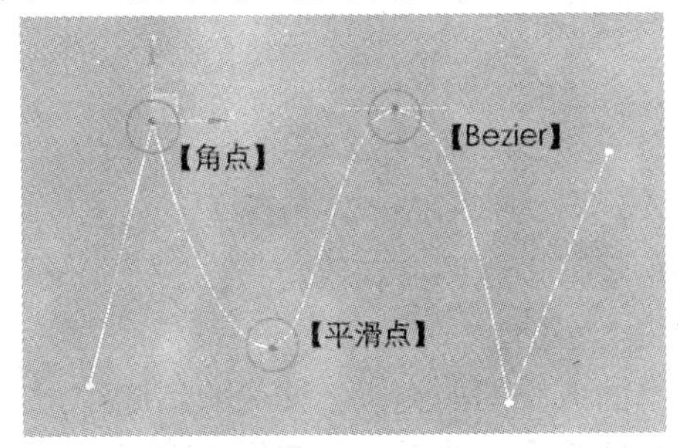

图 3-10 三种不同类型的顶点

3．其它二维图形的绘制

与线相比，其它二维图形绘制起来相对简单一些。下面分别介绍其它二维图形的绘制方法。

【矩形】：用于绘制矩形或具有圆角的矩形，按住 Ctrl 键的同时拖曳鼠标可以绘制正方形，如图 3-11 所示。

图 3-11　绘制的矩形

【圆】：用于绘制圆形。

【椭圆】：用于绘制椭圆形。

【圆环】：用于绘制同心圆环。

图 3-12 所示分别为绘制的圆、椭圆和圆环。

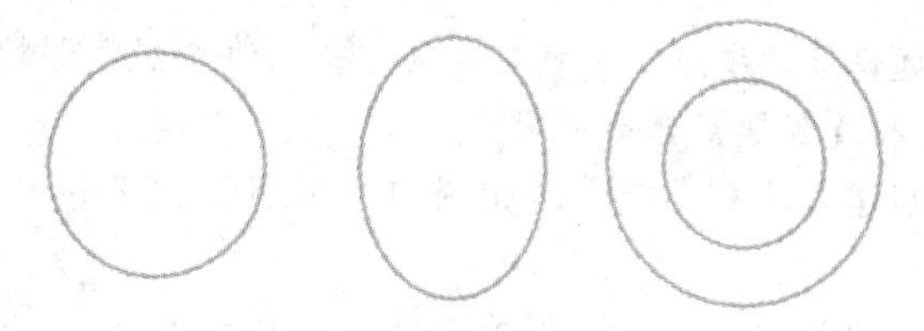

图 3-12　绘制的圆、椭圆和圆环

【弧】：用于绘制圆弧曲线或扇形，如图 3-13 所示。

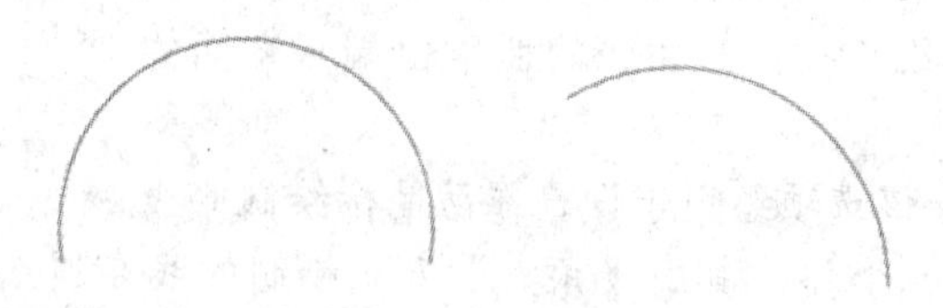

图 3-13　绘制的弧线

【多边形】：用于绘制任意边数的正多边形，还可以绘制圆角多边形，如图 3-14 所示。

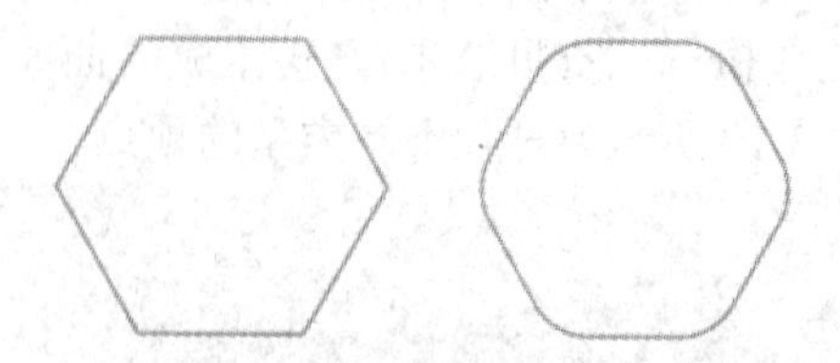

图 3-14　绘制的多边形

【星形】：用于绘制多角星形以及图案花纹。

【文本】：用于直接产生文字图形。

【螺旋线】：用于绘制平面或空间的类似于弹簧的螺旋线。

【截面】：可以通过截取三维造型的截面而获得二维图形。

随堂练习：绘制星形样条线

(1) 在创建命令面板中单击 按钮，单击【对象类型】卷展栏中的 星形 按钮。

(2) 在下方的各个卷展栏中设置参数如图 3-15 所示。

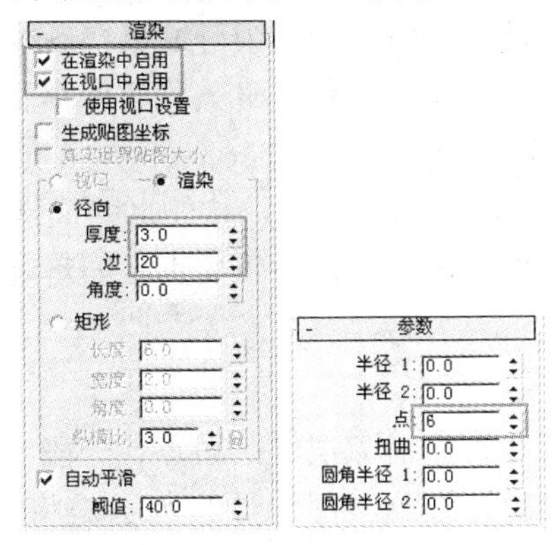

图 3-15　星形的创建参数

- 【半径 1】: 用于设置星形的外径大小。
- 【半径 2】: 用于设置星形的内径大小。
- 【点】: 用于设置星形角的数量。
- 【扭曲】: 用于设置尖角的扭曲度。
- 【圆角半径 1】/【圆角半径 2】: 用于设置尖角的内、外倒角半径。

(3) 在顶视图中按下鼠标左键拖曳，确定星形的外径，即【半径 1】的大小，如图 3-16 所示。

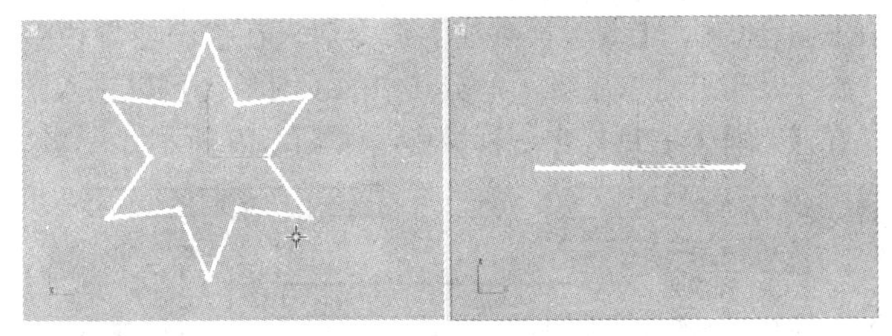

图 3-16　确定星形的外径

(4) 确定外径之后释放鼠标，接着移动鼠标确定星形的内径，然后单击鼠标左键，如图 3-17 所示。

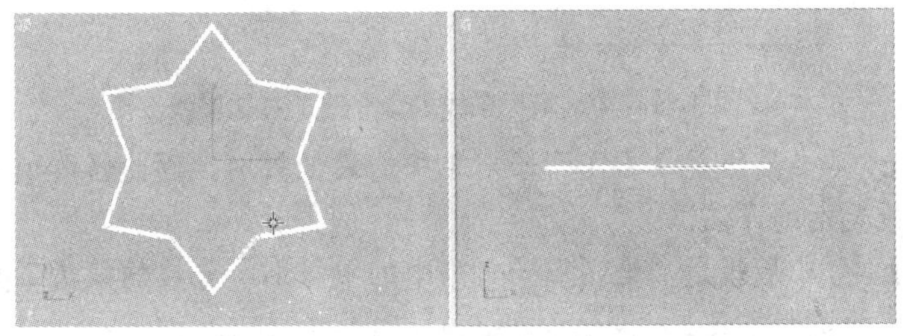

图 3-17　绘制的星形

(5) 单击鼠标右键，完成星形的绘制。

3.1.2 【编辑样条线】命令

【编辑样条线】命令是一种非常重要的二维修改命令，主要用于调整所绘制的二维曲线。在图形创建命令面板中除了【线】以外，其它类型的二维图形均是不可编辑样条曲线，如果要改变它们的外形，就需要将其转换为可编辑样条线。具体方法有以下两种：

- 选择绘制的二维图形，单击按钮，进入修改命令面板，在【修改器列表】中选择【编辑样条线】命令。
- 选择绘制的二维图形，单击鼠标右键，从弹出的快捷菜单中选择【转换为】/【转换为可编辑样条线】命令，将其转变为可编辑样条曲线。这种方法更快捷有效。

1. 子对象的类型

【编辑样条线】命令共有三个子对象层级：顶点、分段、样条线，在每一个子对象层级上都可以对样条曲线做一定的修改。图 3-18 所示是将一个椭圆进行多次修改后的效果。

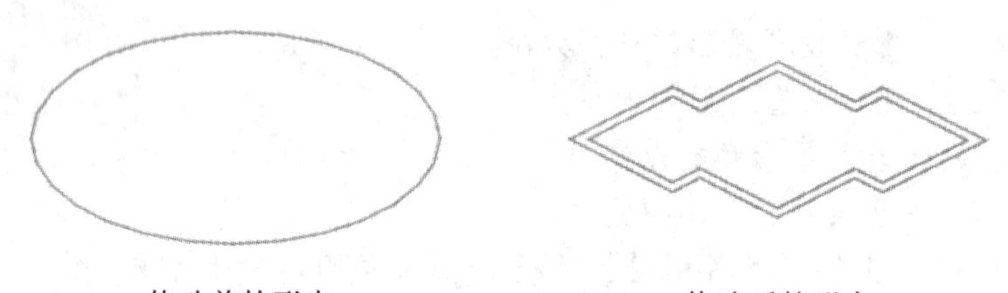

图 3-18　椭圆修改前、后的效果

当对一个二维图形使用了【编辑样条线】命令后，在修改器堆栈中单击【编辑样条线】前面的“+”号，展开子对象层级，单击其中的子对象，可以进入到相应的子对象层级；另外，也可以在【选择】卷展栏中进行操作，如图 3-19 所示。

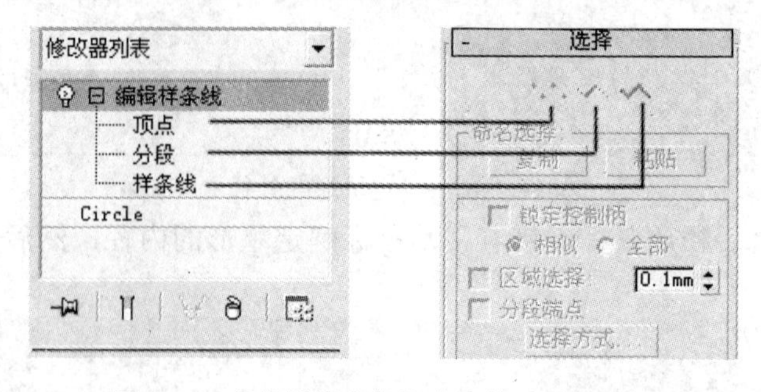

图 3-19　【编辑样条线】命令的子对象层级

- 【顶点】：顶点层级是二维图形子对象中的最低级别，因此修改顶点是编辑二维图形最灵活的方法。
- 【分段】：分段层级是二维图形子对象中的中级别，分段的编辑工具很少，仅仅是使工作更加方便。
- 【样条线】：样条线层级是二维图形子对象中的最高级别，样条线是一组相连分段的集合，既可以是光滑可调整的曲线段，也可以是直线段。

2. 在对象级别上进行编辑

当对一个二维图形使用了【编辑样条线】命令以后，如果当前没有进入子对象层级，则此时修改器堆栈中的【编辑样条线】呈深灰色显示，表示目前在对象级别上。

在不同的层级中有不同的参数。通常情况下，可以进行操作的参数以黑色显示，不能操作的参数以灰色显示。

在视图中选择要修改的二维曲线，然后对其施加【编辑样条线】命令，这时可以看到【几何体】卷展栏中的参数如图 3-20 所示。

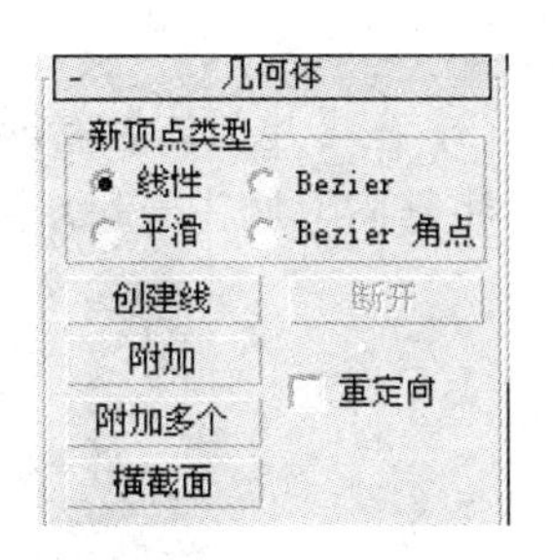

图 3-20　【几何体】卷展栏

- 【新顶点类型】：使用该选项组中的选项，可以确定使用 Shift 键复制线段或样条线时产生的新顶点类型。这些选项对使用 创建线 按钮创建的顶点没有影响。
- 单击 创建线 按钮，然后将光标移动到视图中开始绘制线，此时所绘制的样条线被加入到当前曲线中，作为选择对象的一部分。
- 单击 附加 按钮，然后在视图中单击其它样条曲线，即可将其它样条曲线附加到当前曲线中。如果选择【重定向】复选框，则新的样条曲线将与原样条曲线的轴心点对齐。
- 单击 附加多个 按钮，将弹出【附加多个】对话框，用户可以在对话框中选择多条样条曲线合并到当前曲线中。
- 单击 横截面 按钮，在视图中选择一个形状，然后选择第二个形状，将创建连接这两个形状的样条线。

制作效果图时使用比较频繁的是 附加 与 附加多个 选项，在制作效果图的窗户、墙面时使用这种方法很方便。

随堂练习：制作一个墙面

(1) 单击创建命令面板中的 按钮，在【对象类型】卷展栏中单击 矩形 按钮，在前视图中绘制如图 3-21 所示的多个矩形。

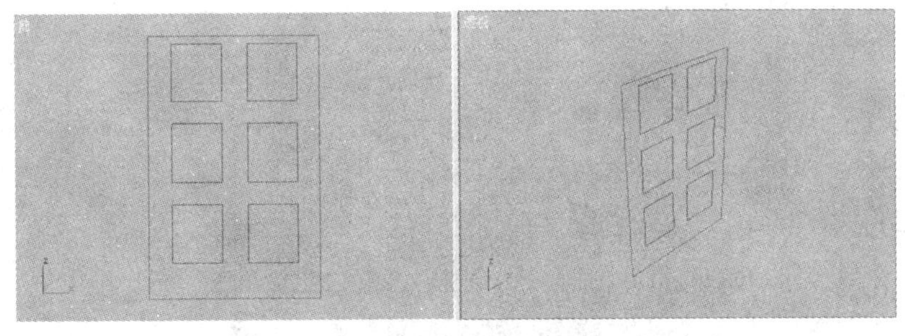

图 3-21　绘制的矩形

在上面的矩形中，中间 6 个小矩形是完全相同的，绘制时可以先绘制一个矩形，然后单击工具栏中的 按钮，按住 Shift 键的同时将矩形拖动到需要的位置上释放鼠标，以【复制】的方式进行复制即可。

(2) 在视图中选择大矩形，然后单击 按钮，在【修改器列表】中选择【编辑样条线】命令。

(3) 在【几何体】卷展栏中单击 附加 按钮，将光标依次指向 6 个小矩形并单击鼠标，将它们附加在一起，结果如图 3-22 所示。

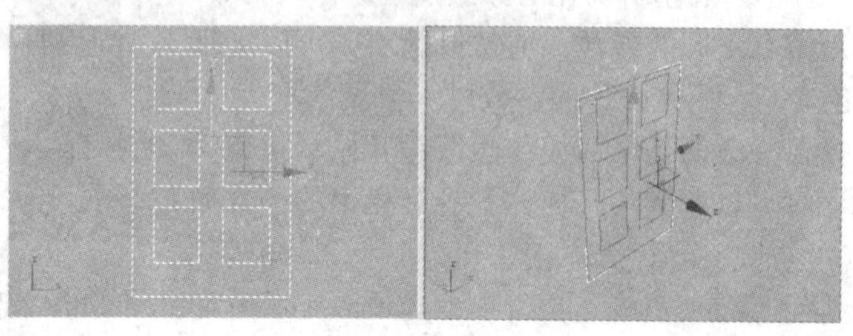

图 3-22　附加后的结果

(4) 在【修改器列表】中选择【挤出】命令，在【参数】卷展栏中设置【数量】值为 20，则挤出后的墙面效果如图 3-23 所示。

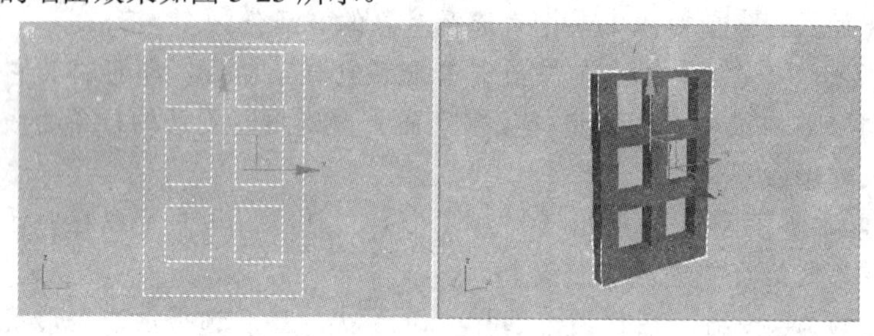

图 3-23　挤出后的墙面效果

3. 在顶点子对象级别上进行编辑

顶点子对象是最灵活的编辑对象，调整图形的形状时离不开顶点子对象的编辑。在修改器堆栈中单击【编辑样条线】前面的“+”号，再单击【顶点】项，就进入了【顶点】子对象层级。

在顶点编辑状态下，可以通过设置顶点的类型来控制样条线的曲率，在二维图形的顶点处单击鼠标右键，在弹出的快捷菜单中有四种顶点类型，如图 3-24 所示。

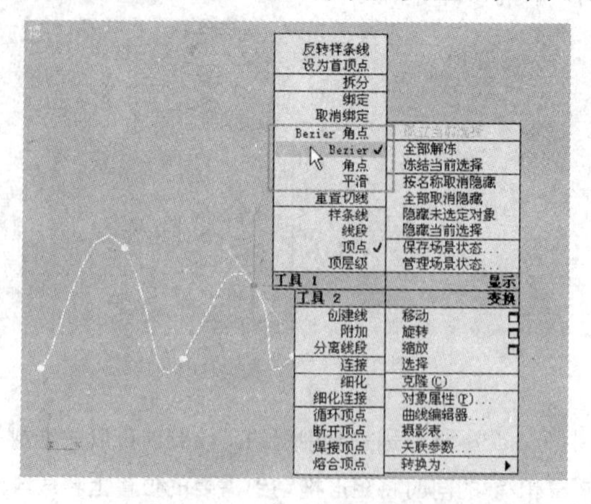

图 3-24　顶点的类型

- 选择【平滑】命令时，可以在顶点的两边产生曲线，且两边曲线的曲率相等。
- 选择【角点】命令时，可以在顶点的两边产生直线段。
- 选择【Bezier】（贝塞尔）命令时，可以在顶点两边产生带有切线手柄的曲线，拖动一边的切线手柄可以同时调节两边曲线的曲率，曲线的曲率与拖动切线手柄距离的远近有关。
- 选择【Bezier 角点】（贝塞尔角点）命令时，可以在顶点两边产生带有切线手柄的曲线，拖动其中一边的切线手柄只影响与切线手柄同一方向的曲线。

图 3-25 所示是四种顶点类型的状态。

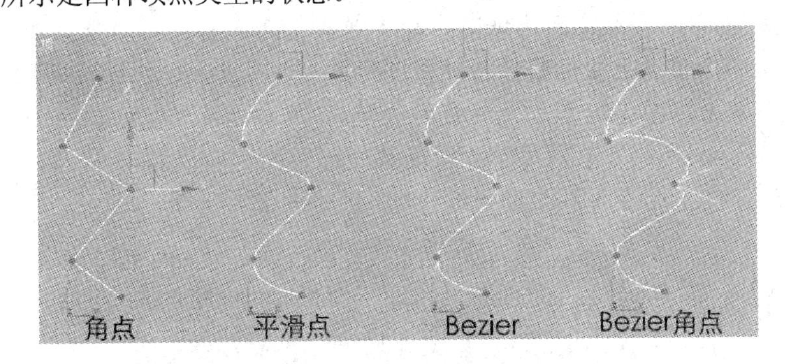

图 3-25　四种顶点类型的状态

在顶点编辑状态下选择了顶点子对象后，在【几何体】卷展栏中将激活一些与顶点相关的参数，如图 3-26 所示。

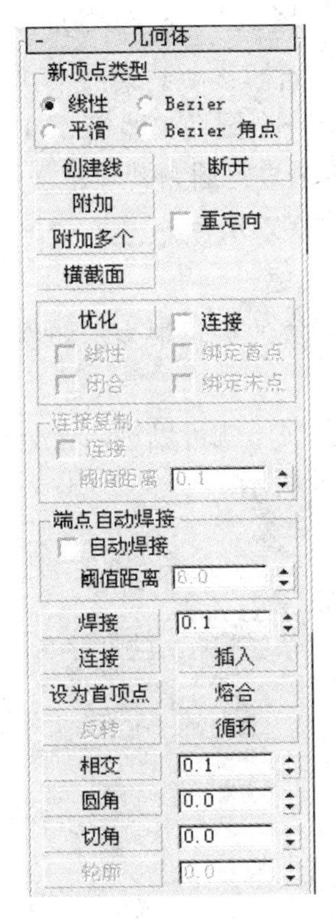

图 3-26　【几何体】卷展栏

顶点级别中常用的几个命令按钮功能如下：

- 单击 断开 按钮后，可以将当前选择的顶点断开，产生开放图形。执行断开操作后，不会直接在视图中看到效果，只有移动顶点时它们才会分离。
- 单击 优化 按钮后，在样条曲线上单击鼠标，可以在不改变曲线形状的前提下加入新的顶点。
- 焊接 按钮的作用是将两个顶点合并为一个顶点。操作时，先选择要合并的顶点，然后在 焊接 按钮后面的数值框中输入一个数值，该数值决定了能够执行焊接的距离，再单击 焊接 按钮即可。
- 连接 按钮的作用是连接同一样条曲线上两个断开的顶点。单击该按钮后，在一个顶点上按住鼠标左键拖曳到另一个顶点上，就可以将两个断开的点连接起来。图3-27所示是连接时的形态。

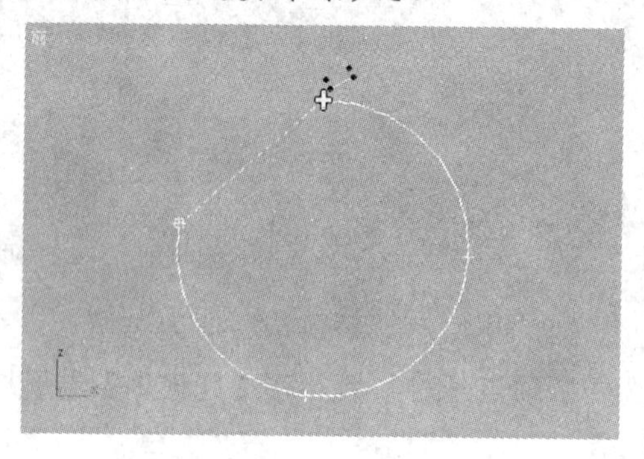

图3-27　连接时的形态

- 单击 圆角 按钮后，将光标移动到某一个顶点上，当光标形状改变时按下左键拖动鼠标，即可创建一个圆角。也可以在选择顶点后，再调节 圆角 按钮右侧数值框中的数值来进行圆角处理。
- 切角 按钮的功能和操作方法与 圆角 相同，只不过创建的是切角。

4. 在分段子对象级别上进行编辑

在制作效果图时，对分段子对象的编辑很少，即使编辑分段子对象，往往都局限在移动、复制、均分、分离等操作。

单击修改器堆栈中的【分段】项，就可以进入【分段】子对象层级，这时【几何体】卷展栏中的参数非常少，如图3-28所示。

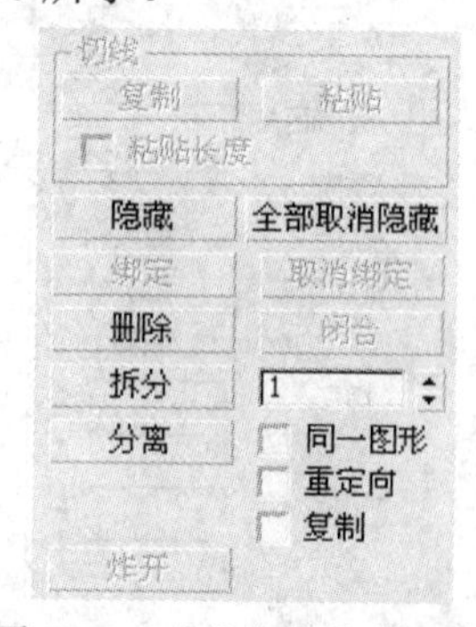

图3-28　【几何体】卷展栏

- 单击 隐藏 按钮，可以隐藏选择的分段。
- 单击 全部取消隐藏 按钮，可以显示全部隐藏的分段。
- 单击 删除 按钮，可以删除选择的分段。
- 拆分 ：选择一个分段，在该按钮右侧的数值框中输入数字，然后单击 拆分 按钮，可以在分段上插入指定数目的顶点，从而将一个分段分割为多个分段。
- 单击 分离 按钮，可以将选择的分段以指定的方式分离出来。

5．在样条线子对象级别上进行编辑

对于样条线子对象的编辑，很多操作类似于 CAD 中线的操作，如修剪、延伸、炸开、闭合等。在制作效果图时，对样条线进行最多的操作是扩展轮廓和布尔运算。

单击修改器堆栈中的【样条线】项，就可以进入【样条线】子对象层级，这时【几何体】卷展栏中的参数如图 3-29 所示。

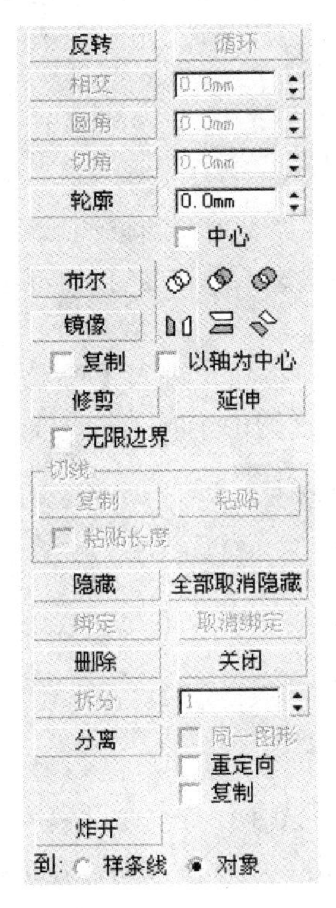

图 3-29　【几何体】卷展栏

样条线子对象级别中几个重要参数的含义如下：

- 单击 轮廓 按钮，在视图中将光标移动到样条线上并按住左键拖动鼠标，即可制作出样条线的轮廓。也可以在 轮廓 按钮后的数值框中输入数值，按下回车键。该功能在效果图建模中应用十分频繁。
- 布尔 ：对二维图形的样条线子对象进行相加、相交、相减三种布尔运算。
- 单击 镜像 按钮，可以对选择的样条线子对象进行垂直、水平和对角线镜像操作，与主工具栏中的 按钮用法相同。

- 单击 修剪 按钮，可以修剪交叉样条线的多余部分。
- 单击 延伸 按钮，可以将样条线的一个端点延伸至与其相交的样条线上。如果没有相交样条线，则不进行任何处理。
- 单击 炸开 按钮，可以将所选样条线上所有的分段炸成独立的对象或样条线。

随堂练习：使用【编辑样条线】命令

(1) 在创建命令面板中单击按钮，然后单击【对象类型】卷展栏中的 矩形 按钮，在顶视图中绘制一个矩形，如图 3-30 所示。

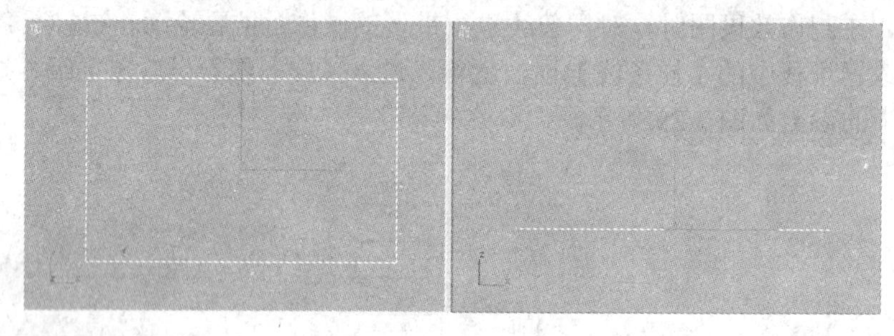

图 3-30　绘制的矩形

(2) 确认绘制的矩形处于选择状态，单击按钮，进入修改命令面板，在【修改器列表】中选择【编辑样条线】命令。

(3) 在【选择】卷展栏中单击按钮，进入【顶点】子对象层级，然后在【几何体】卷展栏中单击 创建线 按钮，在顶视图中绘制 3 条直线，如图 3-31 所示。

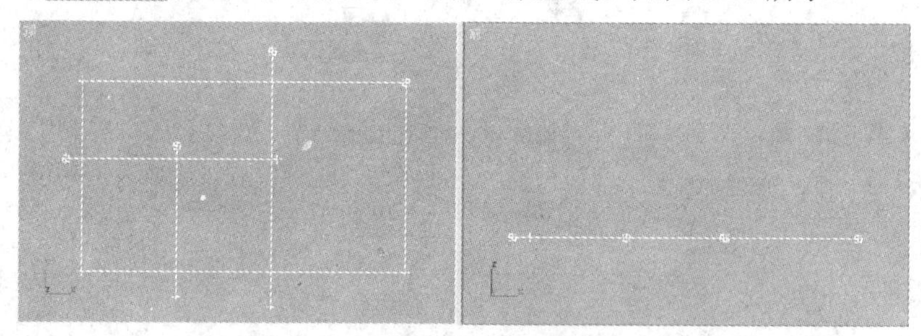

图 3-31　绘制的直线

(4) 在【几何体】卷展栏中单击 优化 按钮，在顶视图中如图 3-32 所示的位置处单击鼠标，添加顶点。

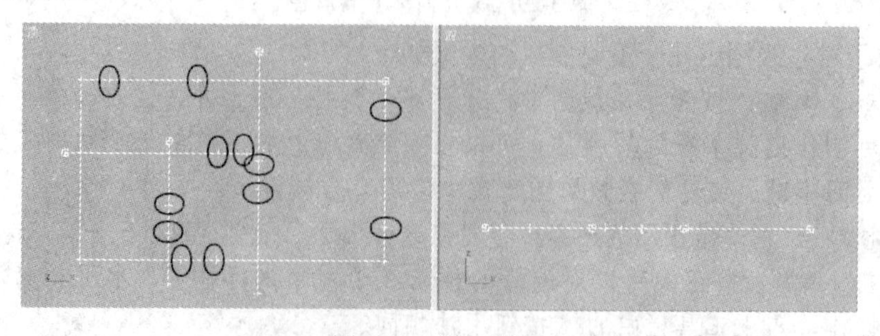

图 3-32　添加顶点

(5) 在【选择】卷展栏中单击 按钮，进入【分段】子对象层级，在视图中选择新插入顶点与顶点之间的分段，按下 Delete 键将其删除，结果如图 3-33 所示。

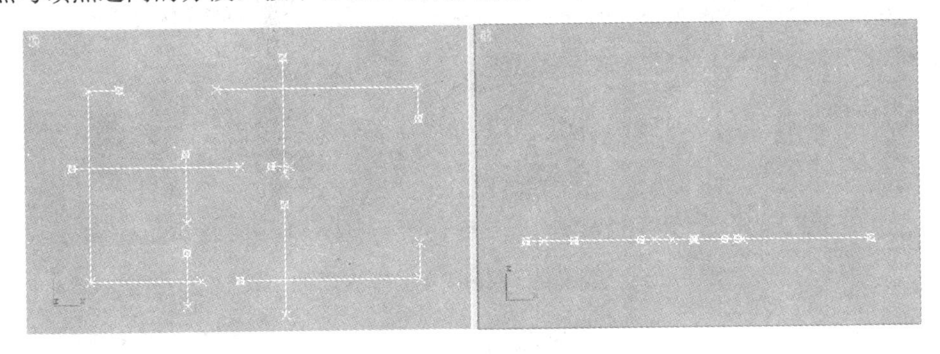

图 3-33　删除后的结果

(6) 在【选择】卷展栏中单击 按钮，进入【样条线】子对象层级，然后在【几何体】卷展栏中单击 修剪 按钮，在顶视图中修剪多余的线条，如图 3-34 所示。

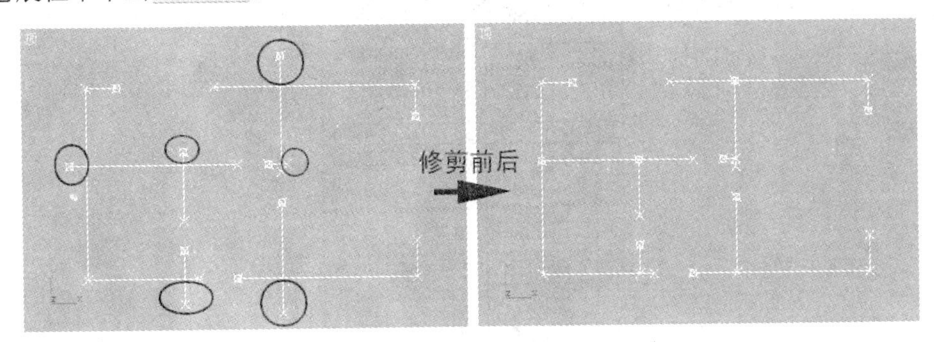

图 3-34　修剪多余的线条

(7) 在顶视图中拖曳鼠标框选所有的样条线子对象，然后在【几何体】卷展栏中 轮廓 按钮右侧的数值框中输入 8，按下回车键，则扩展轮廓后的效果如图 3-35 所示。

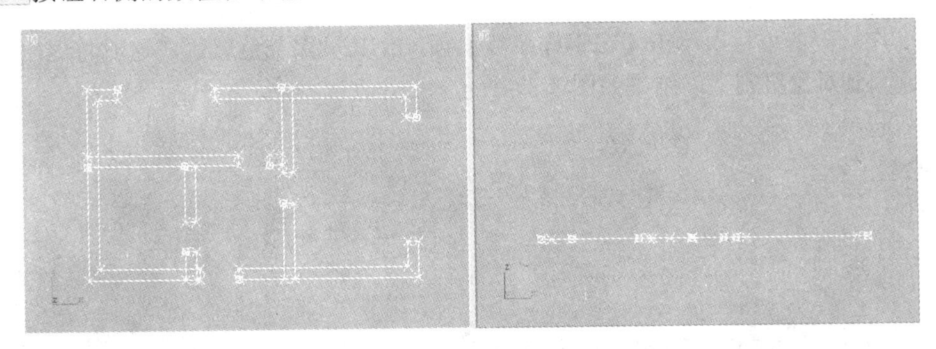

图 3-35　扩展轮廓后的效果

(8) 由于扩展轮廓后在接口处出现交叉，因此继续使用 修剪 按钮在顶视图中修剪交叉的线条，结果如图 3-36 所示。

(9) 在【选择】卷展栏中单击 按钮，进入【顶点】子对象层级，然后在顶视图中选择所有顶点，单击鼠标右键，在弹出的快捷菜单中选择【角点】命令，如图 3-37 所示。

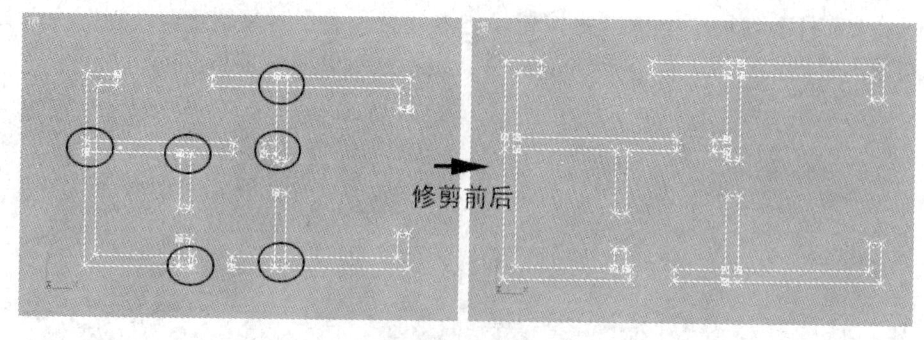

图 3-36　修剪交叉的线条

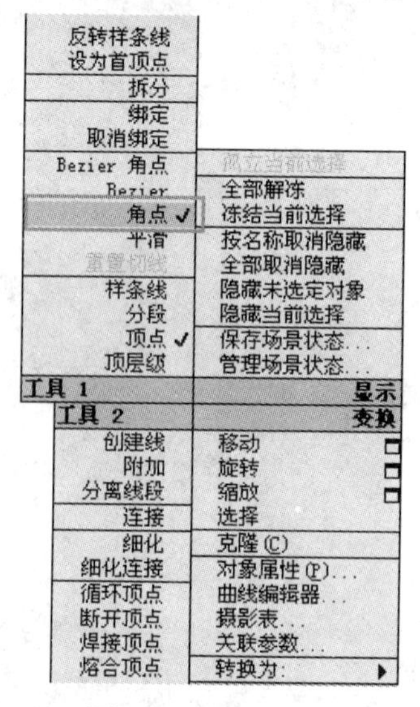

图 3-37　快捷菜单

(10) 在【几何体】卷展栏 焊接 按钮右侧的数值框中输入 0.2，然后单击 焊接 按钮，焊接所有的顶点。

(11) 在修改器堆栈中单击【编辑样条线】项，使其呈深灰色显示，这时将退出子对象层级，返回到对象级别上，结果如图 3-38 所示。

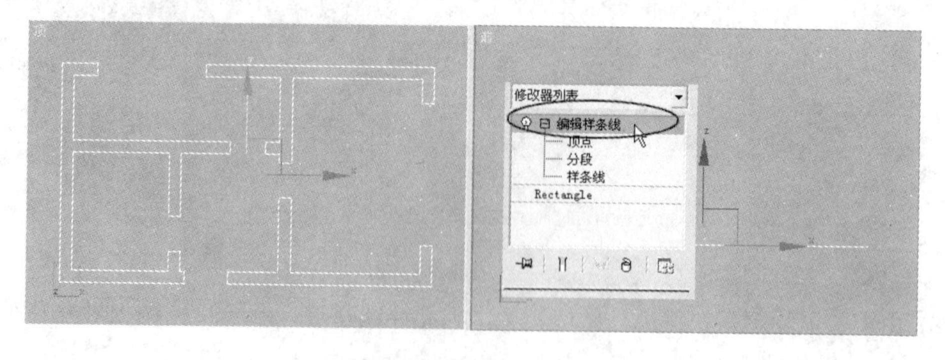

图 3-38　编辑后的效果

这样，我们通过编辑矩形得到了一个室内墙体的平面图。学习了【挤出】命令后，给这个平面图施加【挤出】命令，就可以得到墙体了。

3.1.3　【挤出】命令

【挤出】命令是将一个二维曲线图形增加厚度，挤压成三维实体。这是一个非常实用的建模方法，使用该命令生成的模型可以输出为面片和网格物体。该命令的使用方法非常简单，首先在视图中选择一个二维线形，然后进入修改命令面板，在【修改器列表】中选择【挤出】命令即可。图 3-39 所示为对二维图形进行挤出前、后的形态对比。

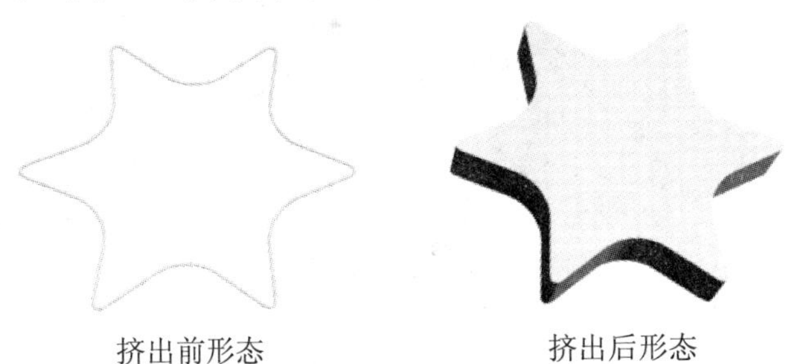

图 3-39　挤出前、后的形态对比

【挤出】命令的【参数】卷展栏如图 3-40 所示。

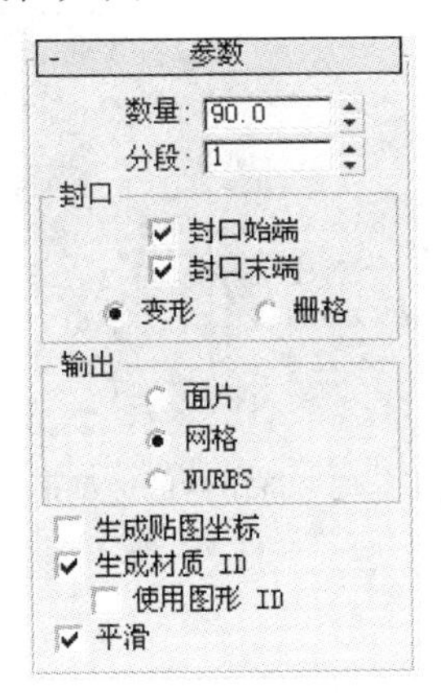

图 3-40　【参数】卷展栏

【参数】卷展栏中的主要参数功能如下：

- 【数量】：用于设置二维图形被挤出的厚度。
- 【分段】：用于设置挤出厚度上的片段划分数。
- 【封口】：该选项组中有 4 个选项。其中【封口始端】和【封口末端】两个选项用于设置是否在顶端或底端加面覆盖物体，系统默认为选择状态；选择【变形】选项，表示将挤出的造型用于变形动画的制作；选择【栅格】选项，表示将挤出的造型输出为网格模型。
- 【输出】：用于设置挤出生成的物体的输出类型。
- 【平滑】：选择该复选框后，将自动光滑挤出生成的物体。

随堂练习：【挤出】命令的使用

(1) 单击菜单栏中的【文件】/【打开】命令，打开前面制作的墙体平面图。

(2) 单击按钮，进入修改命令面板，在【修改器列表】中选择【挤出】命令，在【参数】卷展栏中设置各项参数如图 3-41 所示。

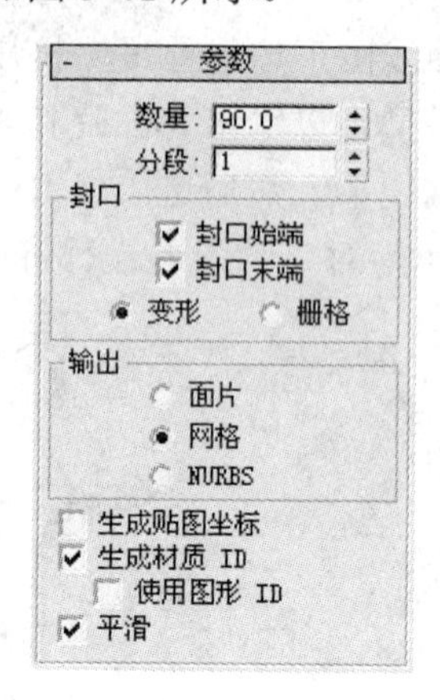

图 3-41 【参数】卷展栏

(3) 此时，挤出的造型形态如图 3-42 所示。

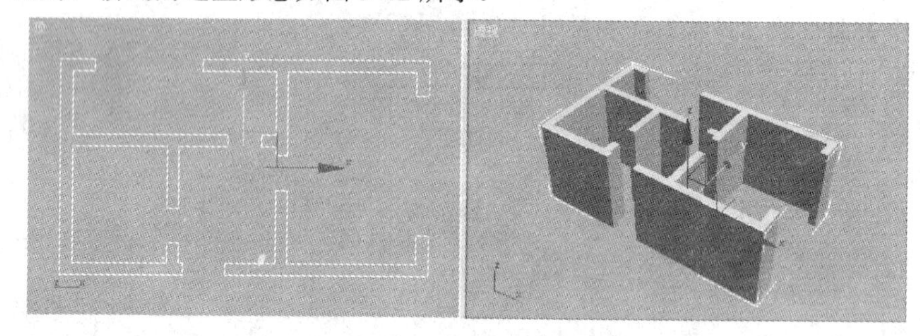

图 3-42 挤出后的造型形态

3.1.4 【车削】命令

【车削】命令可以将二维线形沿着某个轴向旋转一定的角度而生成三维实体。使用该命令时首先要在视图中选择一条二维线形，然后进入修改命令面板，在【修改器列表】中选择【车削】命令即可。图 3-43 所示是对二维线形进行修改前、后的形态。

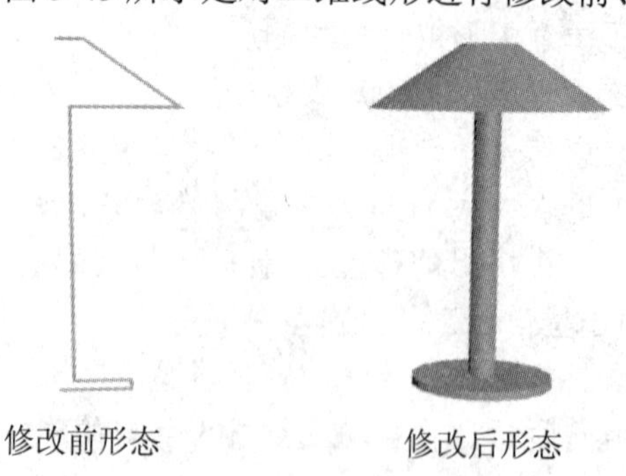

图 3-43 修改前、后的形态

【车削】命令的【参数】卷展栏如图 3-44 所示。

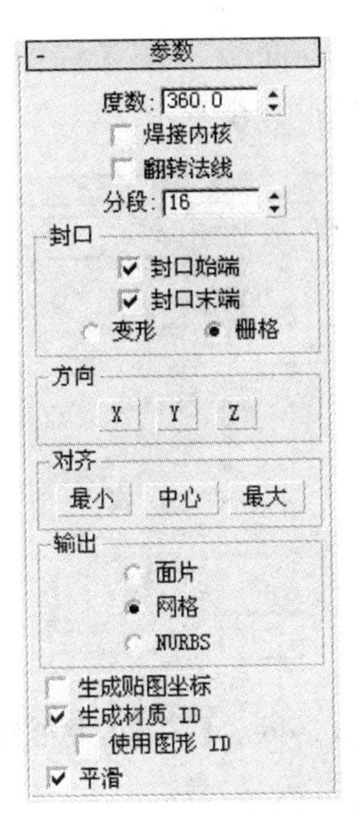

图 3-44　【参数】卷展栏

主要参数的作用如下：

- 【度数】：用于控制对象旋转的角度，取值范围为 0～360°。
- 【焊接内核】：选择该复选框后，可以将旋转轴上重合的点进行焊接精减，以减少模型的复杂程度。
- 【翻转法线】：选择该复选框后，可以将旋转物体表面的法线方向进行里外翻转，以此来解决法线换向的问题。
- 【分段】：用于设置旋转的分段数，默认值为 16。段数越多，产生的旋转对象越圆滑。
- 【方向】：用于设置旋转的轴向，分别为 X、Y、Z 轴。
- 【对齐】：用于设置对象旋转轴心的位置，分别为【最小】、【中心】和【最大】。单击 最小 按钮，可以将旋转轴放置到二维图形的最左侧；单击 中心 按钮，可以将旋转轴放置到二维图形的中间位置；单击 最大 按钮，可以将旋转轴放置到二维图形的最右侧。

随堂练习：【车削】命令的使用

(1) 在创建命令面板中单击 按钮，单击【对象类型】卷展栏中的 线 按钮，在前视图中绘制一条二维线形，如图 3-45 所示。

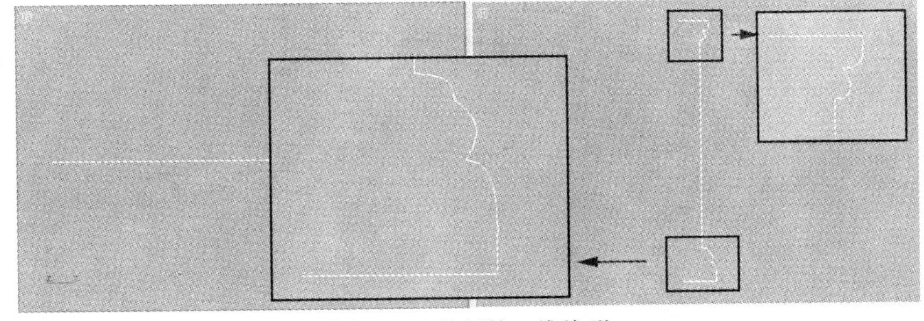

图 3-45　绘制的二维线形

(2) 单击 按钮，进入修改命令面板，在【修改器列表】中选择【车削】命令，在【参数】卷展栏中设置各项参数如图 3-46 所示。

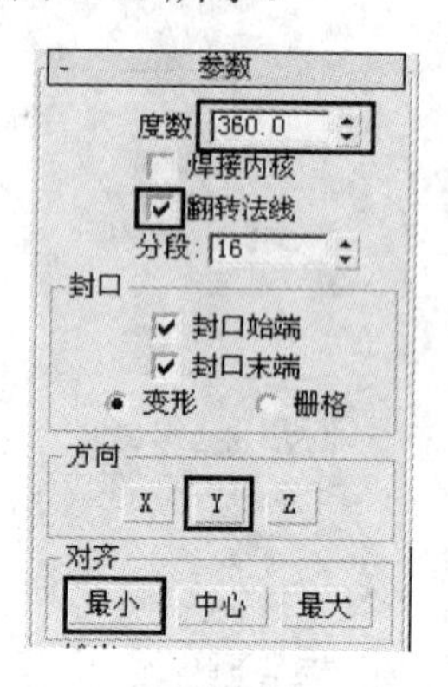

图 3-46 【参数】卷展栏

(3) 此时，车削后的造型形态如图 3-47 所示。

图 3-47 车削后的造型形态

3.1.5 【倒角】命令

【倒角】命令的使用率较高，使用它可以将平面图形挤压成型，并且可以产生倒直角或倒圆角效果。该命令常用于创建 3D 文本和徽标，而且可以应用于任意二维图形。【倒角】命令的参数如图 3-48 所示。

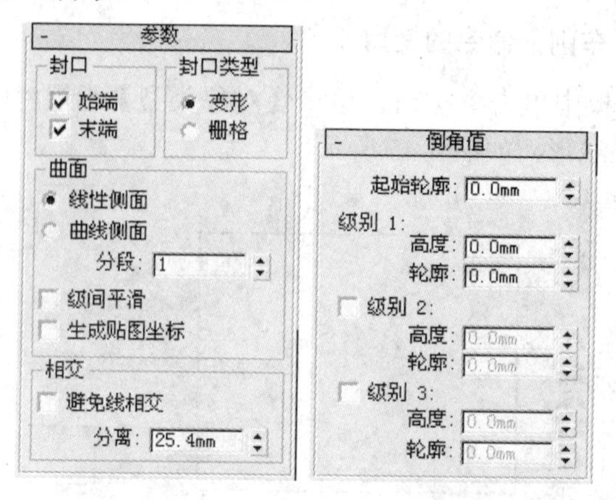

图 3-48 【倒角】命令的参数

【参数】卷展栏主要用于控制倒角面的效果。

- 【曲面】选项组：用于设置倒角对象倒角边的类型。
  选择【线性侧面】选项，可以生成直倒角的边。
  选择【曲线侧面】选项，可以生成圆倒角的边。【分段】值越大，倒角越圆滑。
  选择【级间平滑】复选框，可以在不同的倒角级别之间进行光滑处理，使倒角对象整体上比较光滑。
- 【相交】选项组：用于改进在制作倒角时因尖锐的折角而产生的突出变形。
  选择【避免线相交】复选框，可以防止尖锐的折角产生变形。

【倒角值】卷展栏中有三个倒角值参数，通过参数设置可以将二维图形生成三个级别的倒角表面。

- 【起始轮廓】：用于设置轮廓偏移原始图形的距离，非零设置会改变原始图形的大小，正值会使轮廓变大，负值会使轮廓变小。
- 【高度】：用于设置在起始级别之上的距离。
- 【轮廓】：用于设置级别轮廓到起始轮廓的偏移距离，即各层截面放大或缩小的程度。

【倒角值】卷展栏里可以设置三个倒角级别，各级别中参数项的作用都是相同的，可以只设置其中的一个或两个，后一个级别是在前一个级别的基础之上进行的。

随堂练习：【倒角】命令的使用

(1) 在创建命令面板中单击按钮，然后单击【对象类型】卷展栏中的 圆环 按钮，在顶视图中绘制一个圆环，其参数及形态如图 3-49 所示。

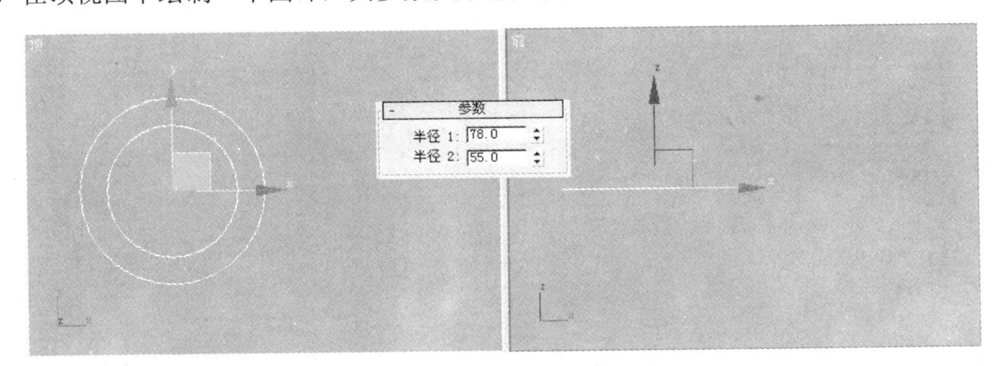

图 3-49 绘制的圆环

(2) 单击【对象类型】卷展栏中的 线 按钮，在顶视图中绘制一条封闭的二维曲线，与前面绘制的圆环构成“Q”字，如图 3-50 所示。

(3) 单击【对象类型】卷展栏中的 文本 按钮，在顶视图中输入文本“TV”，其参数与位置如图 3-51 所示。

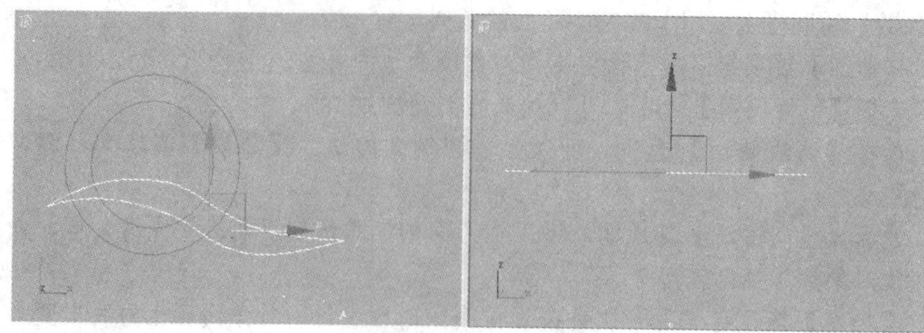

图 3-50 绘制的二维曲线

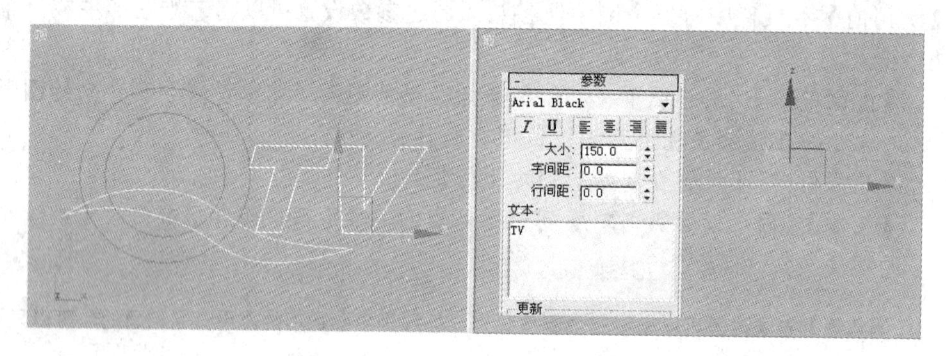

图 3-51 输入的文本及其参数设置

(4) 选择其中的二维曲线，然后单击按钮进入修改命令面板，在【几何体】卷展栏中单击附加按钮，在视图中依次拾取圆环和文本，将它们附加为一体。

(5) 在【选择】卷展栏中单击按钮，进入【样条线】子对象层级，然后单击【几何体】卷展栏中的修剪按钮，对圆环与二维曲线的交叉部分进行修剪，结果如图 3-52 所示。

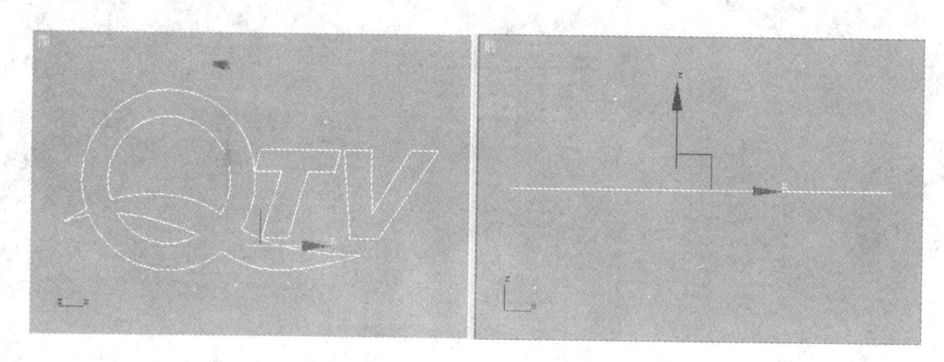

图 3-52 修剪后的效果

(6) 在【选择】卷展栏中单击按钮，进入【顶点】子对象层级，然后在视图中框选所有的顶点，在【几何体】卷展栏焊接按钮右侧的数值框中输入 0.2，再单击焊接按钮，将断开的顶点封闭起来。

(7) 在修改命令面板的【修改器列表】中选择【倒角】命令，在【倒角值】卷展栏中设置合适的参数，便制作完成了一个徽标，如图 3-53 所示。

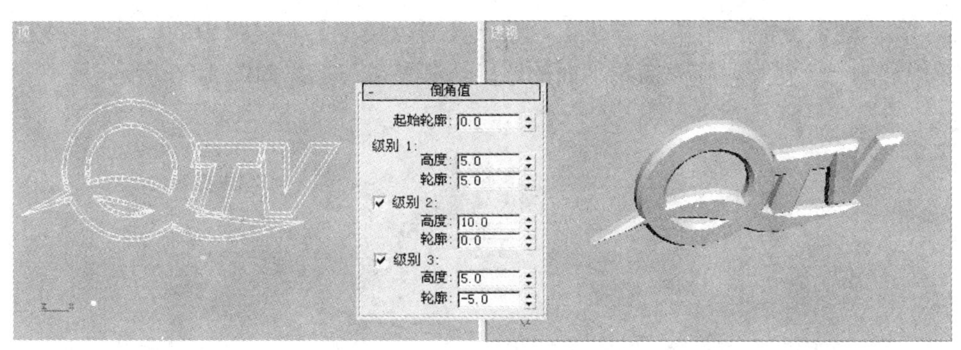

图 3-53　制作完成的徽标

3.1.6　【倒角剖面】命令

【倒角剖面】命令是一个更自由的倒角工具，它要求提供一个二维图形作为倒角的剖面。这个修改命令需要至少两个独立的二维图形，一个作为路径，一个作为剖面，而且在成型后不能删除作为剖面的图形。图 3-54 所示为倒角剖面的示例图。

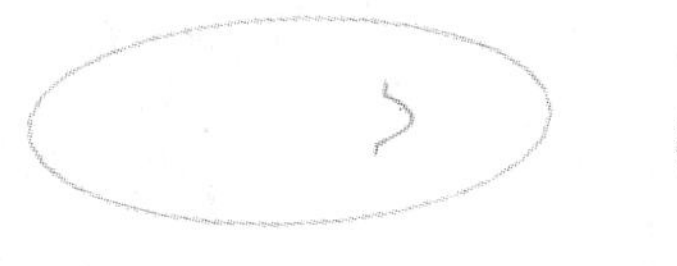

修改前状态　　修改后状态

图 3-54　倒角剖面的示例图

【倒角剖面】命令的【参数】卷展栏如图 3-55 所示。

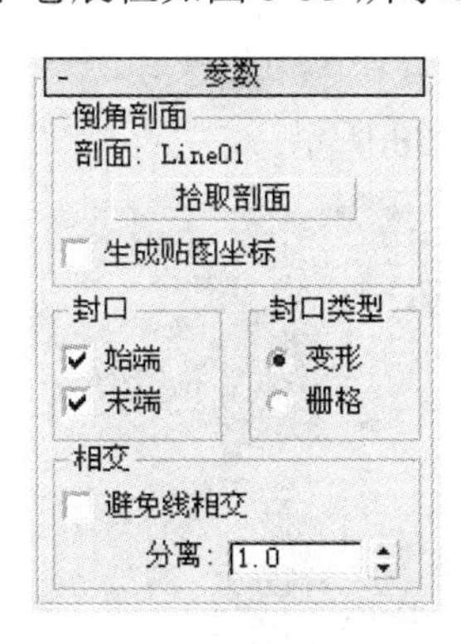

图 3-55　【参数】卷展栏

- 单击 拾取剖面 按钮后，可以在视图中拾取一个二维图形作为倒角剖面的轮廓线。拾取了轮廓线以后，轮廓线的名称将在上面的区域中显示出来。
- 其它选项的作用请参照前面几个修改命令中的参数，这里不再赘述。

随堂练习：【倒角剖面】命令的使用

下面我们使用【倒角剖面】命令制作一个方柱造型。

(1) 在创建命令面板中单击按钮，单击【对象类型】卷展栏中的 矩形 按钮，在顶视图中绘制一个矩形，作为倒角剖面的路径，其参数与形态如图 3-56 所示。

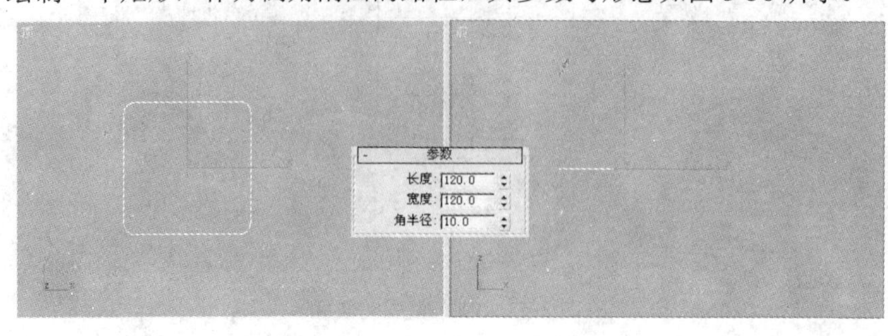

图 3-56　绘制的矩形及其参数设置

(2) 单击【对象类型】卷展栏中的 线 按钮，在前视图中绘制一条二维线形，作为倒角剖面的剖面，如图 3-57 所示。

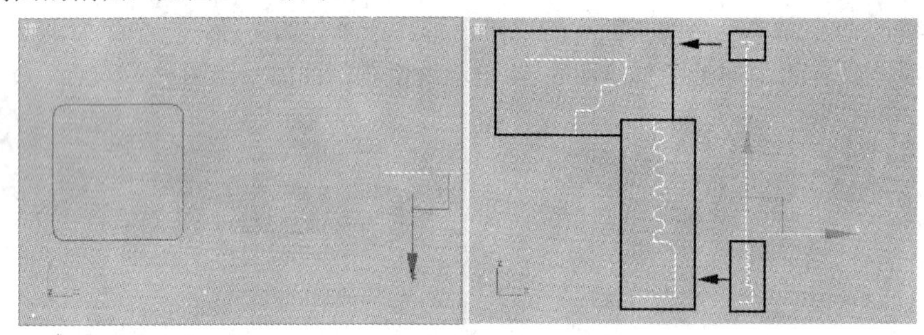

图 3-57　绘制的二维线形

(3) 选择绘制的矩形，单击按钮进入修改命令面板，在【修改器列表】中选择【倒角剖面】命令，然后在【参数】卷展栏中单击 拾取剖面 按钮，在视图中拾取绘制的二维线形，便生成了方柱造型，如图 3-58 所示。

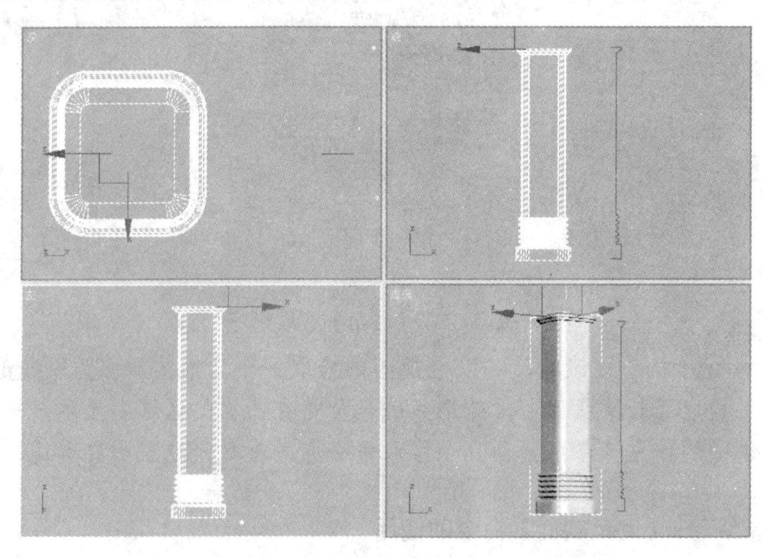

图 3-58　生成的方柱造型

3.2 课 堂 实 训

与三维建模一样，二维建模技术在模型创建方面也具有重要的地位。在效果图制作过程中，它的使用频率比三维建模还要多，因此，必须熟练掌握这种建模方法。前面已经介绍了二维图形修改建模的相关知识，读者除了要正确理解以外，还要多做练习加以巩固。

3.2.1　制作花窗造型

在制作园林效果图或者中式古典风格的室内效果图时，往往会接触到花窗造型的制作。本例将根据所学的二维建模技术创建一款花窗造型，效果如图 3-59 所示。

图 3-59　花窗效果

(1) 在创建命令面板中单击 按钮，然后在【对象类型】卷展栏中单击 矩形 按钮，在前视图中绘制一个【长度】为 720、【宽度】为 1200 的矩形。

(2) 再单击 圆 按钮，在前视图中绘制一个【半径】为 220 的圆形，如图 3-60 所示。

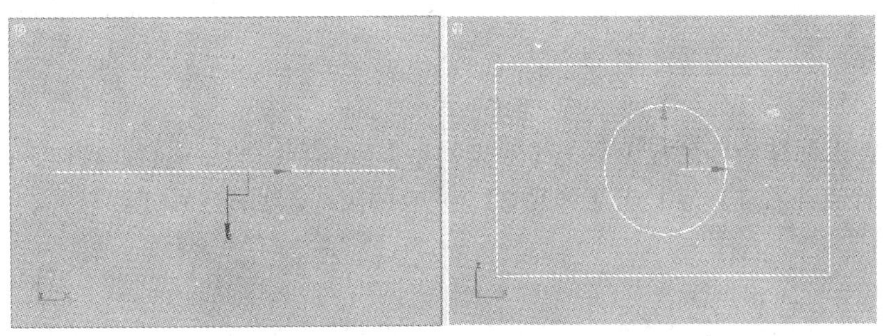

图 3-60　绘制的矩形和圆形

(3) 进入修改命令面板，在【修改器列表】中选择【编辑样条线】命令，然后在【几何体】卷展栏中单击 附加 按钮，在前视图中拾取矩形，将它们附加为一体。

(4) 在修改命令面板的【修改器列表】中选择【挤出】命令，设置挤出的【数量】值为 10，将挤出的造型命名为“墙”，如图 3-61 所示。

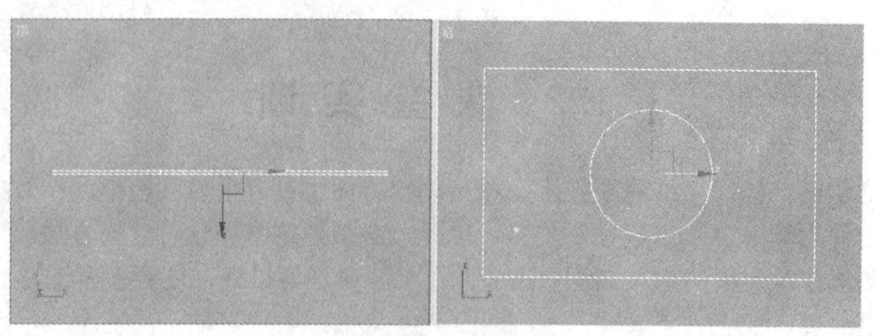

图 3-61　挤出的“墙”造型

(5) 在图形创建命令面板中单击【对象类型】卷展栏中的 圆环 按钮，在前视图中绘制一个【半径 1】为 220、【半径 2】为 180 的圆环，如图 3-62 所示。

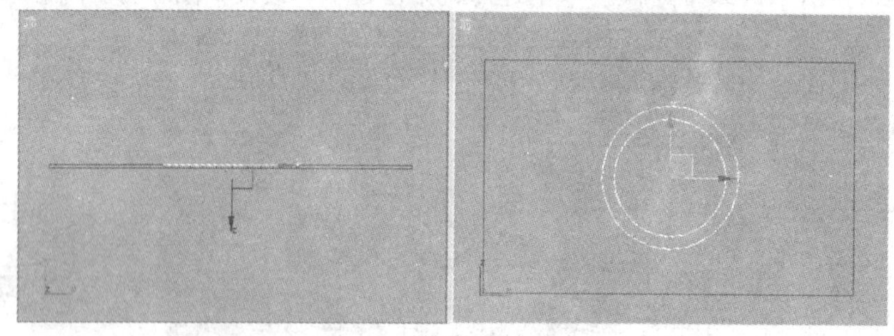

图 3-62　绘制的圆环

(6) 进入修改命令面板，在【修改器列表】中选择【倒角】命令，在【倒角值】卷展栏中设置参数如图 3-63 所示，将生成的造型命名为“窗框”。

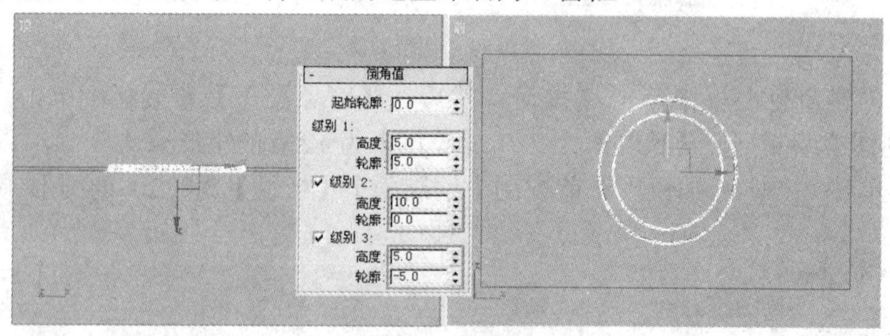

图 3-63　倒角生成的“窗框”造型

(7) 在图形创建命令面板中单击【对象类型】卷展栏中的 圆环 按钮，继续在前视图中绘制一个【半径 1】为 120、【半径 2】为 70 的圆环，如图 3-64 所示。

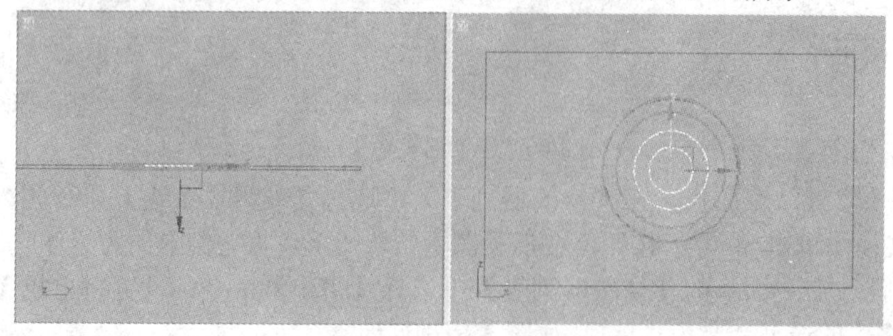

图 3-64　绘制的圆环

(8) 进入修改命令面板，在【渲染】卷展栏中勾选【在渲染中启用】和【在视口中启用】选项，设置其它各项参数如图 3-65 所示。

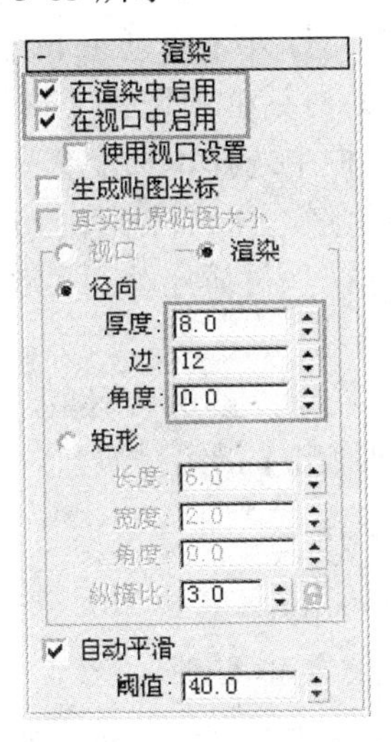

图 3-65 【渲染】卷展栏

(9) 在图形创建命令面板中单击【对象类型】卷展栏中的 星形 按钮，在前视图中绘制一个【半径 1】为 170、【半径 2】为 75、【点】为 6 的星形，这时【渲染】卷展栏中的参数将自动默认上次的设置，效果如图 3-66 所示。

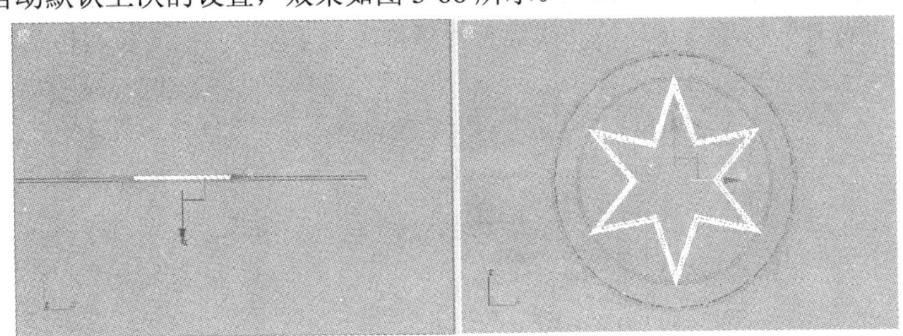

图 3-66 绘制的星形

(10) 单击【对象类型】卷展栏中的 矩形 按钮，在前视图中绘制一个【长度】为 90、【宽度】为 90 的矩形。

(11) 单击工具栏中的按钮，在前视图中将矩形顺时针旋转 45°，调整其位置如图 3-67 所示。

图 3-67 旋转后的矩形形态

至此，花窗造型的建模工作已经完成。下面我们来制作它的材质。这个实例的材质主要包括两部分，一是墙体的材质，二是花窗的材质。

(12) 单击工具栏中的按钮，打开【材质编辑器】对话框，单击工具行中的按钮，在弹出的【材质/贴图浏览器】对话框中选择【材质库】选项，然后单击 打开... 按钮，在弹出的【打开材质库】对话框中选择本书配套光盘“材质库”文件夹中的“专用材质.mat”文件，单击 打开(O) 按钮，将选择的材质库打开。

(13) 在打开的材质库中将“石砖”材质拖动到“墙”造型上，则“墙”造型被赋予了“石砖”材质。

(14) 在视图中同时选择构成“花窗”的所有造型，然后在材质库中拖曳“不锈钢”材质到选择的造型上，释放鼠标，则弹出【指定材质】对话框，如图 3-68 所示。

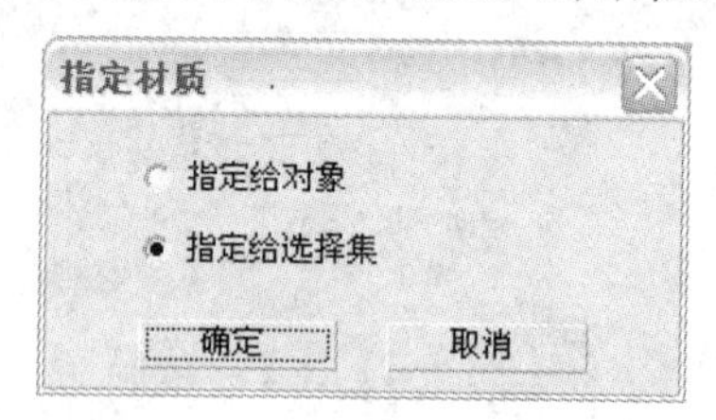

图 3-68 【指定材质】对话框

(15) 单击 确定 按钮，将“不锈钢”材质赋给选择的造型。

(16) 单击菜单栏中的【渲染】/【环境】命令，则弹出【环境和效果】对话框，在材质库中拖曳“背景”材质到【环境和效果】对话框中的【环境贴图】长按钮上，如图 3-69 所示。

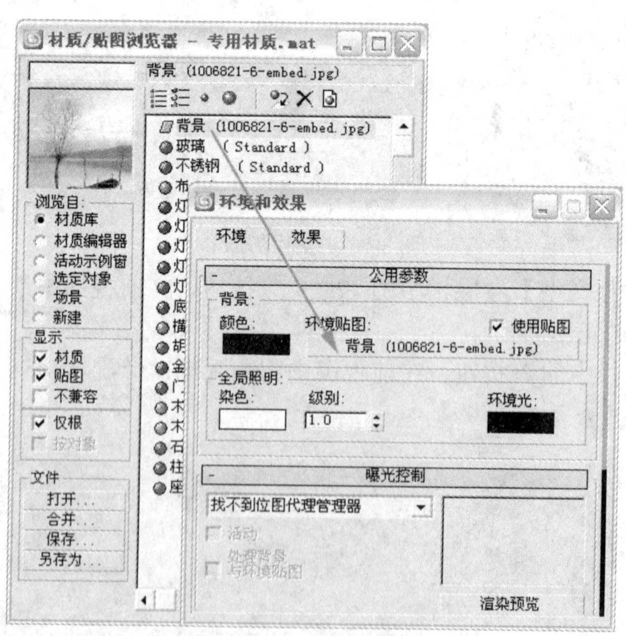

图 3-69 卷展栏参数及贴图设置

(17) 激活透视图，单击工具栏中的按钮(或者按下键盘上的 F9 键)，花窗的渲染效果如图 3-70 所示。

图 3-70　花窗的渲染效果

(18) 单击菜单栏中的【文件】/【保存】命令，将制作的线架保存为“花窗.max”文件。

3.2.2　制作欧式门造型

在室内效果图中，门是一种非常重要的表现元素。门的种类很多，既可以按风格进行分类，也可以按材料进行分类。在装饰设计时，门的选择一定要融入整体设计风格。下面我们学习欧式门造型的制作，最终效果如图 3-71 所示。

图 3-71　“欧式门”造型效果

(1) 单击菜单栏中的【文件】/【重置】命令，重新设置系统。

(2) 在创建命令面板中单击按钮，单击【对象类型】卷展栏中的 矩形 按钮，在前视图中绘制一个【长度】为 840、【宽度】为 320 的矩形，如图 3-72 所示。

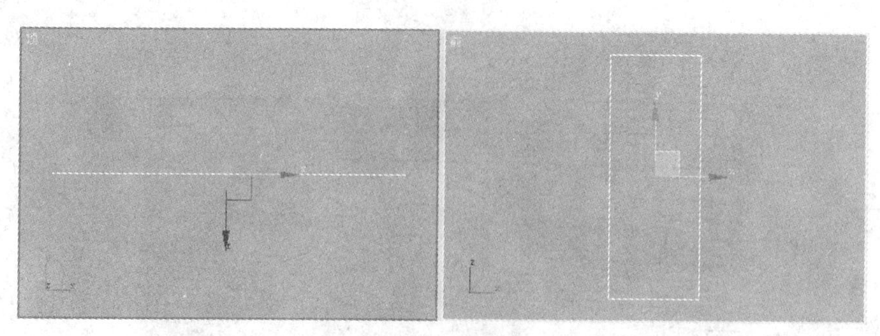

图 3-72　绘制的矩形

(3) 单击【对象类型】卷展栏中的 圆 按钮，在前视图中绘制一个【半径】为 114 的圆形，调整其位置如图 3-73 所示。

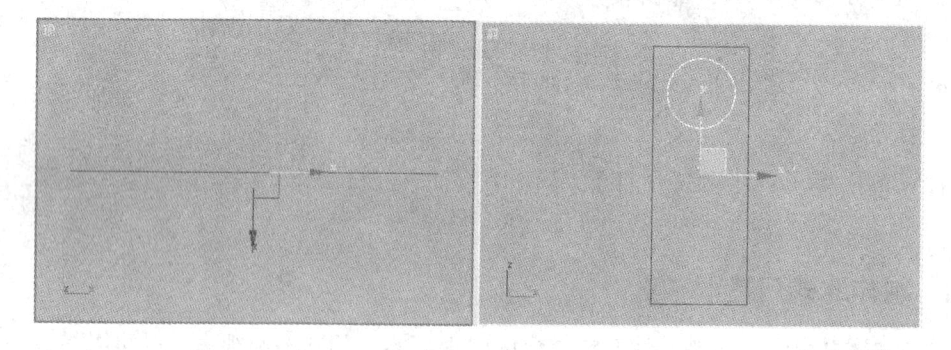

图 3-73　绘制的圆形

(4) 确认刚绘制的圆形处于选择状态，单击按钮，进入修改命令面板，在【修改器列表】中选择【编辑样条线】命令。

(5) 在【选择】卷展栏中单击按钮，进入【顶点】子对象层级，在前视图中选择圆形最下方的一个顶点，按下 Delete 键将其删除，结果如图 3-74 所示。

图 3-74　删除顶点后的形态

(6) 在前视图中选择圆形下方的两个顶点，单击鼠标右键，在弹出的快捷菜单中选择【Beizer 角点】命令，将顶点类型转换为 Beizer 角点。

(7) 选择工具栏中的工具，分别调整两个顶点的切线手柄，调整其形态如图 3-75 所示。

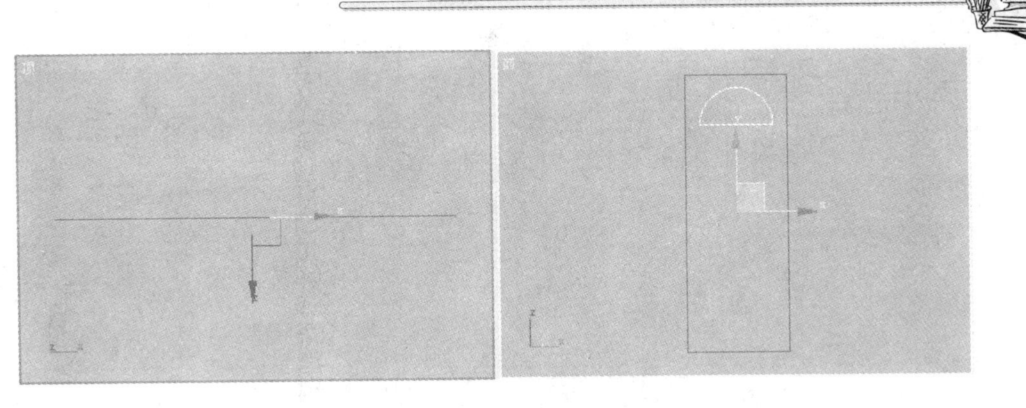

图 3-75 调整圆形的形态

(8) 在图形创建命令面板中单击【对象类型】卷展栏中的 矩形 按钮，在前视图中再绘制一个【长度】为 190、【宽度】为 7.5 的矩形，如图 3-76 所示。

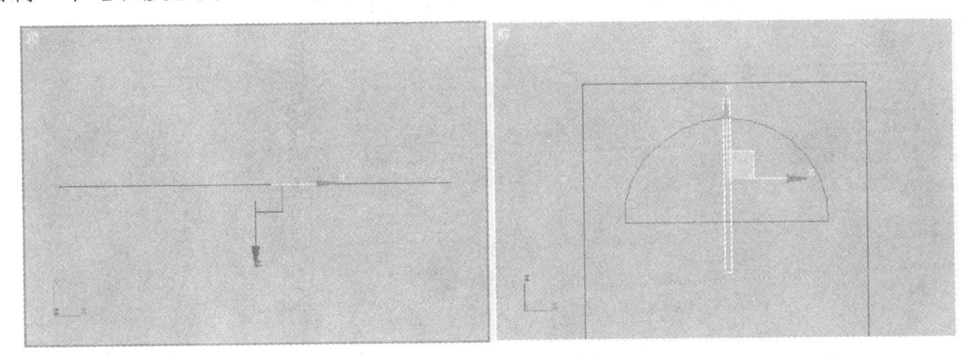

图 3-76 绘制的矩形

(9) 激活工具栏中的按钮，并在该按钮上单击鼠标右键，在弹出的【栅格和捕捉设置】对话框中设置旋转的角度为 45，如图 3-77 所示，然后关闭对话框。

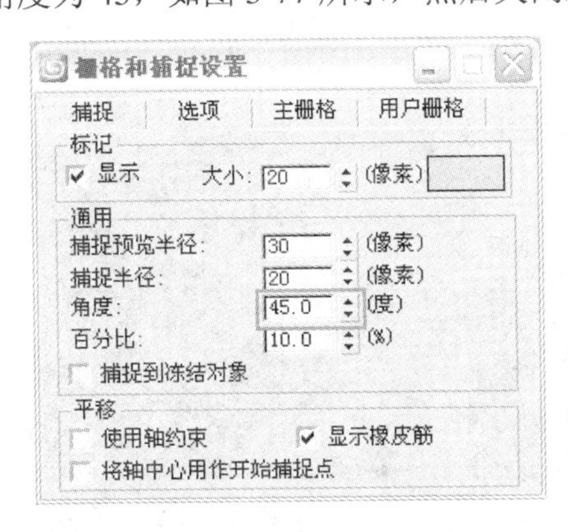

图 3-77 【栅格和捕捉设置】对话框

(10) 单击工具栏中的按钮，在前视图中选择刚绘制的矩形，按住 Shift 键的同时分别将其向右、向左旋转一次，以【实例】的方式复制两个，并调整它们的位置如图 3-78 所示。

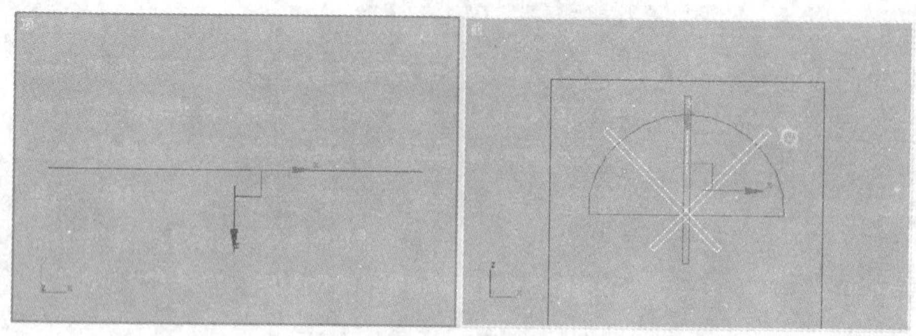

图3-78 旋转复制的矩形

(11) 单击工具栏中的按钮，在前视图中选择半圆形，按住 Shift 键的同时将其沿 Z 轴向中心拖曳，以【复制】的方式将其等比例缩小复制一个，并调整其位置如图 3-79 所示。

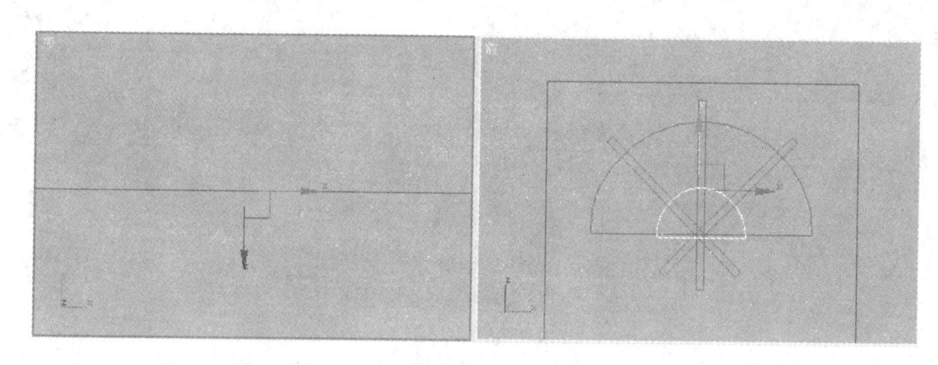

图3-79 缩小并复制的半圆形

(12) 选择大半圆形，进入修改命令面板，在【几何体】卷展栏中单击 附加 按钮，然后在前视图中依次拾取三个矩形和小半圆形，将它们附加为一体，如图3-80所示。

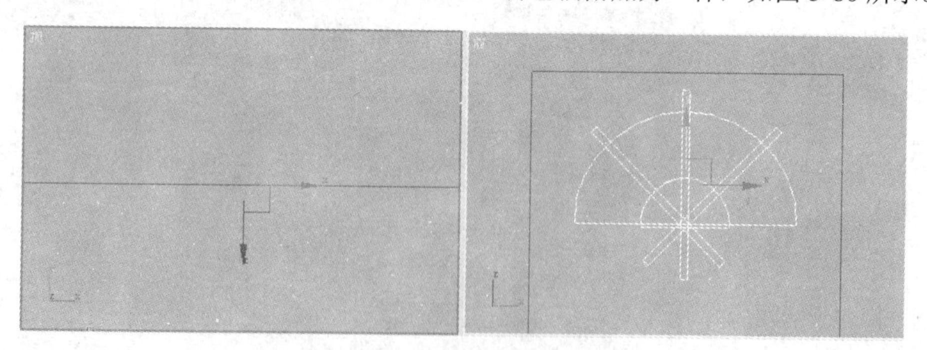

图3-80 附加后的形态

(13) 在修改器堆栈中单击【编辑样条线】前面的“+”号，展开子对象层级，单击【样条线】项，进入其子对象层级。

(14) 在前视图中选择大半圆样条线，然后在【几何体】卷展栏中激活 布尔 按钮右侧的按钮，如图3-81所示。

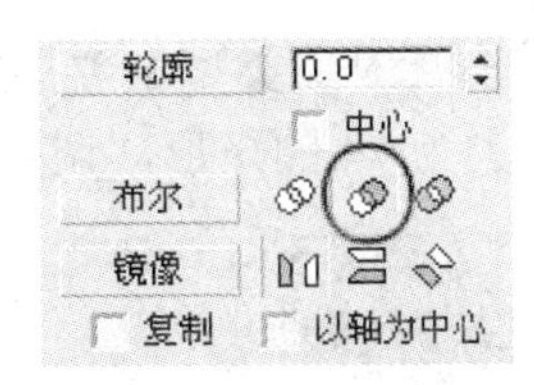

图 3- 81　激活按钮

(15) 单击 布尔 按钮，然后在视图中单击小半圆形样条线，则布尔运算后的样条线形态如图 3-82 所示。

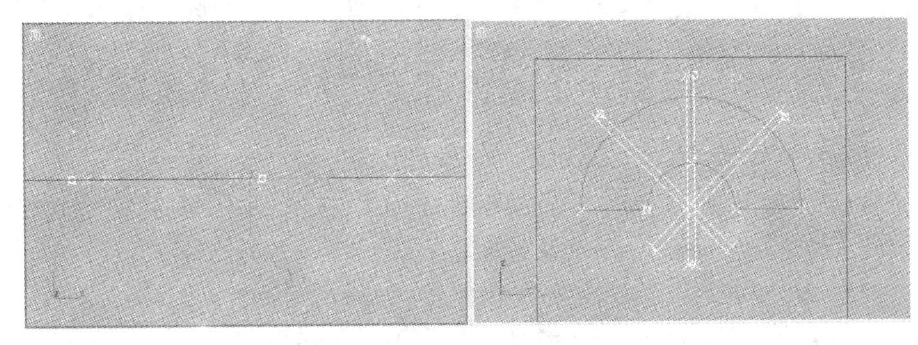

图 3-82　布尔运算后的样条线形态

(16) 在前视图中选择布尔运算后的样条线，单击【几何体】卷展栏中的 布尔 按钮，然后在视图中单击右侧的矩形样条线，则布尔运算后的形态如图 3-83 所示。

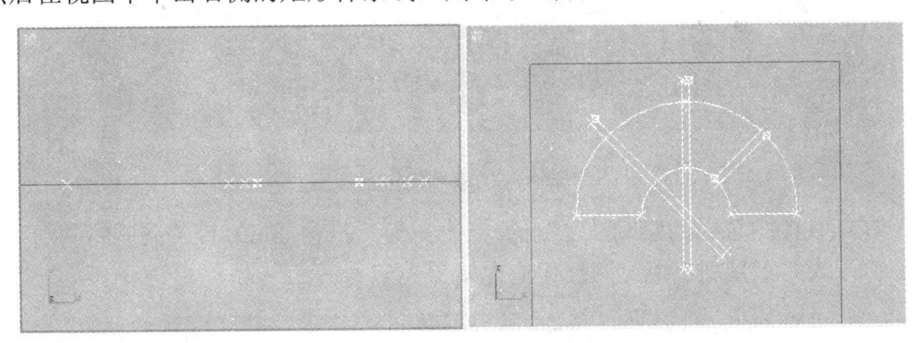

图 3-83　布尔运算后的形态

(17) 用同样的方法，对另外两条矩形样条线进行布尔运算操作，则布尔运算后的最终形态如图 3-84 所示。

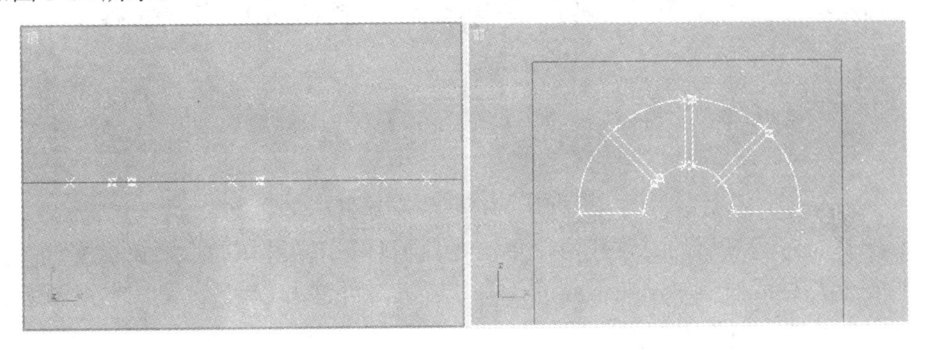

图 3-84　布尔运算后的最终形态

(18) 在图形创建命令面板中单击【对象类型】卷展栏中的 矩形 按钮，在前视图中绘制一个【长度】为148、【宽度】为74的矩形，调整其位置如图3-85所示。

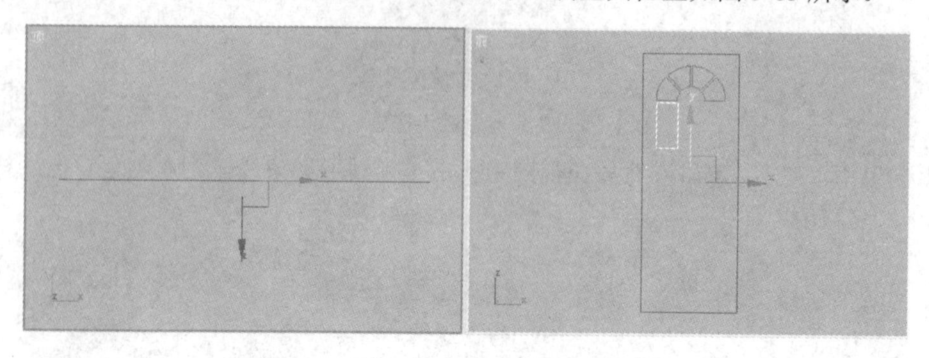

图3-85　绘制的矩形

(19) 单击工具栏中的按钮，选择刚绘制的矩形，按住Shift键的同时在前视图中将其沿X轴以【复制】的方式向右移动复制两个，位置如图3-86所示。

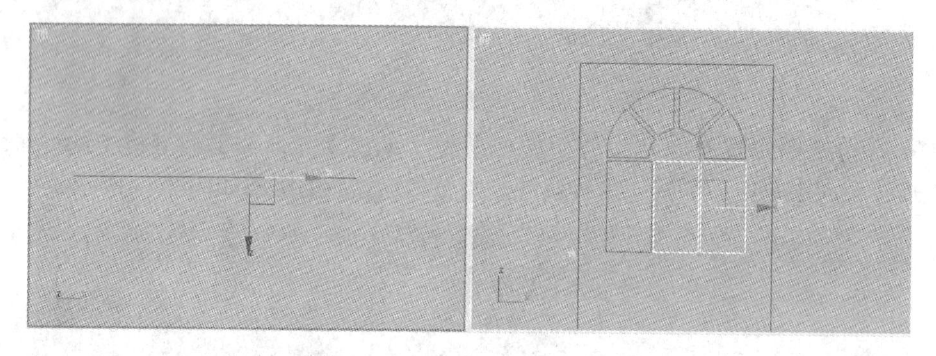

图3-86　复制的矩形

(20) 在前视图中选择刚绘制及复制的3个矩形，按住Shift键的同时将其沿Y轴以【复制】的方式向下复制三组，调整其位置如图3-87所示。

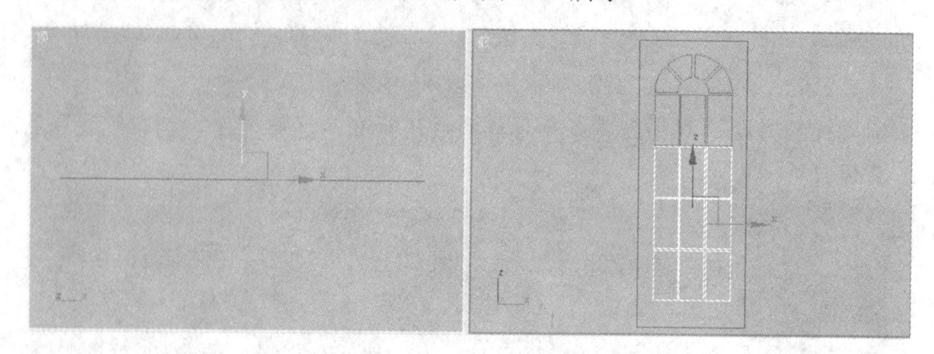

图3-87　复制的三组矩形

(21) 选择布尔运算后的二维线形，单击【几何体】卷展栏中的 附加多个 按钮，在弹出的【附加多个】对话框中单击左下角的 全部(A) 按钮，再单击 附加 按钮，将视图所有的二维线形附加为一体，如图3-88所示。

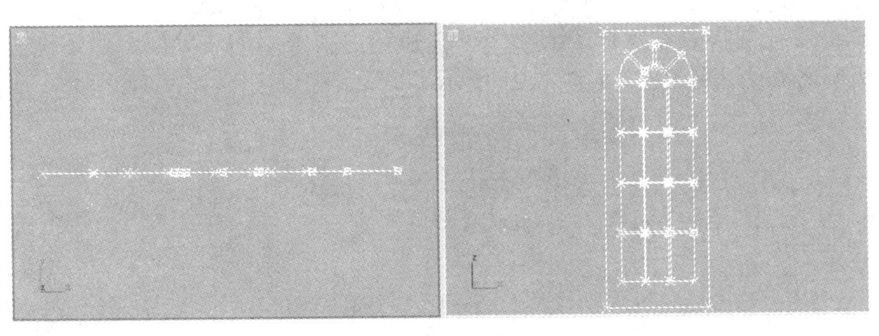

图 3-88　附加后的二维线形

(22) 在修改命令面板的【修改器列表】中选择【挤出】命令，在【参数】卷展栏中设置挤出的【数量】值为 20，将挤出后的造型命名为“门”，其形态如图 3-89 所示。

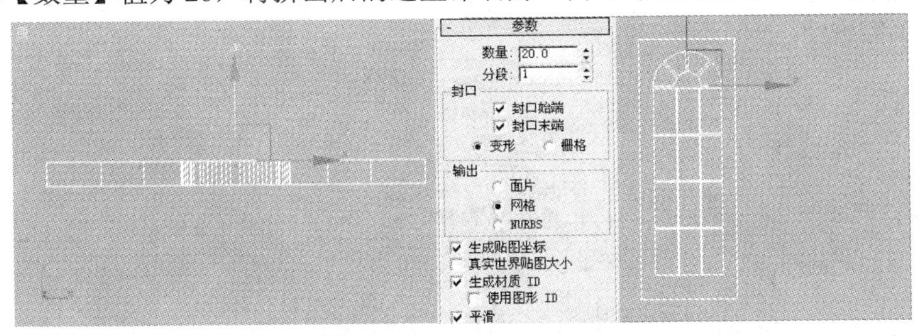

图 3-89　挤出的“门”造型

(23) 在修改命令面板的修改器堆栈中单击【编辑样条线】项，进入【样条线】子对象层级，在前视图中选择除外侧大矩形之外的其它样条线，如图 3-90 所示。

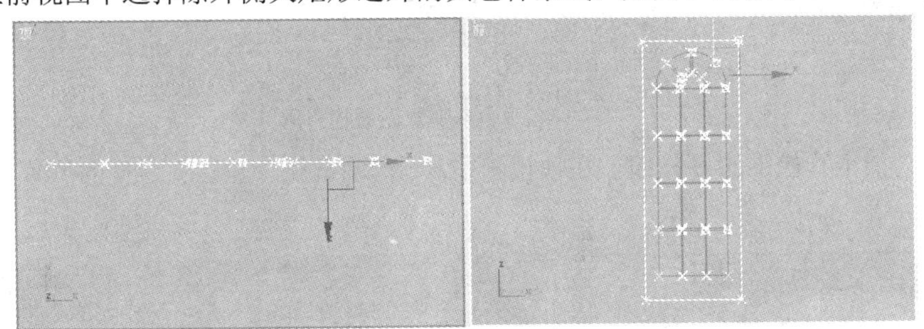

图 3-90　选择的样条线

(24) 在【几何体】卷展栏中选择 分离 按钮右侧的【复制】复选框，如图 3-91 所示。

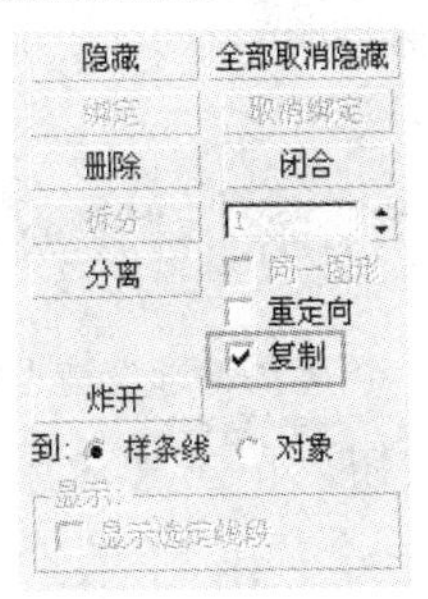

图 3-91　【几何体】卷展栏

(25) 单击【几何体】卷展栏中的 分离 按钮，在弹出的【分离】对话框中设置分离出的二维线形名称为“轮廓”，如图3-92所示。

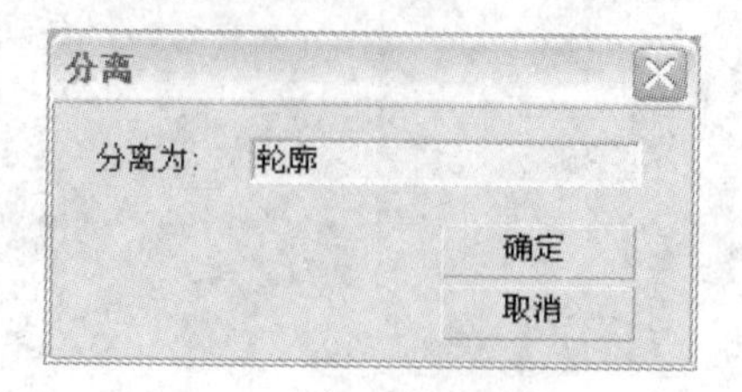

图3-92 【分离】对话框

(26) 单击 确定 按钮，将选择的样条线分离为一个独立的二维线形，名称为“轮廓”。

(27) 在视图中选择“轮廓”二维线形，在修改命令面板的【渲染】卷展栏中设置各项参数如图3-93所示。

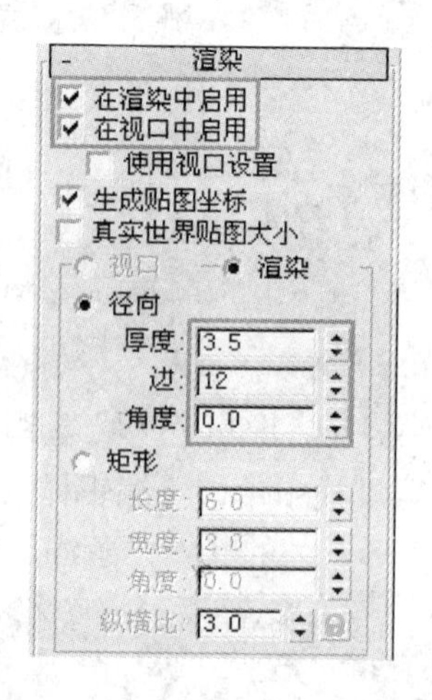

图3-93 【渲染】卷展栏

(28) 选择工具栏中的 按钮，在顶视图中沿Y轴调整“轮廓”造型的位置如图3-94所示。

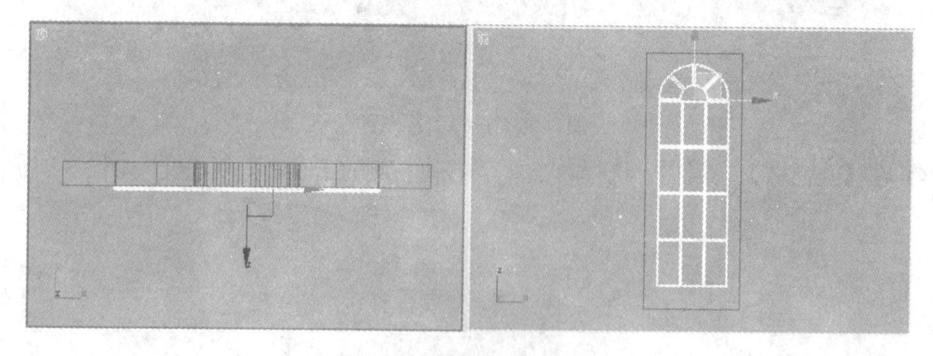

图3-94 调整“轮廓”造型的位置

(29) 在创建命令面板中单击 按钮，单击【对象类型】卷展栏中的 长方体 按钮，在前视图中创建一个【长度】为750、【宽度】为250、【高度】为5的长方体，命名为“玻璃”，并调整其位置如图3-95所示。

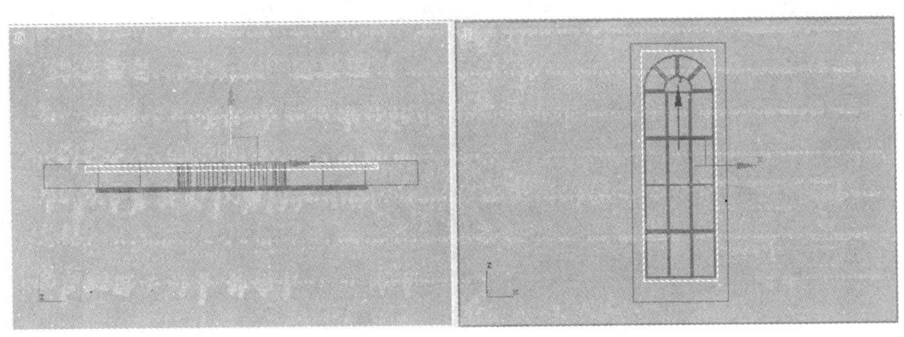

图 3-95　创建的"玻璃"造型

(30) 用同样的方法，在顶视图中创建一个【长度】为 51、【宽度】为 35、【高度】为 35 的长方体，命名为"门框 01"，调整其位置如图 3-96 所示。

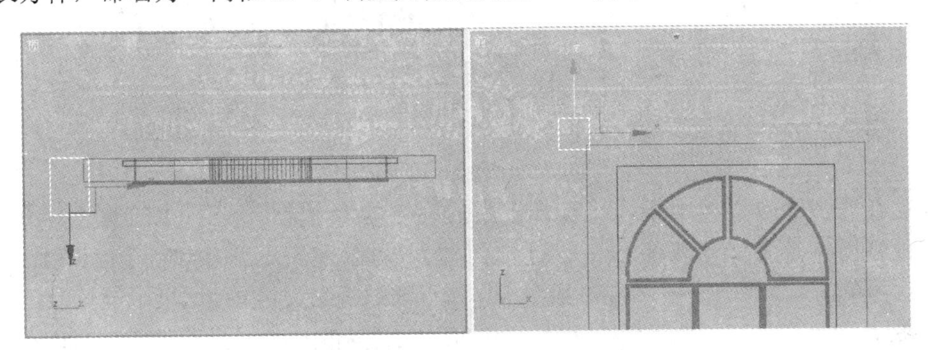

图 3-96　创建的"门框 01"造型

(31) 在创建命令面板中单击按钮，单击【对象类型】卷展栏中的 矩形 按钮，在顶视图中绘制一个【长度】为 50、【宽度】为 32 的矩形，如图 3-97 所示。

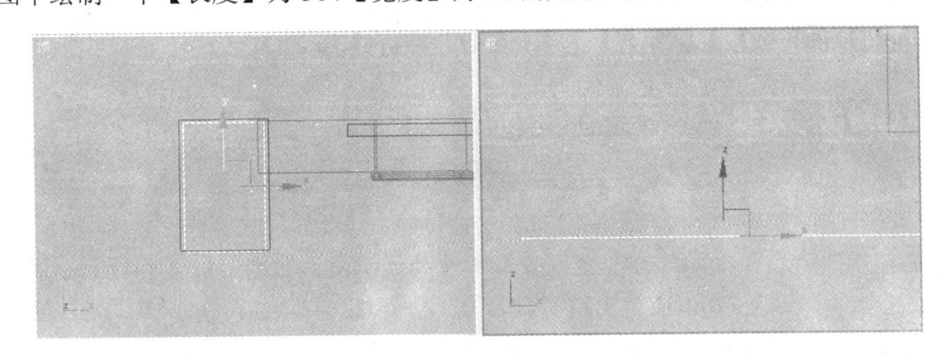

图 3-97　绘制的矩形

(32) 单击【对象类型】卷展栏中的 圆 按钮，在顶视图中绘制三个【半径】为 3 的圆形，调整它们的位置如图 3-98 所示。

(33) 确认刚绘制的矩形处于选择状态，单击按钮，进入修改命令面板，在【修改器列表】中选择【编辑样条线】命令，然后在【几何体】卷展栏中单击 附加 按钮，在顶视图中依次拾取刚绘制的 3 个圆形，将它们附加为一体，如图 3-99 所示。

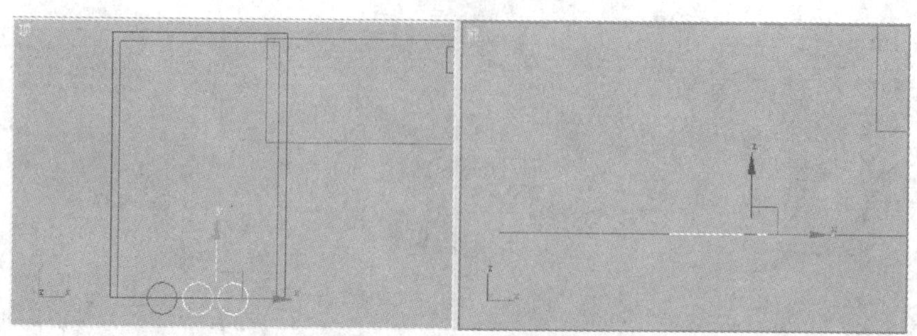

图 3-98　绘制的圆形

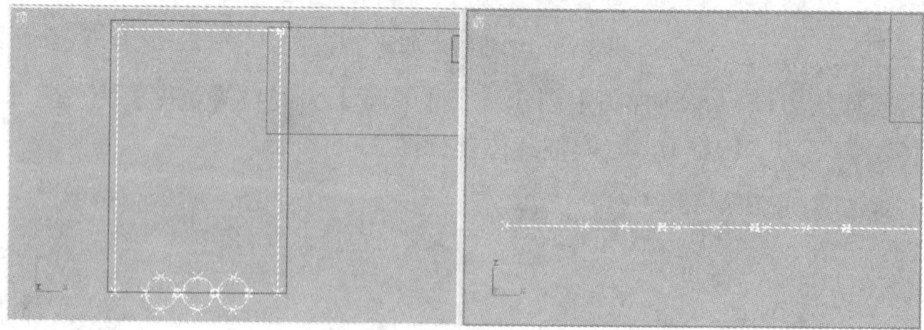

图 3-99　附加后的形态

(34) 在修改命令面板中单击【选择】卷展栏中的按钮，进入【样条线】子对象层级，在顶视图中选择矩形样条线，在【几何体】卷展栏中激活 布尔 按钮右侧的按钮，然后再单击 布尔 按钮，在顶视图中单击圆形样条线(注意：这里不能依次单击三个圆形样条线，而要分三次进行布尔运算)，则布尔运算后的样条线形态如图 3-100 所示。

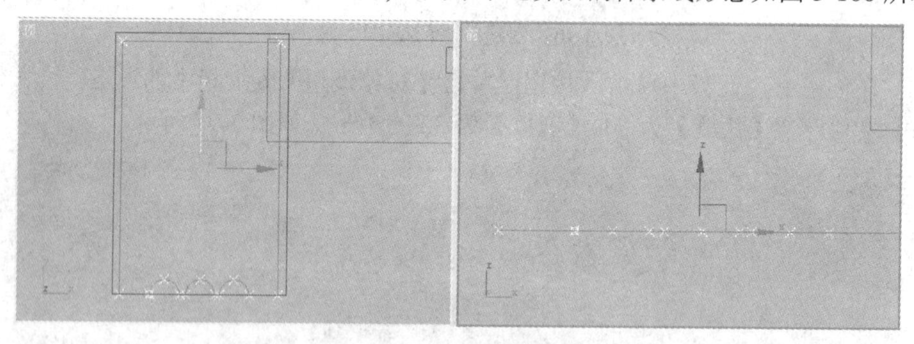

图 3-100　布尔运算后的样条线形态

(35) 在修改命令面板的【修改器列表】中选择【挤出】命令，在【参数】卷展栏中设置挤出的【数量】值为 770，将挤出造型命名为“门框 02”，调整其位置如图 3-101 所示。

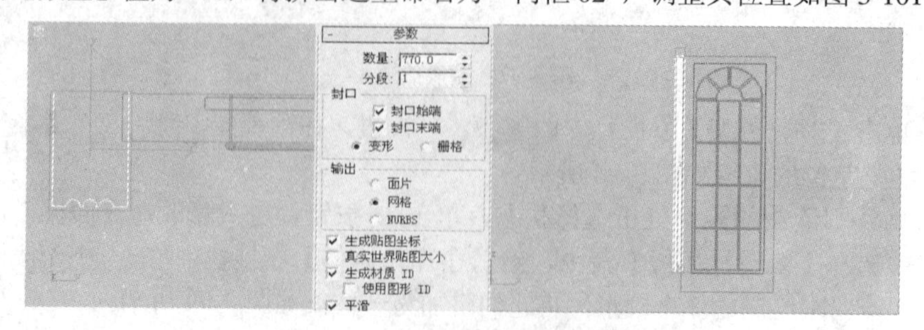

图 3-101　挤出的“门框 02”造型

(36) 在图形创建命令面板中单击【对象类型】卷展栏中的 线 按钮，在左视图中绘制一条封闭的二维线形，其形态如图 3-102 所示。

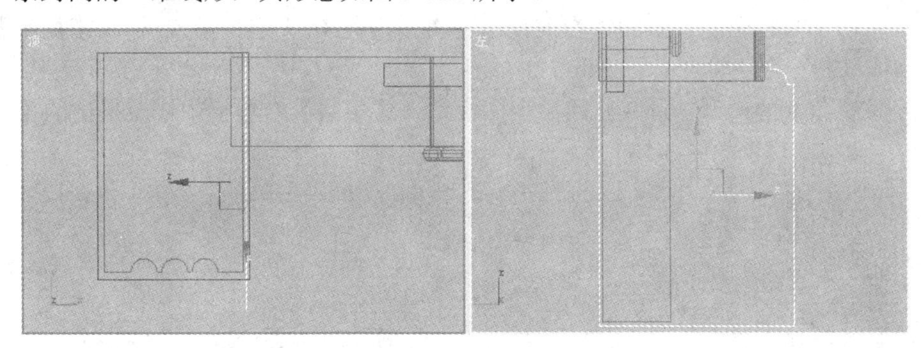

图 3-102　绘制的二维线形

绘制上图中的二维线形时要注意其形态变化，如果读者在上图中观察得不清楚，则可以打开本书配套光盘中的文件，进行细致观察。

(37) 确认二维线形处于选择状态，进入修改命令面板，在【修改器列表】中选择【挤出】命令，在【参数】卷展栏中设置挤出的【数量】值为 35，将挤出造型命名为“门框03”，调整其位置如图 3-103 所示。

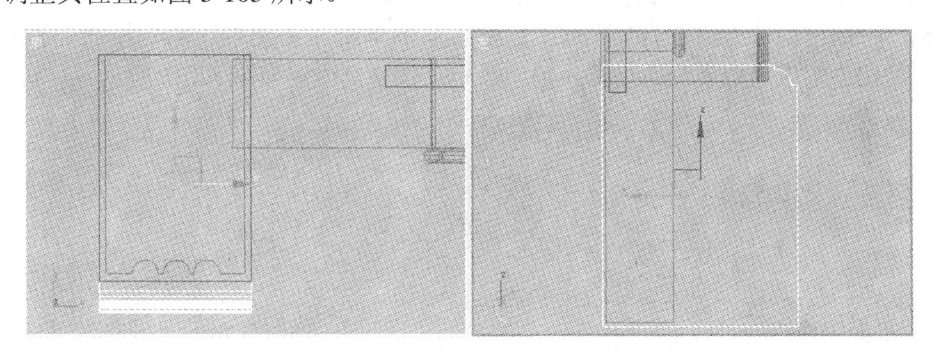

图 3-103　挤出的“门框 03”造型

(38) 选择“门框 01”、“门框 02”和“门框 03”造型，按住 Shift 键的同时在顶视图中将其沿 X 轴以【实例】的方式向右移动复制一组，位置如图 3-104 所示。

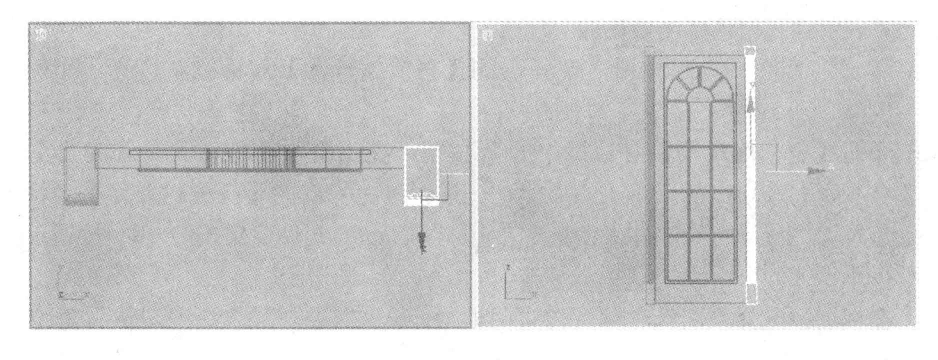

图 3-104　复制的造型

(39) 激活工具栏中的按钮，并在该按钮上单击鼠标右键，在弹出的【栅格和捕捉设置】对话框中设置旋转的【角度】为 90，关闭对话框。

(40) 单击工具栏中的按钮，在前视图中将“门框 02”造型沿 Z 轴以【复制】的方式旋转 90° 复制一个。

(41) 选择复制的造型，进入修改命令面板，在【参数】卷展栏中修改挤出的【数量】值为 320，调整其位置如图 3-105 所示。

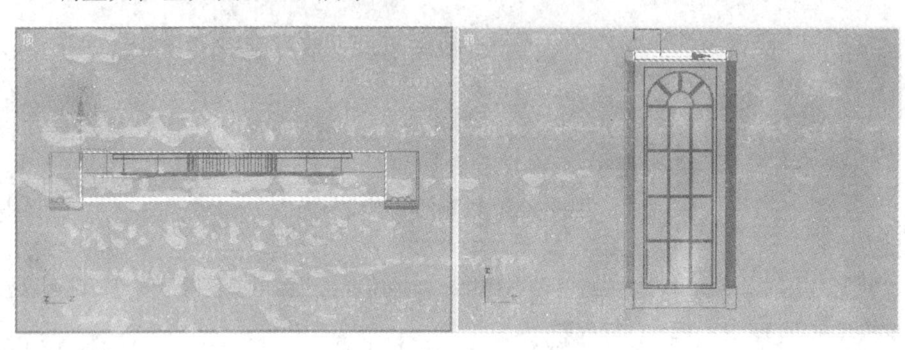

图 3-105 调整后的造型

(42) 单击菜单栏中的【文件】/【合并】命令，在弹出的【合并文件】对话框中选择本书配套光盘“调用”文件夹中的“门把手.max”线架文件，然后单击 打开(O) 按钮。

(43) 在弹出的【合并-门把手.max】对话框中单击左下角的 全部(A) 按钮，然后单击 确定 按钮，将“门把手”造型合并到场景中，调整其位置如图 3-106 所示。

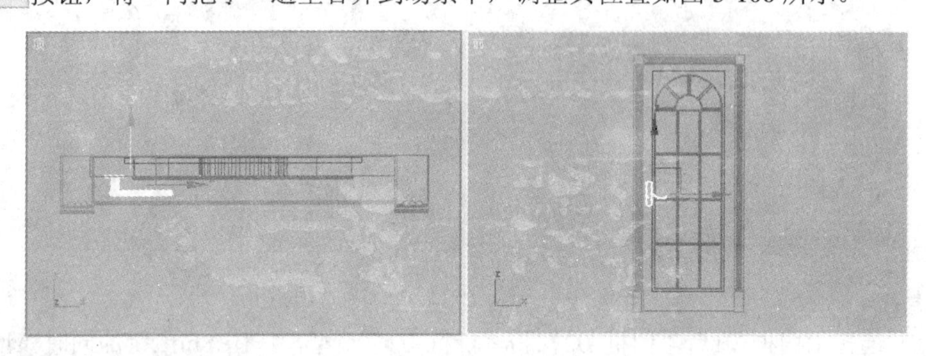

图 3-106 合并的“门把手”造型

至此完成了欧式门模型的创建。

(44) 单击工具栏中的按钮，在弹出的【材质编辑器】对话框中选择一个空白的示例球。

(45) 单击【材质编辑器】对话框中的按钮，在弹出的【材质/贴图浏览器】对话框中选择【材质库】选项，然后单击 打开... 按钮，在弹出的【打开材质库】对话框中选择本书配套光盘“材质库”文件夹中的“专用材质.mat”文件，单击 打开(O) 按钮，将选择的材质库打开。

(46) 在视图中选择“门”、“轮廓”、“门框 01”～“门框 07”造型，然后在【材质/贴图浏览器】对话框中拖曳“木材”材质到选择的造型上，释放鼠标，则弹出【指定材质】对话框，单击 确定 按钮，将“木材”材质赋给选择的造型，如图 3-107 所示。

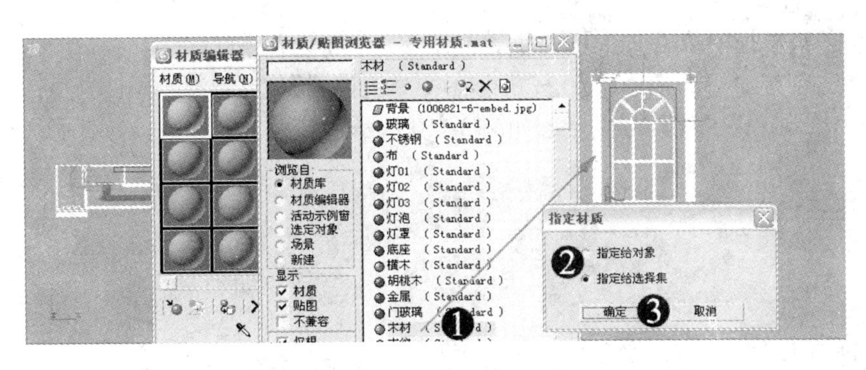

图 3-107　为选择的造型赋材质

(47) 用同样的方法，将“门玻璃”材质赋给“玻璃”造型，将“不锈钢”材质赋给“门把手”造型。

(48) 确认当前视图为透视图，按下 F9 键快速渲染透视图，渲染效果如图 3-108 所示。

图 3-108　欧式门的渲染效果

(49) 单击菜单栏中的【文件】/【保存】命令，将线架保存为“欧式门.max”文件。

3.2.3　路灯的制作

路灯是制作室外建筑效果图时经常使用的一类建筑配景。一般地，路灯的造型都十分注重美观，或简洁或时尚，所用的材料多为金属材质，常常分布在房前屋后的马路边或绿化景点中，供行人照明使用。下面我们创建一款路灯造型，效果如图 3-109 所示。

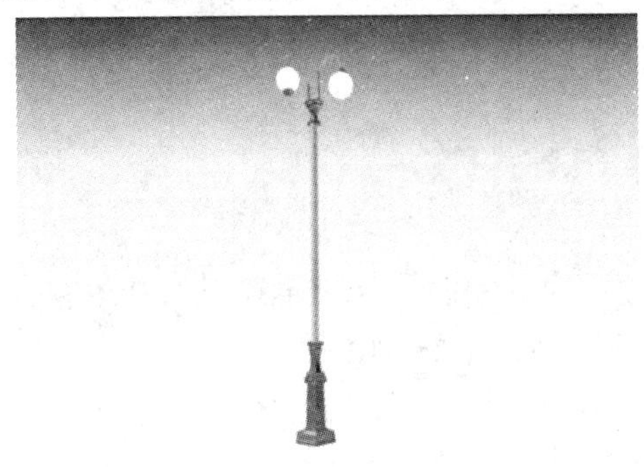

图 3-109　路灯效果

(1) 单击菜单栏中的【文件】/【重置】命令，重新设置系统。

(2) 单击创建命令面板中的 按钮，在【对象类型】卷展栏中单击 线 按钮，在前视图中绘制一条二维线形，形态如图 3-110 所示。

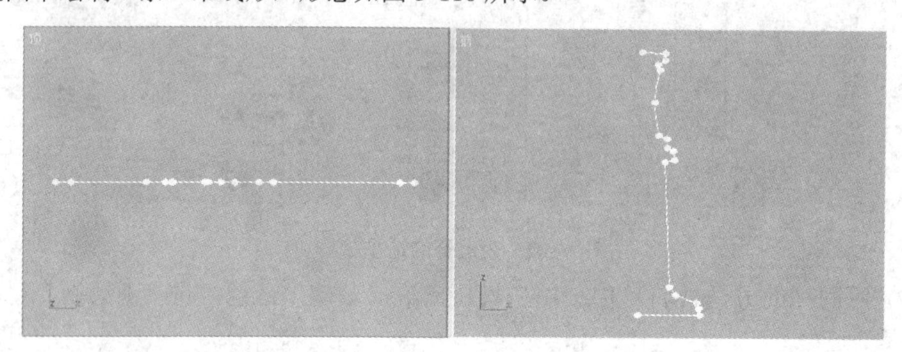

图 3-110 绘制的二维线形

(3) 进入修改命令面板，在【修改器列表】中选择【车削】命令，在【参数】卷展栏中设置【分段】的值为 6，并单击【对齐】下的 最小 按钮，取消【平滑】选项，其它参数取默认值，则车削后的造型形态如图 3-111 所示，将其作为路灯“底座”造型。

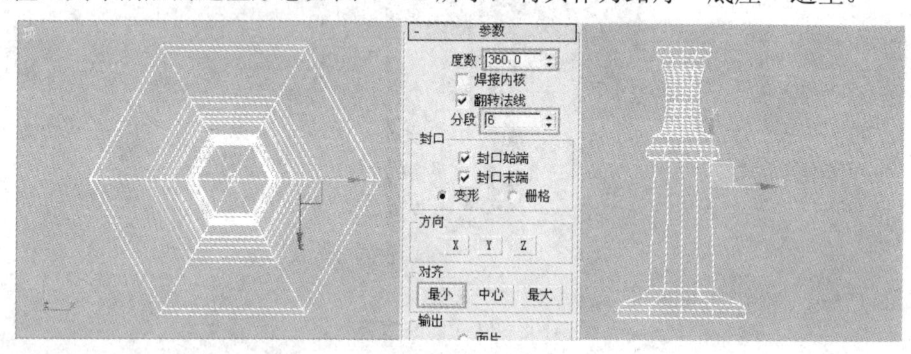

图 3-111 车削生成的“底座”造型

(4) 单击创建命令面板中的 按钮，在【对象类型】卷展栏中单击 圆柱体 按钮，在顶视图中创建一个【半径】为 5、【高度】为 350 的圆柱体，如图 3-112 所示，作为路灯的“灯杆”造型。

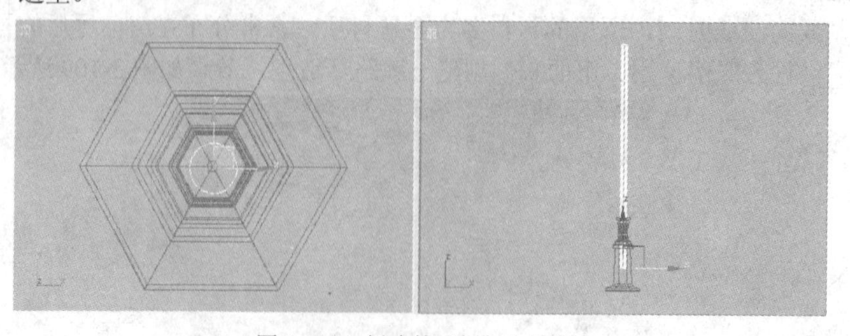

图 3-112 创建的“灯杆”造型

(5) 单击创建命令面板中的 按钮，在【对象类型】卷展栏中单击 线 按钮，在前视图中绘制一条二维线形，形态如图 3-113 所示。

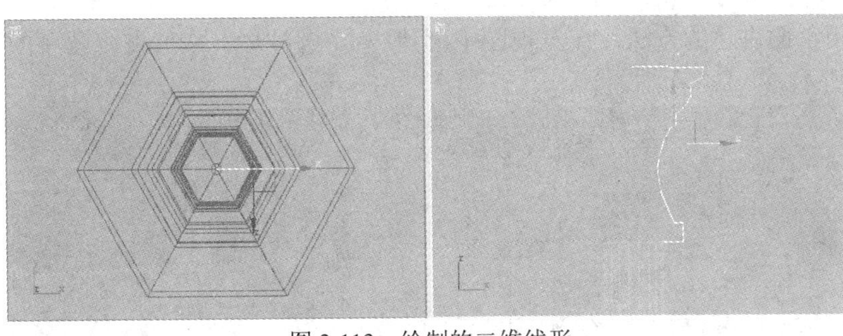

图 3-113　绘制的二维线形

(6) 进入修改命令面板，在【修改器列表】中选择【车削】命令，在【参数】卷展栏中单击【对齐】下的 最小 按钮，其它参数取默认值，则车削生成的造型形态如图 3-114 所示，将其作为路灯的“顶饰”造型。

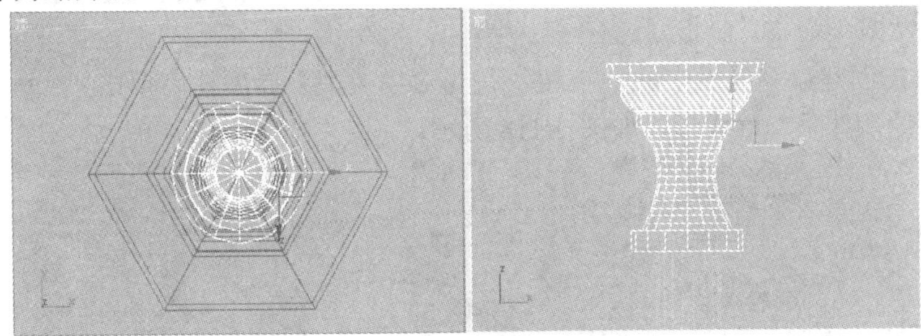

图 3-114　车削生成的“顶饰”造型

(7) 单击创建命令面板中的 按钮，在【对象类型】卷展栏中单击 圆柱体 按钮，在顶视图中创建一个【半径】为 1.4、【高度】为 40 的圆柱体，如图 3-115 所示。

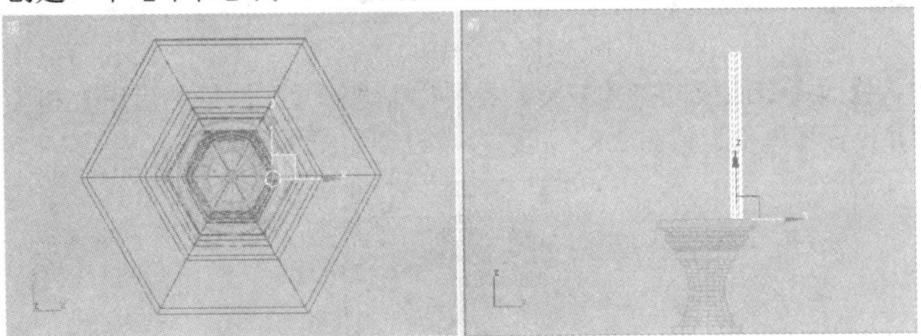

图 3-115　创建的圆柱体

(8) 按住 Shift 键的同时在前视图中沿 X 轴将圆柱体移动复制一个，然后在修改命令面板中修改其【高度】值为 26，并调整其在视图中的位置如图 3-116 所示。

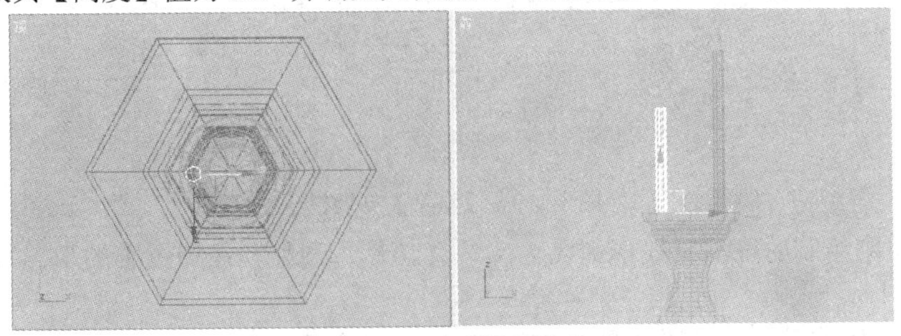

图 3-116　复制的圆柱体

(9) 利用上面讲述的方法，在左视图中创建 3 个圆柱体，它们在视图中的形态和位置如图 3-117 所示。

图 3-117　创建的圆柱体

(10) 在视图中选择刚才创建的 5 个圆柱体，单击菜单栏中的【组】/【成组】命令，将其成组为“灯架”。

(11) 单击创建命令面板中的按钮，在【对象类型】卷展栏中单击 线 按钮，在前视图中绘制一条二维线形，如图 3-118 所示。

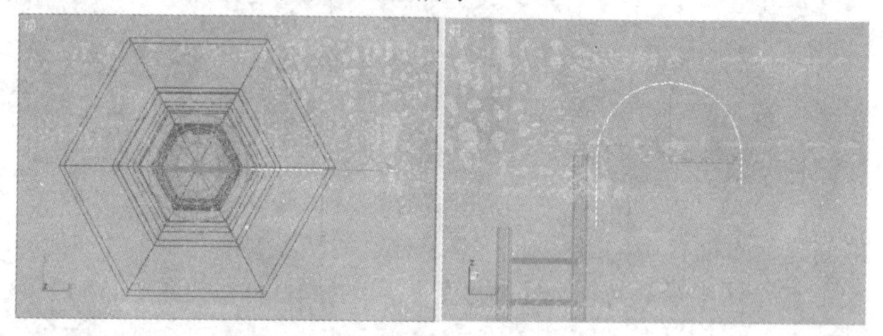

图 3-118　绘制的二维线形

(12) 进入修改命令面板，在【渲染】卷展栏中选择【在渲染中启用】和【在视口中启用】选项，并设置【厚度】值为 2.8，其它参数设置如图 3-119 所示。

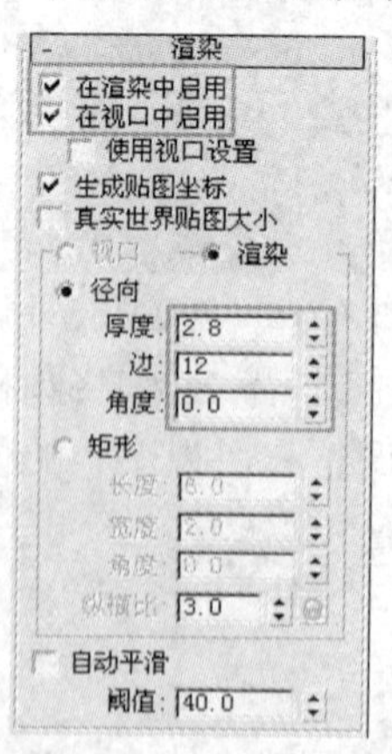

图 3-119　【渲染】卷展栏

(13) 将刚绘制的可渲染线形命名为“线管 01”，调整其在视图中的形态与位置如图 3-120 所示。

(14) 用同样的方法，在前视图中再绘制一条二维线形，其形态如图 3-121 所示。

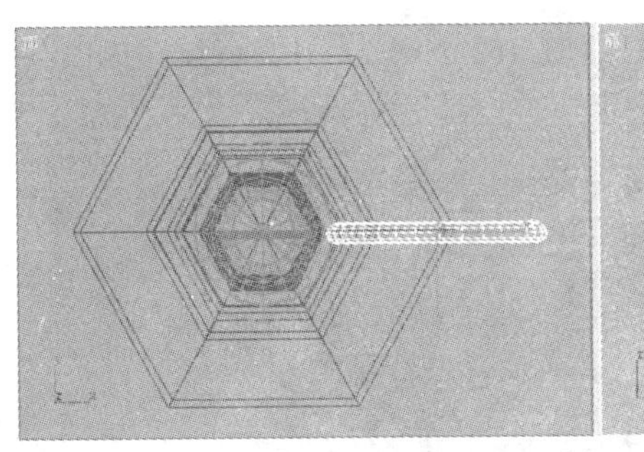
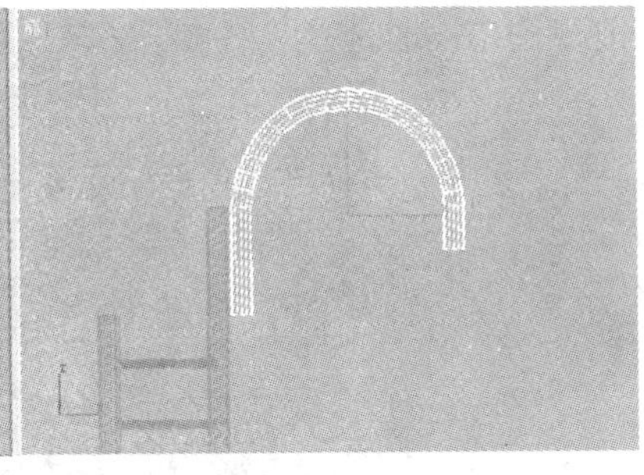

图 3-120　调整“线管 01”造型的形态和位置

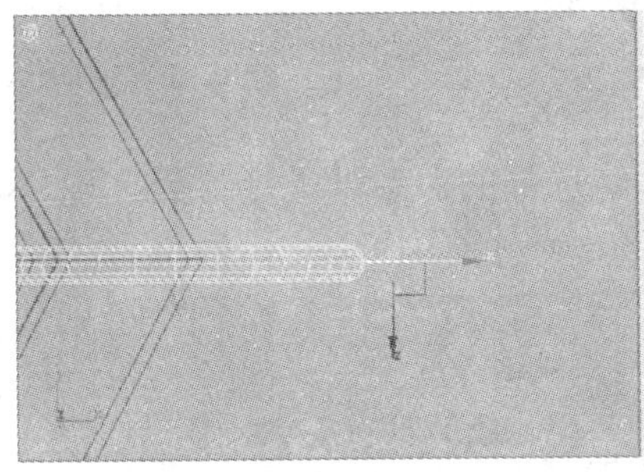
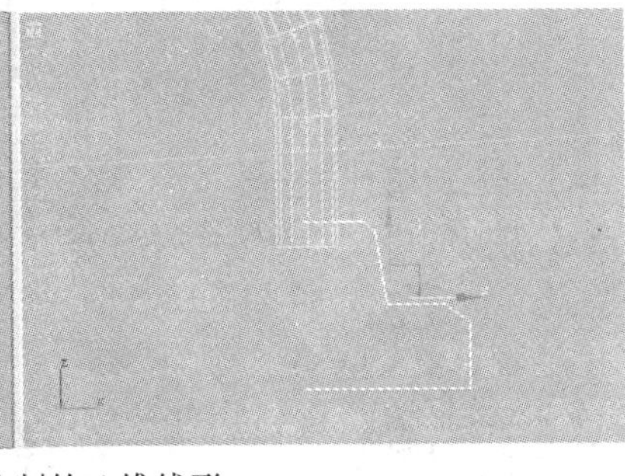

图 3-121　绘制的二维线形

(15) 进入修改命令面板，在【修改器列表】中选择【车削】命令，在【参数】卷展栏中单击【对齐】下的 最小 按钮，其它参数取默认值，则车削生成的造型形态如图 3-122 所示，将其作为路灯的“灯口 01”造型。

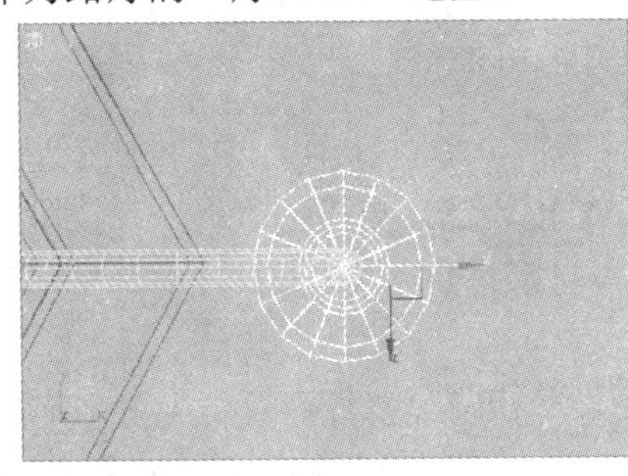
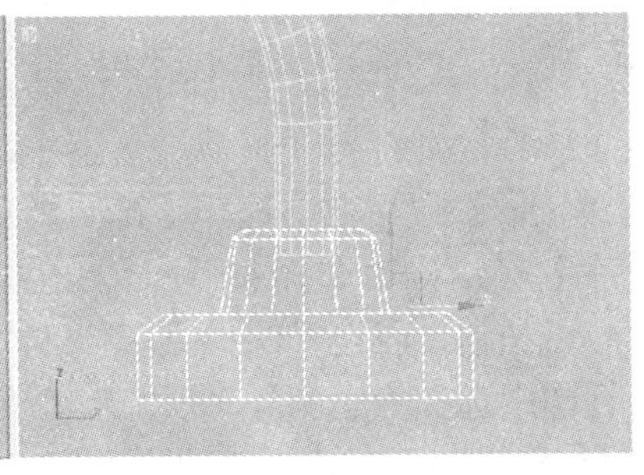

图 3-122　车削生成的“灯口 01”造型

(16) 单击创建命令面板中的 按钮，在【对象类型】卷展栏中单击 球体 按钮，在顶视图中创建一个【半径】为 16 的球体，其在视图中的位置和形态如图 3-123 所示，将其作为“灯 01”造型。

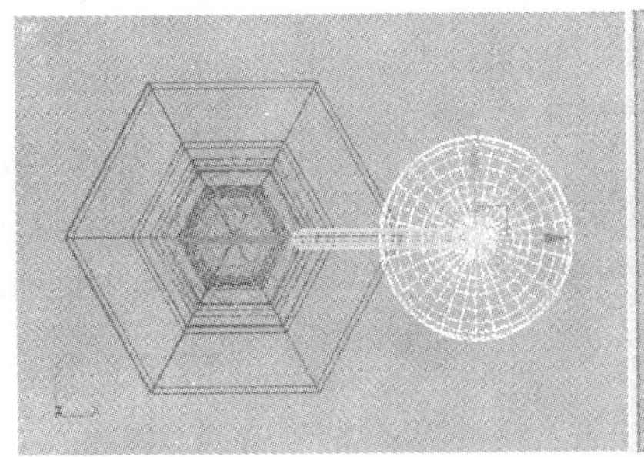
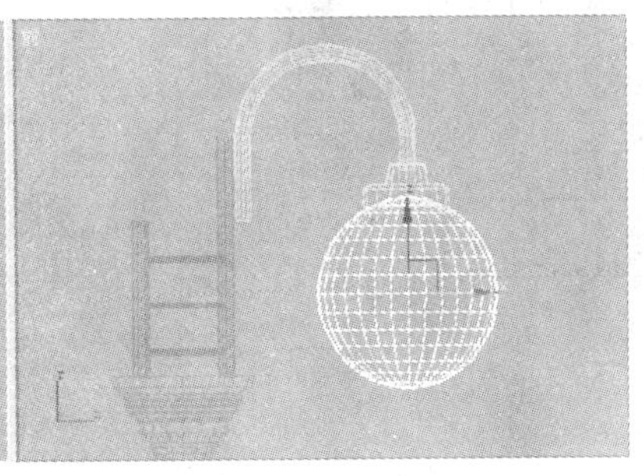

图 3-123　创建的“灯 01”造型

(17) 在前视图中同时选择“线管01”、“灯口01”和“灯01”造型，如图3-124所示。

图3-124 选择的造型

(18) 单击工具栏中的按钮，沿XY轴将选择的造型以【复制】的方式镜像复制一组，然后调整其在视图中的位置如图3-125所示。

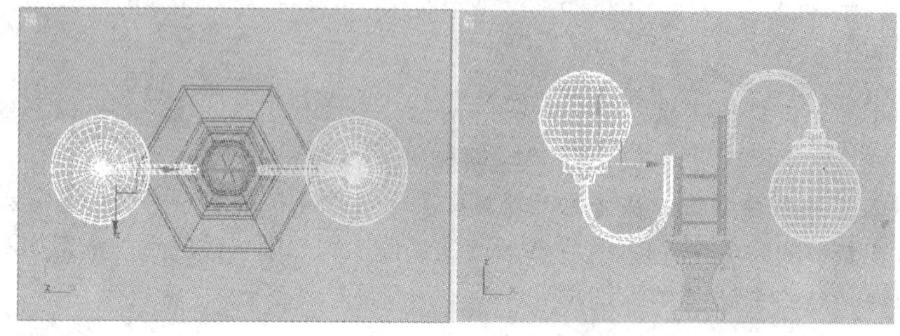

图3-125 复制的造型

(19) 按下M键，打开【材质编辑器】对话框，单击工具行中的按钮，在弹出的【材质/贴图浏览器】对话框中选择【材质库】选项，然后单击 打开... 按钮，在弹出的【打开材质库】对话框中选择本书配套光盘“材质库”文件夹中的“专用材质.mat”文件，单击 打开(O) 按钮，将选择的材质库打开。

(20) 在视图中选择“底座”、“顶饰”、“支架”和两个“灯口”造型，然后将材质库中的“底座”材质拖动到选择的造型上，释放鼠标，则弹出【指定材质】对话框，单击 确定 按钮，将“底座”材质赋给选择的造型，如图3-126所示。

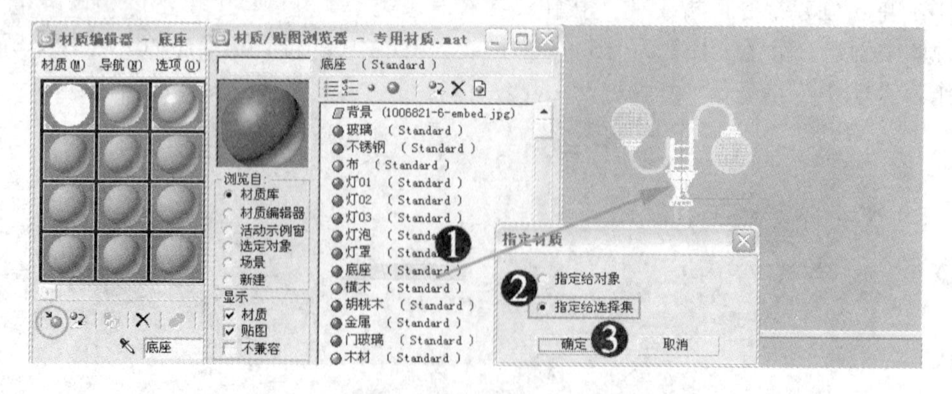

图3-126 为选择的造型赋材质

(21) 用同样的方法，将材质库中的“柱体”材质拖动到“灯杆”和两个“线管”造型上，将“灯泡”材质拖动到“灯 01”和“灯 02”造型上。

(22) 单击工具栏中的按钮渲染透视图，效果如图 3-127 所示。

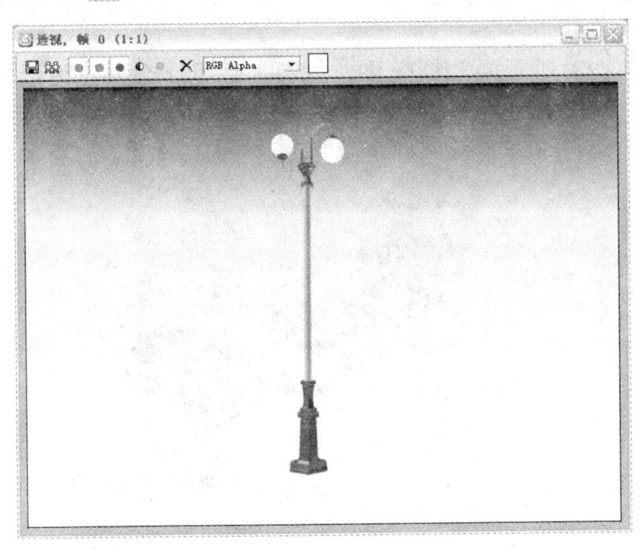

图 3-127　路灯的渲染效果

(23) 单击菜单栏中的【文件】/【保存】命令，将线架文件保存为“路灯.max”。

3.3　课堂总结

本课集中介绍了二维图形建模技术。在 3ds max 中，通过修改二维图形可以创建造型复杂的三维模型。使用这些技术进行建模时，基础线形的绘制与修改非常重要，这是一个比较繁琐的过程，初学者不要急于求成，要有耐心。当绘制了合格的基础二维图形以后，修改命令的使用实际上比较简单，只需稍加练习就可掌握。

在课堂实训部分，共设计了三个有代表性的实例，既有对基础二维图形的编辑，也有二维修改命令的使用。希望读者多做一些二维建模的练习，尽可能全面地掌握这项建模方法。

3.4　课后练习

一、填空题

1．在本课学习的各种二维图形中，除_____外，其它二维图形均不可以直接编辑其子对象。

2．【编辑样条线】命令是修改二维图形的利器，它有三个子对象，即___________、___________和___________。

3．_____________修改命令可以使二维图形沿垂直于它的方向产生厚度，从而成为三维实体。

4．____________修改命令可以将二维图形围绕一个轴向旋转一定的角度而产生三维实体。

5．__________修改命令可以将二维图形挤出为三维对象并在边缘产生倒角效果。

二、操作题

1．请观察图 3-128 所示的躺椅效果，思考一下用什么方法可以快速地完成建模工作。在创建模型时，可以尝试通过多种方法实现该模型。

图 3-128　躺椅造型的效果

2．运用学过的二维建模技术制作图 3-129 所示的造型，并将“专用材质”材质库中的“瓷”材质赋予它。

图 3-129　造型效果

第 4 课

提高——几种特殊的建模方法

主要内容

- 二维放样建模
- 布尔运算
- 多边形建模

4.1 课堂讲解

前面几节课重点学习了三维建模技术与二维建模技术，利用这些知识，基本可以满足室内外效果图的制作要求。但是对于一些复杂的建筑模型，还会涉及到一些比较高级的建模方法。本节课中，我们将着重学习效果图制作过程中频繁使用的三种特殊建模方法：放样建模、布尔运算建模和多边形建模。其中，放样建模与布尔运算建模属于复合建模技术，用于制作一些不规则的造型；多边形建模是基于修改命令来完成的。

4.1.1 二维放样建模

在 3ds max 中，放样建模是指将一个或多个二维线形沿着一定的方向排列，系统可自动将这些二维线形串联起来并生成表皮，从而实现二维图形向三维模型转化的过程。如图 4-1 所示，左侧为放样使用的二维图形，右侧为放样生成的模型。

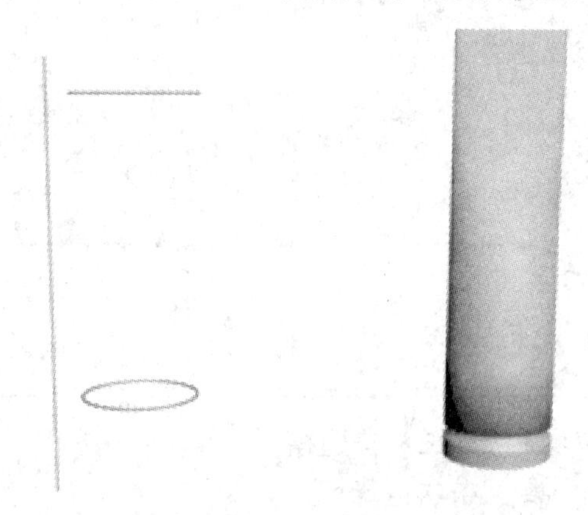

图 4-1 放样示意图

在创建命令面板中单击 按钮，然后单击 标准基本体 ，在弹出的下拉列表中选择“复合对象”选项，可以进入复合对象创建命令面板，如图 4-2 所示。在这里可以使用【放样】命令。

- 对象类型	
自动栅格	
变形	散布
一致	连接
水滴网格	图形合并
布尔	地形
放样	网格化
ProBoolean	ProCutter

图 4-2 复合对象创建命令面板

放样的“样”是指二维截面图形；“放”是指为二维截面图形指定一个固定的延伸方向，这个方向被称为路径。所以，产生一个放样物体至少需要两个以上的二维线形，即截面与路径。

作为放样的截面要满足下面的要求：

- 截面图形不能有自相交情况。
- 截面图形可以为闭合图形，也可以为非闭合图形。
- 一个放样物体可以有多个截面。

作为放样的路径要满足下面的要求：

- 路径图形可以为直线、曲线或闭合图形，也可以为非闭合图形。
- 一个放样物体有且仅有一条路径。

【放样】命令的主要参数卷展栏如图 4-3 所示。

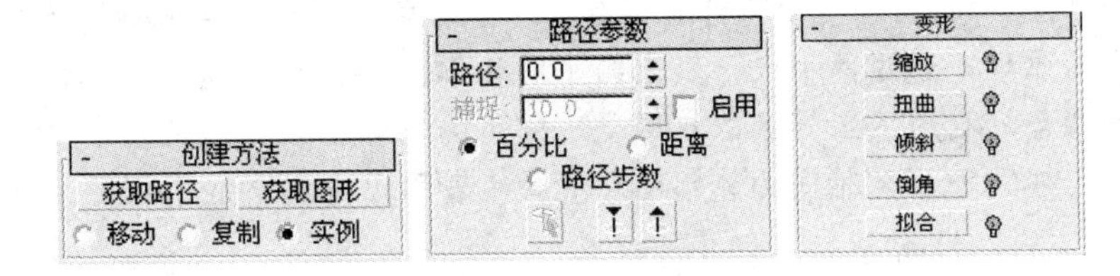

图 4-3　【放样】命令的参数卷展栏

【创建方法】卷展栏中的参数用来决定放样过程中使用哪一种方式进行放样。

- 单击 获取路径 按钮，在场景中选择作为放样路径的图形。
- 单击 获取图形 按钮，在场景中选择作为放样截面的图形。
- 【移动】：选择该选项后，将以当前选定的曲线直接作为放样图形。
- 【复制】：选择该选项后，将复制一个当前选定的曲线作为放样图形，对原始图形进行编辑后，放样曲线不发生变化。
- 【实例】：选择该选项后，将复制一个当前选定的曲线作为放样图形，对原始图形进行编辑后，放样曲线也随着变化。

【路径参数】卷展栏中的参数用来设置放样物体路径上各个截面图形的间隔位置。

- 【路径】：依据指定的测量方式，在路径上确定一个放样位置点。
- 【捕捉】：依据指定的测量方式，确定放样路径上截面图形固定的距离增量。选择【启用】复选框后，【捕捉】选项生效。
- 【百分比】：选择该选项后，将依据路径全长的百分比测量放样位置点。
- 【路径步数】：选择该选项后，将依据路径曲线的步数和顶点确定放样位置点。
- (拾取图形)：单击该按钮后，可以在放样物体中手动拾取放样截面，该按钮只在修改命令面板中可用。
- (前一个图形)：单击该按钮后，将跳转到前一个截面图形所在的位置点。
- (下一个图形)：单击该按钮后，将跳转到下一个截面图形所在的位置点。

【变形】卷展栏中提供了 5 个重要的修改命令，主要用于修改放样物体。

- 单击 缩放 按钮，可以打开【缩放变形】对话框，在该对话框中，可以将路径上的截面在 X、Y 轴方向上做缩放变形。该对话框中包含两条变形线，红线表示 X 轴向的缩放比例，绿线表示 Y 轴向的缩放比例。
- 单击 扭曲 按钮，可以打开【扭曲变形】对话框，在该对话框中，可以将路径上的截面以 Z 轴方向为旋转轴进行扭曲。该对话框中包含一条红色变形线，输入正值时产生逆时针方向的旋转，输入负值时产生顺时针方向的旋转。

- 单击 倾斜 按钮，可以打开【倾斜变形】对话框，在该对话框中，可以将路径上的截面在 X、Y 轴方向上进行倾斜。该对话框中包含两条变形线，红线表示 X 轴向的倾斜角度；绿线表示 Y 轴向的倾斜角度。
- 单击 倒角 按钮，可以打开【倒角变形】对话框，在该对话框中，可以对放样物体进行倒角变形。该对话框中包含一条红色变形线，输入正值时增加倒角量，输入负值时产生反向倒角的效果。
- 单击 拟合 按钮，可以打开【拟合变形】对话框。拟合是依据机械制图中的三视图原理，通过两个或三个方向上的轮廓图形将放样复合物体的外部边缘进行拟合，利用该工具可以放样生成复杂的物体。在该对话框中包含两条变形线，红线表示 X 轴向的轮廓图形；绿线表示 Y 轴向的轮廓图形。

随堂练习：【放样】命令的使用

(1) 在创建命令面板中单击 按钮，在【对象类型】卷展栏中单击 椭圆 按钮，在顶视图中绘制两个椭圆形作为截面图形，其大小及形态如图 4-4 所示。

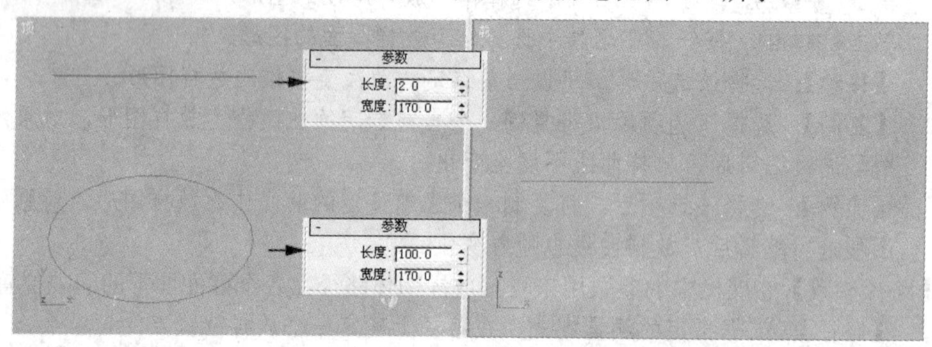

图 4-4　绘制的椭圆形

(2) 单击【对象类型】卷展栏中的 线 按钮，在前视图中自下向上绘制一个二维线形作为路径，如图 4-5 所示。

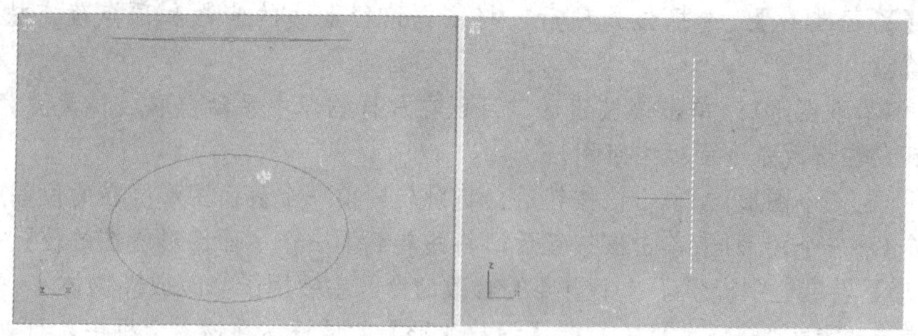

图 4-5　绘制的二维线形

(3) 选择刚才绘制的路径线形，单击创建命令面板中的 标准基本体 ，在弹出的下拉列表中选择“复合对象”选项，然后单击【对象类型】卷展栏中的 放样 按钮，再在【创建方法】卷展栏中单击 获取图形 按钮。

(4) 将光标移动到视图中的小椭圆上，单击鼠标拾取放样截面，此时放样生成的造型形态如图4-6所示。

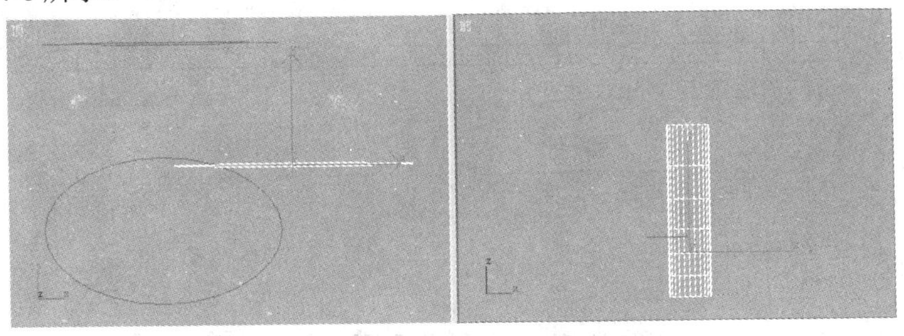

图4-6 放样生成的造型形态1

(5) 确认放样造型处于选择状态，在【路径参数】卷展栏中设置【路径】的值为100，然后单击【创建方法】卷展栏中的 获取图形 按钮，在视图中拾取大椭圆，此时放样生成的造型形态如图4-7所示。

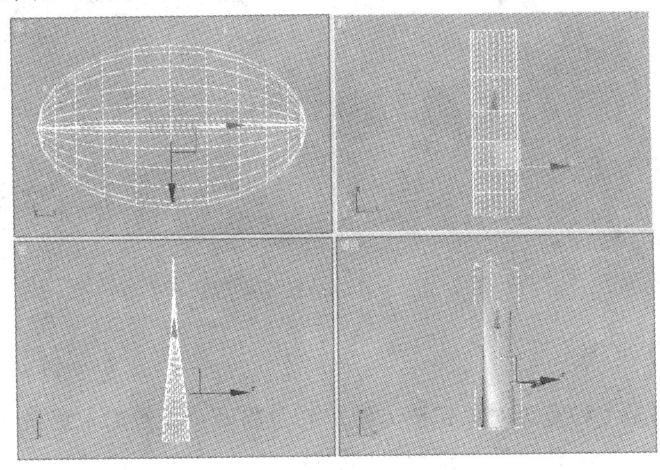

图4-7 放样生成的造型形态2

(6) 选择放样生成的造型，在修改命令面板的【变形】卷展栏中单击 缩放 按钮，在弹出的【缩放变形】对话框中单击按钮，在控制线上依次单击鼠标，创建四个控制点，其位置如图4-8所示。

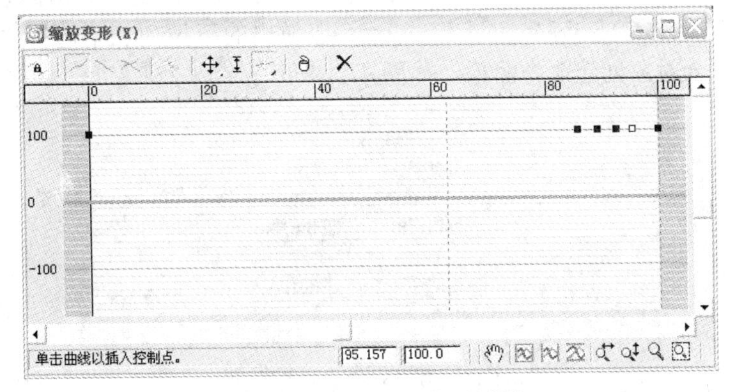

图4-8 【缩放变形】对话框

(7) 分别选择不同的控制点，运用对话框中的按钮调整它们的形态如图 4-9 所示。

缩放变形(X)
0
20
40
60
80
100
100
0
-100
拖动以移动。按住 Ctrl 键单击或拖出区域框以选

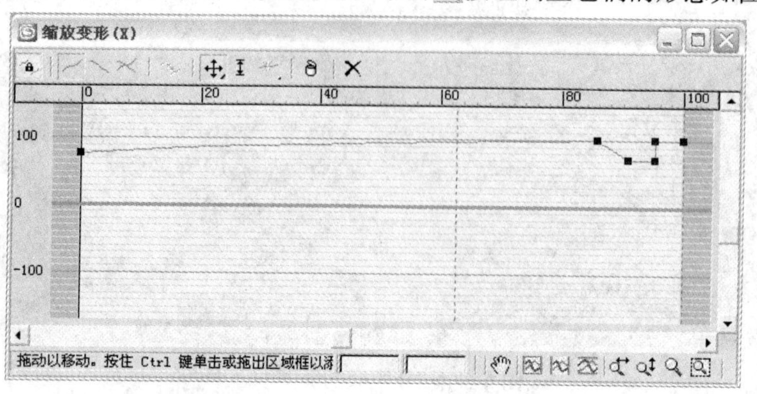

图 4-9　调整控制点的形态

(8) 关闭【缩放变形】对话框，此时放样生成的造型形态如图 4-10 所示。

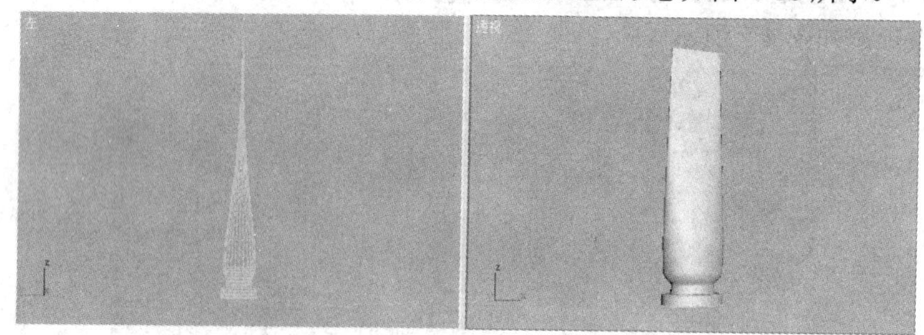

图 4-10　放样生成的造型形态 3

4.1.2　布尔运算建模

布尔运算建模是一种复合对象建模方法，它是将两个三维对象通过【并集】、【交集】和【差集】等运算方式运算后复合在一起，形成一个三维对象。

在布尔运算中，两个原始对象被称为操作对象，一个叫做操作对象 A，另一个叫做操作对象 B。进行布尔运算前，首先要在视图中选择一个原始对象，这时 布尔 按钮才可以使用，在进行布尔运算后，随时可以对两个操作对象进行修改。

与放样一样，要进行布尔运算操作，必须进入复合对象创建命令面板。在创建命令面板中单击按钮，并单击 标准基本体 ，在弹出的下拉列表中选择“复合对象”选项，即可进入复合对象创建命令面板，如图 4-11 所示。

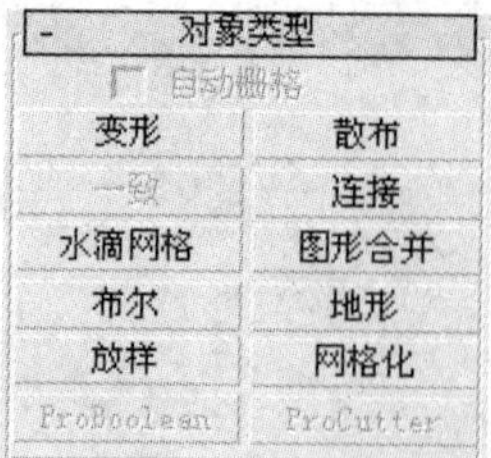

对象类型
自动栅格
变形
散布
一致
连接
水滴网格
图形合并
布尔
地形
放样
网格化
ProBoolean
ProCutter

图 4-11　复合对象创建命令面板

1．主要参数介绍

当在视图中选择一个操作对象后，单击 布尔 按钮，可以出现布尔运算的相关参数，这些参数在修改命令面板中也可以找到。布尔运算的主要参数如图 4-12 所示。

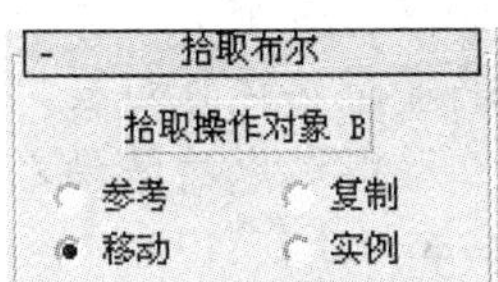

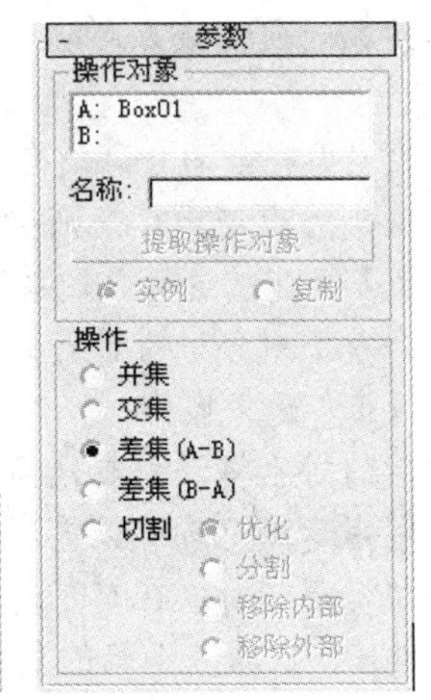

图 4-12　布尔运算的主要参数

【拾取布尔】卷展栏用于控制如何拾取操作对象 B。

- 单击 拾取操作对象 B 按钮，可以在场景中拾取布尔操作对象 B。
- 【参考】：选择该选项后，将以参考的方式复制一个当前选定的物体作为布尔操作对象 B，当对原物体进行修改时，布尔操作对象 B 也同时发生改变。
- 【复制】：选择该选项后，将复制一个当前选定的物体作为布尔操作对象 B，当对原始物体进行修改时，布尔操作对象 B 不改变。
- 【移动】：选择该选项后，则将原始对象直接作为布尔操作对象 B。
- 【实例】：选择该选项后，将以实例的方式复制一个当前选定的物体作为布尔操作对象 B，对原始物体进行修改时，布尔操作对象 B 也同时发生变化。

【参数】卷展栏中的参数用于设置布尔运算的操作方式。

- 【操作对象】：用于显示当前进行布尔运算操作的对象 A 和对象 B 的名称。
- 【名称】：在【操作对象】列表中选择一个对象后，在该区域可以对其进行重命名。
- 【并集】：选择该选项后，可将两个物体合并到一起，物体之间的相交部分被移除。
- 【交集】：选择该选项后，可保留两个物体之间的相交部分。
- 【差集(A–B)】：选择该选项后，可从操作对象 A 中减去操作对象 B 的重叠部分。
- 【差集(B–A)】：选择该选项后，可从操作对象 B 中减去操作对象 A 的重叠部分。
- 【切割】：选择该选项后，可使一个物体剪切另一个物体，类似于差集运算，但操作对象 B 不为操作对象 A 增加任何新的网格面。该选项包含 4 种切割方式：优化、分割、移除内部、移除外部。

在进行多个对象或连续布尔运算时，经常出现无法计算或计算错误的情况，这是因为原始物体经过布尔运算后产生布局混乱而造成的。为减少计算错误的发生，在布尔运算过程中应当注意以下几点：

- 保证整个操作对象表面法线方向统一，可以使用【法线】命令统一对象表面的法线方向。
- 确保运算对象的表面完全闭合，没有洞、重叠面或未被合并的顶点。
- 如果对网格对象进行布尔运算，则要确保共享一条边界的面必须共享两个顶点，而且一条边界只能被这两个面共享。
- 布尔运算只有对单个对象进行计算时才是可靠的，在对下一个对象进行计算之前要重新执行布尔运算操作。
- 经过布尔运算后的对象将消失其几何参数，布尔运算操作被记录在对象的修改器堆栈中。利用运算记录可以重新编辑布尔运算过程，然而该运算记录占据了大量的系统资源，所以在布尔运算取得满意的结果之后，应当立刻塌陷对象的修改器堆栈，以减少场景的复杂度。

2. 布尔运算的操作步骤

在进行布尔运算之前，首先要建立两个相交的原始对象。下面通过实例演示布尔运算的运算过程与运算结果。

(1) 在视图中创建一个长方体和一个球体，并使这两个对象充分相交，如图 4-13 所示。

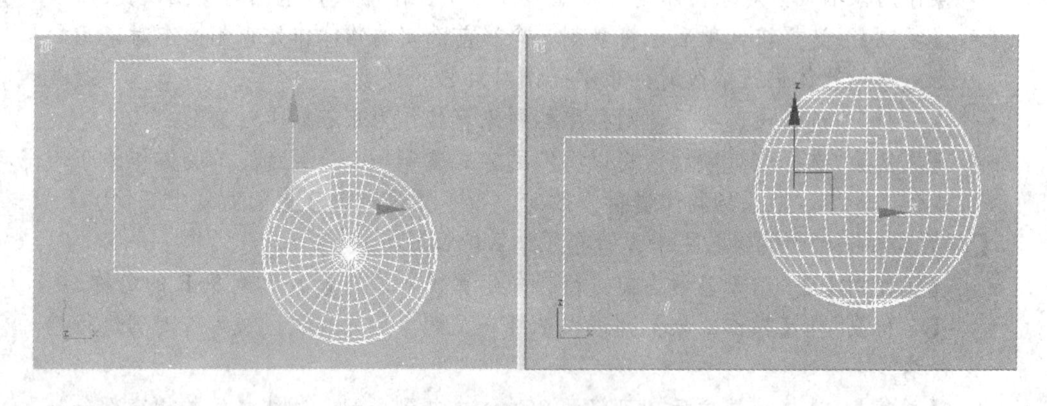

图 4-13　创建布尔运算的两个原始对象

(2) 在视图中选择长方体，单击创建命令面板中的 按钮，并单击标准基本体，在弹出的下拉列表中选择“复合对象”选项，进入复合对象创建命令面板。

(3) 单击【对象类型】卷展栏中的 布尔 按钮，打开布尔运算命令面板。

(4) 先在【参数】卷展栏中选择布尔运算方式，这里选择【差集(A–B)】方式，再在【拾取布尔】卷展栏中单击拾取操作对象 B按钮，然后单击视图中的球体进行布尔运算，运算后的结果如图 4-14 所示。

(5) 如果选择的运算方式为【差集(B–A)】，则布尔运算的结果如图 4-15 所示。

(6) 如果选择的运算方式为【交集】，则布尔运算的结果如图 4-16 所示。

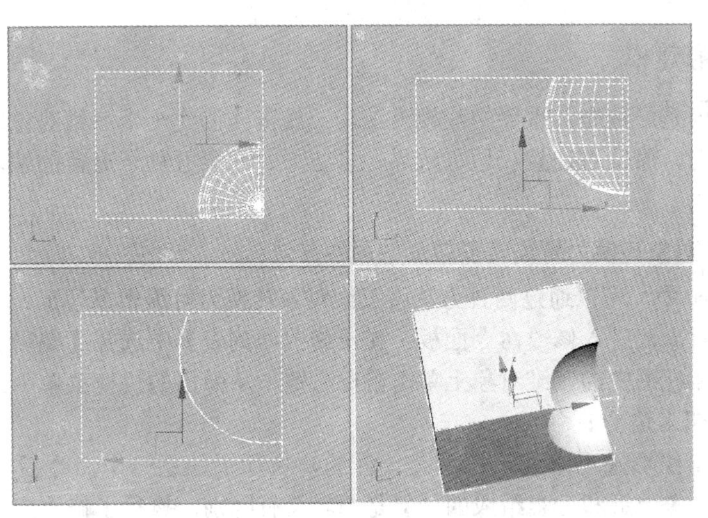

图 4-14　布尔运算的结果 1

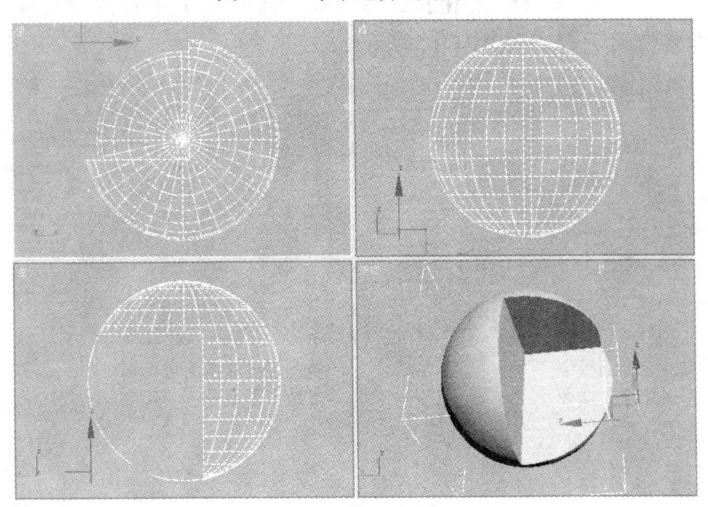

图 4-15　布尔运算的结果 2

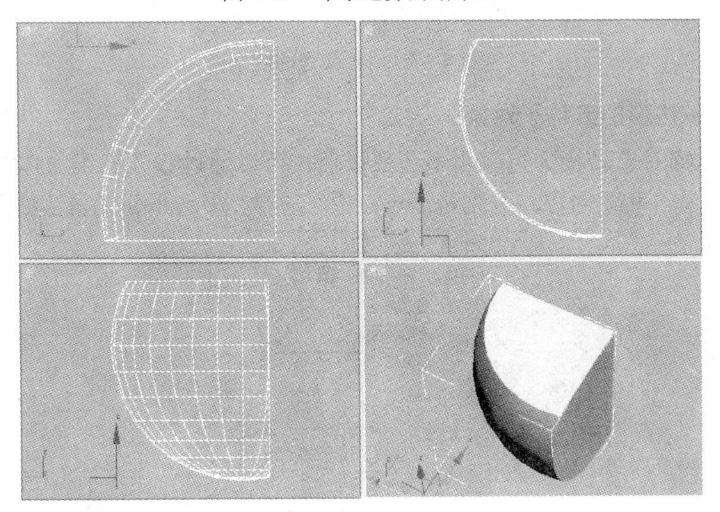

图 4-16　布尔运算的结果 3

4.1.3　多边形建模

多边形建模是一种非常重要的建模方法，一般需先创建一个三维对象，然后将其转换为可编辑多边形，通过对顶点、边、边界、多边形、元素五种子对象的编辑，可得到所需的三维造型。

1．将三维对象转换为可编辑多边形的两种方法

在 3ds max 中，可以通过两种方法将三维对象转换为可编辑多边形：一种方法是在视图中选择三维对象，进入修改命令面板，在【修改器列表】中选择【编辑多边形】命令。另一种方法是在视图中的三维对象上单击鼠标右键，从弹出的快捷菜单中选择【转换为】/【转换为可编辑多边形】命令。

从命令的组织形式上来说，两者是一样的，执行了任意一个命令后，对象都是由顶点、边、边界、多边形和元素组成的。但是两者又有区别，执行了修改命令面板中的【编辑多边形】命令以后，对象仍然保留了底层参数；而执行了【转换为可编辑多边形】命令后，对象的底层参数将丢弃，如图 4-17 所示。

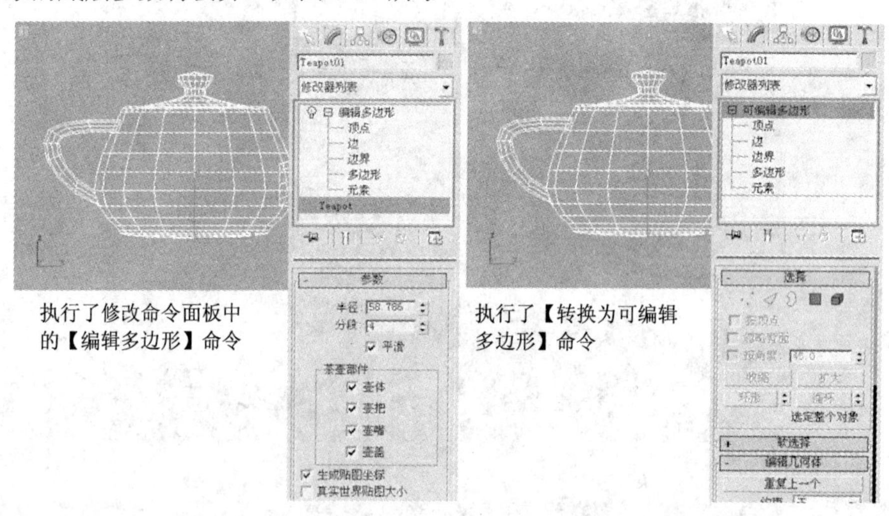

图 4-17　两种命令的区别

2．可编辑多边形的五种子对象

在将一个三维对象转换为可编辑多边形以后，可以通过修改三维物体的子对象来改变物体的形状，共有 5 种子对象，分别是顶点、边、边界、多边形、元素，如图 4-18 所示。

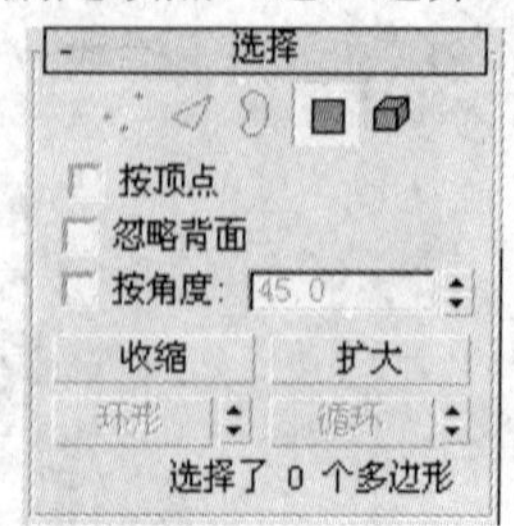

图 4-18　五种子对象

- 【顶点】：单击按钮，进入【顶点】子对象层级，可以完成对单点或多点的调整和修改。例如，对选择的单点或多点进行移动、旋转和缩放变形等操作(向外拉伸选择的顶点，在此位置会凸起；向内推进选择的点，在此位置会凹陷)。
- 【边】：单击按钮，进入【边】子对象层级，这时可以以物体表面的边作为修改、添加和编辑操作的基础。
- 【边界】：单击按钮，进入【边界】子对象层级，这时可以对边界子对象进行挤出、切角、封口等编辑操作。
- 【多边形】：单击按钮，进入【多边形】子对象层级，这时可以以物体的多边形面作为修改、添加和编辑操作的基础。
- 【元素】：单击按钮，进入【元素】子对象层级，这时可以将整个独立形体定义成为一个元素进行修改、添加和编辑操作。

3．重要参数介绍

可编辑多边形的功能非常强大，参数也非常多，选择不同的子对象时会出现不同的参数。这里重点介绍与效果图制作有关的一些参数。

首先，进入【顶点】子对象层级，这时可以对选择的顶点进行编辑，除了可以移动、缩放外，还可以在【编辑顶点】卷展栏中对顶点进行处理，如图 4-19 所示。

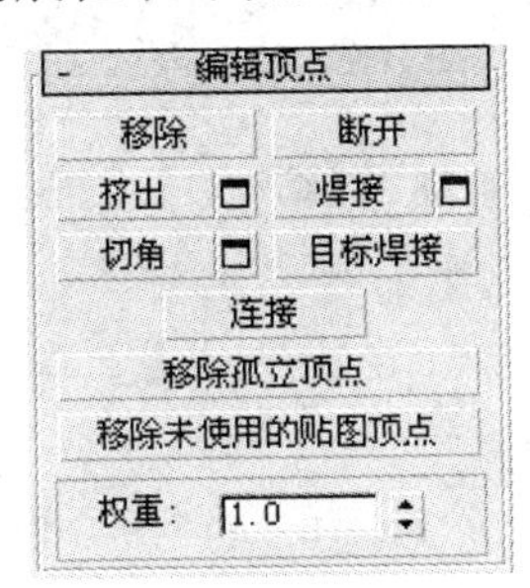

图 4-19　【编辑顶点】卷展栏

- 单击 移除 按钮，可以将选择的顶点删除。
- 单击 断开 按钮，可以将选择的顶点断开。
- 单击 挤出 按钮，在视图中直接拖动选择的顶点，可以手动挤出顶点。挤出顶点时，会沿法线方向移动，并且创建新的多边形。
- 单击 焊接 按钮，可以对【焊接】对话框中指定公差范围之内的连续顶点进行合并。
- 单击 切角 按钮，在视图中拖动鼠标，可以对选择的顶点进行切角处理，如图 4-20 所示。如果拖动了一个未选择的顶点，则会取消已经选择的顶点。
- 单击 目标焊接 按钮，可以选择一个顶点，然后将它焊接到目标顶点上。
- 单击 连接 按钮，可以在选择的顶点之间创建新的边。
- 单击 移除孤立顶点 按钮，可以将不属于任何多边形的所有顶点删除。
- 某些建模操作会留下未使用的(孤立)贴图顶点，它们会显示在【展开UVW】编辑器中，但是不能用于贴图，单击 移除未使用的贴图顶点 按钮，可以自动删除这些贴图顶点。

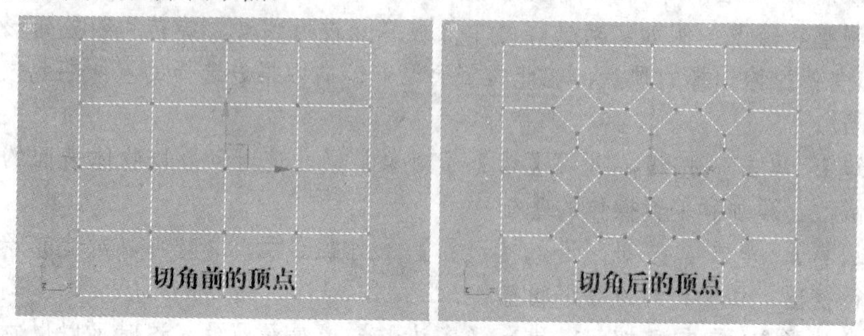

图 4-20　切角顶点

进入【边】子对象层级后，可以对选择的边进行编辑，例如对边子对象进行移动、分割、连接等操作。【编辑边】卷展栏如图 4-21 所示。

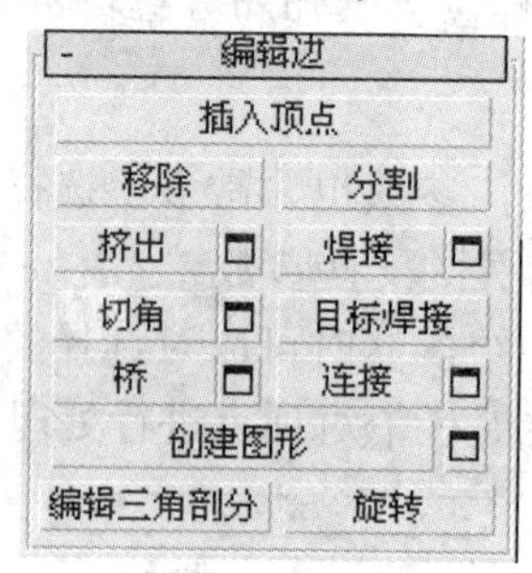

图 4-21　【编辑边】卷展栏

下面介绍几个制作效果图时的常用命令。

- 单击 插入顶点 按钮，在边子对象上单击鼠标，可以插入顶点，从而将边子对象进行细分。
- 单击 移除 按钮，可以删除选定的边并组合使用这些边的多边形。
- 单击 连接 按钮，使用当前【连接边】对话框中的设置，在每对选定的边之间创建新边。制作室内效果图模型时，该命令使用较多。

进入【多边形】子对象层级后(这是使用较多的一个层级)，可以对多边形子对象进行各种编辑操作，从而满足建模的要求。【编辑多边形】卷展栏如图 4-22 所示。

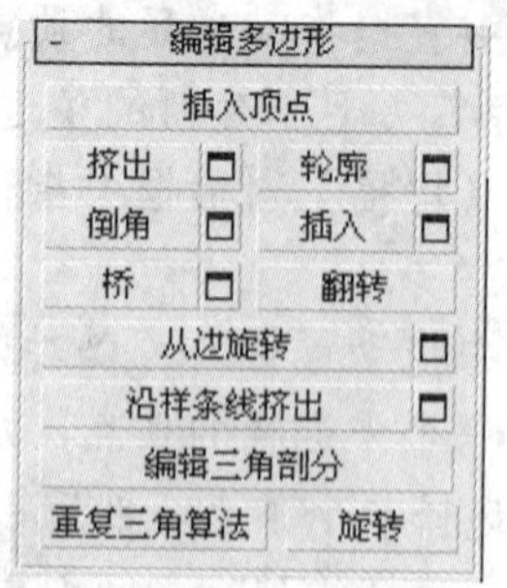

图 4-22　【编辑多边形】卷展栏

下面介绍几个制作效果图时的常用命令。

- 单击 挤出 按钮，选择并拖动多边形子对象，可以将其挤出一定的厚度。

单击右侧的小按钮，可以通过对话框进行精确挤出。

- 单击 倒角 按钮，选择并拖动多边形子对象，可以对其进行倒角处理。单击右侧的小按钮，可以通过对话框进行精确倒角。
- 单击 轮廓 按钮，选择并拖动多边形子对象，可以对其进行收缩或扩展处理。
- 单击 插入 按钮，选择并拖动多边形子对象，可以在选择的多边形子对象中再插入一个多边形子对象。

随堂练习：使用两种方法制作一个哑铃

下面练习【编辑多边形】命令的使用。首先使用编辑顶点子对象的方法完成一个哑铃造型的建模。

(1) 在创建命令面板中单击 按钮，单击【对象类型】卷展栏中的 圆柱体 按钮，在前视图中创建一个圆柱体，其参数设置及形态如图 4-23 所示。

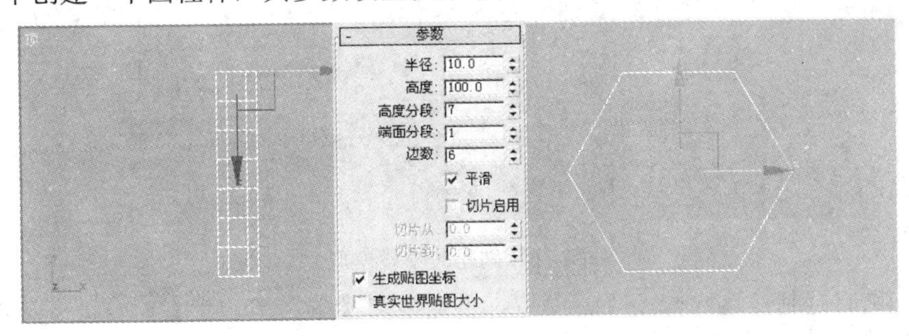

图 4-23　创建的圆柱体

(2) 单击 按钮进入修改命令面板，在【修改器列表】中选择【编辑多边形】命令，在【选择】卷展栏中单击 按钮，进入【多边形】子对象层级。

(3) 按下 Ctrl+A 键，选择所有的多边形子对象，在【多边形属性】卷展栏的【平滑组】选项组中单击 清除全部 按钮，清除平滑属性。

(4) 在【选择】卷展栏中单击 按钮，进入【顶点】子对象层级。选择工具栏中的 按钮，在左视图中拖曳鼠标框选中间的两组顶点(选中后呈红色)，然后在 按钮上单击鼠标右键，在弹出的【缩放变换输入】对话框中输入 50，按回车键确认，如图 4-24 所示。

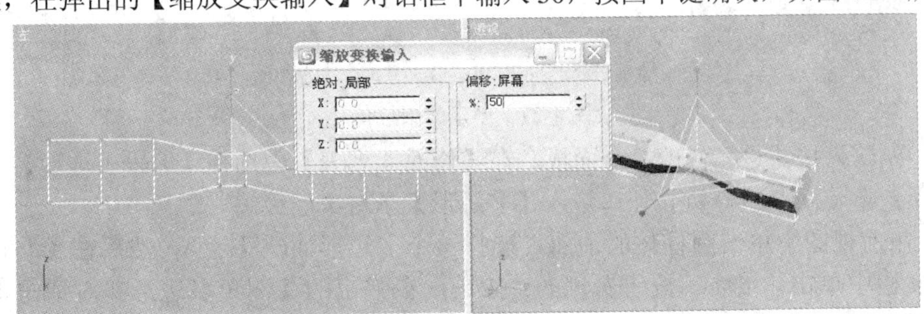

图 4-24　缩放顶点 1

(5) 继续在左视图中选择左、右侧的两组顶点，在【缩放变换输入】对话框中输入 130，按下回车键，如图 4-25 所示。

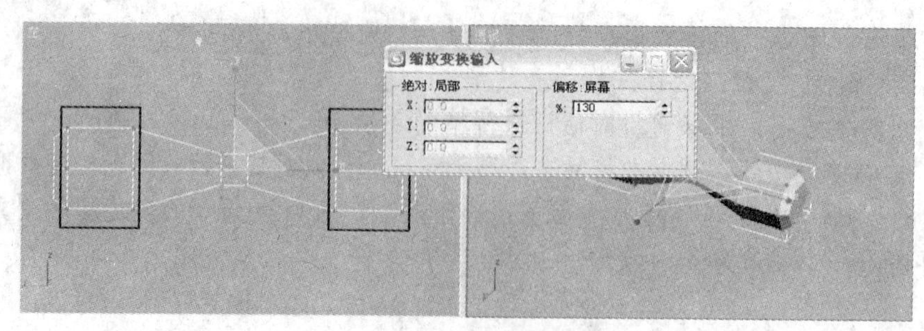

图4-25　缩放顶点2

(6) 选择工具栏中的按钮，分别将中间的两组顶点沿X轴向左、右两侧移动，调整至合适位置，则完成哑铃模型的创建，如图4-26所示。

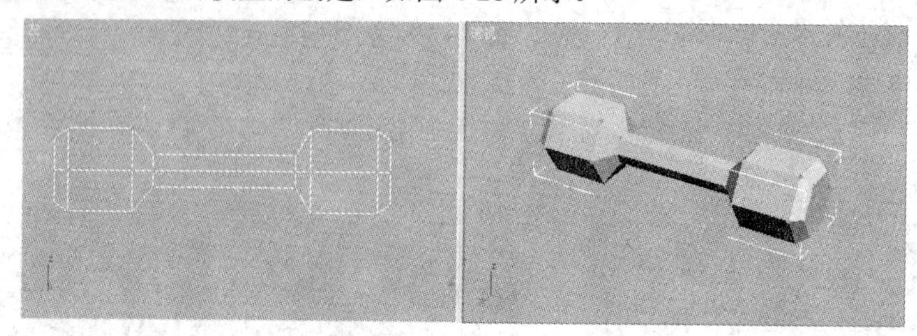

图4-26　创建的哑铃模型

下面，我们再制作这样一个哑铃模型，重点学习【编辑多边形】命令中多边形子对象的应用技术。

(1) 在创建命令面板中单击按钮，单击【对象类型】卷展栏中的 圆柱体 按钮，在前视图中创建一个【高度】为0的圆柱体，其参数设置及形态如图4-27所示。

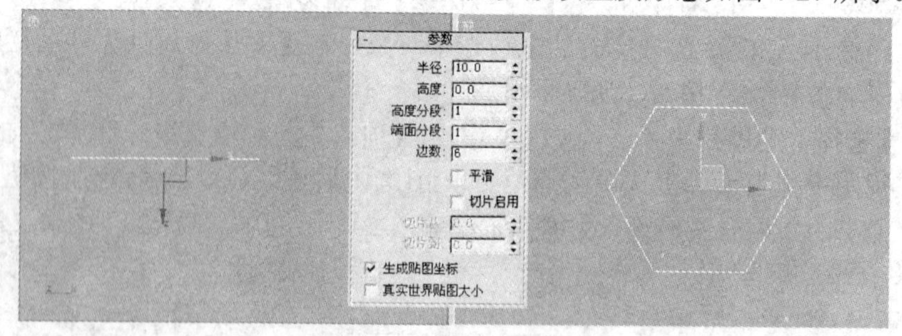

图4-27　创建的圆柱体

(2) 单击按钮进入修改命令面板，在【修改器列表】中选择【编辑多边形】命令，在【选择】卷展栏中单击按钮，进入【多边形】子对象层级。

(3) 在前视图中单击圆柱体的顶面，选择一个多边形面(呈红色)，然后在【编辑多边形】卷展栏中单击 倒角 按钮右侧的按钮，在弹出的【倒角多边形】对话框中设置【高度】为10、【轮廓量】为13，如图4-28所示。

(4) 单击 确定 按钮后，多边形产生一定的厚度与倒角度。

(5) 在【编辑多边形】卷展栏中单击 挤出 按钮右侧的按钮，在弹出的【挤出多边形】对话框中设置【挤出高度】为20，如图4-29所示，然后单击 确定 按钮。

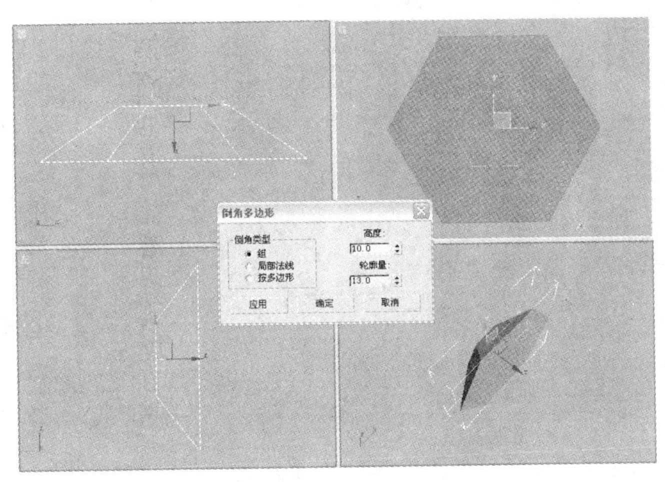

图 4-28　倒角多边形

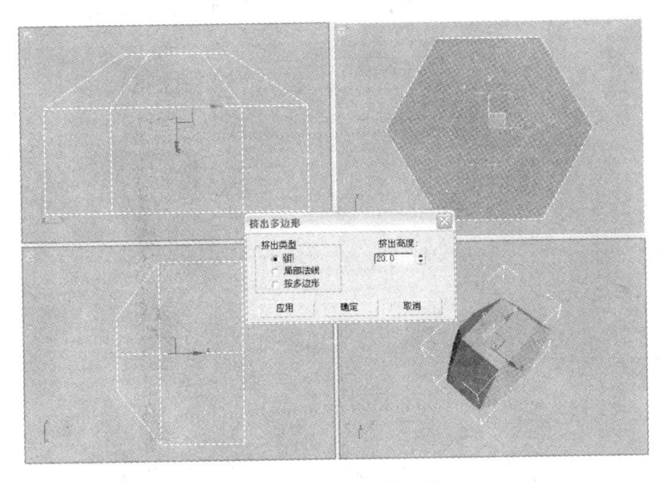

图 4-29　挤出多边形

(6) 在【编辑多边形】卷展栏中单击 倒角 按钮右侧的□按钮，在弹出的【倒角多边形】对话框中设置【高度】为 10、【轮廓量】为−13，这时的造型形态如图 4-30 所示。

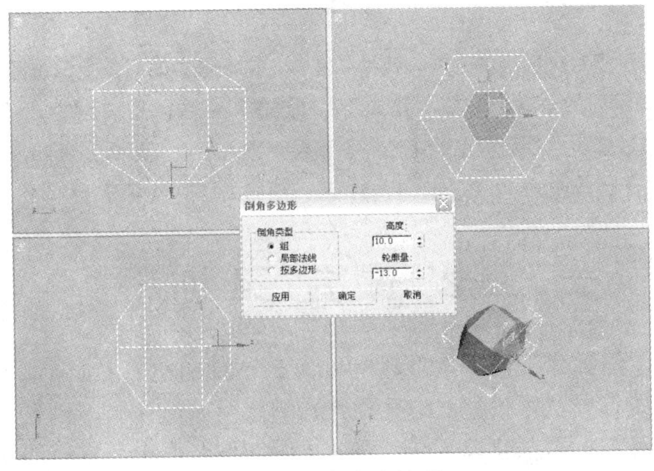

图 4-30　倒角多边形

(7) 在【编辑多边形】卷展栏中单击 挤出 按钮右侧的□按钮，在弹出的【挤出多边形】对话框中设置【挤出高度】为60，结果如图4-31所示。

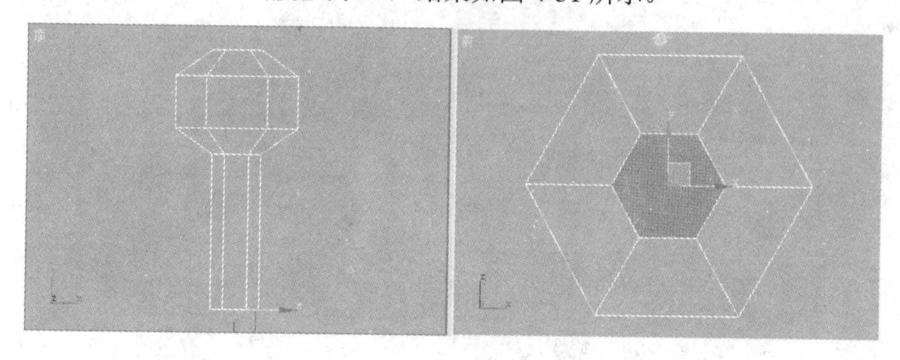

图4-31 挤出多边形

(8) 重复前面的步骤，制作出哑铃的另一端，完成后的哑铃模型如图4-32所示。

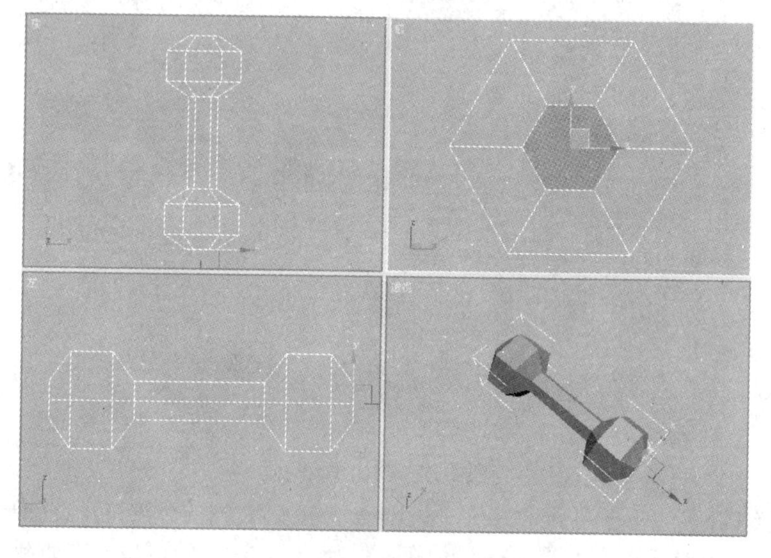

图4-32 创建的哑铃模型

进入编辑多边形子对象层级的方法有四种：其一，在场景中的对象上单击鼠标右键，在弹出的快捷菜单中选择不同的子对象命令；其二，在修改器堆栈中单击前面的“+”按钮，展开其子对象；其三，通过修改命令面板中的【选择】卷展栏进入子对象层级；其四，也是更加快捷的一种方法，直接按下键盘中的1、2、3、4、5，进入不同的子对象层级。

4.2 课堂实训

放样建模、布尔运算建模与多边形建模具有一个共同的特点，即都需要有基础对象，然后通过运算或修改得到三维模型。这几种特殊的建模方法在模型创建方面具有重要的地位，因此，必须熟练掌握这些建模方法，在效果图制作过程中，它们的使用频率比较高。读者除了要正确理解本课介绍的基础内容之外，还要多做练习，加以巩固。

4.2.1　制作茶几造型

玻璃茶几是现代居室中最常见的一种家具。玻璃与不锈钢材质比较容易与现代装修风格融为一体，在灯光的照射下，玻璃与周围的一切会显得非常和谐。下面我们制作一个玻璃茶几造型，最终效果如图 4-33 所示。

图 4-33　玻璃茶几效果

(1) 单击菜单栏中的【文件】/【重置】命令，重新设置系统。

(2) 在创建命令面板中单击按钮，并单击 标准基本体 ，在弹出的下拉列表中选择“扩展基本体”选项。

(3) 单击【对象类型】卷展栏中的 切角长方体 按钮，在顶视图中创建一个切角长方体，命名为“茶几面”，其参数设置如图 4-34 所示。

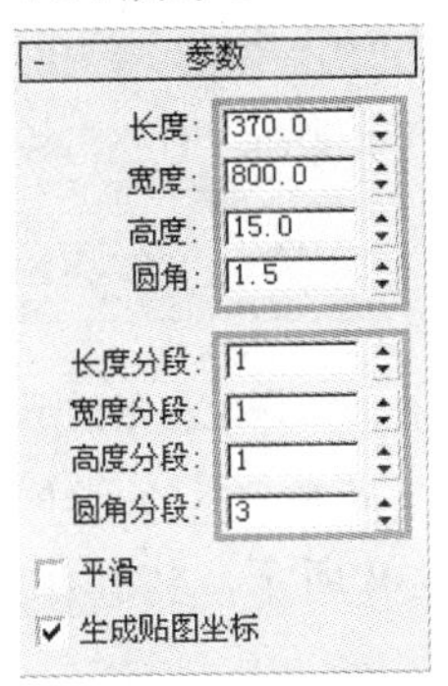

图 4-34　“茶几面”造型的参数

(4) 在创建命令面板中单击按钮，单击【对象类型】卷展栏中的 星形 按钮，在顶视图中绘制一个星形作为放样的截面，其参数设置及形态如图 4-35 所示。

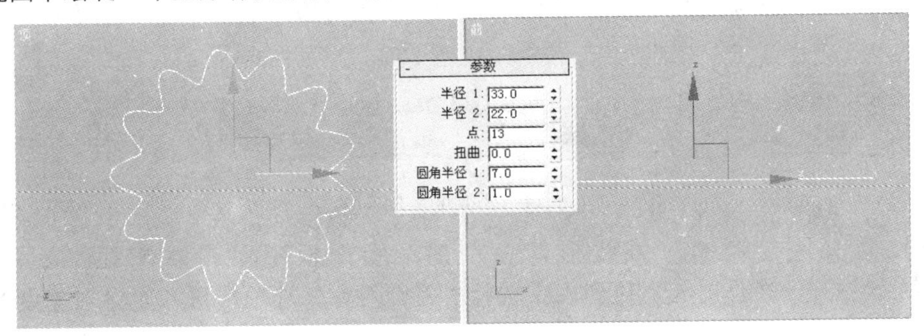

图 4-35　绘制的星形

(5) 选择绘制好的星形，单击按钮进入修改命令面板，在【修改器列表】中选择【编辑样条线】命令，在【选择】卷展栏中单击按钮进入【顶点】子对象层级，接着在顶视图中选择如图 4-36 所示的顶点。

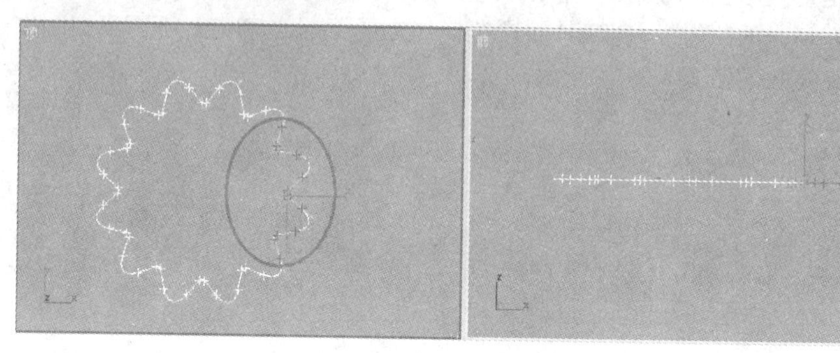

图 4-36 选择的顶点

(6) 按下 Delete 键删除选择的顶点，然后运用工具栏中的工具调整星形的形态如图 4-37 所示。

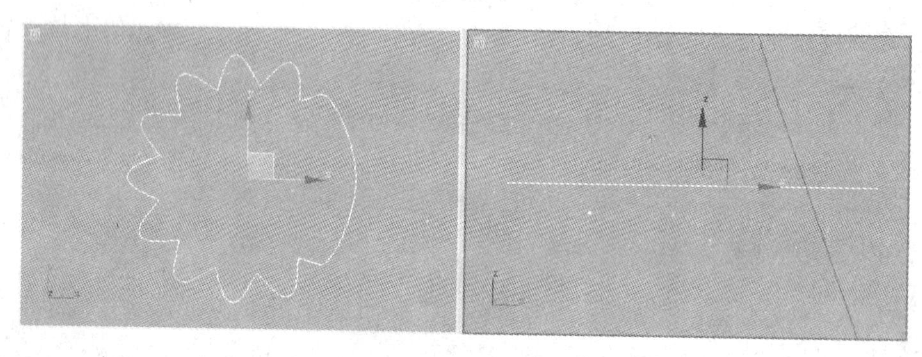

图 4-37 调整星形的形态

(7) 在图形创建命令面板中单击【对象类型】卷展栏中的 线 按钮，在前视图中自上向下绘制一条二维线形，如图 4-38 所示，将其作为放样的路径。

图 4-38 绘制的二维线形

(8) 选择刚绘制的二维线形，在创建命令面板中单击按钮，然后单击 扩展基本体 ，在弹出的下拉列表中选择“复合对象”选项，进入复合对象创建命令面板。

(9) 单击【对象类型】卷展栏中的 放样 按钮，然后单击【创建方法】卷展栏中的 获取图形 按钮，在视图中拾取绘制的截面线形，则放样生成的造型形态如图 4-39 所示。

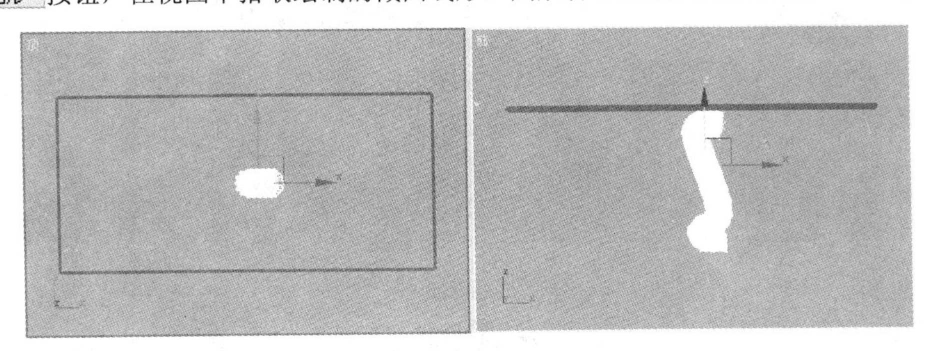

图 4-39　放样生成的造型形态

(10) 进入修改命令面板，在【变形】卷展栏中单击 缩放 按钮，在弹出的【缩放变形】对话框中调整控制线上的控制点位置如图 4-40 所示。

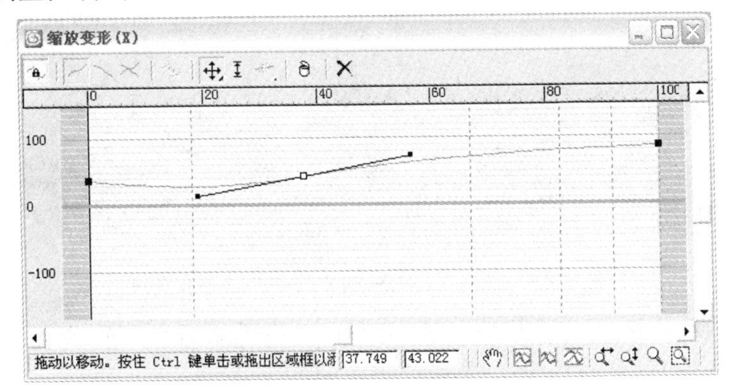

图 4-40　【缩放变形】对话框

(11) 关闭【缩放变形】对话框，在【蒙皮参数】卷展栏中设置各项参数如图 4-41 所示。

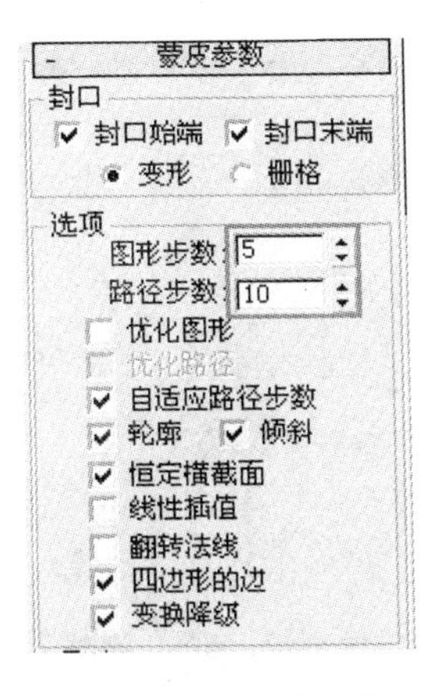

图 4-41　【蒙皮参数】卷展栏

(12) 修改后的放样造型形态如图 4-42 所示，将其命名为“茶几腿 01”造型。

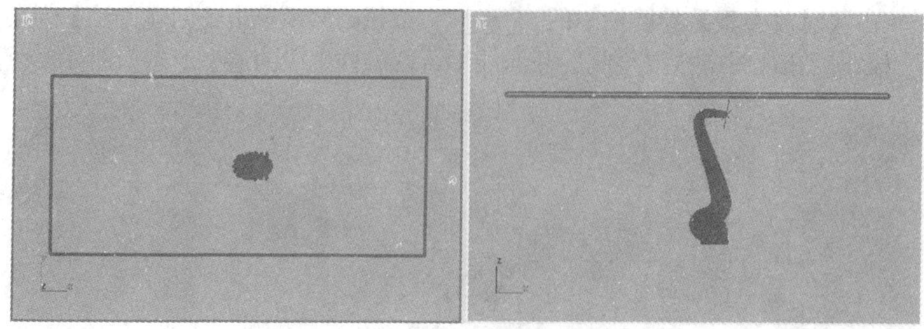

图 4-42 “茶几腿 01”造型

(13) 分别运用工具栏中的工具与工具将“茶几腿 01”造型旋转一定的角度，并移动到如图 4-43 所示位置。

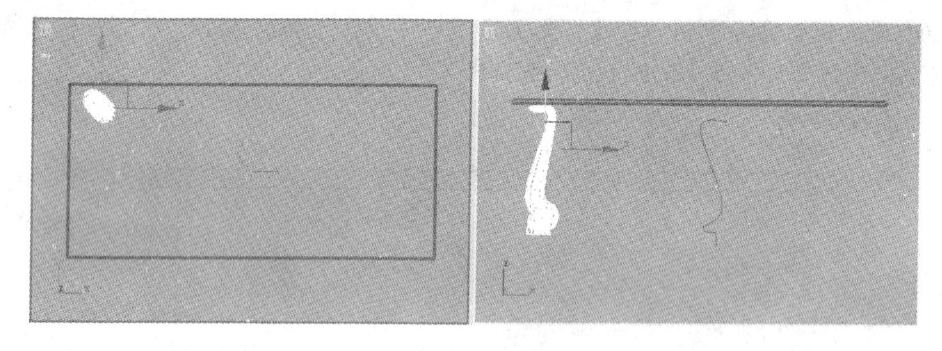

图 4-43 调整“茶几腿 01”造型的位置和角度

(14) 在顶视图中选择“茶几腿 01”造型，单击工具栏中的按钮，在弹出的【镜像：屏幕 坐标】对话框中设置各项参数如图 4-44 所示。

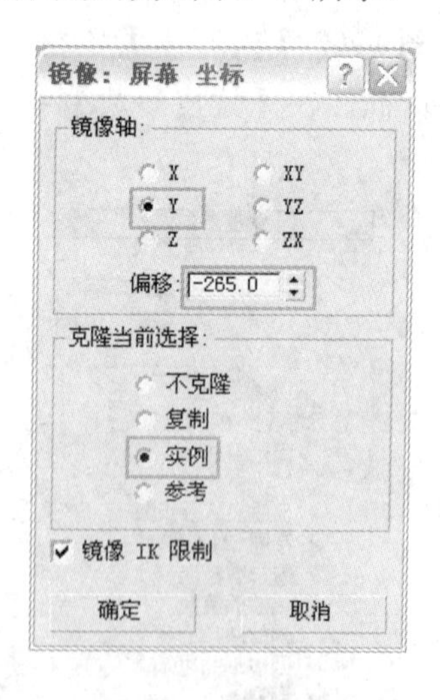

图 4-44 【镜像：屏幕 坐标】对话框

(15) 单击确定按钮，将选择的造型沿 Y 轴以【实例】的方式镜像复制一个，得到“茶几腿 02”造型，如图 4-45 所示。

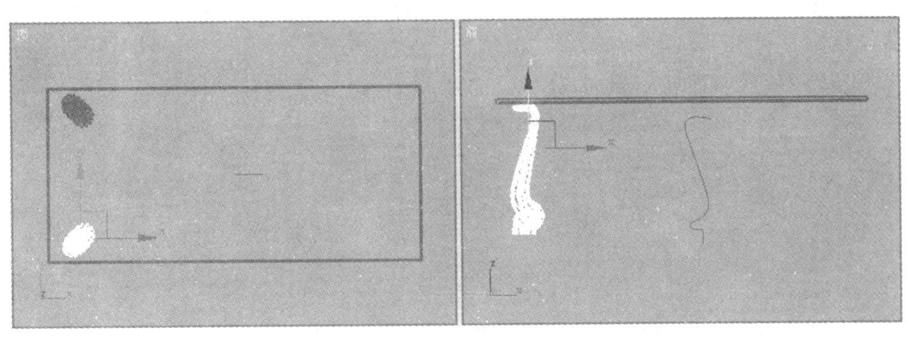

图 4-45　复制的“茶几腿 02”造型

(16) 在顶视图中同时选择“茶几腿 01”和“茶几腿 02”造型，单击工具栏中的按钮，将选择的造型沿 X 轴以【实例】的方式镜像复制一组，得到“茶几腿 03”和“茶几腿 04”造型，如图 4-46 所示。

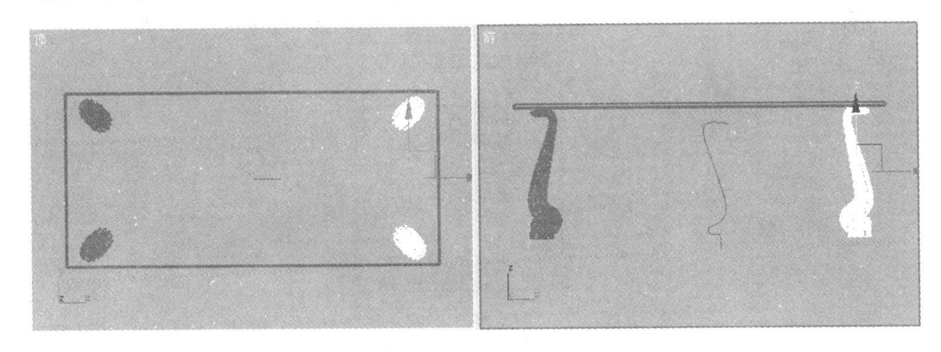

图 4-46　复制的“茶几腿 03”和“茶几腿 04”造型

(17) 在创建命令面板中单击按钮，单击【对象类型】卷展栏中的 线 按钮，在顶视图中绘制一条封闭的二维线形，如图 4-47 所示。

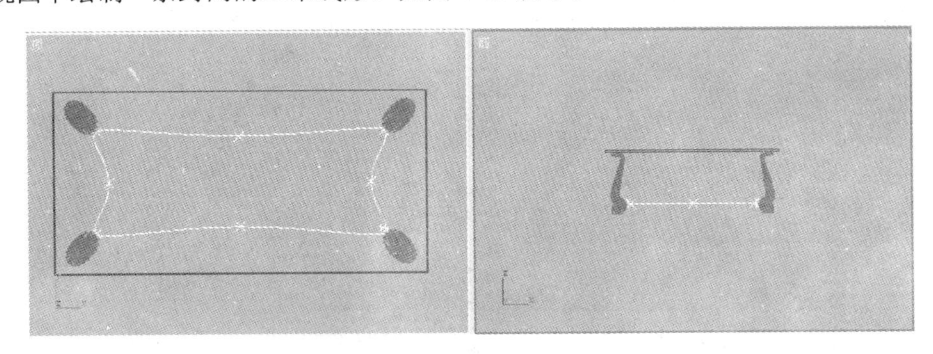

图 4-47　绘制的二维线形

(18) 单击按钮进入修改命令面板，在【修改器列表】中选择【编辑样条线】命令，然后单击【选择】卷展栏中的按钮，进入【样条线】子对象层级。

(19) 在顶视图中选择整个样条线，在【几何体】卷展栏中 轮廓 右侧的数值框中输入−70，按下回车键将其扩展轮廓，结果如图 4-48 所示。

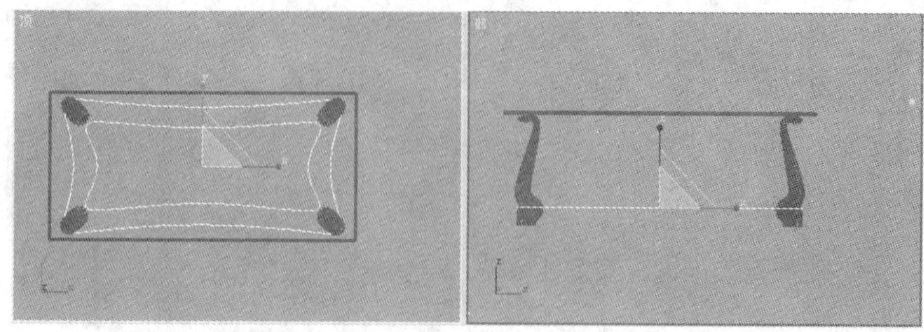

图 4-48　扩展轮廓后的线形

(20) 选择扩展轮廓后的样条线，在修改命令面板的【修改器列表】中选择【倒角】命令，在【倒角值】卷展栏中设置各项参数如图 4-49 所示，将倒角生成的造型命名为“支架 01”。

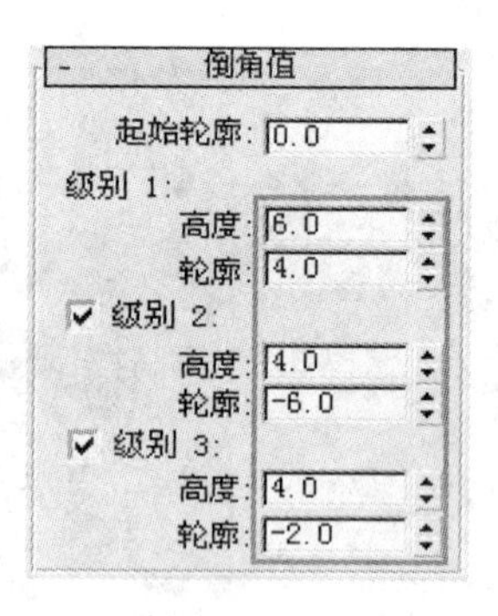

图 4-49　【倒角值】卷展栏

(21) 在前视图中选择“支架 01”造型，单击工具栏中的按钮，将其沿 Y 轴以【实例】的方式镜像复制一个，得到“支架 02”造型，调整其位置如图 4-50 所示。

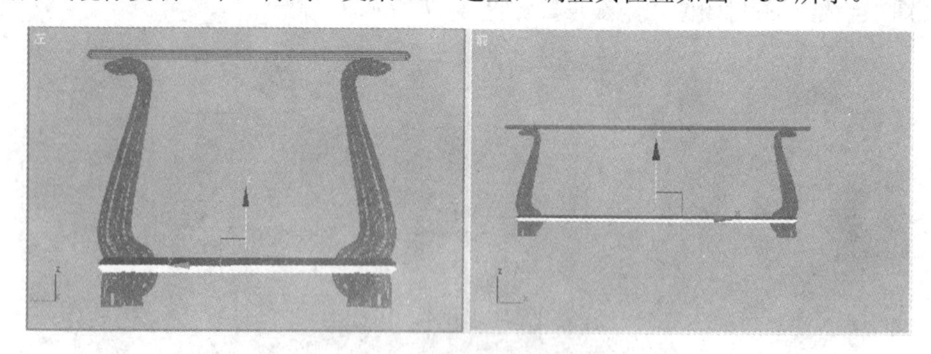

图 4-50　复制的“支架 02”造型

至此，完成了茶几模型的创建，下面给它赋予材质。

(22) 单击工具栏中的按钮，在弹出的【材质编辑器】对话框中选择一个空白的示例球。

(23) 参照前面的操作方法，单击【材质编辑器】对话框工具行中的按钮，打开本书配套光盘“材质库”文件夹中的“专用材质.mat”文件。

(24) 在【材质/贴图浏览器】对话框中将材质库中的“玻璃”材质赋给“茶几面”造型，将“不锈钢”材质赋给除“茶几面”外的其它造型。

(25) 确认当前视图为透视图，按下 F9 键快速渲染透视图，渲染效果如图 4-51 所示。

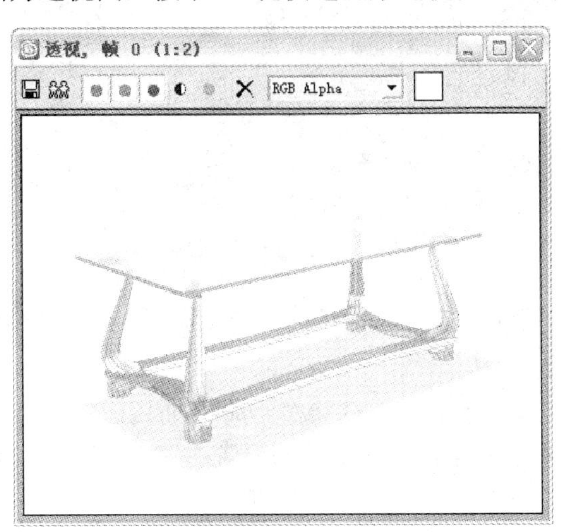

图 4-51　渲染效果

(26) 单击菜单栏中的【文件】/【保存】命令，将该造型保存为“茶几.max”文件。

4.2.2　制作台灯造型

下面，我们制作一个极具现代感的台灯造型，最终效果如图 4-52 所示，制作时注意基础二维线形的调整。

图 4-52　台灯效果

(1) 单击菜单栏中的【文件】/【重置】命令，重新设置系统。

(2) 在创建命令面板中单击按钮，单击【对象类型】卷展栏中的 线 按钮，在前视图中绘制一条二维线形，其【长度】约为 90、【宽度】约为 100，形态如图 4-53 所示。

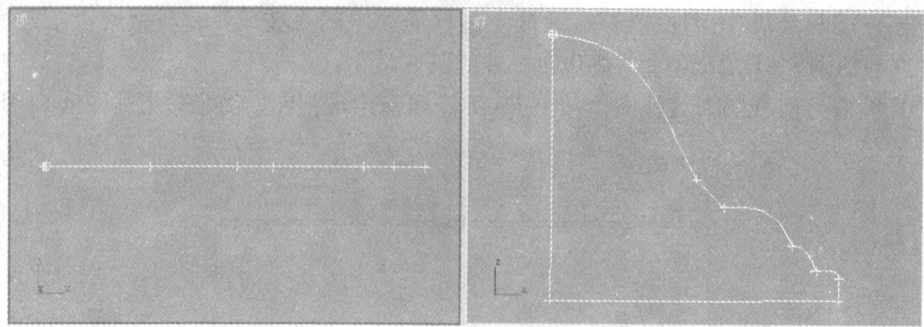

图 4-53　绘制的二维线形

注意，对于二维线形来说，没有【长度】、【宽度】等参数。为了使其量化，我们可以使用一个矩形对其进行度量。

(3) 确认二维线形处于选择状态，进入修改命令面板，在【修改器列表】中选择【车削】命令，在【参数】卷展栏中设置【度数】为 360，其它选项设置如图 4-54 所示。

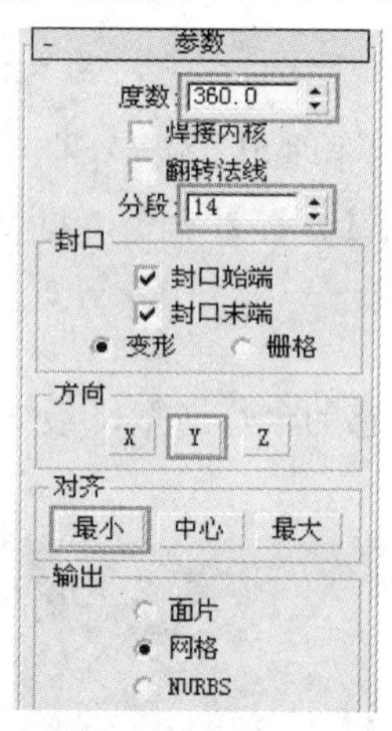

图 4-54　【参数】卷展栏

(4) 将车削生成的造型命名为“灯座”，其形态如图 4-55 所示。

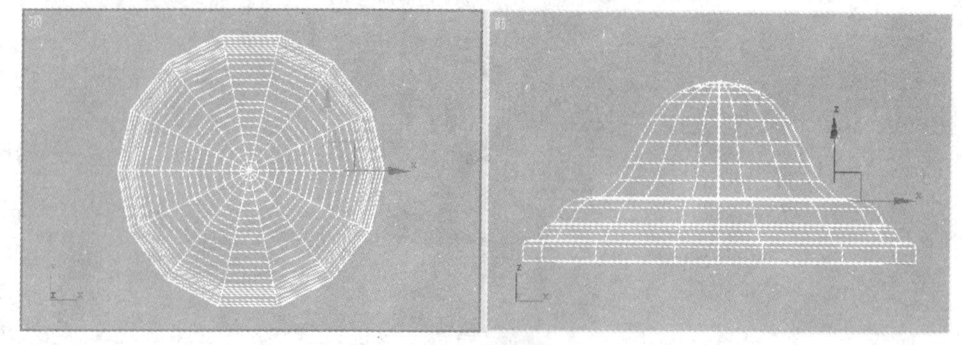

图 4-55　车削生成的“灯座”造型

(5) 在图形创建命令面板中单击【对象类型】卷展栏中的 线 按钮，在前视图中绘制一条二维线形作为放样的路径，其【长度】约为 95、【宽度】约为 105，形态如图 4-56 所示。

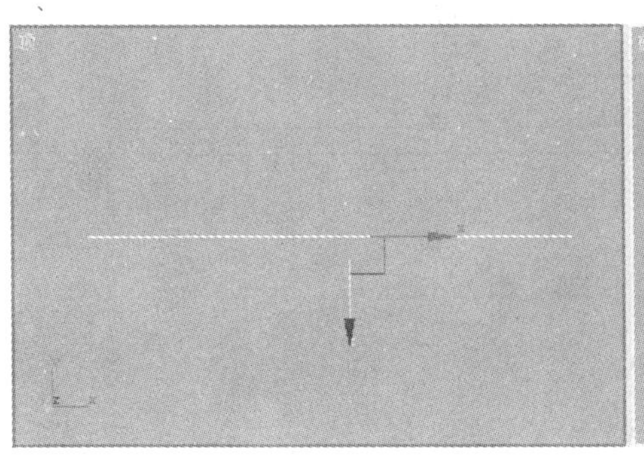

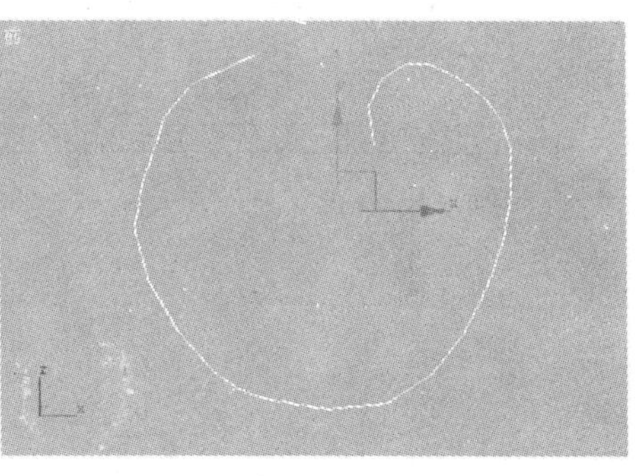

图 4-56　绘制的二维线形

(6) 用同样的方法，在顶视图中绘制一个封闭的二维线形作为放样的截面，其【长度】约为 42、【宽度】约为 12，形态如图 4-57 所示。

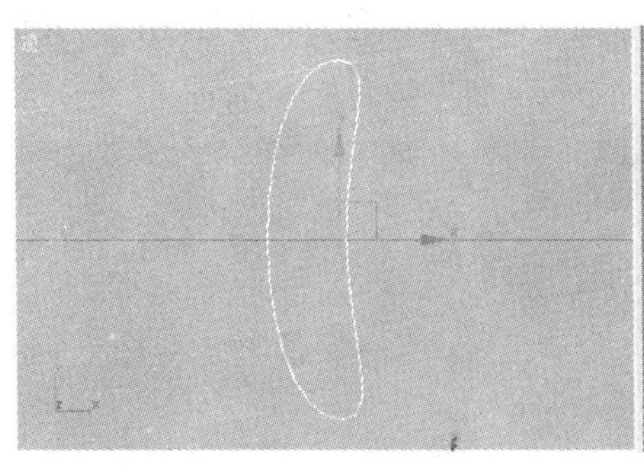

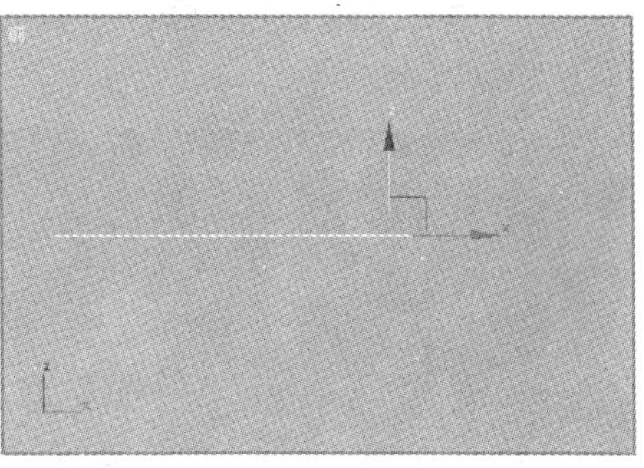

图 4-57　绘制的二维线形

(7) 选择刚绘制的放样路径，在创建命令面板中单击 按钮，然后单击 标准基本体 ，在弹出的下拉列表中选择“复合对象”选项，进入复合对象创建命令面板。

(8) 单击【对象类型】卷展栏中的 放样 按钮，然后单击【创建方法】卷展栏中的 获取图形 按钮，在顶视图中拾取绘制的放样截面，放样生成的造型如图 4-58 所示。

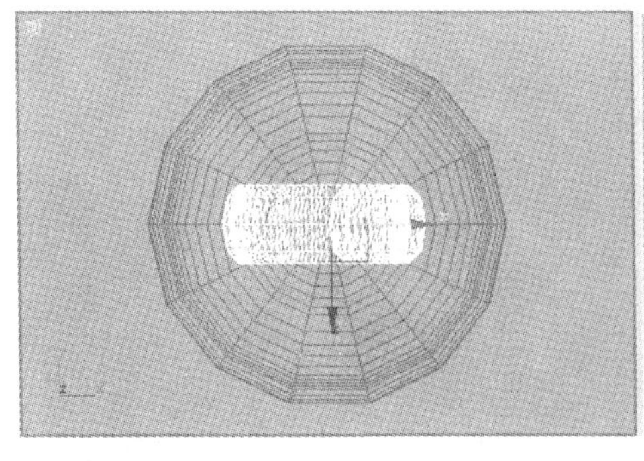

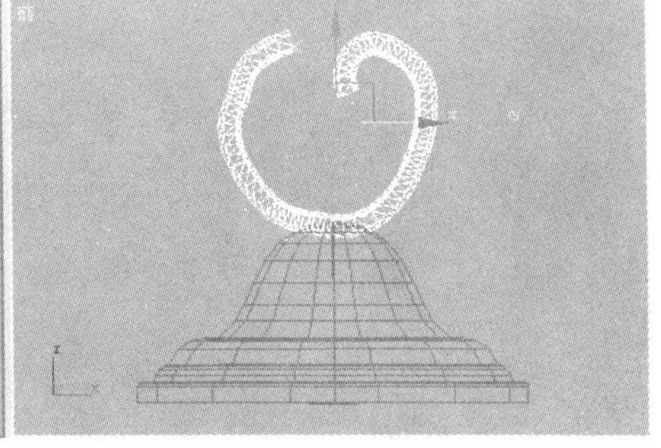

图 4-58　放样生成的造型

(9) 进入修改命令面板，单击【变形】卷展栏中的 缩放 按钮，在弹出的【缩放变形】对话框中添加两个控制点，并调整其在控制线上的位置如图 4-59 所示。

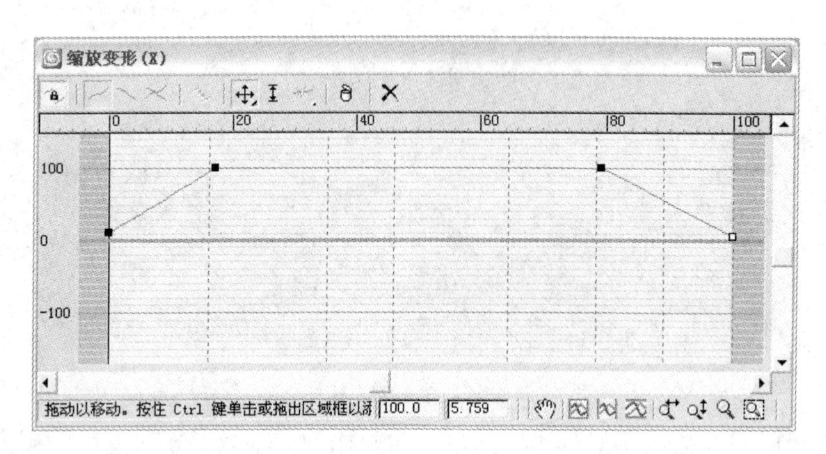

图 4-59 【缩放变形】对话框

(10) 关闭【缩放变形】对话框，将修改后的放样造型命名为“装饰 01”，并调整至如图 4-60 所示的位置。

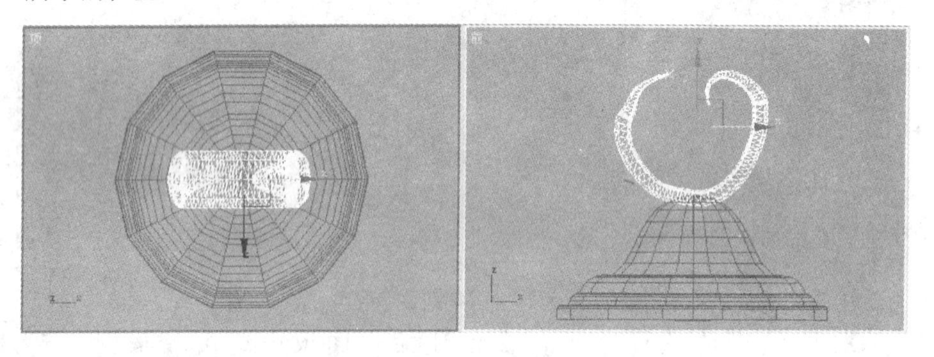

图 4-60 修改后的“装饰 01”造型

(11) 在创建命令面板中单击按钮，单击【对象类型】卷展栏中的 线 按钮，在前视图中绘制一条二维线形作为放样的路径，其【长度】约为 75、【宽度】约为 215，形态如图 4-61 所示。

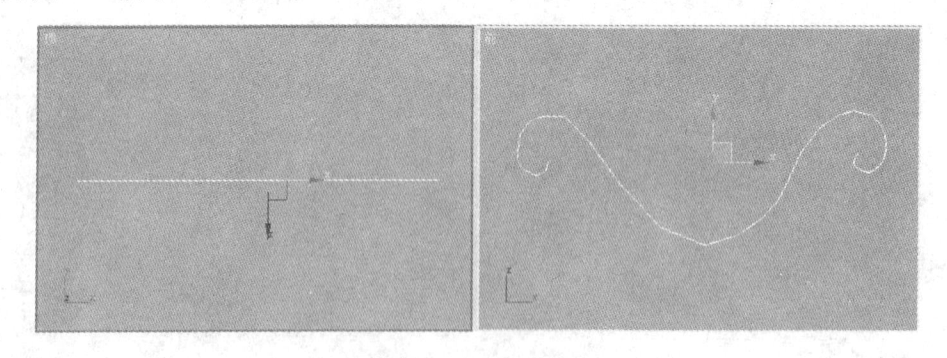

图 4-61 绘制的二维线形

(12) 选择刚绘制的路径，在复合对象创建命令面板中单击 放样 按钮，然后单击【创建方法】卷展栏中的 获取图形 按钮，在视图中拾取前面绘制的放样截面，放样生成的造型形态如图 4-62 所示。

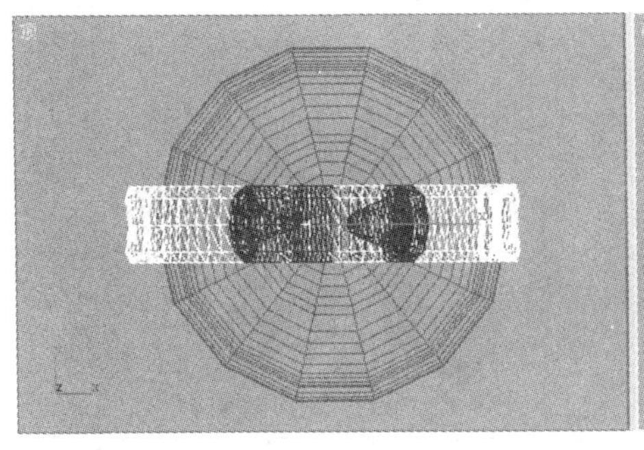
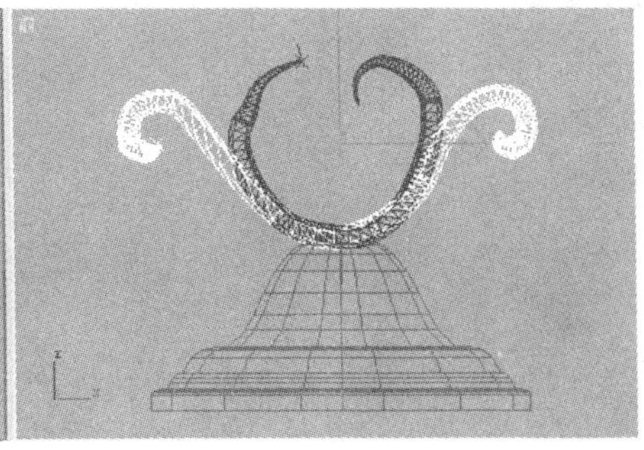

图 4-62　放样生成的造型形态

(13) 进入修改命令面板，在【变形】卷展栏中单击 缩放 按钮，在弹出的【缩放变形】对话框中添加两个控制点，并调整其在控制线上的位置如图 4-63 所示。

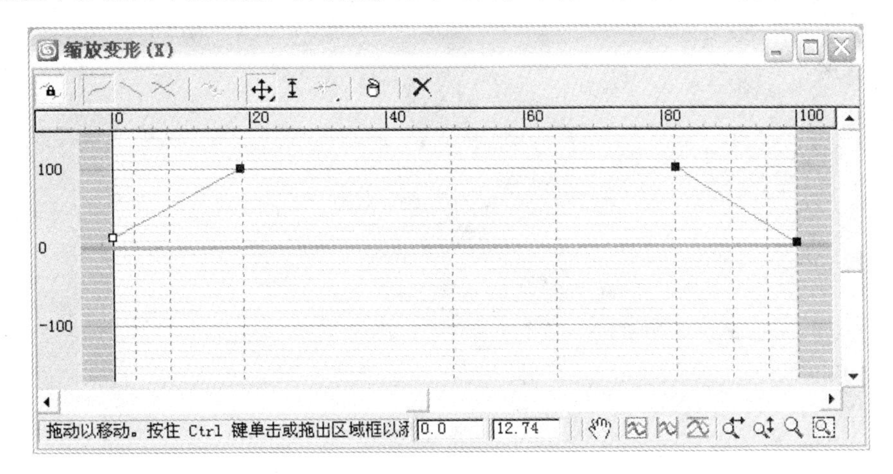

图 4-63　【缩放变形】对话框

(14) 关闭【缩放变形】对话框，将修改后的放样造型命名为“装饰 02”，并调整至如图 4-64 所示的位置。

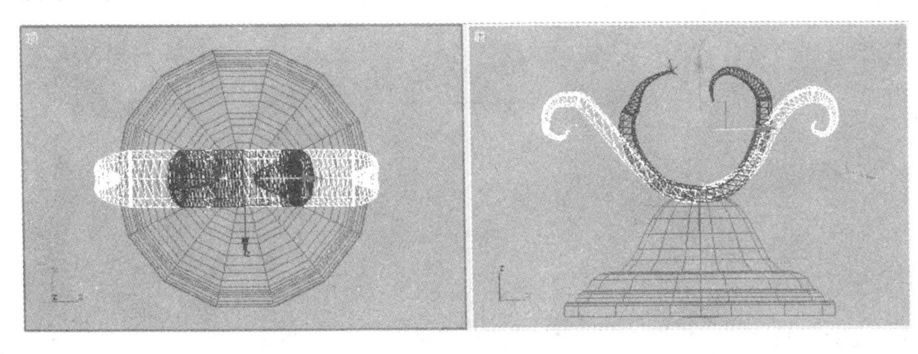

图 4-64　修改后的“装饰 02”造型

(15) 在创建命令面板中单击 按钮，单击【对象类型】卷展栏中的 线 按钮，在前视图中绘制一条二维线形，其【长度】约为 14、【宽度】约为 24，形态如图 4-65 所示。

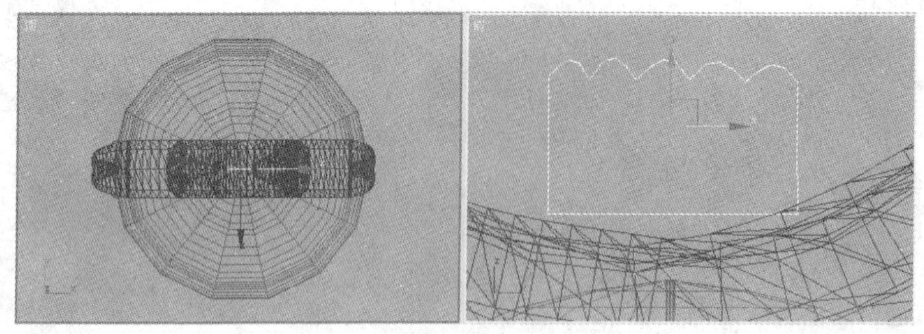

图 4-65　绘制的二维线形

(16) 单击按钮进入修改命令面板，在【修改器列表】中选择【车削】命令，在【参数】卷展栏中设置各项参数如图 4-66 所示。

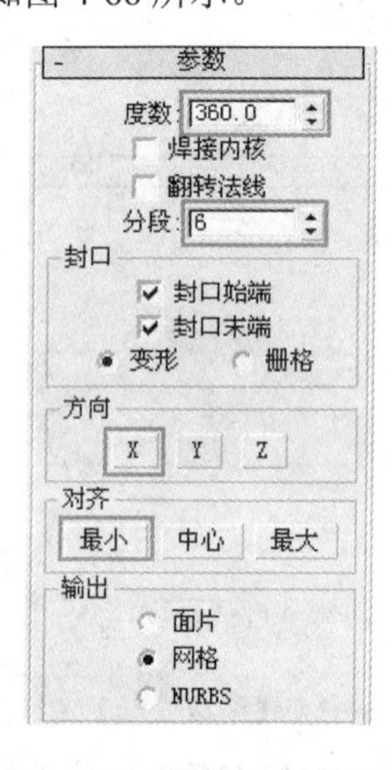

图 4-66　【参数】卷展栏

(17) 将车削生成的造型命名为“装饰 03”，然后调整其位置如图 4-67 所示。

图 4-67　车削生成的“装饰 03”造型

(18) 确认“装饰 03”造型处于选择状态，在修改器堆栈中单击【车削】前面的“+”号展开子对象层级，单击【轴】项，如图 4-68 所示。

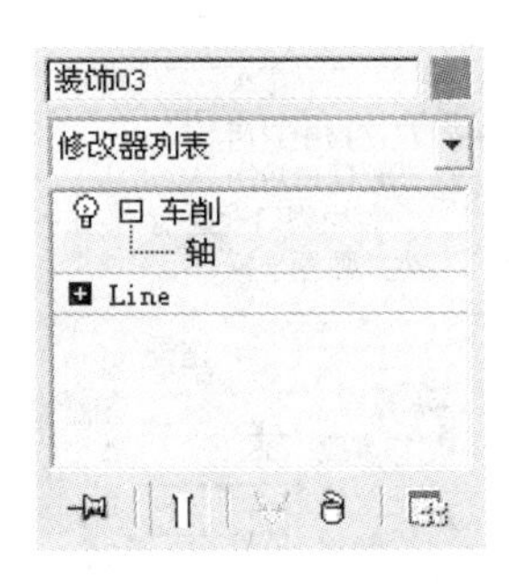

图 4-68　修改器堆栈

(19) 运用工具栏中的工具在前视图中将其沿 Y 轴向下拖曳，调整“装饰 03”造型的形态如图 4-69 所示。

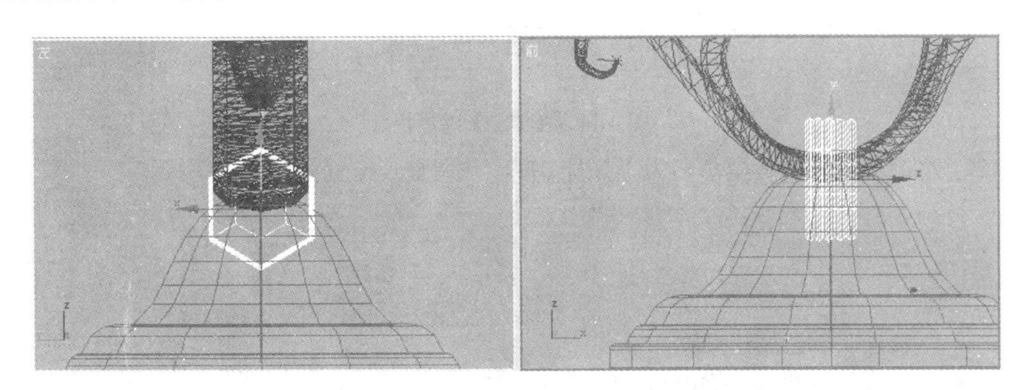

图 4-69　调整“装饰 03”造型的形态

(20) 在创建命令面板中单击按钮，单击【对象类型】卷展栏中的 线 按钮，在前视图中绘制一条二维线形，其【长度】约为 364、【宽度】约为 182，形态如图 4-70 所示。

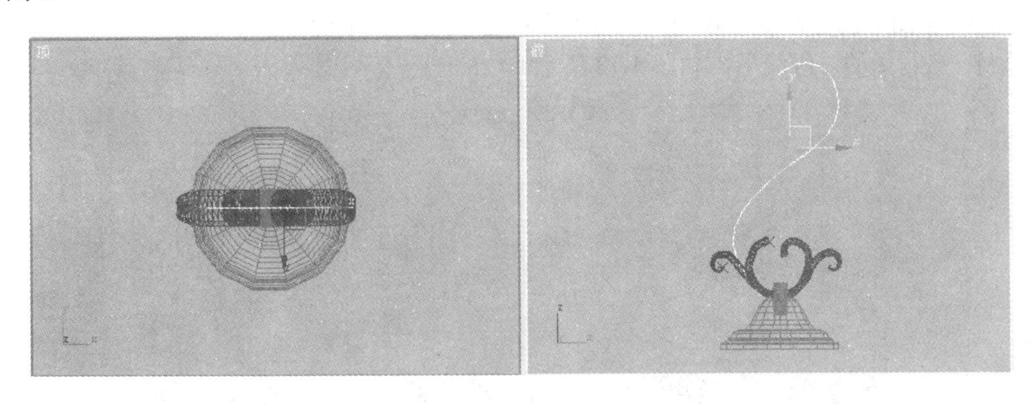

图 4-70　绘制的二维线形

(21) 选择刚绘制的二维线形，进入修改命令面板，在【渲染】卷展栏中设置各项参数如图 4-71 所示。

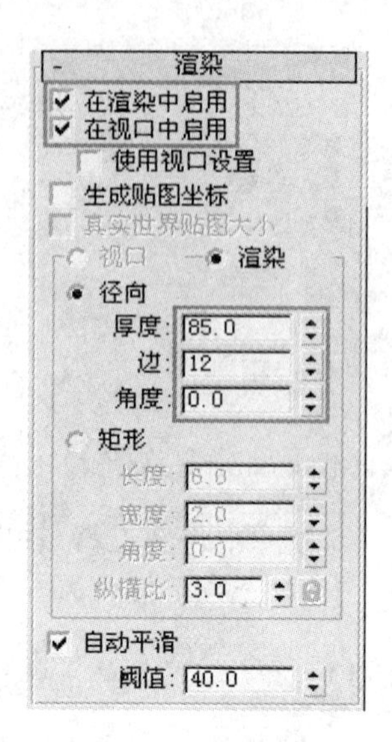

图 4-71 【渲染】卷展栏

(22) 将渲染生成的造型命名为“灯杆 01”，并调整其位置如图 4-72 所示。

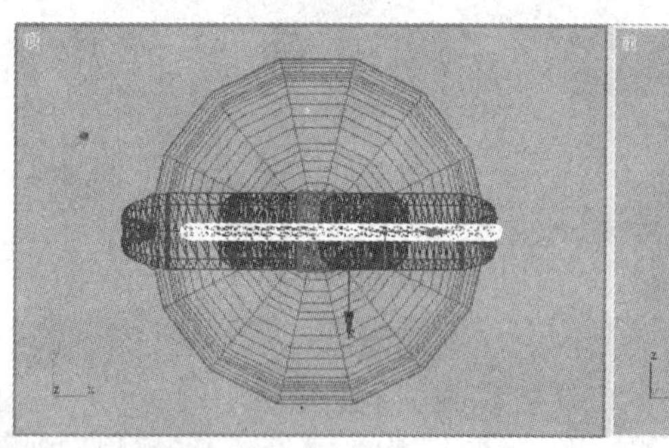

图 4-72 渲染生成的“灯杆 01”造型

(23) 在图形创建命令面板中单击【对象类型】卷展栏中的 线 按钮，在前视图中绘制一条封闭的二维线形，如图 4-73 所示。

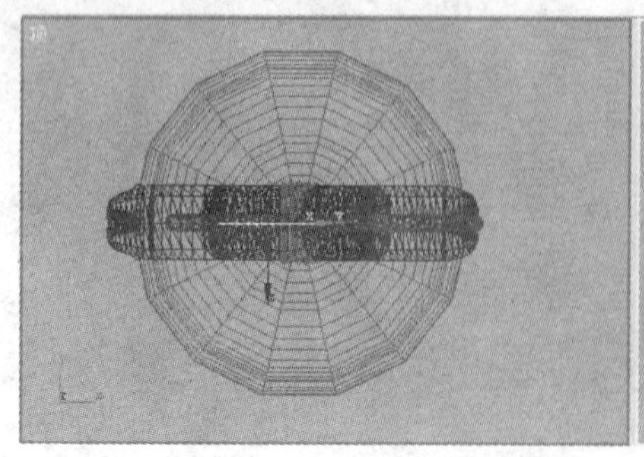
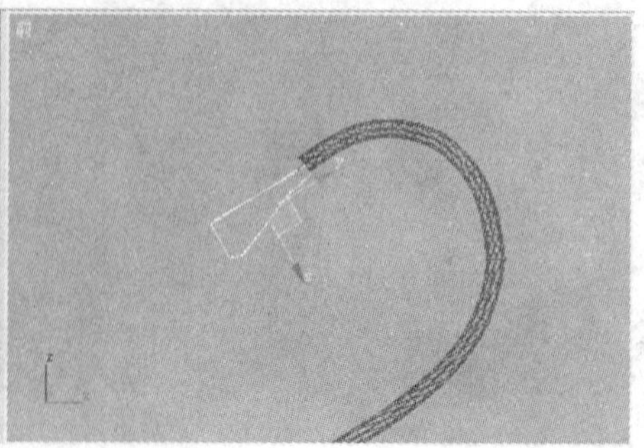

图 4-73 绘制的二维线形

(24) 单击 按钮进入修改命令面板，在【修改器列表】中选择【车削】命令，在【参数】卷展栏中设置各项参数如图 4-74 所示。

图 4-74 【参数】卷展栏

(25) 将车削生成的造型命名为“灯杆 02”，并调整其位置如图 4-75 所示。

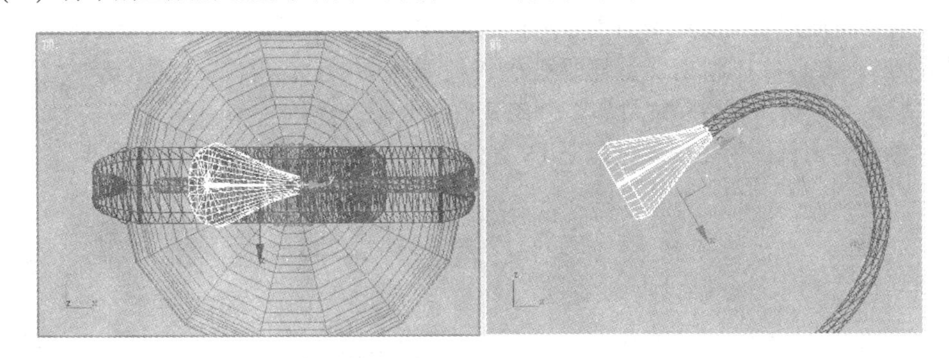

图 4-75 车削生成的“灯杆 02”造型

(26) 继续在前视图中绘制一条二维线形(注意带有轮廓)，如图 4-76 所示。

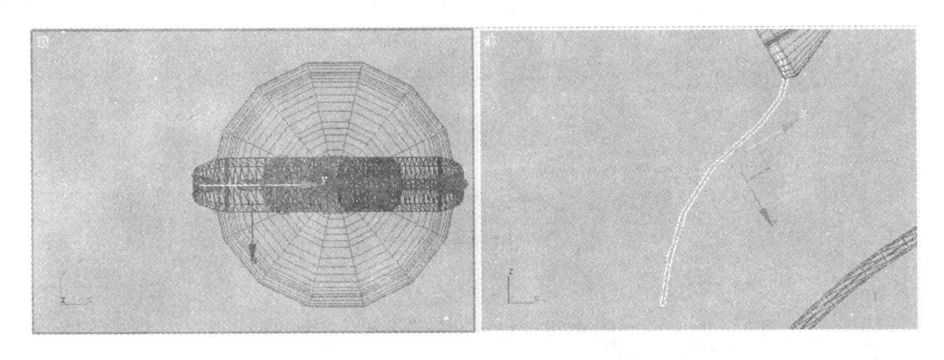

图 4-76 绘制的二维线形

(27) 单击按钮进入修改命令面板，在【修改器列表】中选择【车削】命令，在【参数】卷展栏中设置参数同前，将车削生成的造型命名为“灯罩”，然后调整其位置如图 4-77 所示。

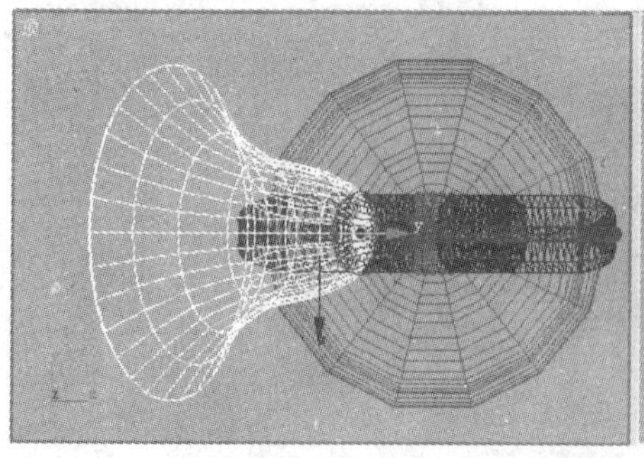
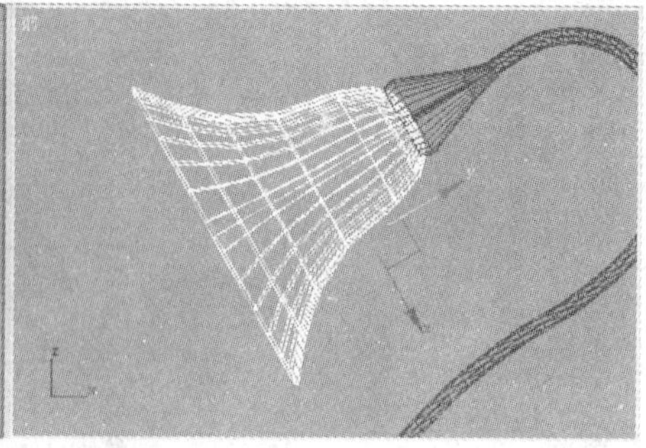

图 4-77　车削生成的“灯罩”造型

至此完成了台灯模型的创建，下面为其指定材质。

(28) 单击工具栏中的按钮，在弹出的【材质编辑器】对话框中选择一个空白的示例球。

(29) 单击【材质编辑器】对话框工具行中的按钮，按照前面讲述的方法，打开本书配套光盘“材质库”文件夹中的“专用材质.mat”文件。

(30) 在【材质/贴图浏览器】对话框中将材质库中的“灯罩”材质赋给“灯罩”造型，将“绿金属”材质赋给除“灯罩”外的其它造型。

(31) 确认当前视图为透视图，按下 F9 键快速渲染透视图，渲染效果如图 4-78 所示。

图 4-78　台灯的渲染效果

(32) 单击菜单栏中的【文件】/【保存】命令，将该造型保存为“台灯.max”文件。

4.2.3　制作趣味雕塑

本节我们将制作一个可爱的卡通小雕塑，学习利用复合对象制作模型，主要学习布尔运算工具的使用。图 4-79 所示为制作的雕塑效果。

图 4-79　雕塑效果

(1) 单击菜单栏中的【文件】/【重置】命令，重新设置系统。

(2) 单击菜单栏中的【自定义】/【单位设置】命令，在弹出的【单位设置】对话框中设置系统单位为毫米。

(3) 在创建命令面板中单击按钮，单击【对象类型】卷展栏中的 线 按钮，在前视图中绘制一条【长度】约为 688、【宽度】约为 735 的二维线形，形态如图 4-80 所示。

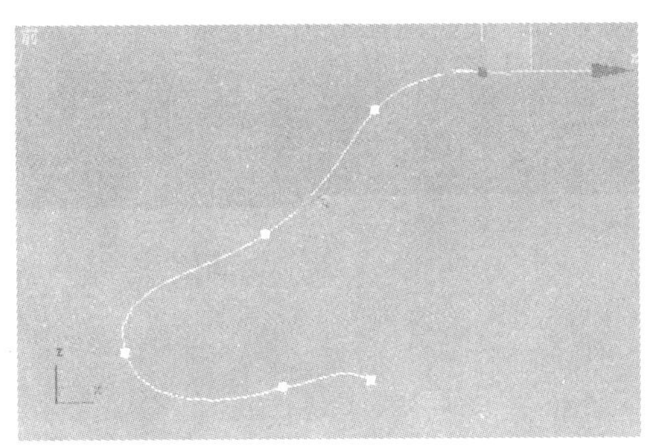

图 4-80　绘制的二维线形

(4) 在修改命令面板的【修改器列表】中选择【车削】命令，在【参数】卷展栏中单击【对齐】下的 最大 按钮，车削生成的造型形态如图 4-81 所示。

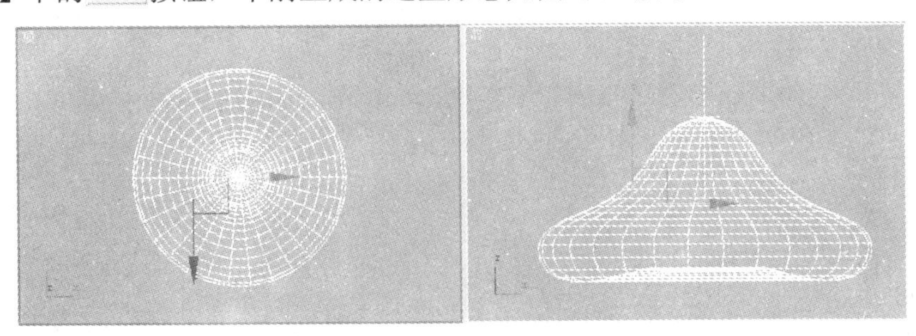

图 4-81　车削生成的造型形态

(5) 在修改器堆栈中进入【车削】的【轴】子对象层级，使用工具栏中的工具，在前视图中将车削轴向右移动 56 个单位，如图 4-82 所示。

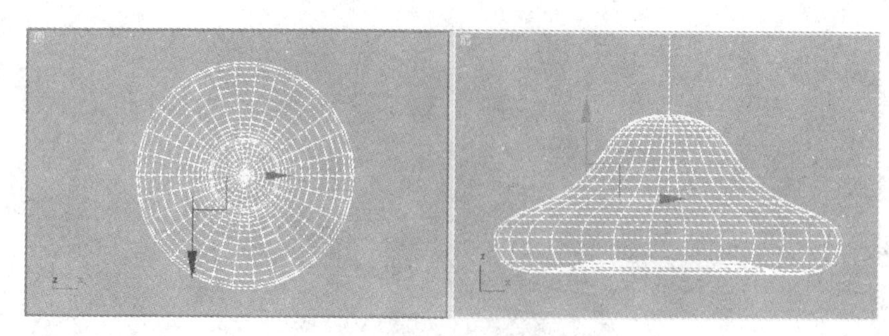

图 4-82　移动车削轴的位置

(6) 在修改命令面板的【修改器列表】中选择【补洞】命令，参数取其默认值。

【补洞】命令可以在网格对象的孔洞中创建曲面。它可以应用于整个网格对象，也可以应用于网格对象的某一部分，可以通过使用【网格选择】命令选定围绕空洞的表面，然后应用【补洞】命令。

(7) 按下 Ctrl+V 键，在视图中将刚制作好的模型以【复制】的方式在原位置复制一个，作为布尔运算的操作对象 A。

(8) 在顶视图中创建一个【半径】为 140、【高度】为 1730、【高度分段】为 1 的圆柱体作为布尔运算的操作对象 B，位置如图 4-83 所示。

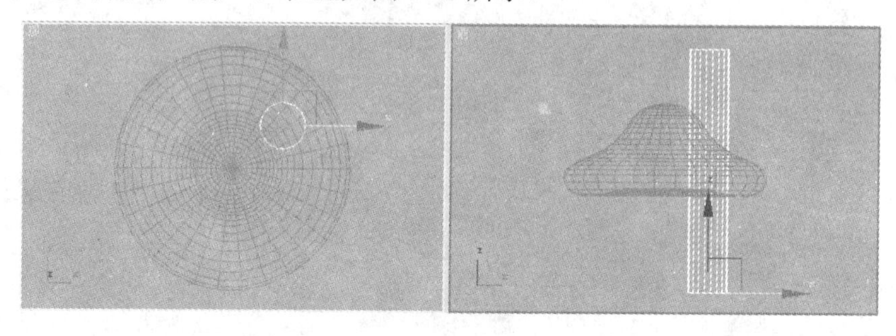

图 4-83　创建的圆柱体

(9) 在顶视图中将刚创建的圆柱体以【复制】的方式复制多个，并在修改命令面板中调整【半径】值为不同大小，如图 4-84 所示。

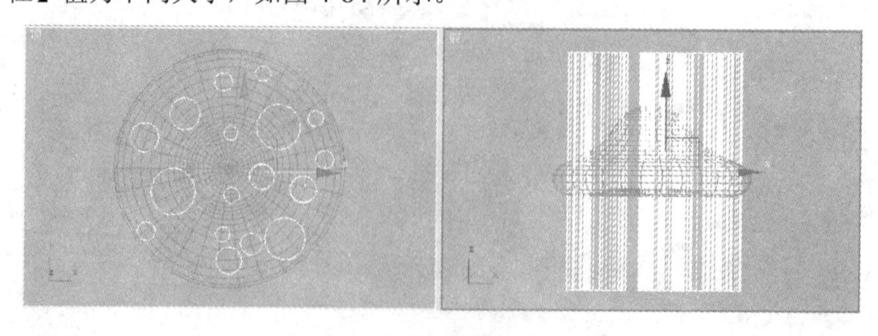

图 4-84　调整后的圆柱体造型

(10) 在视图中选择任意一个圆柱体造型，在修改命令面板的【修改器列表】中选择【编辑网格】命令。在【编辑几何体】卷展栏中单击 附加 按钮，将光标移动到视图中

其它的圆柱体上，当光标显示为十字光标时单击鼠标左键拾取圆柱体，然后运用同样的方法将所有的圆柱体附加到一起。

(11) 在视图中选择作为布尔运算的操作对象 A，单击创建命令面板中的 按钮，并单击 标准基本体 ，在弹出的下拉列表中选择“复合对象”选项，进入复合对象创建命令面板。

(12) 单击【对象类型】卷展栏中的 布尔 按钮，打开布尔运算命令面板。

(13) 在【参数】卷展栏中选择【交集】选项，然后在【拾取布尔】卷展栏中单击 拾取操作对象 B 按钮，在视图中拾取附加到一起的圆柱体造型进行布尔运算，运算后的形态如图 4-85 所示。

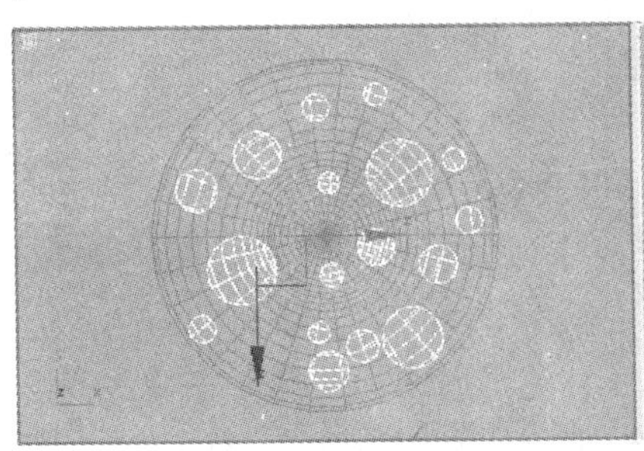

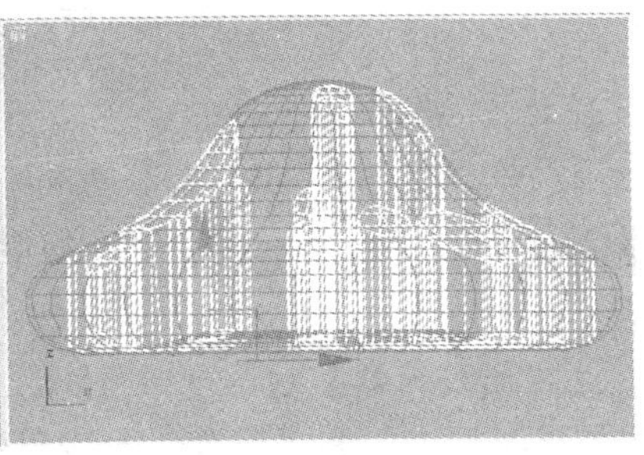

图 4-85　布尔运算后的形态

(14) 在前视图中将布尔运算后的造型略向上移动一下，如图 4-86 所示。

(15) 在前视图中绘制一条二维线形作为柱，其形态如图 4-87 所示。

图 4-86　移动后的位置

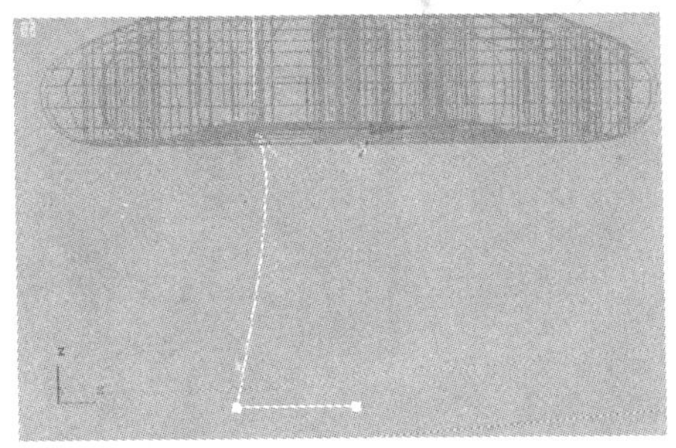

图 4-87　绘制的二维线形

(16) 参照前面的操作方法，在修改命令面板中利用【车削】命令对其进行车削修改，在【参数】卷展栏中单击【对齐】下的 最大 按钮，车削生成的造型形态如图 4-88 所示。

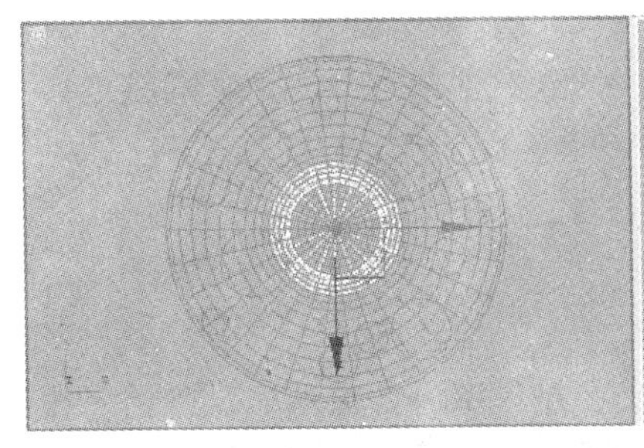

图 4-88　车削生成的造型形态

(17) 至此，雕塑模型就制作完成了，按下 Ctrl+S 键，将该模型保存为“雕塑.max”文件。

(18) 单击工具栏中的按钮，在弹出的【材质编辑器】对话框中选择一个空白的示例球，在【Blinn 基本参数】卷展栏中设置参数如图 4-89 所示。

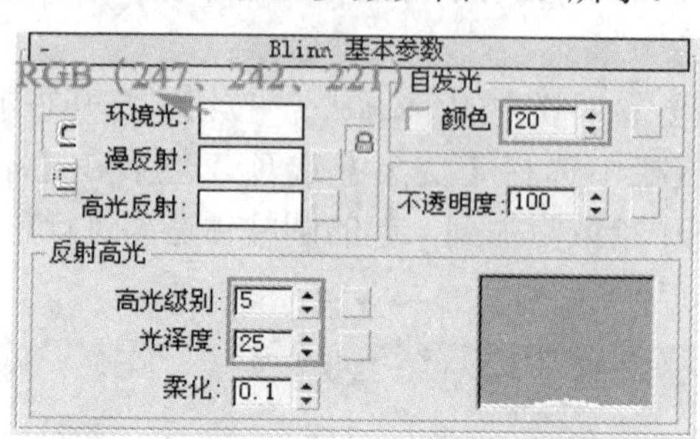

图 4-89 【Blinn 基本参数】卷展栏

(19) 在视图中选择布尔运算后的造型以及作为雕塑柱的造型，单击按钮，将调配好的材质赋予它们。

(20) 在【材质编辑器】对话框中重新选择一个空白的示例球，在【Blinn 基本参数】卷展栏中设置【环境光】和【漫反射】颜色的 RGB 值均为(253、0、12)，其它参数取默认值。

(21) 在视图中选择车削后的造型，单击按钮，将调配好的材质赋予它。

(22) 单击工具栏中的按钮，快速渲染透视图，效果如图 4-90 所示。

图 4-90 渲染效果

(23) 按下 Ctrl+S 键，保存对模型所做的修改。

4.2.4 制作卧室模型

多边形建模是比较流行的一种建模方法，在制作室内效果图时，使用多边形建模可以减小模型的点面数，提高渲染速度。本节我们通过创建卧室模型的框架来学习多边形建模技术，效果如图 4-91 所示。

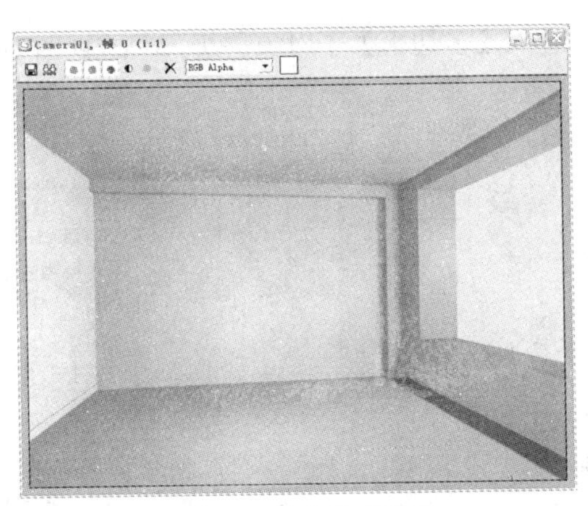

图 4-91　卧室模型效果

(1) 单击菜单栏中的【文件】/【重置】命令，重新设置系统。

(2) 单击菜单栏中的【自定义】/【单位设置】命令，设置系统单位为“毫米”。

(3) 在几何体创建命令面板中单击 长方体 按钮，在顶视图中创建一个【长度】为 4000、【宽度】为 3400、【高度】为 2600、【长度分段】为 2、【宽度分段】为 3、【高度分段】为 3 的长方体，如图 4-92 所示。

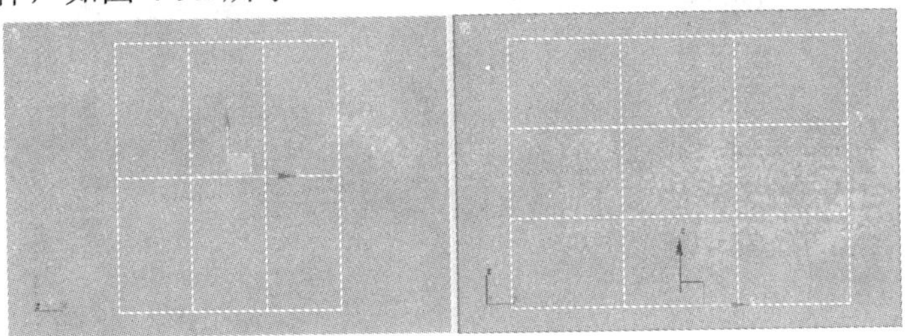

图 4-92　创建的长方体

(4) 在修改命令面板的【修改器列表】中选择【编辑多边形】命令，然后进入【元素】子对象层级，在【编辑元素】卷展栏中单击 翻转 按钮，将其翻转法线。

(5) 在修改器堆栈中进入【顶点】子对象层级，然后分别在顶视图和前视图中调整各个顶点的位置如图 4-93 所示。

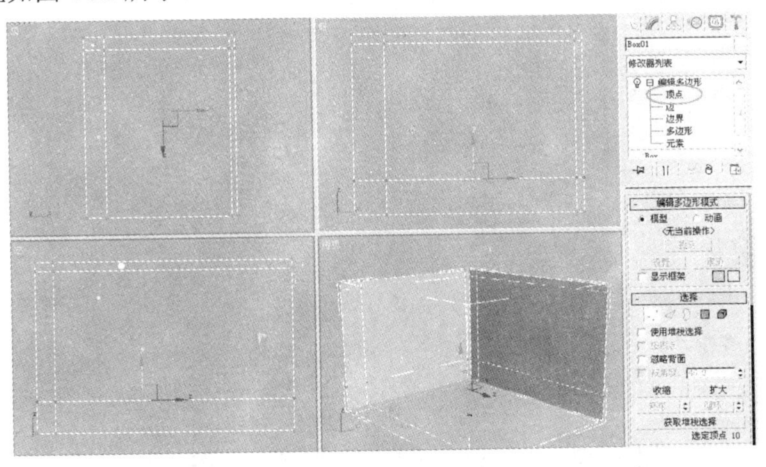

图 4-93　调整顶点的位置

(6) 在修改器堆栈中进入【多边形】子对象层级，在透视图中选择如图 4-94 所示的多边形。

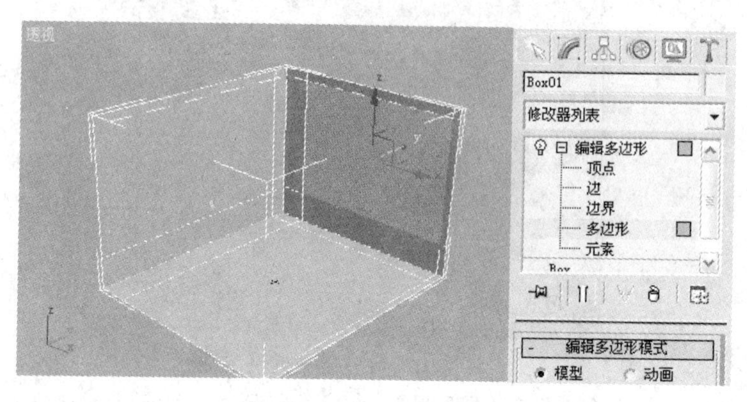

图 4-94 选择的多边形

(7) 在选择的多边形上单击鼠标右键，在弹出的快捷菜单中单击【挤出】命令左侧的□按钮，在弹出的【挤出多边形】对话框中设置【挤出高度】为−500 并确认，如图 4-95 所示。

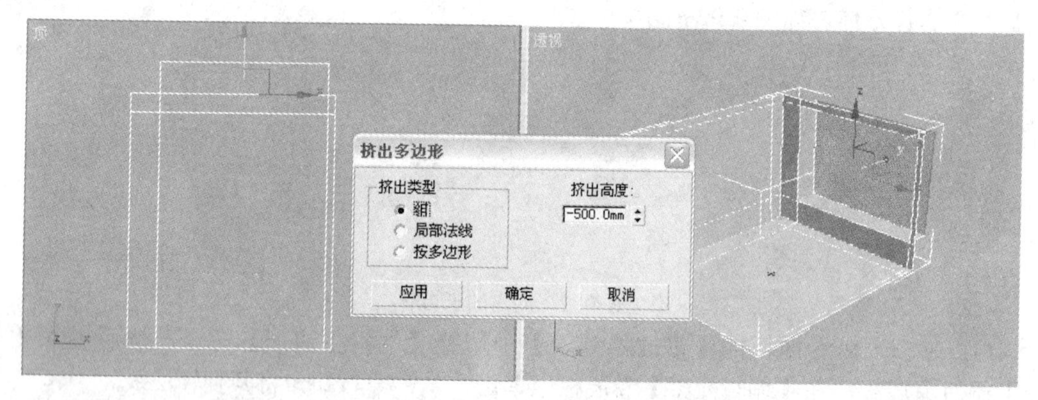

图 4-95 【挤出多边形】对话框

(8) 按下 Delete 键，删除挤出后的多边形，其效果如图 4-96 所示。

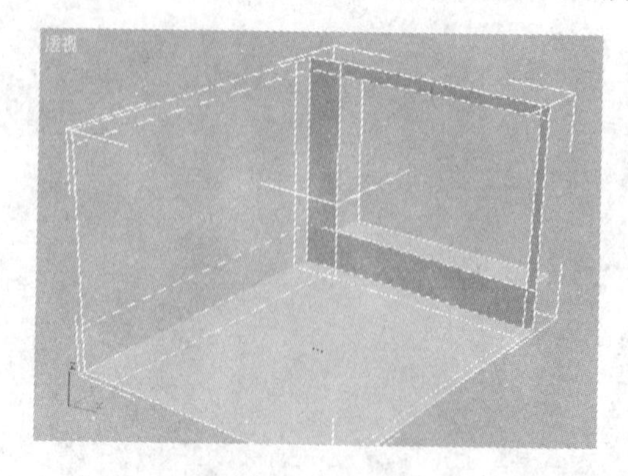

图 4-96 删除后的效果

(9) 继续在透视图中选择左侧的两个多边形子对象，如图 4-97 所示。

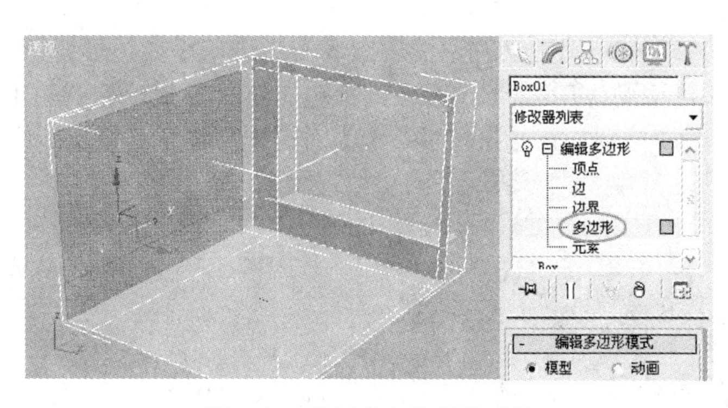

图 4-97　选择的多边形子对象

(10) 在选择的多边形上单击鼠标右键，在弹出的快捷菜单中单击【挤出】命令左侧的□按钮，在弹出的【挤出多边形】对话框中设置【挤出高度】为−150 并确认，如图 4-98 所示。

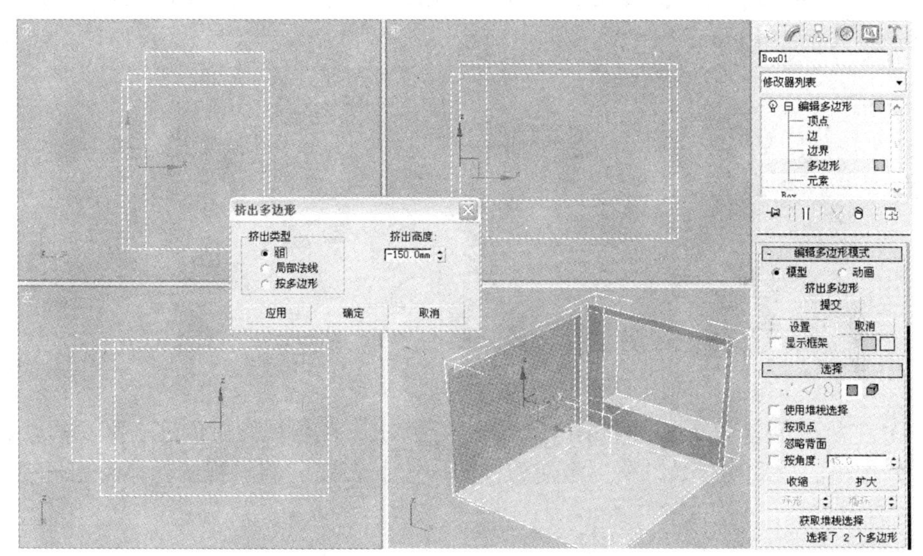

图 4-98　【挤出多边形】对话框

(11) 按下 3 键进入【边界】子对象层级，在【编辑几何体】卷展栏中选择【分割】选项，再单击切片平面按钮，激活工具栏中的按钮，并在其上单击鼠标右键，在弹出的【移动变换输入】对话框中将其沿 Y 轴向上移动，如图 4-99 所示。

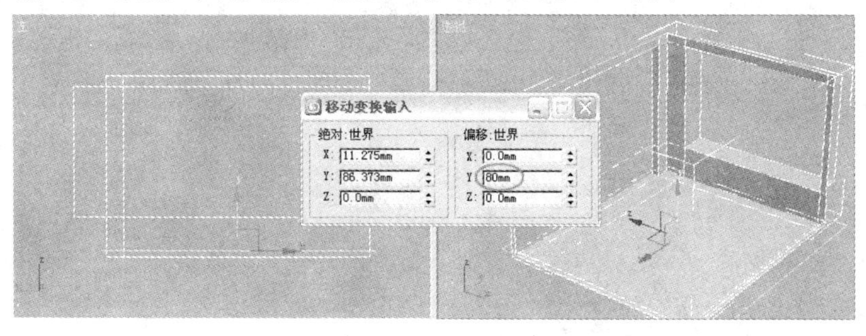

图 4-99　【移动变换输入】对话框

(12) 单击 切片 按钮进行切割，然后按下 4 键进入【多边形】子对象层级，在透视图中选择如图 4-100 所示的多边形，并在其上单击鼠标右键，在弹出的快捷菜单中单击【挤出】命令左侧的□按钮，在【挤出多边形】对话框中设置【挤出高度】为 10 mm。

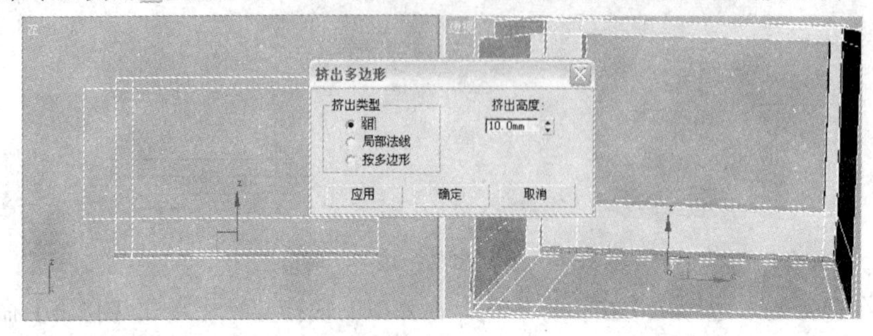

图 4-100　挤出的多边形 1

(13) 用同样的方法，在透视图中选择拐角处的多边形，如图 4-101 所示，用挤出多边形的方法将其挤出 10 mm。

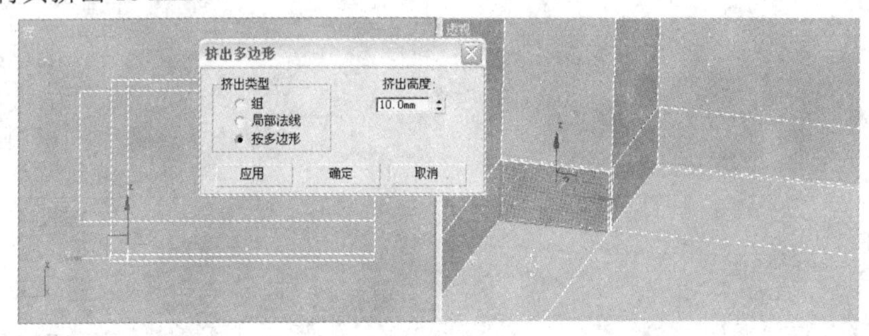

图 4-101　挤出的多边形 2

(14) 在相机创建命令面板中单击 目标 按钮，在顶视图中创建一架相机，在视图中调整好相机的位置与参数，然后激活透视图，按下 C 键，将透视图转换为相机视图，如图 4-102 所示。

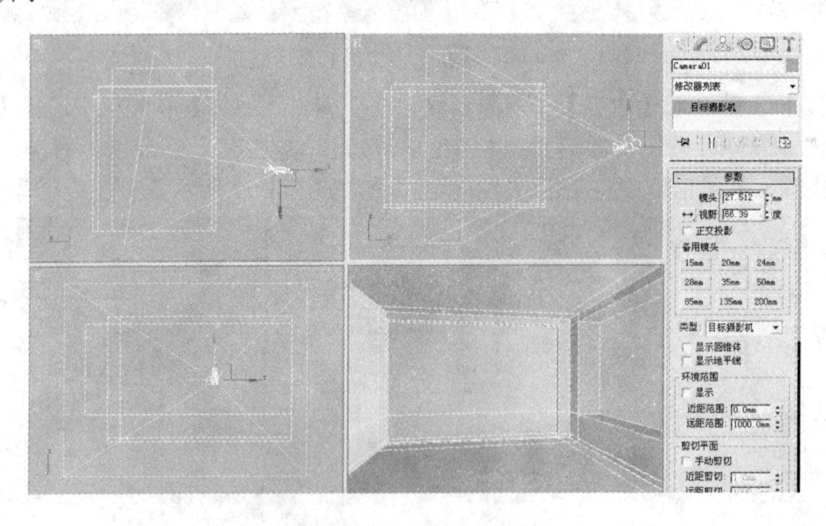

图 4-102　调整后的视角

(15) 按下 F9 键渲染相机视图，渲染后的效果如图 4-103 所示。

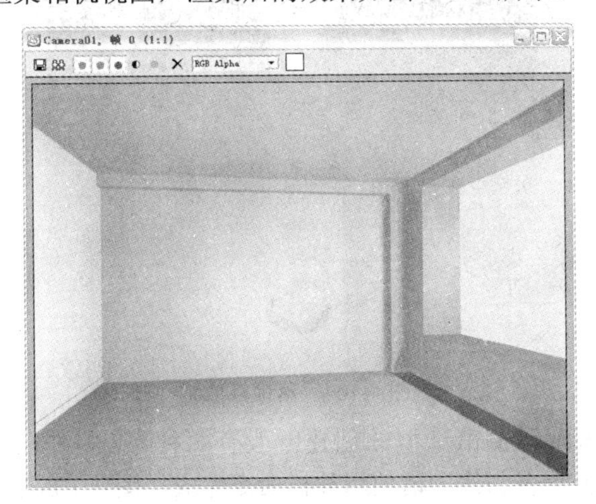

图 4-103　渲染效果

(16) 单击菜单栏中的【文件】/【保存】命令，将该造型保存为“卧室框架.max”文件。

4.3 课堂总结

本课介绍了几种特殊的建模方法，即放样建模、布尔运算建模和多边形建模，这几种建模技术在效果图制作行业中的应用比较广泛，因此我们要掌握好每一种建模方法的技术要领。放样建模的功能非常强大，适合于制作一些复杂的造型；布尔运算建模适合于创建墙洞，如门、窗等；而多边形建模则适合于单面建模，对提高渲染速度非常有帮助。希望读者多做一些这方面的练习，尽可能全面地掌握这几种建模技术。

4.4 课后练习

一、填空题

1．放样建模至少需要两个以上的二维线形，分别作为_________和_________。

2．布尔运算是一种复合对象建模方法，它是将两个_________通过_____、_____和【差集】等运算方式运算后复合在一起，形成一个三维对象。

3．与放样一样，要进行布尔运算操作，必须进入________创建命令面板。

4．多边形建模是一种非常重要的建模方法，一般需要先创建一个三维对象，然后将其转换为可编辑多边形，通过对______、_______、______、_____和_______五种子对象的编辑，从而得到所需要的三维造型。

二、操作题

1．请使用编辑多边形建模方法制作如图 4-104 所示的落地灯效果，在创建模型时，要注意体会多边形建模的优势。

图 4-104　落地灯效果

2．在制作效果图时，窗帘造型的创建一般有两种方法：一是使用【挤出】命令制作；二是使用【放样】命令制作。请使用放样命令完成如图 4-105 所示的窗帘效果。

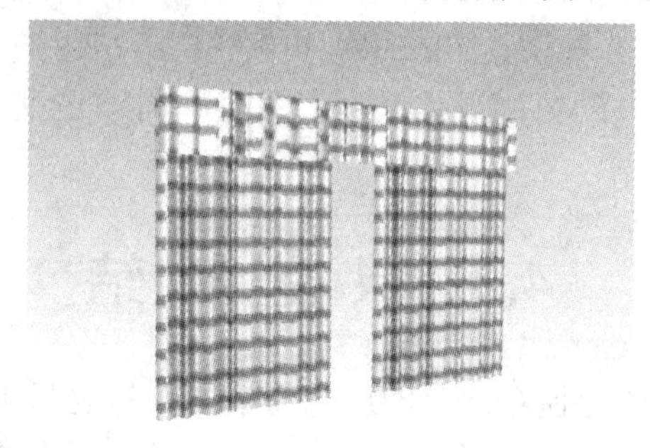

图 4-105　窗帘效果

第 5 课

核心——3ds max 材质的应用

主 要 内 容

- 【材质编辑器】对话框
- 【材质/贴图浏览器】对话框
- 贴图坐标

5.1 课堂讲解

在 3ds max 中创建的三维对象并不具备任何表面特征，如果要使三维对象产生真实的视觉效果，则必须为其赋予合适的材质。材质是什么呢？想必大家都有一定的认识，它是系统对真实物体视觉效果的模拟，包括颜色、质感、反光、折光、透明性、自发光、表面粗糙程度以及纹理结构等诸多要素。在现实生活中，所有的物体都有它本身的特征，例如，石头是坚硬的，织布是柔软的，玻璃具有反射性等。

如何为三维模型赋予材质，使其呈现出真实的质感呢？这是本课要集中讨论的问题。本课将分三部分进行介绍：一是【材质编辑器】对话框的使用；二是【材质/贴图浏览器】对话框的使用；三是设置贴图坐标的方法。

5.1.1 【材质编辑器】对话框

材质的编辑在 3ds max 中占有重要地位，合理有效地利用材质不但可以使简单的模型变得生动，还可以使用贴图模拟一些复杂的模型。在 3ds max 中，材质的编辑和生成是在【材质编辑器】对话框中完成的，单击工具栏中的按钮或按下 M 键，都可以打开【材质编辑器】对话框。该对话框共由五部分构成，如图 5-1 所示。

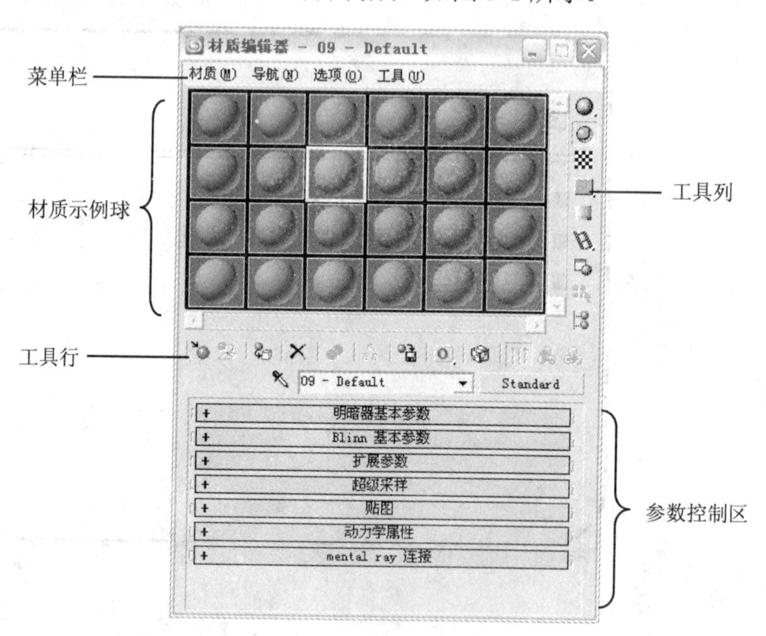

图 5-1 【材质编辑器】对话框

1. 菜单栏

菜单栏位于【材质编辑器】对话框的顶部，它提供了另一种调用材质编辑器工具的方式，共有【材质】、【导航】、【选项】和【工具】四个菜单项，同 3ds max 主界面中的菜单栏操作相同。该菜单栏的使用频率极低，因为大部分命令都可以直接在工具行或工具列中进行，使用菜单命令反而麻烦，所以这里只做简单介绍。

- 【材质】：该菜单中的命令主要用于对当前材质的操作，如获取材质、赋材质到场景等，大部分命令的作用等同于工具行中的工具按钮。
- 【导航】：该菜单中的命令只有三个，用于在多重子材质之间或者一种材质的多层参数之间进行层级的切换。
- 【选项】：该菜单中的命令主要用于对材质编辑器本身以及材质示例球的一些操作，如设置示例球的显示方式、材质编辑器的基本属性等。
- 【工具】：该菜单中的命令是一些非常实用的小程序。

2．材质示例球

在【材质编辑器】对话框中，材质示例球位于菜单栏的下方，共有 24 个，每一个示例球代表一种材质，用于显示编辑材质的近似效果。当然，读者也可以根据需要对示例球的显示数量进行调整，分别可以让【材质编辑器】对话框显示 6 个、15 个或 24 个示例球。当对话框中显示的示例球少于 24 个时，可以将光标置于示例球的分界线处，当光标变为“手形”时，拖曳鼠标可以查看其它示例球。

单击某一个示例球，此时在该示例球周围有一个白框，表示它正处于被选择状态，称为“当前示例球”。这时，可以在【材质编辑器】对话框中对它进行参数设置。

这里还有一种同步材质的概念，当将某一个示例球代表的材质指定给了场景中的对象后，它便成为了同步材质，其特征是材质示例球的四个边角有三角形标记，如图 5-2 所示。如果对同步材质进行编辑，则场景中对象的材质也会随之发生变化，不需要再重新指定。

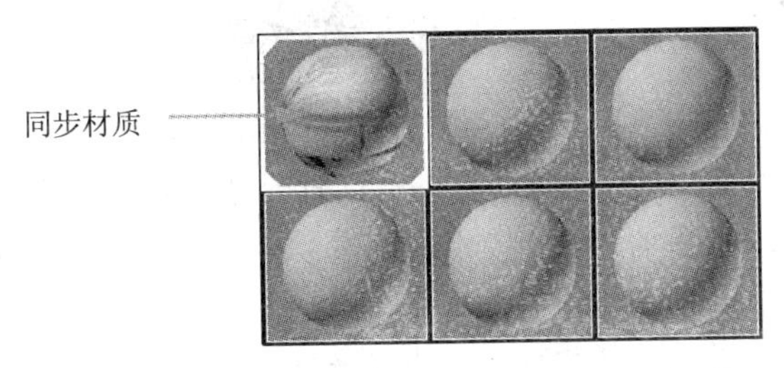

图 5-2　同步材质

在当前材质示例球上单击鼠标右键后，将弹出一个快捷菜单，如图 5-3 所示。

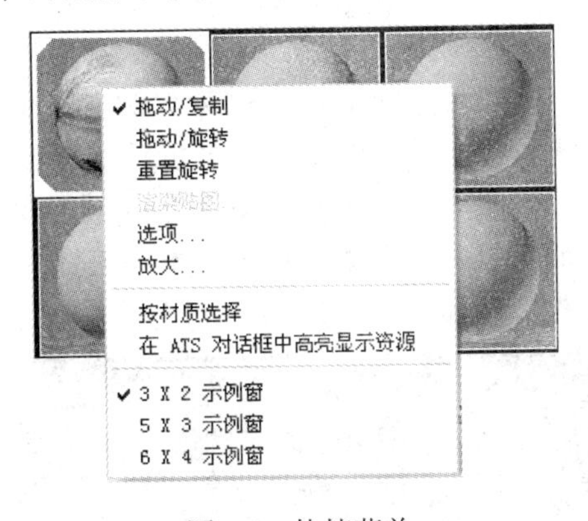

图 5-3　快捷菜单

在快捷菜单中选择【3×2 示例窗】命令、【5×3 示例窗】命令和【6×4 示例窗】命令，可以改变【材质编辑器】对话框中示例球的显示数量。另外，该菜单中还提供了一些关于示例球操作的命令，含义如下：

- 【拖动/复制】：选择该命令后，可以将一个材质示例球拖动到另一个材质示例球上，完成材质复制。也可以将材质示例球拖动到场景中的对象上，完成材质的指定。
- 【拖动/旋转】：选择该命令后，可以通过拖动鼠标旋转当前示例球，以观察贴图效果。
- 【重置旋转】：选择该命令后，将恢复旋转后的示例球为默认状态。
- 【渲染贴图】：选择该命令后，可以渲染当前贴图，创建位图或 AVI 文件(如果位图有动画的话)。
- 【选项】：选择该命令后，在弹出的【材质编辑器选项】对话框中可以进行相关选项的设置。
- 【放大】：选择该命令后，可以将当前示例球放大显示，放大的示例球单独显示在浮动(无模式)的窗口中，如图 5-4 所示。

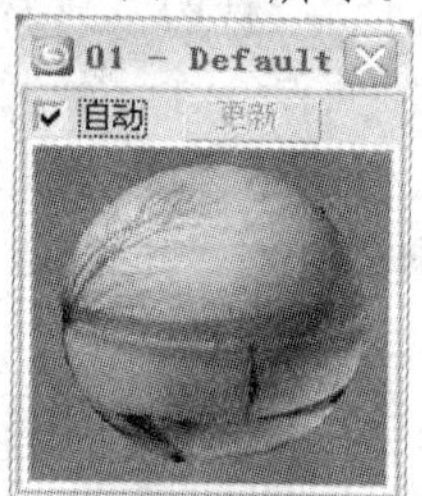

图 5-4　放大后的示例球

- 【按材质选择】：选择该命令后，可以打开【选择对象】对话框，主要用于根据材质选择场景中的对象。其作用与工具列中的 (按材质选择)按钮相同。
- 【在 ATS 对话框中高亮显示资源】：选择该命令后，可以打开【资源追踪】对话框，显示当前场景中使用的贴图资源。

3. 工具列

在【材质编辑器】对话框中，工具列位于材质示例球的右侧，共有九个按钮，用于管理和更改材质示例球与贴图的形态、显示等。

- (采样类型)按钮：单击按钮后，可以设置示例球的形态为球形。在该按钮上按住鼠标左键，可以显示隐藏的其他按钮。单击按钮后，可以设置示例球的形态为圆柱形；单击按钮后，可以设置示例球的形态为长方体。选用不同的示例球形态，可以观察到同一种材质在不同形状模型上的视觉效果，如图 5-5 所示。

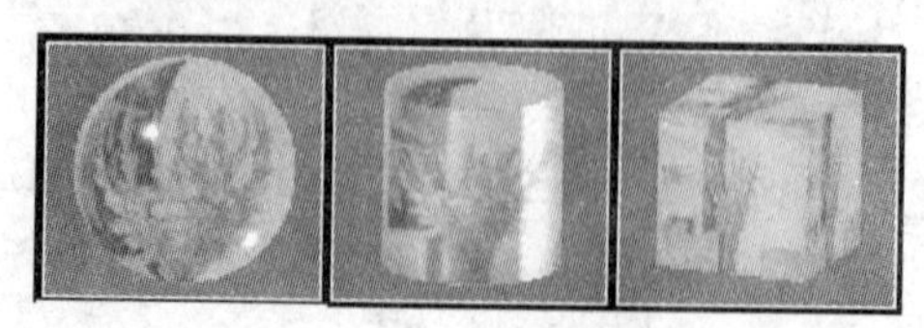

图 5-5　三种不同的采样类型

- (背光)按钮：激活此按钮后，将打开背景光，可以观察到示例球在阴影区域中的高光显示效果；关闭该按钮后，背景光效果将消失。该按钮主要用于观察有背景光存在时材质的效果。
- (背景)按钮：激活该按钮后，示例球内的背景显示为彩色方格形态。该按钮主要用于透明材质的编辑制作。
- (采样 UV 平铺)：该按钮主要用于观察贴图的重复效果。在该按钮上按住鼠标左键不放，将显示三个隐藏按钮：、和。这些按钮的设置只改变示例球上材质的显示状态，并不对实际的材质产生影响。图 5-6 所示分别是示例球使用了不同采样次数的效果。

图 5-6　不同采样次数的效果

- (视频颜色检查)：该按钮用于检查材质表面色彩是否超过视频限制，主要应用于动画制作。
- (生成预览)：该按钮主要用于制作、播放、保存材质动画。在该按钮上按住鼠标左键不放，将显示两个隐藏按钮：(播放预览)和(保存预览)。
- (选项)：单击该按钮后，在弹出的【材质编辑器选项】对话框中可以进行相关参数设置。
- (按材质选择)：单击该按钮后，可以打开【选择对象】对话框，主要用于根据材质选择场景中的对象。
- (材质/贴图导航器)：单击该按钮后，将打开【材质/贴图导航器】对话框，用于显示或切换当前示例球的不同层级，如图 5-7 所示。

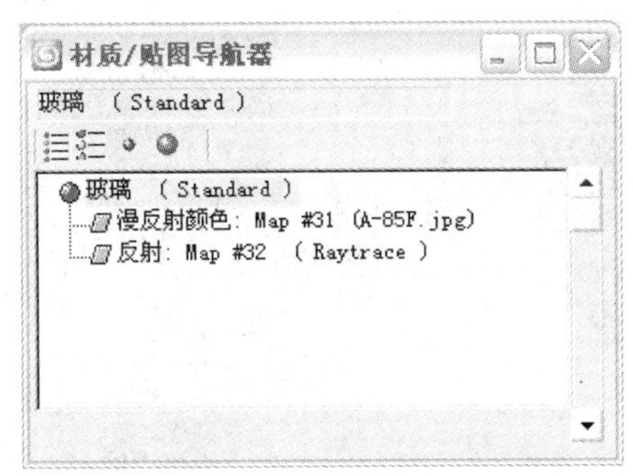

图 5-7　【材质/贴图导航器】对话框

随堂练习：按材质选择场景中的造型

(1) 单击菜单栏中的【文件】/【打开】命令，在弹出的【打开文件】对话框中选择本书配套光盘“调用”文件夹中的“布艺沙发.max”线架文件，如图 5-8 所示。

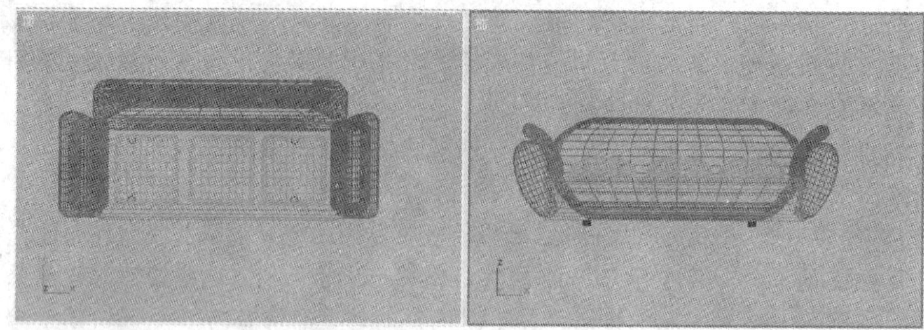

图 5-8　打开的文件

(2) 单击工具栏中的按钮，将弹出【材质编辑器】对话框，在其中选择“2-Default”示例球，如图 5-9 所示。

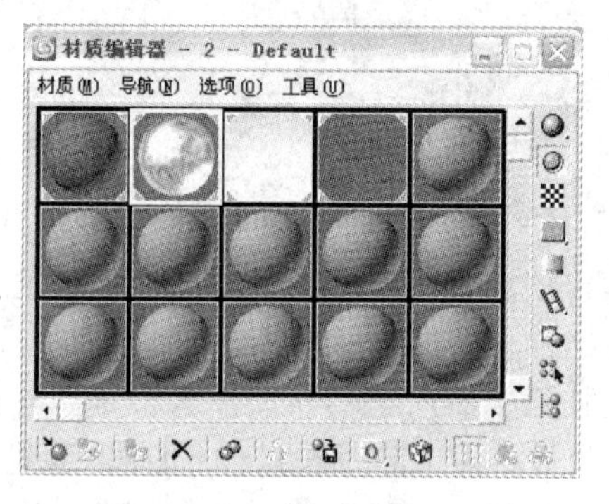

图 5-9　【材质编辑器】对话框

(3) 如要观察场景中的哪些对象被赋予了“2-Default”材质，可以单击工具列中的按钮，这时将弹出【选择对象】对话框，从对话框中可以观察到，共有四个对象被赋予了该材质——“沙发腿 01”～“沙发腿 04”，如图 5-10 所示。

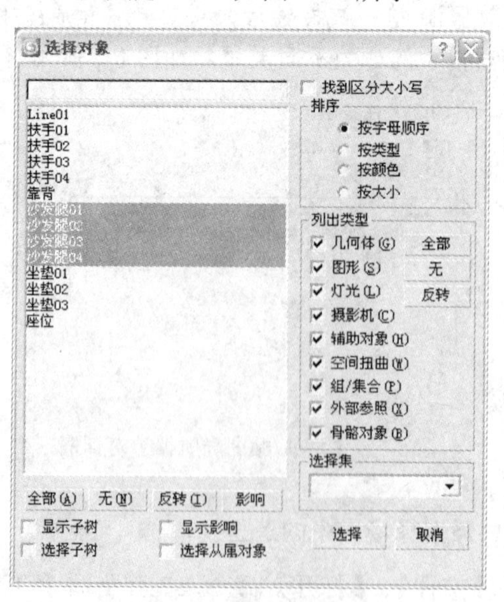

图 5-10　【选择对象】对话框

(4) 如要选择这些对象，可以单击对话框中的 选择 按钮，便可选择赋予了“2 - Default”材质的场景对象，如图 5-11 所示。

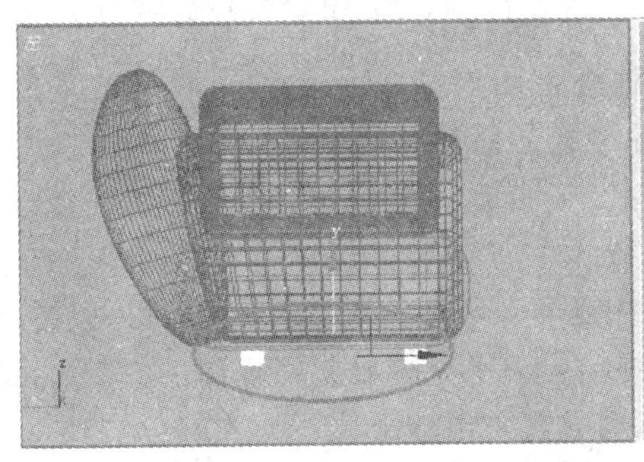
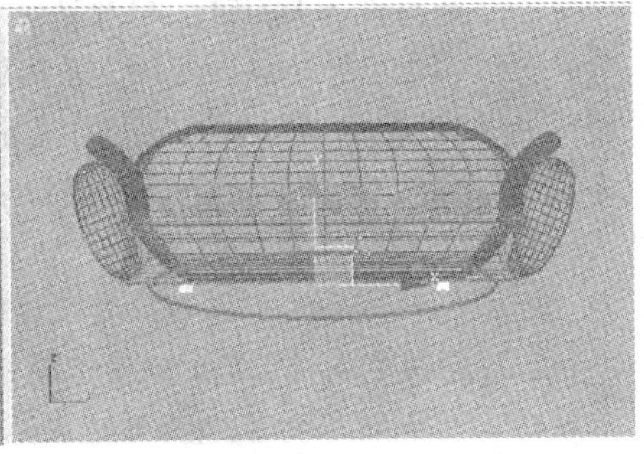

图 5-11 选择的场景对象

4．工具行

工具行中集中了对材质进行操作的一些功能按钮，使用这些按钮可以将调制好的材质赋给场景中的对象，可以保存、调出材质及显示贴图纹理等。各工具按钮的作用如下：

- (获取材质)按钮：单击该按钮后，将弹出【材质/贴图浏览器】对话框，在该对话框中可以调用或浏览材质及贴图。
- (将材质放入场景)按钮：如果当前材质为非同步材质，且材质名称与场景中的造型同名，则单击按钮后，可以将当前材质重新赋予同名造型，同时被更改为同步材质。
- (将材质指定给选定对象)按钮：单击该按钮后，可以将当前材质赋给场景中被选择的对象。
- (重置贴图/材质为默认设置)按钮：单击该按钮后，可以重设材质/贴图到缺省设置。
- (复制材质)按钮：单击该按钮后，通过复制自身的材质，可以将同步材质更改为非同步材质。
- (使唯一)按钮：在使用多重子材质时，单击该按钮后，可以确保子材质使用的贴图是唯一的。
- (放入库)按钮：单击该按钮后，将弹出【入库】对话框，如图 5-12 所示，可以将当前材质保存到材质库中。

图 5-12 【入库】对话框

- (材质 ID 通道)按钮：该按钮用于动画的制作，默认值 0 表示未指定材质效果通道。在该按钮上按住鼠标左键不放，将弹出一组隐藏按钮，范围为 1～15。该选项用于与【Video Post】(视频合成器)共同作用制作特殊效果的材质。

- (在视口中显示贴图)按钮：单击该按钮后，可以在视图中直接观察模型的材质贴图效果。
- (显示最终结果)按钮：一种按钮有两种模式，通过单击鼠标可以在和按钮之间进行转换。按钮表示当前示例球中显示的是材质的最终效果；按钮表示当前示例球中只显示当前层级的材质效果。
- (转到父对象)按钮：单击该按钮后，可以返回到材质的上一层级。该按钮必须在次一级的层级才会有效。
- (转到下一个同级项)按钮：单击该按钮后，可以切换到另一个同级材质中。
- (从对象拾取材质)按钮：单击该按钮后，将光标放置在视图中的对象上单击鼠标，可以将该对象上的材质汲取到当前示例球上。
- 01 - Default (材质名称框)：用于显示当前材质的名称，或者命名当前材质。
- Standard 按钮：单击该按钮后，将弹出【材质/贴图浏览器】对话框，如图5-13所示，该对话框中显示了系统提供的材质类型。

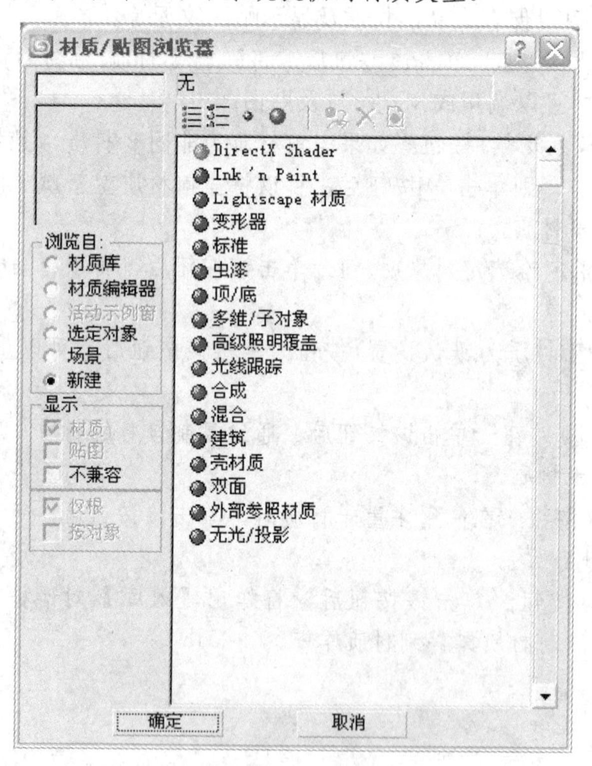

图5-13 【材质/贴图浏览器】对话框

随堂练习：材质库的保存与调用

(1) 单击菜单栏中的【文件】/【打开】命令，在弹出的【打开文件】对话框中选择本书配套光盘“调用”文件夹中的“布艺沙发.max”线架文件，如图5-14所示。

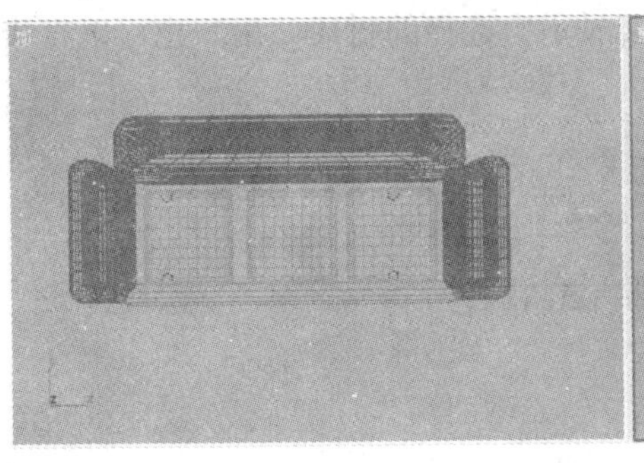
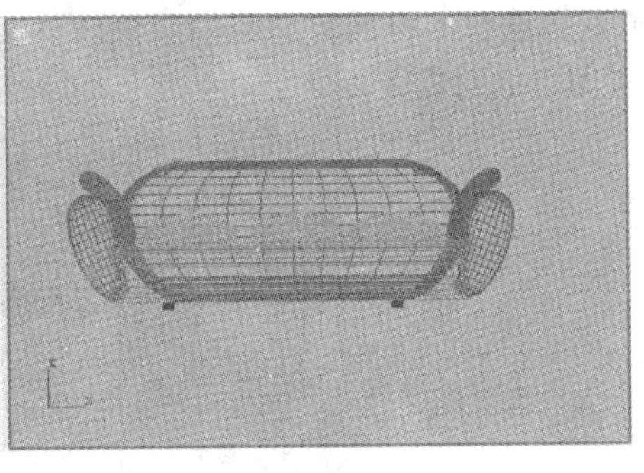

图 5-14　打开的文件

(2) 单击工具栏中的按钮，将弹出【材质编辑器】对话框，在其中选择“2-Default”示例球，如图 5-15 所示。

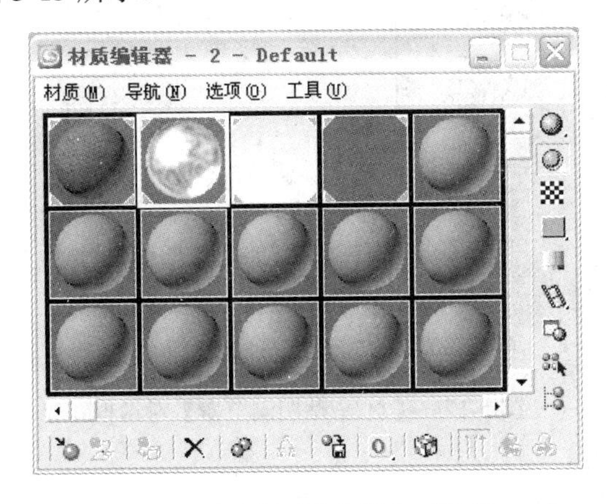

图 5-15　【材质编辑器】对话框

(3) 如要将“2-Default”材质保存到材质库里，可以单击工具行中的按钮，在弹出的【入库】对话框中将其命名为“不锈钢”，如图 5-16 所示。

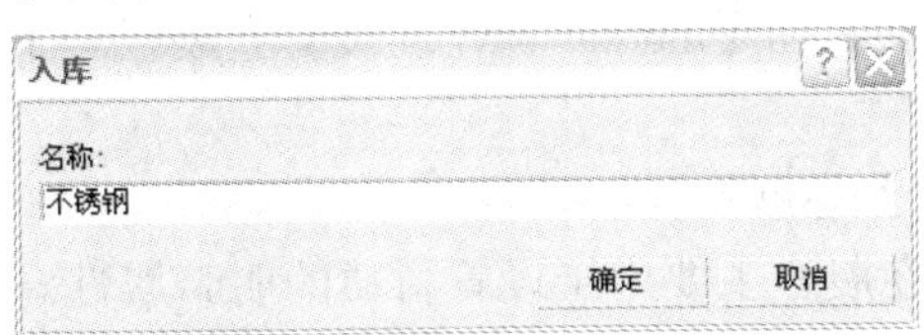

图 5-16　【入库】对话框

(4) 单击 确定 按钮，这样就将“2-Default”材质以“不锈钢”为名保存到了当前材质库中。

(5) 下次使用“不锈钢”材质时，只需单击【材质编辑器】对话框中的按钮，在弹出的【材质/贴图浏览器】对话框中选择【材质库】选项，存储的材质将显示在列表中，如图 5-17 所示。

(6) 如果有多个材质库(或者需要调用其它的材质)，则可以单击对话框下方的 打开... 按钮，在弹出的【打开材质库】对话框中选择相应的材质库或材质文件，然后单击 打开(O) 按钮，即可打开选择的材质库。

(7) 双击选择的材质，当前的示例球就会显示为选择的材质。用户也可以直接将材质拖动到视图中的对象上。

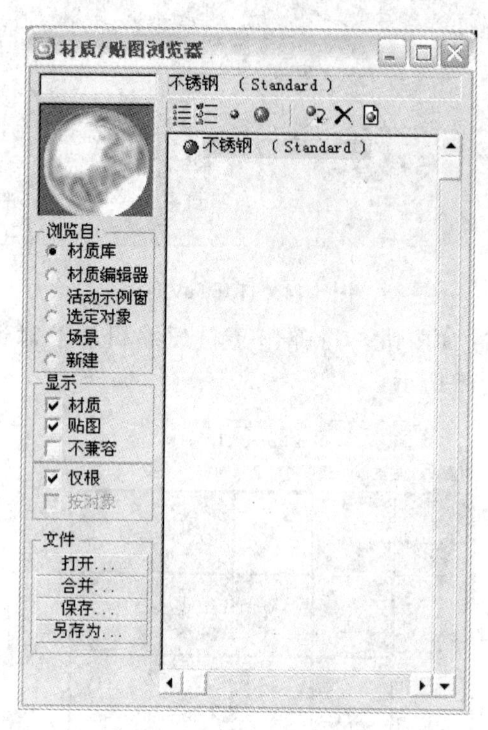

图5-17 【材质/贴图浏览器】对话框

5．参数控制区

参数控制区是编辑材质的主要区域，所有的材质参数都要在这里进行调整。下面以默认材质类型(即标准材质)的参数为例，介绍参数控制区中不同参数的作用。参数控制区中共有七个卷展栏，分别为【明暗器基本参数】、【Blinn 基本参数】、【扩展参数】、【超级采样】、【贴图】、【动力学属性】和【mental ray 连接】卷展栏。下面我们重点讲解制作效果图时使用较多的选项。

● 【明暗器基本参数】卷展栏

【明暗器基本参数】卷展栏主要用于设置材质的明暗属性。该卷展栏位于参数控制区的顶端，如图5-18所示。

图5-18 【明暗器基本参数】卷展栏

■ (B)Blinn 列表框：单击该列表框后，从弹出的下拉列表中可以选择所需的明暗属性。其中包括“各向异性”、“Blinn”、“金属”、“多层”、“Oren-Nayar-Blinn”、“Phong”、“Strauss”、“半透明明暗器”八种，如图5-19所示。

明暗器基本参数
(B)Blinn 线框 双面 面贴图 面状
(A)各向异性
(B)Blinn
(M)金属
(ML)多层
(O)Oren-Nayar-Blinn
(P)Phong
(S)Strauss
(T)半透明明暗器

图 5-19 明暗属性列表

【各向异性】选项适用于椭圆形表面，使物体表面产生狭长的高光，用于制作头发、玻璃或磨砂金属材质。

【Blinn】选项适用于圆形物体，以光滑的方式进行表面渲染。这种情况的高光要比【Phong】着色柔和，用于表现暖色柔和的材质，如地毯、床罩等。

【金属】选项专用于金属材质的制作，可以提供金属的强烈反光特性。

【多层】选项适用于比【各向异性】更复杂的高光，可以产生两层高光，创建出的材质更加生动。

【Oren-Nayar-Blinn】选项适用于无光表面材质。它可以控制材质的粗糙程度，从而形成类似于粗糙表面的材质，常用来表现织物、土坯、陶制品等不光滑材质。

【Phong】选项适用于具有强度高、圆形高光的表面，用于表现冷色坚硬的材质，可用于除金属之外的坚硬材质。

【Strauss】选项适用于快速创建金属、漆面、合金等材质。

【半透明明暗器】选项与【Blinn】类似，其最大的区别在于能够设置半透明的效果。光线可以穿透这些半透明效果的物体，并在穿过物体内部时离散。它可以用来模拟窗帘、电影银幕、霜或毛玻璃等材质。

- 【线框】: 勾选该复选框时，场景中赋予该材质的造型将以线框的方式来渲染，使用它可以制作地板压线，如图 5-20 所示。

图 5-20 选择【线框】方式时的渲染效果

- 【双面】: 勾选该复选框时，场景中赋予该材质的造型与法线相反的一面也进行渲染，即以双面的方式进行渲染。选择这种方式时将增加渲染时间。

- 【面贴图】：勾选该复选框时，可以将当前材质应用到场景中对象的各个面上，而不需要贴图坐标。图 5-21 所示为选择该项后的前、后对比效果。

图 5-21 选择【面贴图】方式的前、后效果对比

- 【面状】：选择该复选框时，物体将被渲染出多边形面结构，渲染效果犹如未使用【平滑】选项时的渲染效果。

● 【Blinn 基本参数】卷展栏

【Blinn 基本参数】卷展栏用于设置材质的颜色、光泽度、不透明度等特性，并可以指定贴图，如图 5-22 所示。该卷展栏将根据明暗属性的不同而改变。

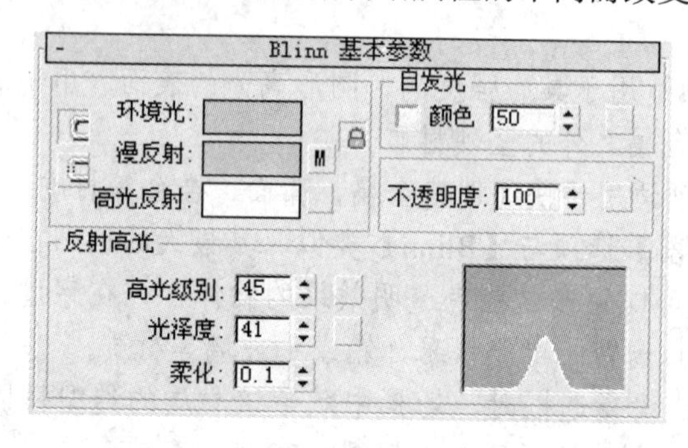

图 5-22 【Blinn 基本参数】卷展栏

- 【环境光】：用于定义场景中的背景灯光。通常情况下，都要将它与【漫反射】锁定，一起更改颜色，以便于保持色调的统一。
- 【漫反射】：用来控制材质的基本颜色，也就是材质接受白光时的颜色。单击其色块右侧的按钮，可以为其指定一个贴图，指定贴图后，其右侧的按钮上将出现字母 M，单击 M 按钮可以进入贴图层级。
- 【高光反射】：用于控制材质高光区的颜色，是灯光照在物体上时物体最亮部分的颜色。
- 按钮：单击该按钮后，可以锁定【环境光】、【漫反射】和【高光反射】，改变其中的一个颜色，其它的颜色也会相应地发生改变。
- 【高光级别】：用于设置物体反光能力的强弱，取值范围为 0～999。取值为 0 时，材质的反光能力最弱；取值为 999 时，材质的反光能力最强。取值越大，则材质反射光的能力越强。一般情况下，可以将参数设置在 100 以内，这样可以得到较为理想的效果。

- 【光泽度】：用于设置物体高光范围的大小，取值范围为 0～100。取值为 0 时，材质的高光范围最大；取值为 100 时，材质的高光范围最小。取值越大，材质的高光范围越小。
- 【柔化】：用于调节材质高光的柔化程度，取值范围为 0～1。取值越大，材质的高光越柔和。
- 【自发光】：用于控制材质的自发光特性。共有两种方法：其一，可以选择一个颜色或贴图作为自发光的颜色；其二，将漫反射颜色作为自发光的颜色。
- 【不透明度】：用于设置材质的不透明程度，缺省值为 100，即不透明材质。降低该值，可以使透明度增加，值为 0 时，变为完全透明材质。

● 【扩展参数】卷展栏

【扩展参数】卷展栏主要用于增强或减弱材质的当前效果，如图 5-23 所示。

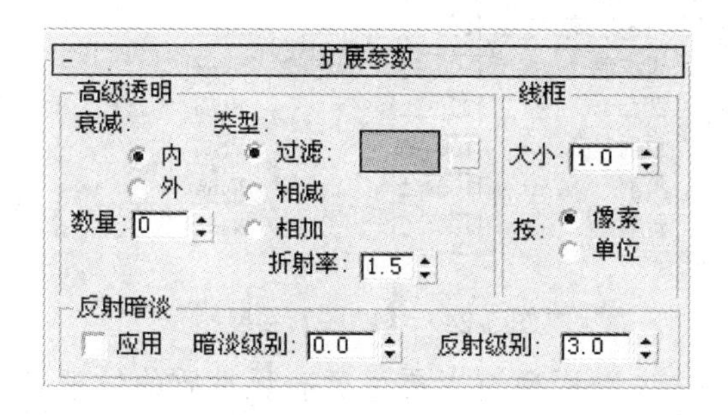

图 5-23　【扩展参数】卷展栏

- 【衰减】：用于设置透明材质的不同衰减效果。选择【内】时，将由边缘向中心增加透明的程度，像玻璃瓶的效果；选择【外】时，将由中心向边缘增加透明的程度，类似云雾、灯雾的效果。
- 【数量】：通过调整右侧的数值，可以设置衰减程度的大小，其取值范围是 0～100。
- 【类型】：通过选择其下方的选项，可以设置透明的类型。选择【过滤】选项时，可以以过滤色来确定透明的色彩，这是一种最真实的表现透明效果的方法；选择【相减】选项时，可以根据背景色进行递减色彩的处理，实际应用很少；选择【相加】选项时，可以根据背景色进行递增色彩的处理，常用来设置发光体的效果。
- 【折射率】：用于设置折射贴图和光线跟踪的折射率。空气的折射率为 1.0，一般玻璃的折射率为 1.5，很少有物体的折射率超过 2.0。
- 【线框】：当在【明暗器基本参数】卷展栏中选择了【线框】复选框后，可以在这里设置线框的粗细。
- 【反射暗淡】：该选项组主要针对使用反射贴图材质的对象，如果用户希望在其它物体的阴影区使光线的反射弱一些，则可以在该选项组中进行设置。

● 【贴图】卷展栏

材质与贴图紧密联系。使用材质时，需要用到各种各样的贴图才能制作出丰富多彩的

贴图材质。对于贴图材质，要设定材质参数、指定贴图图案和贴图方式。一般情况下，贴图文件的格式为 JPG、TIF 或 TGA 等。贴图对于表现物体的材质十分重要，精美的贴图是编辑材质的关键。

【贴图】卷展栏用于设置材质的不同贴图通道类型，如图 5-24 所示。其中常用的有【漫反射颜色】、【不透明度】、【凹凸】、【反射】和【折射】贴图通道。

贴图

	数量	贴图类型
环境光颜色	100	None
漫反射颜色	100	None
高光颜色	100	None
高光级别	100	None
光泽度	100	None
自发光	100	None
不透明度	100	None
过滤色	100	None
凹凸	30	None
反射	100	None
折射	100	None
置换	100	None

图 5-24 【贴图】卷展栏

- 【漫反射颜色】：该贴图通道主要用于表现材质的纹理效果，当它为 100%时，会完全覆盖物体的颜色，就像在物体表面用油漆绘画一样。这是最常用的贴图通道。
- 【自发光】：该贴图通道将贴图以自发光的形式贴在物体表面，图像中纯黑色的区域不对材质产生任何影响，不是纯黑色的区域将会根据自身的灰度值产生不同的发光效果。
- 【不透明度】：该贴图通道利用图像的明暗度在物体表面产生透明效果，纯黑色的区域完全透明，纯白色的区域完全不透明。这是一种非常重要的贴图方式，配合【漫反射颜色】贴图，可以模拟复杂的造型，从而简化建模工作。这种方法在建筑效果图制作中应用非常广泛。
- 【凹凸】：该贴图通道可以根据贴图颜色的深浅来模拟物体表面的凹凸纹理，亮色的地方向外凸起，暗色的地方向里凹陷。
- 【反射】：是指物体表面对环境的映像，使用该贴图通道可以设置反射的贴图，从而产生映像效果。这也是最常用的一种贴图通道。
- 【折射】：是指光线在穿过某些透明物体的同时发生偏转，使用该贴图通道可以显示透过折射对象的场景或背景。

随堂练习：几种贴图通道的使用

(1) 单击菜单栏中的【文件】/【打开】命令，打开本书配套光盘“调用”文件夹中的“贴图.max”线架文件，场景中是一组围墙造型，如图 5-25 所示。

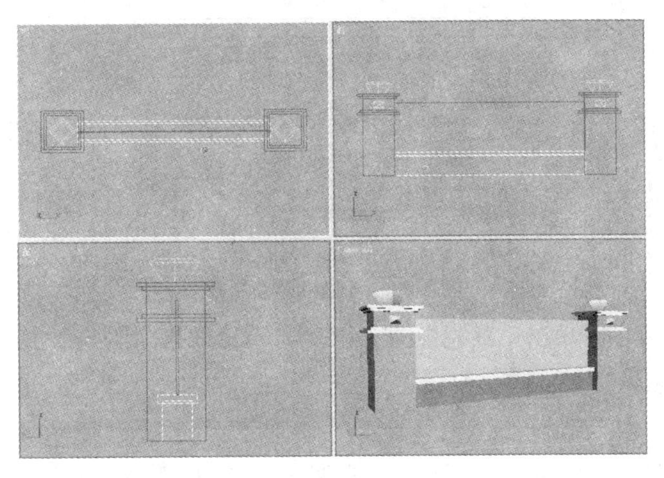

图 5-25　场景中的造型

(2) 按下键盘中的 M 键，打开【材质编辑器】对话框，选择一个空白的示例球。

(3) 在【Blinn 基本参数】卷展栏中单击【漫反射】右侧的小按钮，选择本书配套光盘“贴图”文件夹中的“1shkuai2.JPG”贴图文件，其它参数设置如图 5-26 所示。

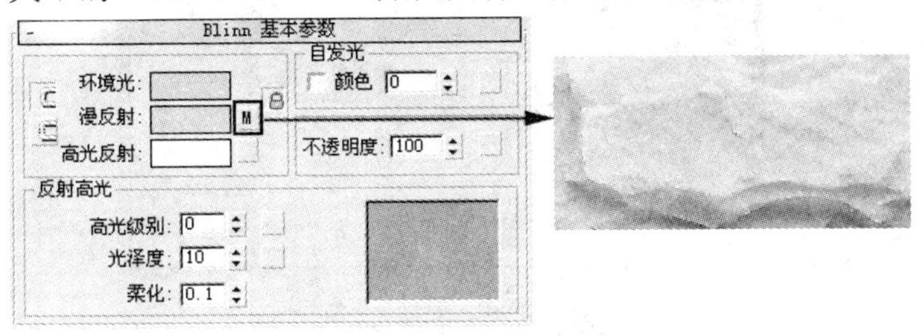

图 5-26　【Blinn 基本参数】卷展栏

(4) 在【贴图】卷展栏中单击【凹凸】贴图通道右侧的长按钮，选择本书配套光盘“贴图”文件夹中的“凹凸 01.jpg”贴图文件，并设置其【数量】值为 500，如图 5-27 所示。

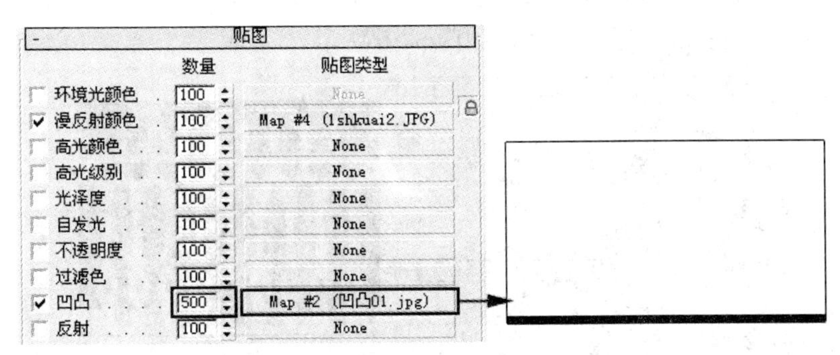

图 5-27　【贴图】卷展栏

(5) 在【坐标】卷展栏中设置参数如图 5-28 所示，然后单击工具行中的 按钮，切换到“1shkuai2.jpg”贴图的【坐标】卷展栏中，并设置相同的参数。

(6) 在视图中选择围墙两边的立柱造型，单击 按钮，将编辑好的凹凸材质赋给它们。

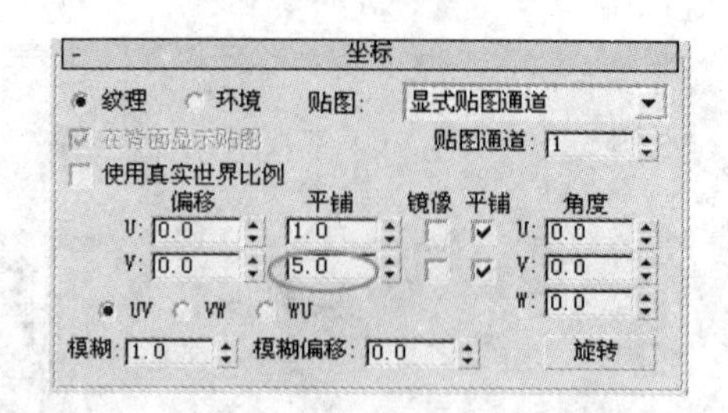

图 5-28 【坐标】卷展栏

(7) 激活相机视图，单击工具栏中的按钮，渲染效果如图 5-29 所示。

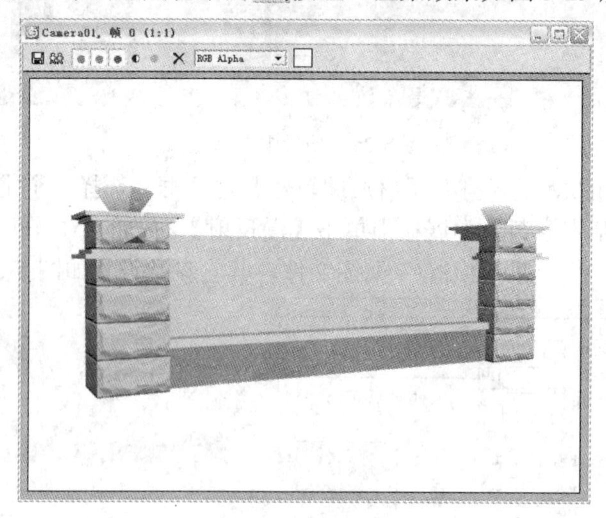

图 5-29 渲染效果

(8) 在【材质编辑器】对话框中重新选择一个空白的示例球。

(9) 在【Blinn 基本参数】卷展栏中将【环境光】和【漫反射】的颜色均设置为黑色，其它参数取默认值。

(10) 在【贴图】卷展栏中单击【不透明度】右侧的长按钮，选择本书配套光盘“贴图”文件夹中的“Unti.jpg”贴图文件，如图 5-30 所示。

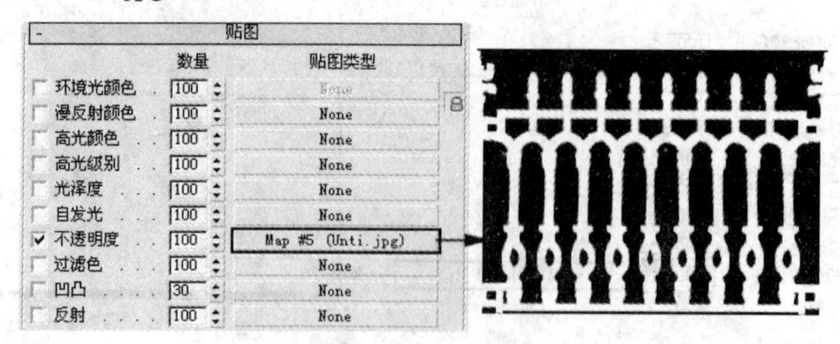

图 5-30 【贴图】卷展栏

(11) 在视图中选择立柱中间上部的方体造型，单击按钮，将编辑好的材质赋给它。

(12) 激活相机视图，单击工具栏中的按钮，渲染效果如图 5-31 所示。

本例模型都是使用长方体创建的，当给它们赋上了不同的材质后，效果非常真实。使用这种方法极大地减轻了建模的劳动强度，特别适用于铁栅栏模型的创建。

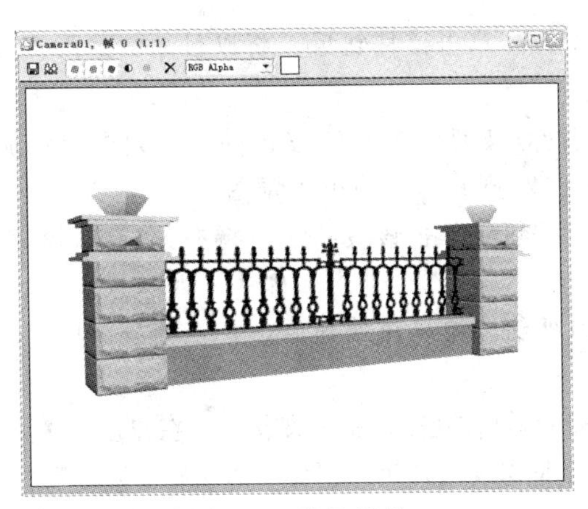

图 5-31　渲染效果

5.1.2　【材质/贴图浏览器】对话框

【材质/贴图浏览器】对话框主要用于对材质和贴图进行浏览及选择。单击菜单栏中的【渲染】/【材质/贴图浏览器】命令，或在【材质编辑器】对话框中单击按钮，或者单击任何一个与贴图、材质有关的按钮，系统都会弹出【材质/贴图浏览器】对话框。为了便于读者学习，我们将材质与贴图的显示进行区分，如图 5-32 所示，左侧为贴图，右侧为材质。

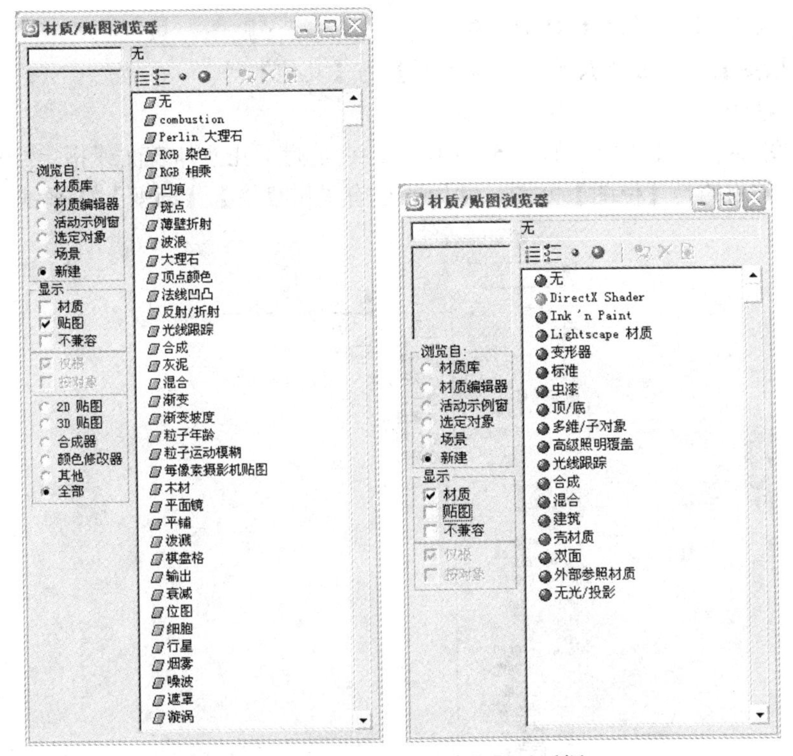

图 5-32　【材质/贴图浏览器】对话框

贴图类型左侧的图标为绿色的平行四边形，材质类型左侧的图标为蓝色的小球。当材质和贴图类型较多时，列表中不能完全显示出来，可以通过拖动滚动块进行查看与选择。

- (查看列表)按钮：单击该按钮后，将以目录树的形式显示列表中的材质和贴图类型。
- (查看列表+图标)按钮：单击该按钮后，在列表中除显示名称外，还在相应的名称前增加了材质或贴图的小缩览图。
- (查看小图标)按钮：单击该按钮后，将在列表中以相应的小缩览图显示材质或贴图。
- (查看大图标)按钮：单击该按钮后，将在列表中以相应的大缩览图显示材质或贴图。
- (从库更新场景材质)按钮：单击该按钮后，在弹出的【更新场景材质】对话框中选择与场景中的同名材质，可以用库中的材质替换场景中的同名材质。
- (从库中删除)按钮：单击该按钮后，可以将选择的材质和贴图从材质库中删除。
- (清除材质库)按钮：单击该按钮后，将删除当前材质库中所有的材质和贴图。
- 【浏览自】：该选项组主要用于设置列表中的材质和贴图来源。
- 【显示】：该选项组用于控制列表中材质的显示内容。
- 【文件】：在【浏览自】选项组中选择【材质库】、【材质编辑器】、【选定对象】或【场景】时才会显示该按钮组，主要用于对当前材质进行操作。

1．常用贴图

在【材质/贴图浏览器】对话框中可以观察到很多贴图，按其类型可以分为【2D 贴图】、【3D 贴图】、【合成器】、【颜色修改器】与【其他】等。

● 2D 贴图

2D 贴图共有 7 种类型，如图 5-33 所示，它是附于几何体表面或指定给环境贴图的二维图像，最常用的是【位图】贴图，常用的还有【棋盘格】、【渐变】、【平铺】三种类型。

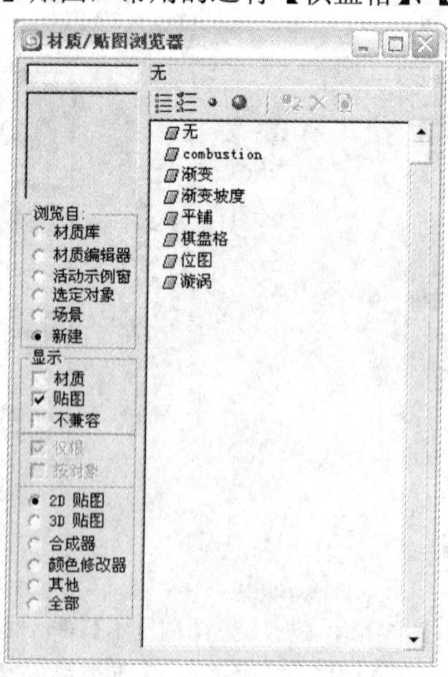

图 5-33 【2D 贴图】类型

- 【位图】：该贴图是最常用的贴图类型，它可以将一张二维图片作为材质纹理，如图 5-34 所示。
- 【棋盘格】：该贴图可以制作方形的两色图案，也可以使用贴图代替颜色区域，其效果如图 5-35 所示。

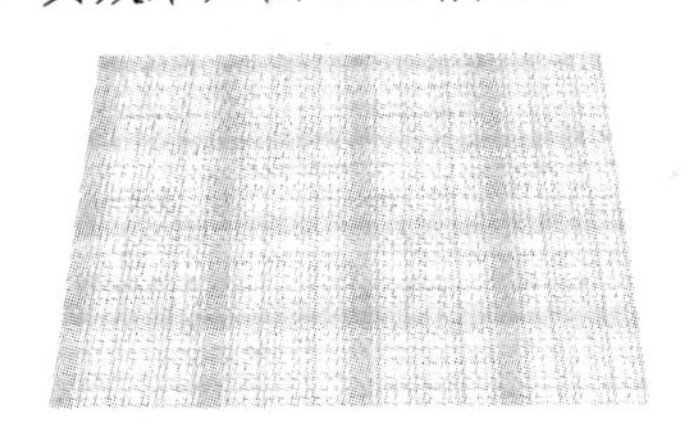

图 5-34　【位图】贴图

图 5-35　【棋盘格】贴图

- 【渐变】：该贴图可以使用三种颜色(或三个贴图)制作一种颜色过渡的效果，经常用于制作光带、背景等，其效果如图 5-36 所示。
- 【平铺】：该贴图是一个很灵活的贴图类型，能够模拟出逼真的墙面效果。如果配合【凹凸】贴图通道，则产生的效果将更加完美，如图 5-37 所示。

图 5-36　【渐变】贴图

图 5-37　【平铺】贴图

- 3D 贴图

3D 贴图有 15 种类型，如图 5-38 所示，它是产生三维纹理效果的程序贴图。3D 贴图不需要贴图坐标即可进行渲染。在效果图制作过程中，以【噪波】和【凹痕】贴图最为常用。

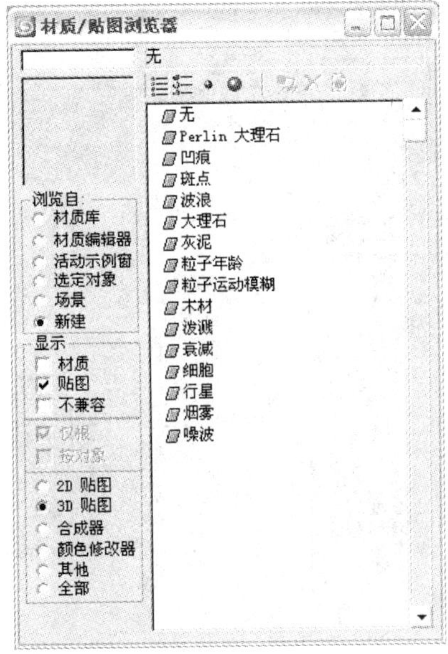

图 5-38　【3D 贴图】类型

● 合成器

合成器贴图专门用于合成其它颜色或贴图。在图像处理中，合成图像是指将两个或多个图像叠加在一起，产生丰富的复合效果。合成器贴图就是基于这个原理工作的，它共有4种类型，如图5-39所示。

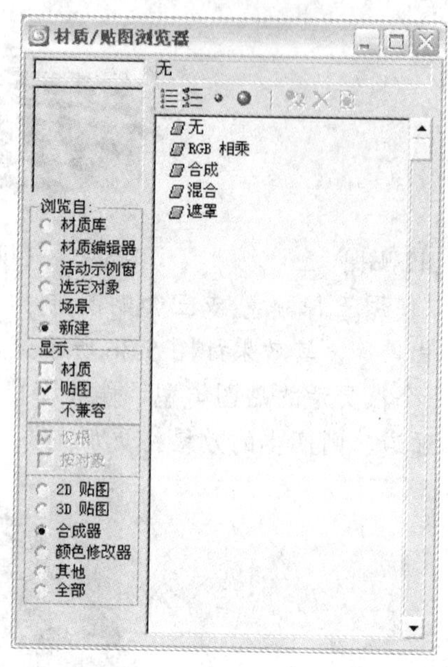

图5-39 【合成器】类型

● 颜色修改器

颜色修改器贴图可以改变材质中像素的颜色，如贴图的亮度、对比度等，如图5-40所示。但是，它与专业平面软件的校色功能相比则相形见绌，所以往往使用Photoshop对贴图进行调整后再赋予贴图通道。

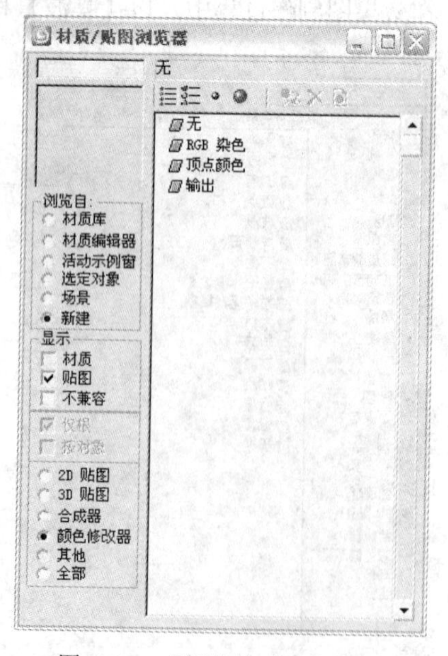

图5-40 【颜色修改器】类型

● 其他

其他贴图是为反射贴图通道与折射贴图通道准备的贴图，共有 6 种，如图 5-41 所示。

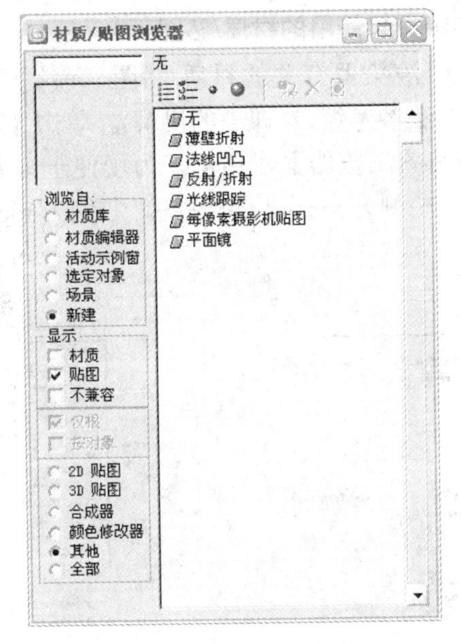

图 5-41　【其他】类型

2．常用材质

在【材质/贴图浏览器】对话框中可以观察到材质的类型有 17 种，默认时为标准类型。不同的类型有不同的用途，常用的有标准、多维/子对象、建筑、双面、混合、无光/投影等。

● 标准材质

标准材质是一种默认的材质类型，它可以为模型表面提供非常直观的表现方式，可以使用贴图，也可以使用单一的颜色。

● 多维/子对象材质

多维/子对象材质可以使一个物体的表面存在多种材质，而且材质的分布又很规范。使用该材质可以按照材质号的顺序将多个材质赋予一个物体的不同部分。

● 建筑材质

建筑材质是专门为制作建筑效果图而设计的一种材质，它设置的参数是材质的物理属性，因此与光度学灯光和光能传递一起使用时，能够提供最逼真的效果。借助这种功能组合，可以创建精确性很高的照明效果。

● 双面材质

双面材质可以分别在三维模型的内、外表面上赋予不同的材质，从而显示不同材质的表面，对于每个面的设置其实就是一种标准材质。

● 混合材质

混合材质可以根据一张蒙版将两个贴图混合在一起，根据蒙版的黑白对比关系来配置两个贴图的分配情况。蒙版中的黑色部分对应第一种材质，白色部分对应第二种材质。

● 无光/投影材质

无光/投影材质是一种特殊的材质，其特点是：使用该材质的物体本身渲染是不可见的，而且能够遮挡住它后边的所有对象。

3．与 mental ray 渲染器一起使用的材质/贴图

若要使用与 mental ray 渲染器有关的材质/贴图，前提条件是将当前渲染器设置为 mental ray 渲染器(其设置方法参考第 7 课中的讲解)。单击【材质编辑器】对话框工具行中的按钮，打开【材质/贴图浏览器】对话框，为了便于读者观察，我们将材质与贴图分别显示，如图 5-42 所示，左侧为 mental ray 贴图，右侧为 mental ray 材质。

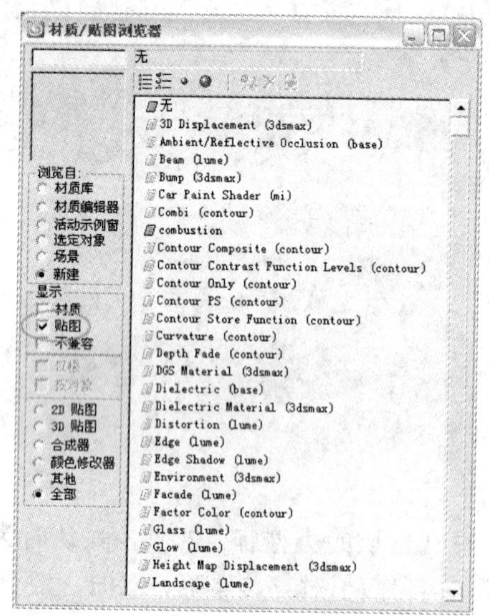

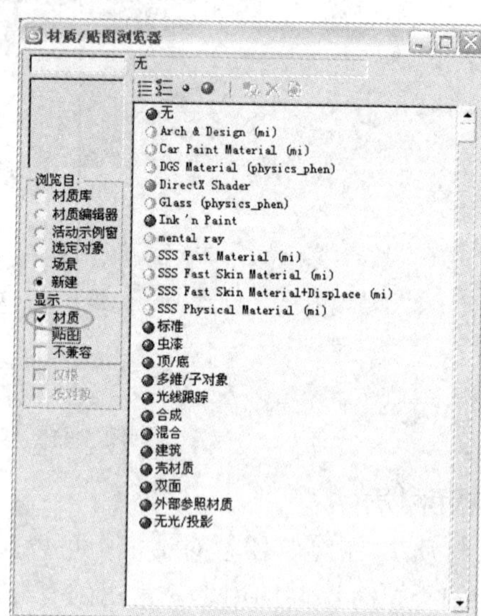

图 5-42 【材质/贴图浏览器】对话框

mental ray 贴图类型左侧的图标为黄色平行四边形，mental ray 材质类型左侧的图标为黄色的小球。在效果图制作中一般很少使用 mental ray 渲染器。下面是一些常用的 mental ray 材质。

- mental ray 材质

mental ray 材质类型专用于 mental ray 渲染器，其中包括 1～10 种明暗器。

- DGS Material(physics_phen)材质

DGS 代表“漫反射”、“光泽”和“高光”。DGS Material(physics_phen)材质类型可以精确模拟曲面物体效果，这种材质如同默认渲染器中的“建筑”材质，可以产生逼真的效果。

- Glass(physics_phen)材质

Glass(physics_phen)材质类型用于模拟玻璃的表面属性和光线透射属性。

5.1.3 贴图坐标

在 3ds max 中，贴图坐标分为两类。一类是内置贴图坐标，也就是在创建对象时就可以直接创建的贴图坐标，如图 5-43 所示，选择【生成贴图坐标】选项，系统将自动为所创建对象建立贴图坐标；选择【真实世界贴图大小】选项，可以控制贴图材质所使用的缩

放方法。另一类为外置贴图坐标，通过【UVW 贴图】命令可以完成。

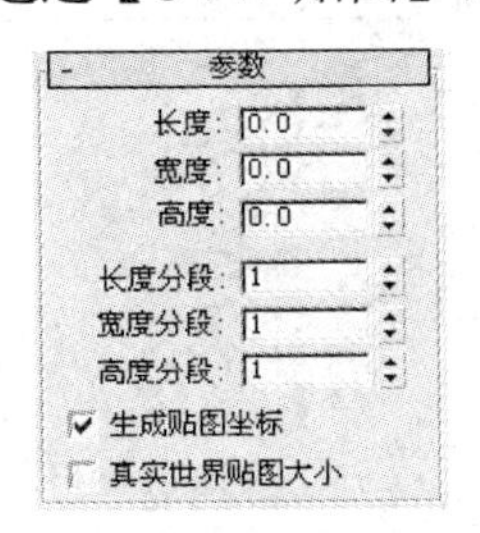

图 5-43　内置贴图坐标

【UVW 贴图】命令用于控制材质贴图在对象上的显示方式。在 3ds max 中，场景中的对象都采用 XYZ 坐标系，而贴图采用 UVW 坐标系，其中 U 和 V 轴对应于 X 和 Y 轴，对应于 Z 轴的 W 轴一般仅用于程序贴图。

通常情况下，布尔运算得到的模型、为子对象指定贴图等都需要指定贴图坐标，否则材质贴图不能正确显示。图 5-44 所示是使用【UVW 贴图】命令前、后的效果。

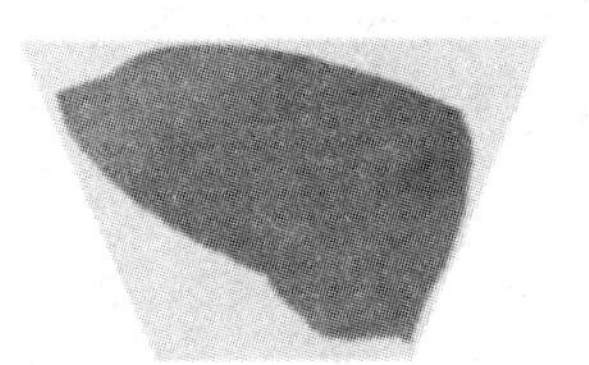

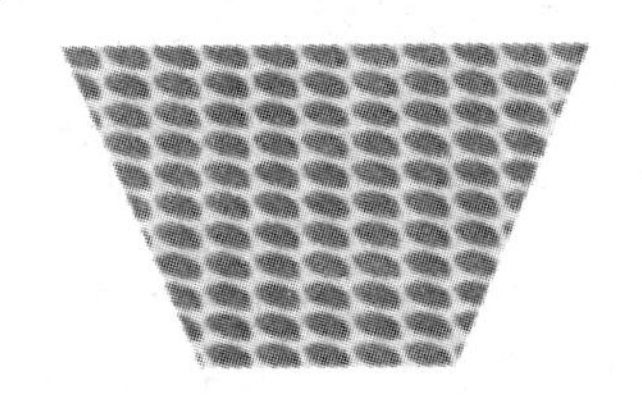

图 5-44　使用【UVW 贴图】命令前、后的效果

当对模型指定了【UVW 贴图】命令以后，它会自动覆盖以前的坐标。这时修改器堆栈中的【UVW 贴图】命令下将包含一个【Gizmo】子对象，通过它可以对贴图进行移动、旋转和缩放等调节。如果在【材质编辑器】中按下了按钮，则可以直接在视图中实时观察到贴图的调节效果。

根据贴图类型的不同，【Gizmo】线框的形状在视图上显示也不同。在【Gizmo】线框的顶部有一个小的黄色标记，表示线框的顶部；右侧是一条绿色的边线，表示贴图的方向，对柱面和球面而言，绿色线代表贴图的接缝，如图 5-45 所示。

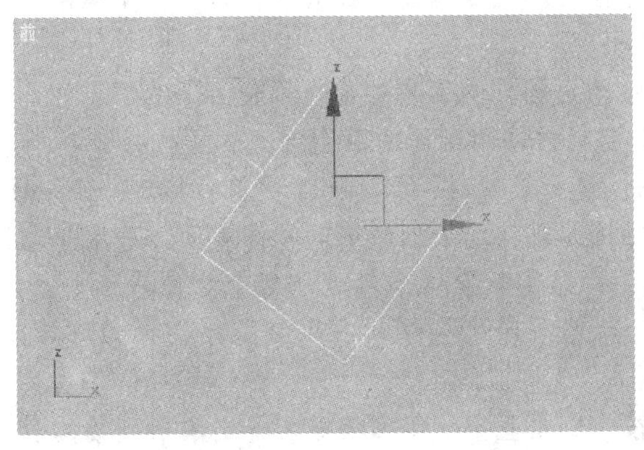

图 5-45　线框的形状

【UVW 贴图】命令的【参数】卷展栏如图 5-46 所示。

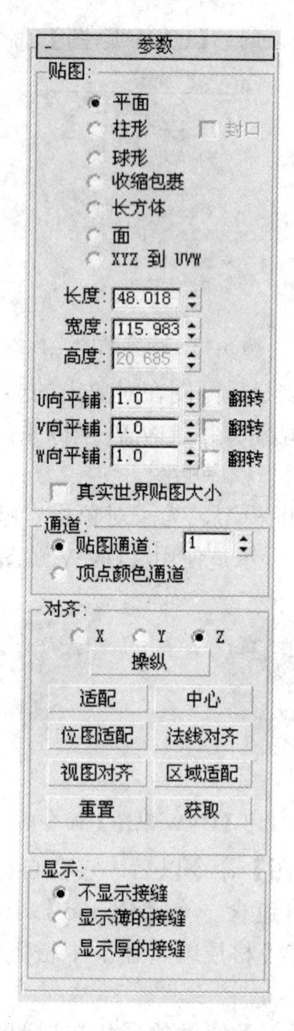

图 5-46 【参数】卷展栏

【贴图】选项组提供了七种贴图方式，并且可以设置其贴图的大小和平铺次数。

- 【平面】：将贴图沿平面映射到物体表面。适用于平面的贴图，可以保证贴图的大小、比例不变。
- 【柱形】：将贴图沿圆柱侧面映射到物体表面，适用于柱体的贴图。右侧【封口】选项用于控制柱体两端面的贴图方式：不选择该项时，两端面会形成扭曲撕裂的效果；选择该项时，即为两端面单独指定一个平面贴图。
- 【球形】：将贴图沿球体内表面映射到物体表面，适用于球体或类球体贴图。
- 【收缩包裹】：将贴图从上向下包裹住整个物体表面，适用于球体或不规则物体贴图，优点是不产生接缝和中央裂隙，在模拟环境反射的情况下使用得较多。
- 【长方体】：按六个垂直空间平面将贴图分别映射到物体表面，适用于立方体类物体，常用于建筑物体的快速贴图。
- 【面】：直接为每个表面进行平面贴图。

- 【XYZ 到 UVW】: 适配 3D 程序贴图坐标到 UVW 贴图。该选项有助于将 3D 程序贴图锁定到物体表面，如果拉伸表面，3D 程序贴图也会被拉伸，不会造成贴图在表面流动的错误动画效果。
- 【长度】、【宽度】、【高度】: 分别用于指定代表贴图坐标的【Gizmo】对象的尺寸，在子对象级别中也可以变换【Gizmo】的位置、方向和尺寸。
- 【U/V/W 向平铺】: 分别用于设置在三个方向上贴图重复的次数，材质编辑器中的重复值和这里的重复值是相乘的关系。例如，一个贴图材质在材质编辑器中某个轴向的重复值为 2，在 UVW 贴图中相同轴向的重复值为 3，则会产生 6 次的重复结果。
- 【翻转】: 选择该选项后，可将贴图的方向取反方向。

【通道】选项组可以将贴图指定给任意一个贴图通道(每一个物体有 99 个贴图通道，默认通道为 1)。通过指定通道，用户可以为一个物体的表面设置多个不同的贴图。

- 【贴图通道】: 用于设置使用的贴图通道。
- 【顶点颜色通道】: 选择该选项后，可以使用顶点颜色作为通道。

【对齐】选项组用于设置贴图坐标的对齐方法。

- 【X】、【Y】、【Z】: 用于选择坐标对齐的轴向。
- 适配: 该命令能够依照物体自身尺寸自动调节贴图【Gizmo】的大小。
- 中心: 该命令可以自动将【Gizmo】中心对齐到物体中心上。该命令在手工变动贴图坐标之后才有明显效果。
- 位图适配: 该命令可以引进外部图片的长宽比例作为贴图坐标的长宽比例。
- 法线对齐: 按下该按钮后，在物体的表面单击并拖动鼠标，初始的【Gizmo】线框会被放置在鼠标点取的表面。
- 视图对齐: 该命令能够自动将贴图坐标与当前激活的视图对齐。
- 区域适配: 该命令能够直接在物体表面画出一个矩形框，使贴图坐标与之匹配。
- 重置: 用于恢复贴图坐标的初始设置。
- 获取: 这是一个非常有用的工具，当场景中多个物体使用相同材质，而且材质的图案是在模拟砖瓦、木纹、水波、砂石等真实材质时，往往要求它们的贴图坐标是一致的。这时，使用该命令可以通过选取一个物体，将它的贴图坐标设置为当前物体的贴图坐标。

5.2 课堂实训

在 3ds max 中，材质的编辑是发挥大家想象力和观察力的时候，要编辑出真实的材质，就必须在日常生活中对身边的事物多观察、多思考。不同的材质会给人带来不同的感受，本节将针对材质的编辑做一些练习。

5.2.1 为玻璃茶几赋材质

制作效果图时，玻璃与不锈钢材质是经常使用的材质类型。本例学习编辑玻璃材质与

不锈钢材质的方法。图 5-47 所示是赋予材质后玻璃茶几的效果。

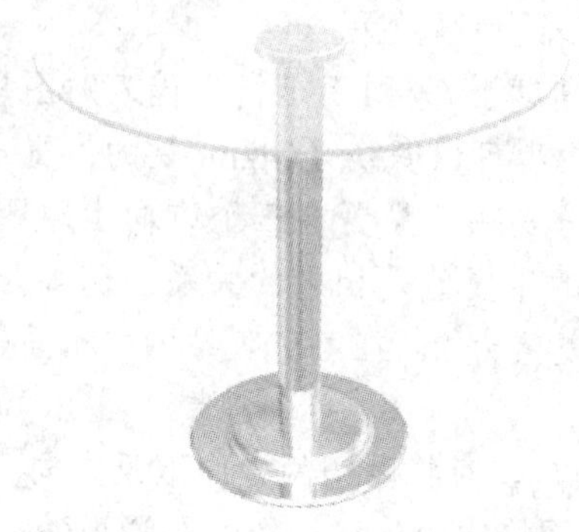

图 5-47　玻璃茶几的效果

(1) 单击菜单栏中的【文件】/【打开】命令，打开本书配套光盘“调用”文件夹中的“玻璃茶几.max”线架文件，如图 5-48 所示。

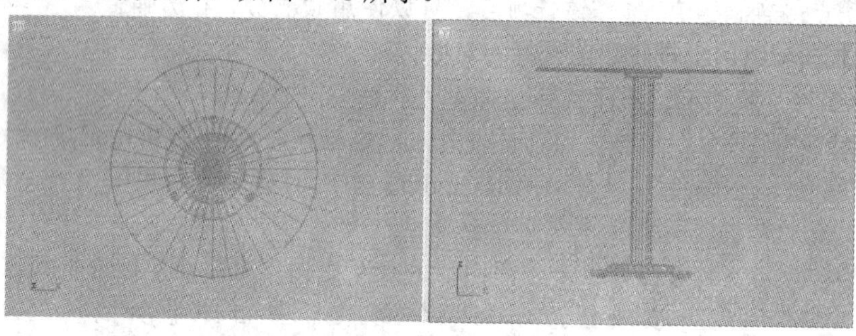

图 5-48　打开的文件

(2) 单击工具栏中的按钮，在弹出的【材质编辑器】对话框中选择一个空白示例球，命名为“底座”。

(3) 在【明暗器基本参数】卷展栏中设置材质的明暗属性为“金属”，如图 5-49 所示。

图 5-49　【明暗器基本参数】卷展栏

(4) 在【金属基本参数】卷展栏中设置【环境光】和【漫反射】颜色的 RGB 值均为 (201、201、201)，其它参数设置如图 5-50 所示。

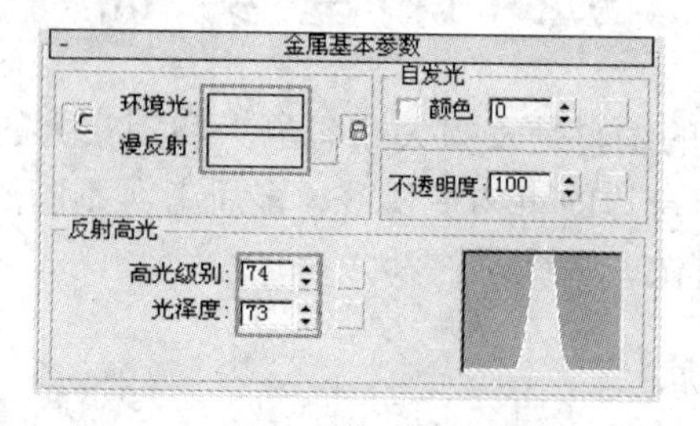

图 5-50　【金属基本参数】卷展栏

(5) 在【贴图】卷展栏中单击【反射】贴图通道右侧的长按钮，在弹出的【材质/贴图浏览器】对话框中双击“光线跟踪”贴图类型，如图 5-51 所示。

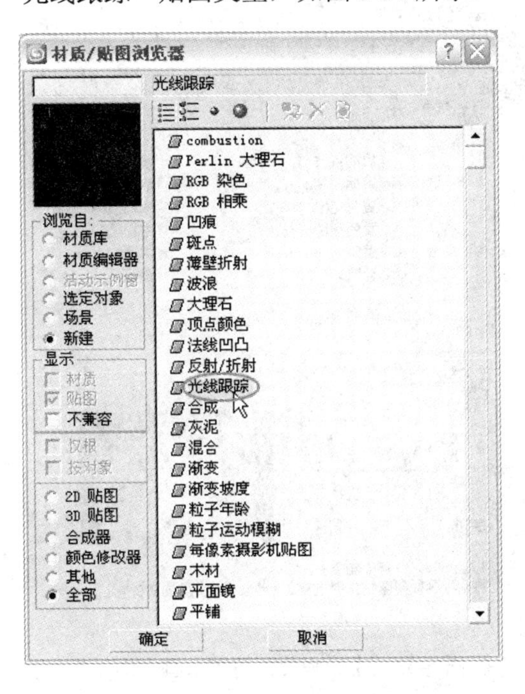

图 5-51　【材质/贴图浏览器】对话框

(6) 在【光线跟踪器参数】卷展栏中单击下方的 None 按钮，在弹出的【材质/贴图浏览器】对话框中双击“位图”贴图类型，如图 5-52 所示。

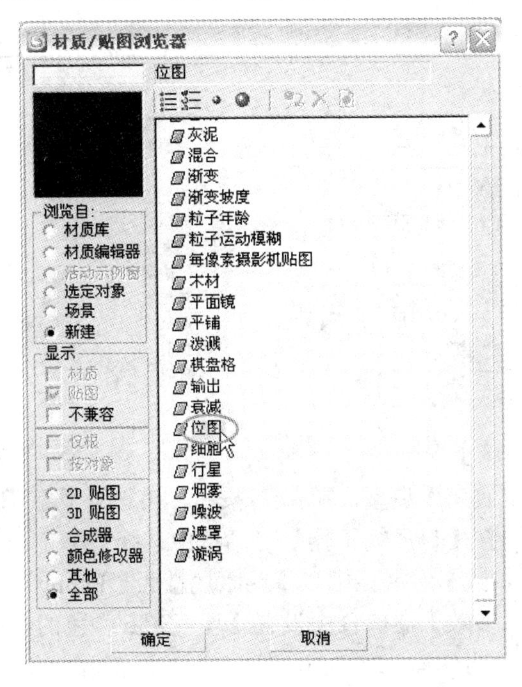

图 5-52　【材质/贴图浏览器】对话框

(7) 在弹出的【选择位图图像文件】对话框中选择本书配套光盘“贴图”文件夹中的“金属 100.jpg”贴图文件，如图 5-53 所示。

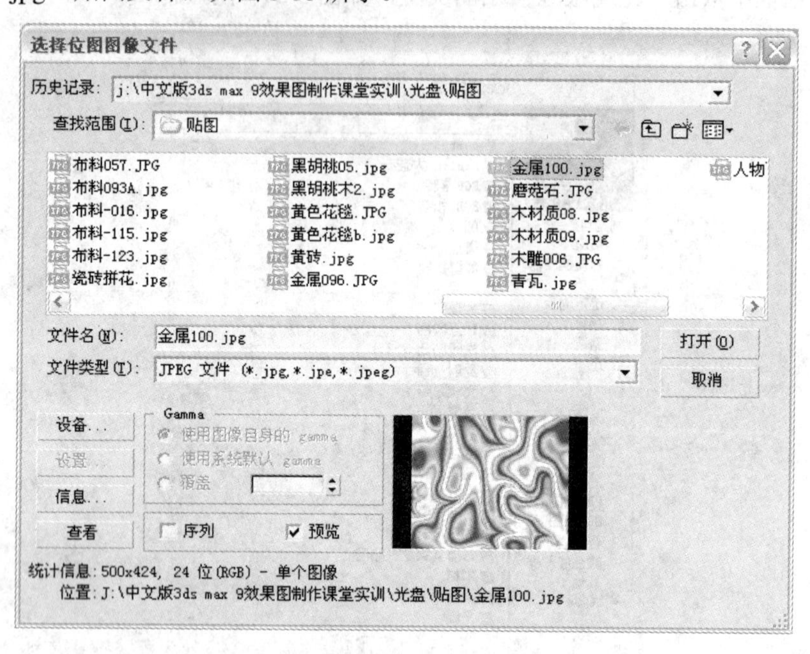

图 5-53 【选择位图图像文件】对话框

(8) 单击对话框中的 打开(O) 按钮，在【坐标】卷展栏中设置【模糊偏移】值为 0.1，如图 5-54 所示。

(9) 单击按钮两次，返回到最顶层级，在【贴图】卷展栏中调整参数如图 5-55 所示。

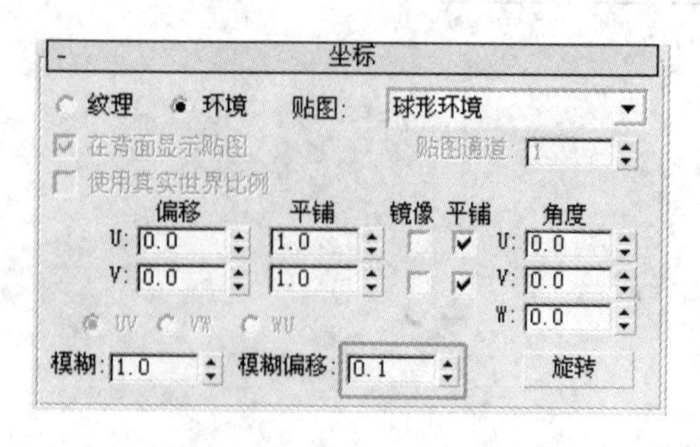

图 5-54 【坐标】卷展栏

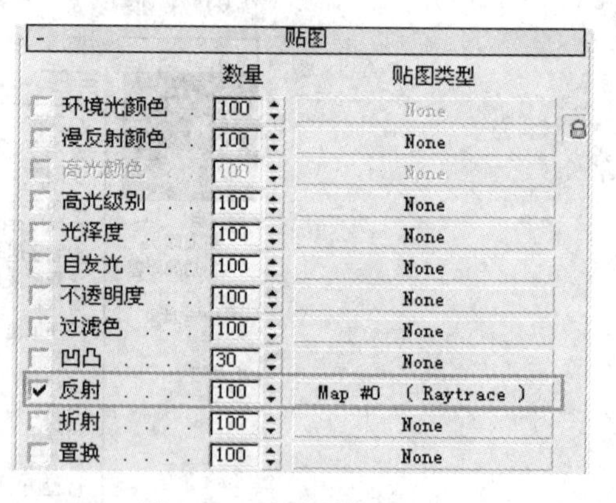

图 5-55 【贴图】卷展栏

(10) 选择视图中的“底座”造型，单击按钮，将该材质赋予所选造型。

(11) 用同样的方法，在【材质编辑器】对话框中选择一个空白的示例球，命名为“玻璃”，并在【明暗器基本参数】卷展栏中设置明暗属性为“Phong”。

(12) 在【Phong 基本参数】卷展栏中设置【环境光】颜色的 RGB 值为(10、42、21)，【漫反射】颜色的 RGB 值为(19、82、33)，其它参数设置如图 5-56 所示。

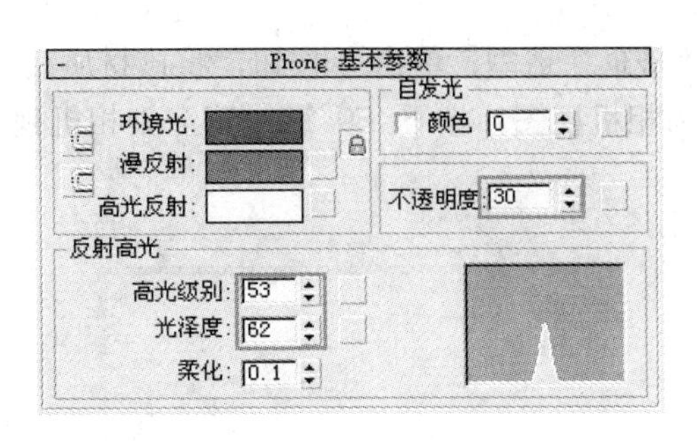

图 5-56　【Phong 基本参数】卷展栏

(13) 在【贴图】卷展栏中单击【反射】贴图通道右侧的长按钮，在弹出的【材质/贴图浏览器】对话框中双击“光线跟踪”贴图类型。

(14) 单击 按钮，返回到上一层级。

(15) 在【贴图】卷展栏中设置【反射】贴图通道的【数量】值为 20，如图 5-57 所示。

贴图	数量	贴图类型
环境光颜色	100	None
漫反射颜色	100	None
高光颜色	100	None
高光级别	100	None
光泽度	100	None
自发光	100	None
不透明度	100	None
过滤色	100	None
凹凸	30	None
✔ 反射	20	Map #1 (Raytrace)
折射	100	None

图 5-57　【贴图】卷展栏

(16) 在【贴图】卷展栏中单击【折射】贴图通道右侧的长按钮，在弹出的【材质/贴图浏览器】对话框中双击“光线跟踪”贴图类型。

(17) 单击 按钮，返回到上一层级。

(18) 在【贴图】卷展栏中设置【折射】贴图通道的【数量】值为 20，此时的【贴图】卷展栏如图 5-58 所示。

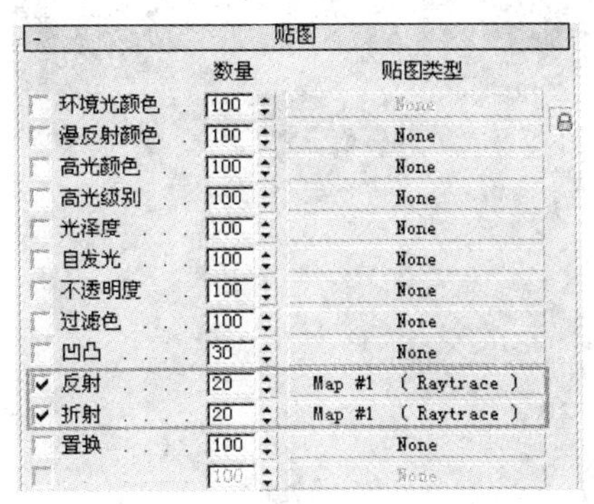

图 5-58　【贴图】卷展栏

(19) 选择视图中的“玻璃”造型，单击按钮，将该材质赋予所选造型。

(20) 确认当前视图为相机视图，按下 F9 键快速渲染相机视图，渲染效果如图 5-59 所示。

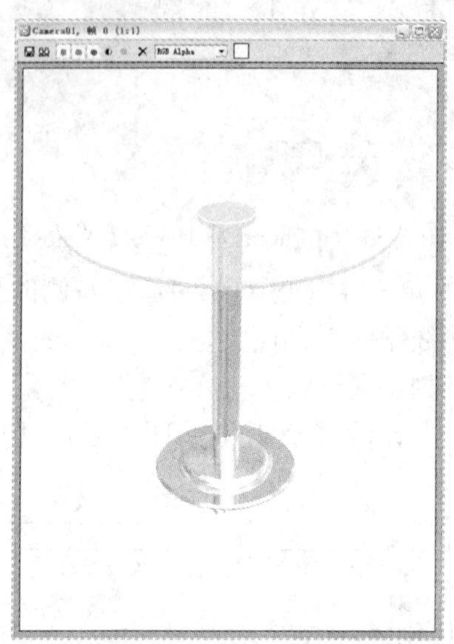

图 5-59　渲染效果

(21) 单击菜单栏中的【文件】/【另存为】命令，将赋材质后的文件重新命名保存。

5.2.2　为时尚座椅赋材质

常用的不锈钢材质有多种编辑方法。上例中介绍了一种编辑方法，本例将用另一种编辑方法为时尚座椅造型赋材质，同时还将学习材质的【线框】属性、【噪波】贴图等内容。时尚座椅的最终效果如图 5-60 所示。

图 5-60　时尚座椅效果

(1) 单击菜单栏中的【文件】/【打开】命令，打开本书配套光盘“调用”文件夹中的“时尚座椅.max”线架文件，如图 5-61 所示。

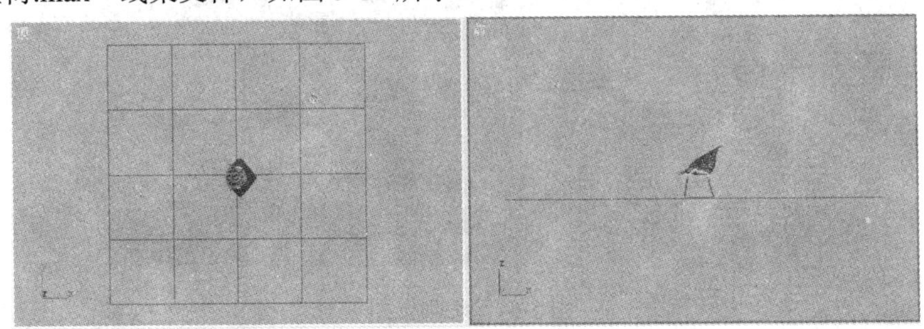

图 5-61　打开的文件

(2) 单击工具栏中的按钮，在弹出【材质编辑器】对话框中选择一个空白的示例球，命名为“金属”材质。

(3) 在【明暗器基本参数】卷展栏中设置明暗属性为“金属”，并在【金属基本参数】卷展栏中设置【环境光】和【漫反射】颜色的 RGB 值均为(239、239、239)，其它参数设置如图 5-62 所示。

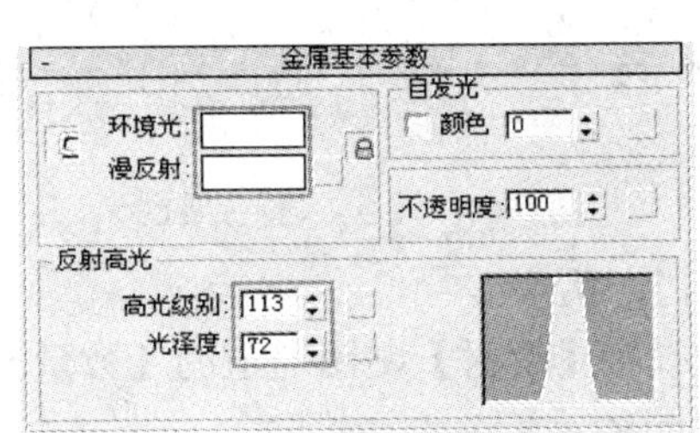

图 5-62　【金属基本参数】卷展栏

(4) 在【贴图】卷展栏中单击【反射】贴图通道右侧的长按钮，在弹出的【材质/贴图浏览器】对话框中双击“位图”贴图类型，并在弹出的【选择位图图像文件】对话框中选择本书配套光盘“贴图”文件夹中的“REFMAP.GIF”贴图文件，如图 5-63 所示。

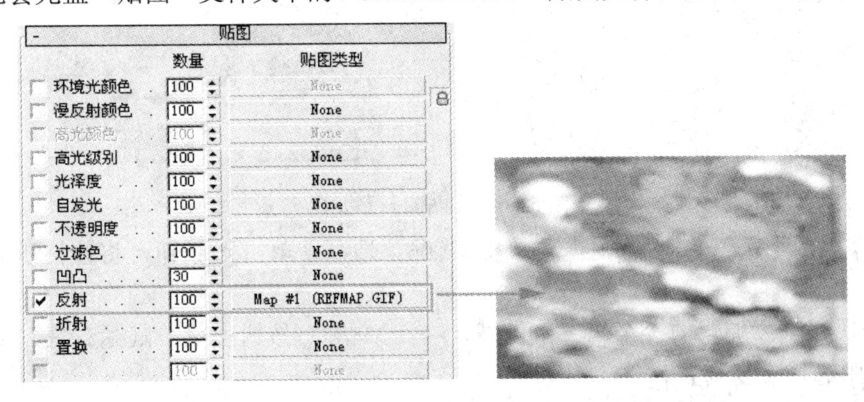

图 5-63　【贴图】卷展栏

(5) 在【位图参数】卷展栏中选择【应用】复选框，单击其右侧的 查看图像 按钮，对位图进行切割，如图 5-64 所示。

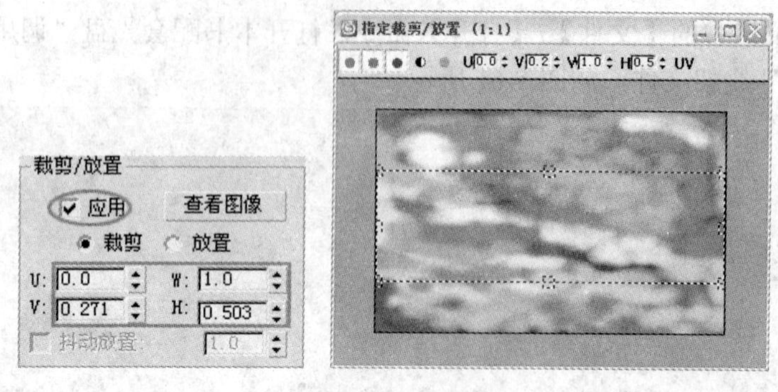

图 5-64　切割位图

(6) 在【坐标】卷展栏中设置【模糊偏移】值为 0.1，如图 5-65 所示。

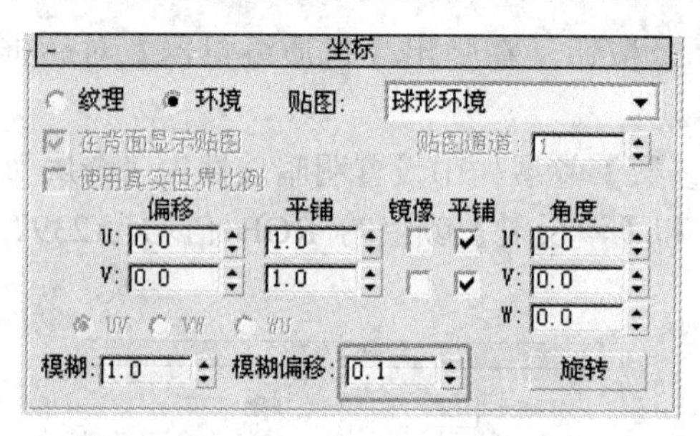

图 5-65　【坐标】卷展栏

(7) 单击 按钮，返回到上一层级。

(8) 在【贴图】卷展栏中设置【反射】贴图通道的【数量】值为 75，如图 5-66 所示。

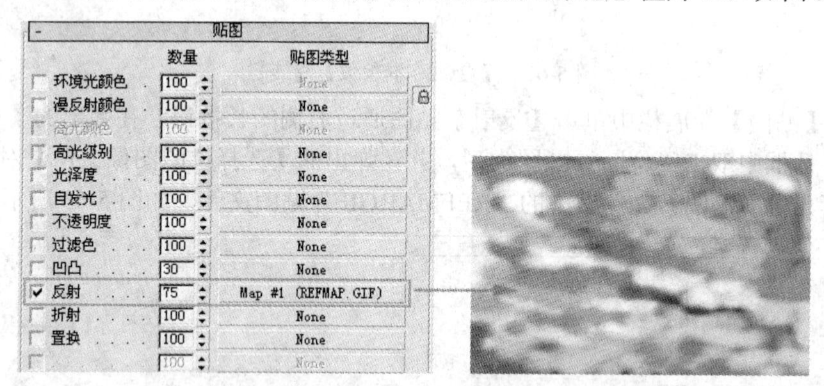

图 5-66　【贴图】卷展栏

(9) 在视图中选择“支架 01”～“支架 06”造型，单击 按钮，将该材质赋予选择的造型。

(10) 选择刚才编辑的“金属”示例球，在 Standard 按钮上单击鼠标右键，从弹出的快捷菜单中选择【复制】命令。

(11) 在【材质编辑器】对话框中重新选择一个空白的示例球，在 Standard 按钮上单击鼠标右键，从弹出的快捷菜单中选择【粘贴(复制)】命令，然后将其命名为“金属框”材质。

(12) 在【明暗器基本参数】卷展栏中选择【线框】复选框，如图 5-67 所示。

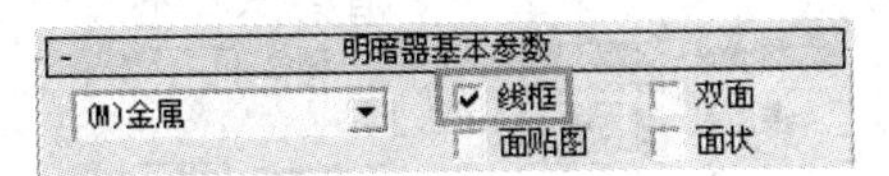

图 5-67　【明暗器基本参数】卷展栏

(13) 在【金属基本参数】卷展栏中设置【环境光】和【漫反射】颜色的 RGB 值均为(221、221、221)，其它参数设置如图 5-68 所示。

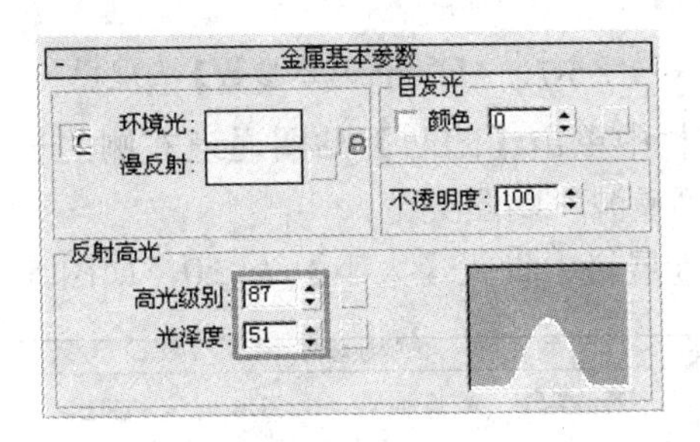

图 5-68　【金属基本参数】卷展栏

(14) 在【扩展参数】卷展栏中设置线框的【大小】为 2.0，如图 5-69 所示。

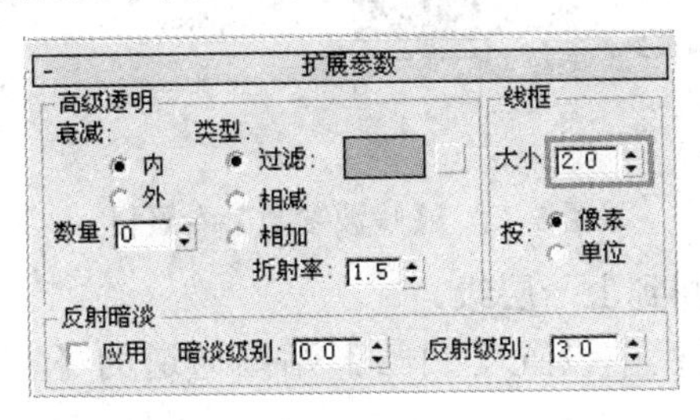

图 5-69　【扩展参数】卷展栏

(15) 在【贴图】卷展栏中设置【反射】贴图通道的【数量】值为 40，如图 5-70 所示。

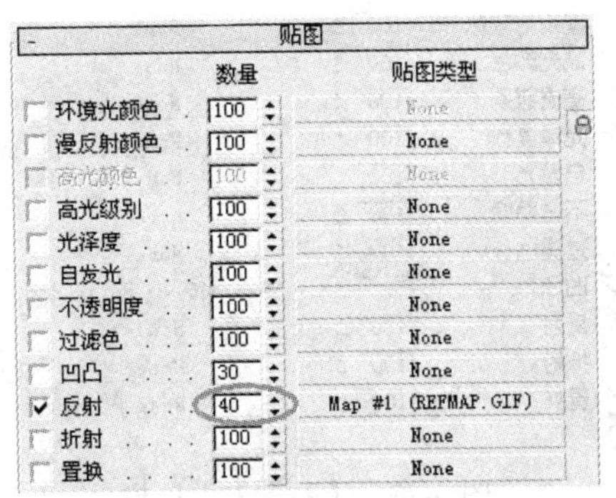

图 5-70　【贴图】卷展栏

(16) 选择视图中的“靠背”造型，单击按钮，将该材质赋予所选造型。

(17) 在【材质编辑器】对话框中重新选择一个空白的示例球，命名为“座垫”材质。

(18) 在【Blinn 基本参数】卷展栏中设置【环境光】和【漫反射】颜色的 RGB 值为(168、0、0)，其它参数设置如图 5-71 所示。

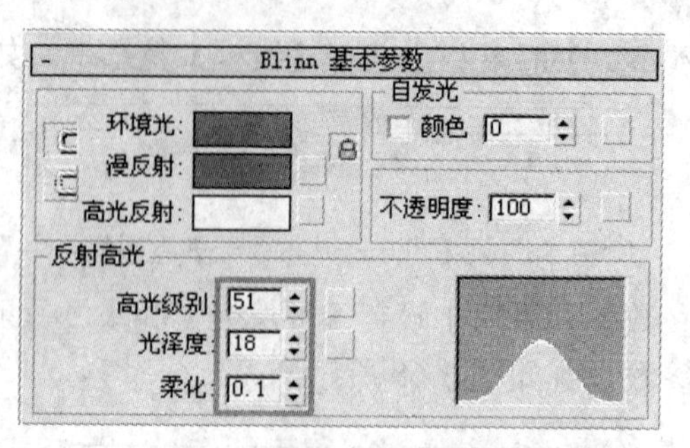

图 5-71 【Blinn 基本参数】卷展栏

(19) 在【贴图】卷展栏中单击【凹凸】贴图通道右侧的长按钮，在弹出的【材质/贴图浏览器】对话框中双击“噪波”贴图类型。

(20) 在【噪波参数】卷展栏中设置【大小】为 2.0，如图 5-72 所示。

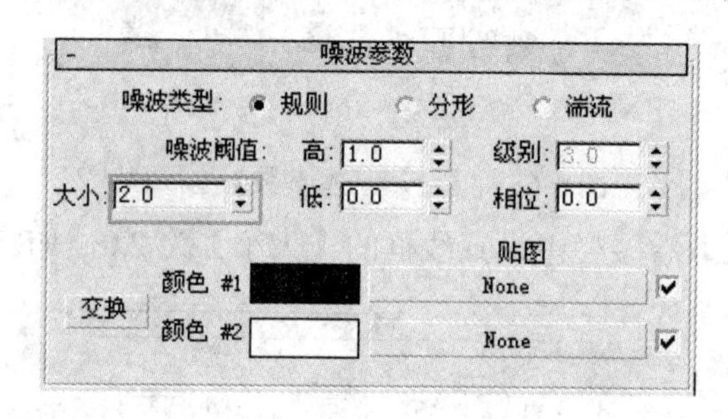

图 5-72 【噪波参数】卷展栏

(21) 单击按钮，返回到上一层级。

(22) 在【贴图】卷展栏中设置【凹凸】贴图通道的【数量】值为 50，如图 5-73 所示。

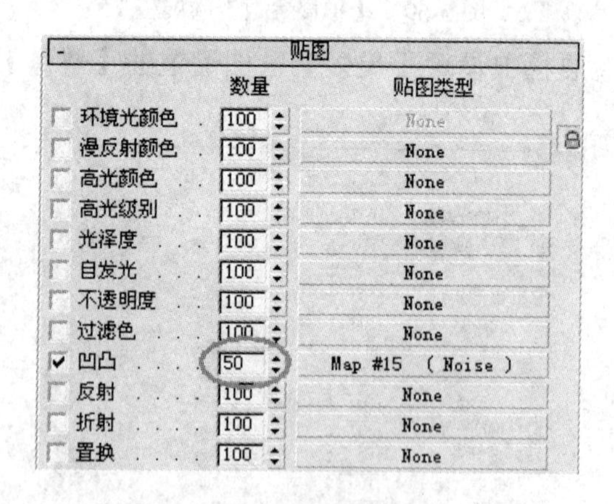

图 5-73 【贴图】卷展栏

(23) 选择视图中的“座垫”造型，单击按钮，将该材质赋予所选造型。

(24) 在【材质编辑器】对话框中重新选择一个空白的示例球，命名为“地面”材质。

(25) 在【Blinn 基本参数】卷展栏中设置【环境光】和【漫反射】颜色的 RGB 值均为(195、195、195)，其它参数设置如图 5-74 所示。

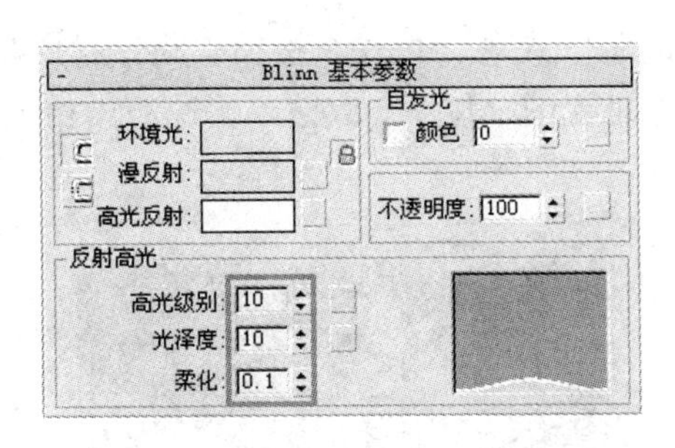

图 5-74　【Blinn 基本参数】卷展栏

(26) 在【贴图】卷展栏中单击【漫反射颜色】贴图通道右侧的长按钮，在弹出的【材质/贴图浏览器】对话框中双击“位图”贴图类型，选择本书配套光盘“贴图”文件夹中的“B0000150.JPG”贴图文件，如图 5-75 所示。

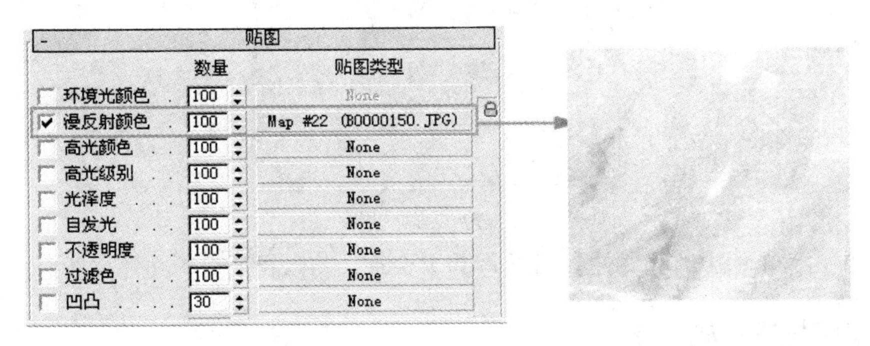

图 5-75　【贴图】卷展栏

(27) 单击按钮，返回到上一层级。

(28) 在【贴图】卷展栏中单击【反射】贴图通道右侧的长按钮，在弹出的【材质/贴图浏览器】对话框中双击“光线跟踪”贴图类型。

(29) 单击按钮，返回到上一层级。

(30) 在【贴图】卷展栏中设置【反射】贴图通道的【数量】值为 15，如图 5-76 所示。

贴图

	数量	贴图类型
环境光颜色	100	None
漫反射颜色	100	Map #22 (B0000150.JPG)
高光颜色	100	None
高光级别	100	None
光泽度	100	None
自发光	100	None
不透明度	100	None
过滤色	100	None
凹凸	30	None
反射	15	Map #21 (Raytrace)
折射	100	None
置换	100	None

图 5-76　【贴图】卷展栏

(31) 选择视图中的“地面”造型，单击按钮，将该材质赋予所选造型。

(32) 确认当前视图为相机视图，按下 F9 键，快速渲染相机视图，渲染效果如图 5-77 所示。

图 5-77 渲染效果

(33) 单击菜单栏中的【文件】/【另存为】命令，将赋材质后的文件重新命名保存。

5.2.3 为卧榻赋材质

本例将为制作好的“卧榻”造型赋予材质，使材质与造型相得益彰，表现出古典与现代的交融。卧榻造型的最终效果如图 5-78 所示。

图 5-78 卧榻造型的效果

(1) 单击菜单栏中的【文件】/【打开】命令，打开本书配套光盘“调用”文件夹中的“卧榻.max”线架文件，如图 5-79 所示。

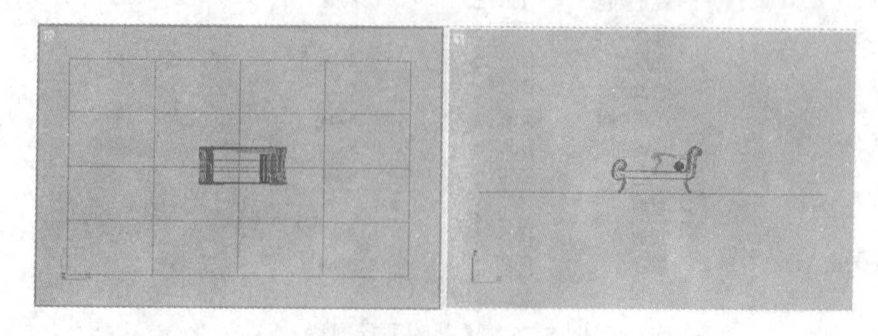

图 5-79 打开的文件

(2) 单击工具栏中的按钮，在弹出的【材质编辑器】对话框中选择一个空白的示例球，命名为“木纹”材质。

(3) 在【Blinn 基本参数】卷展栏中设置【环境光】和【漫反射】颜色的 RGB 值为(241、243、246)，其它参数设置如图 5-80 所示。

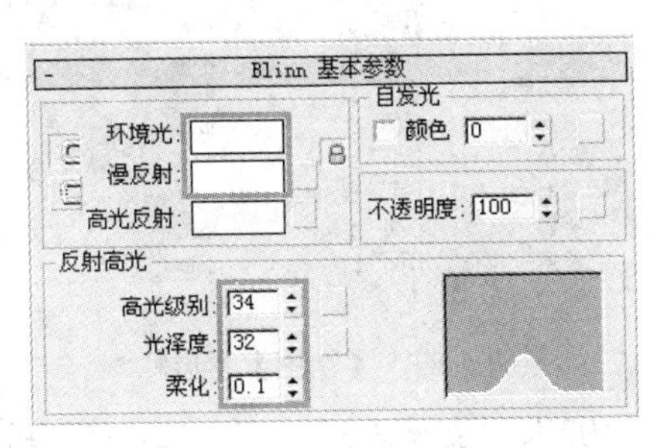

图 5-80　【Blinn 基本参数】卷展栏

(4) 在【贴图】卷展栏中单击【漫反射颜色】贴图通道右侧的长按钮，在弹出的【材质/贴图浏览器】对话框中双击“位图”贴图类型，选择本书配套光盘“贴图”文件夹中的“古木 014.TIF”贴图文件，如图 5-81 所示。

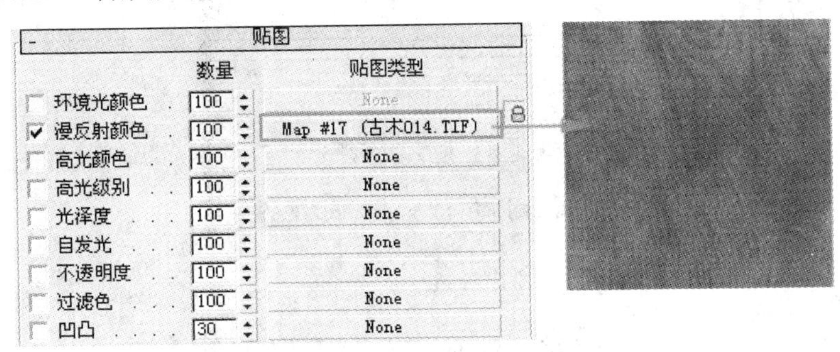

图 5-81　【贴图】卷展栏

(5) 在【坐标】卷展栏中设置平铺次数均为 5.0，如图 5-82 所示。

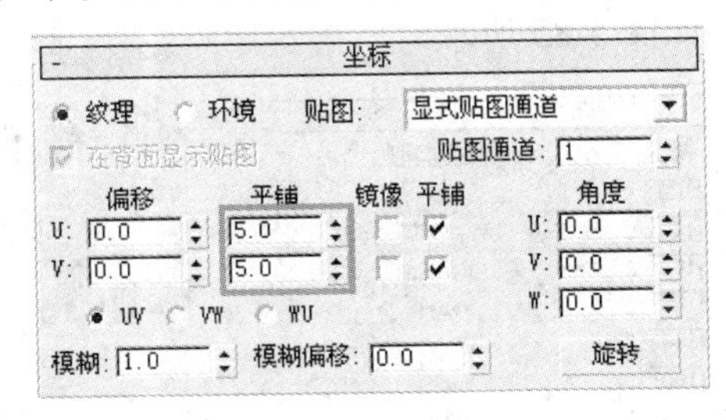

图 5-82　【坐标】卷展栏

(6) 单击按钮，返回到上一层级。

(7) 在【贴图】卷展栏中单击【反射】贴图通道右侧的长按钮，在弹出的【材质/贴图浏览器】对话框中双击“光线跟踪”贴图类型。

(8) 单击按钮，返回到上一层级。设置【反射】贴图通道的【数量】值为 10，如图 5-83 所示。

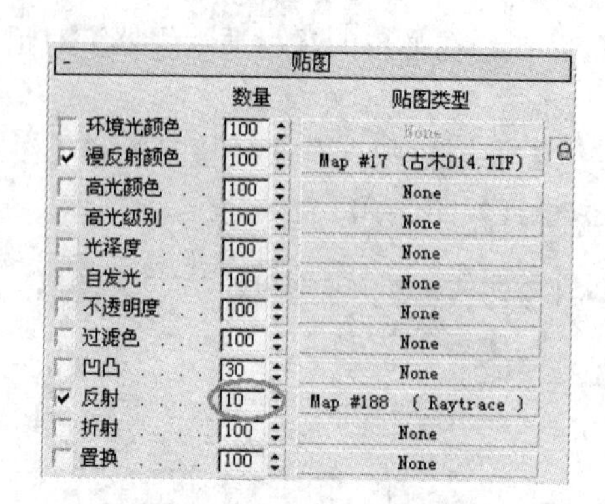

图 5-83 【贴图】卷展栏

(9) 选择视图中的“扶手 02”、“支架 01”～“支架 03”和“榻腿 01”～“榻腿 04”造型，单击按钮，将该材质赋予所选的造型。

(10) 在【材质编辑器】对话框中选择一个空白的示例球，命名为“布料”材质。

(11) 在【Blinn 基本参数】卷展栏中设置【环境光】、【漫反射】和【高光反射】颜色的 RGB 值均为(255、255、255)，其它参数设置如图 5-84 所示。

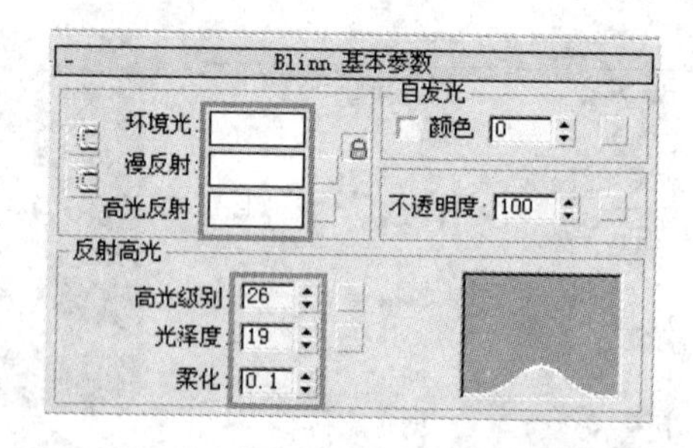

图 5-84 【Blinn 基本参数】卷展栏

(12) 在【贴图】卷展栏中单击【漫反射颜色】贴图通道右侧的长按钮，在弹出的【材质/贴图浏览器】对话框中双击“位图”贴图类型，选择本书配套光盘“贴图”文件夹中的“0005.jpg”贴图文件，如图 5-85 所示。

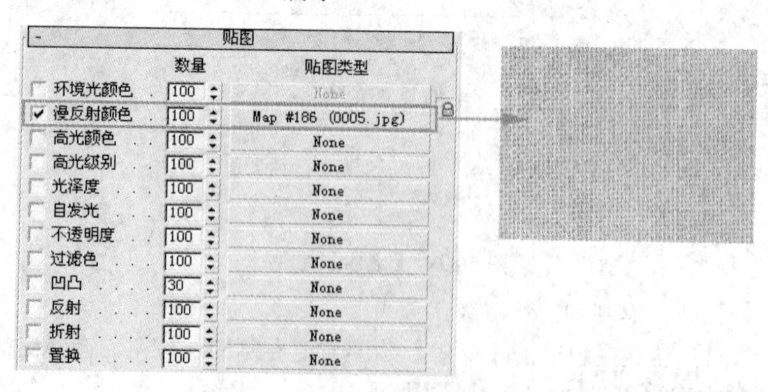

图 5-85 【贴图】卷展栏

(13) 在【坐标】卷展栏中设置平铺次数均为 1.2，如图 5-86 所示。

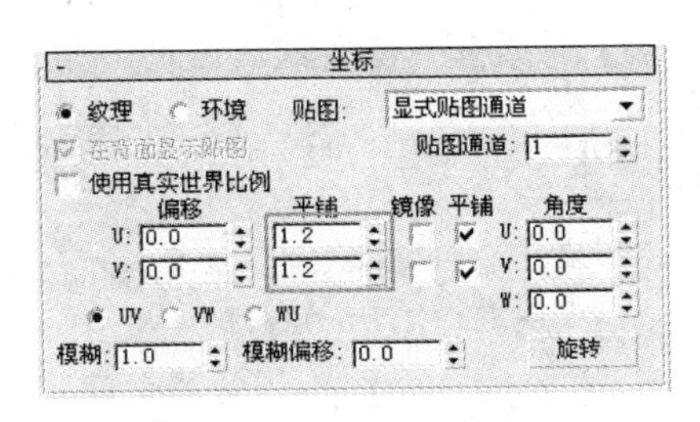

图 5-86　【坐标】卷展栏

(14) 在视图中选择“扶手 01”和“榻体”造型，单击按钮，将该材质赋予所选的造型。

(15) 在视图中选择“榻体”造型，单击按钮，进入修改命令面板，选择【修改器列表】中的【UVW 贴图】命令，在【参数】卷展栏中设置各项参数如图 5-87 所示。

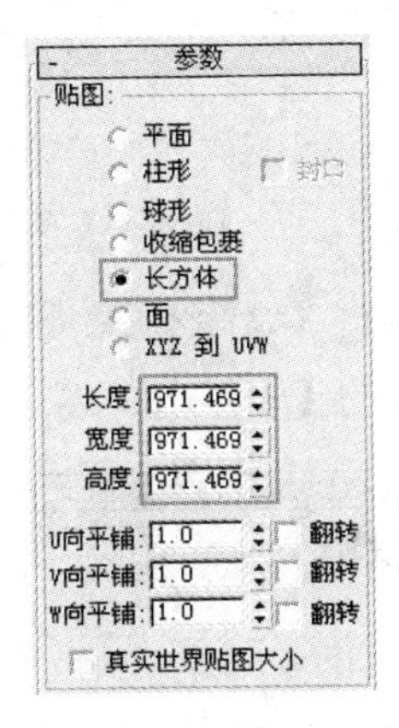

图 5-87　【参数】卷展栏

(16) 在【材质编辑器】对话框中重新选择一个空白的示例球，命名为“靠枕”材质。

(17) 单击 Standard 按钮，在弹出的【材质/贴图浏览器】对话框中双击“多维/子对象”材质类型，如图 5-88 所示。

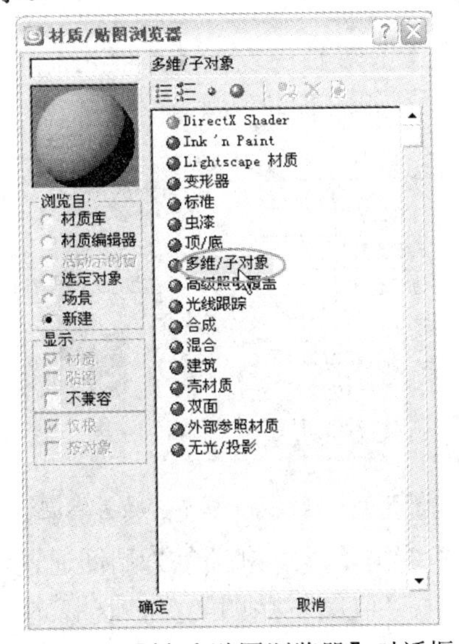

图 5-88　【材质/贴图浏览器】对话框

(18) 在弹出的【替换材质】对话框中使用默认设置，如图 5-89 所示。

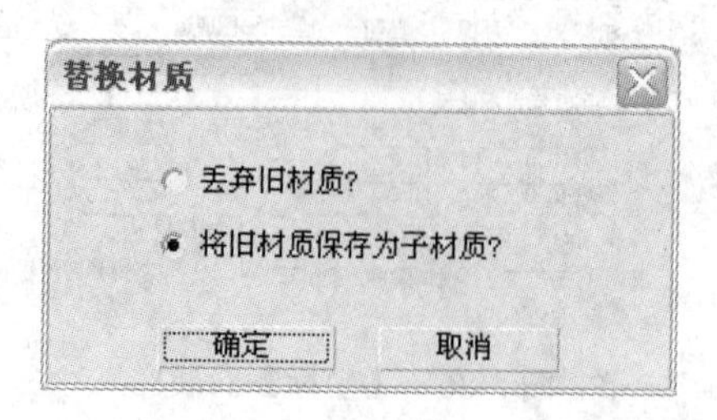

图 5-89 【替换材质】对话框

(19) 单击 确定 按钮，在【多维/子对象基本参数】卷展栏中单击 设置数量 按钮，在弹出的【设置材质数量】对话框中设置【材质数量】为 2，如图 5-90 所示。

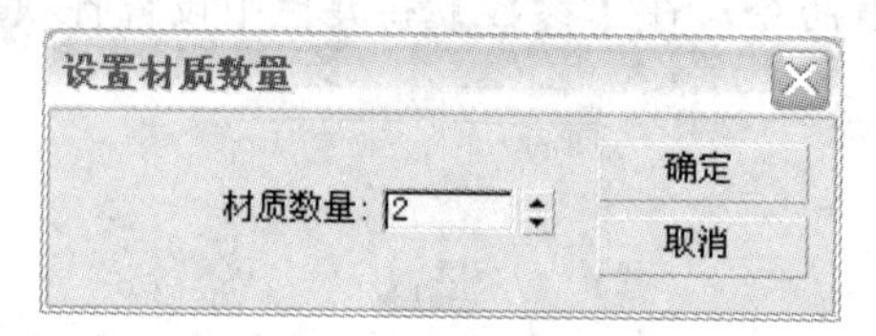

图 5-90 【设置材质数量】对话框

(20) 单击 确定 按钮，此时的【多维/子对象基本参数】卷展栏如图 5-91 所示。

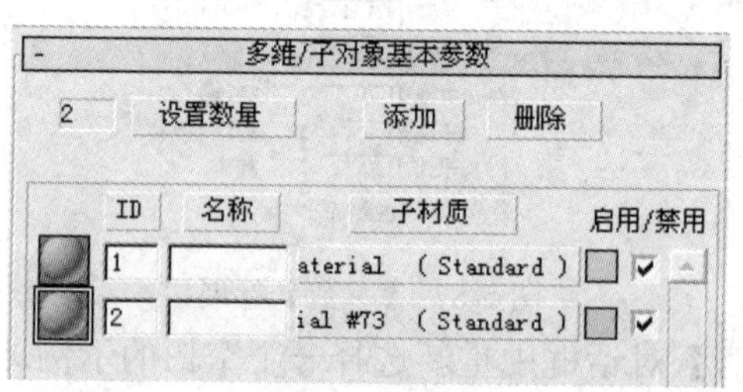

图 5-91 【多维/子对象基本参数】卷展栏

(21) 单击 1 号(ID #1)材质右侧的长按钮，进入 1 号材质编辑环境。

(22) 在【Blinn 基本参数】卷展栏中设置【环境光】和【漫反射】颜色的 RGB 值为(243、240、221)，其它参数设置如图 5-92 所示。

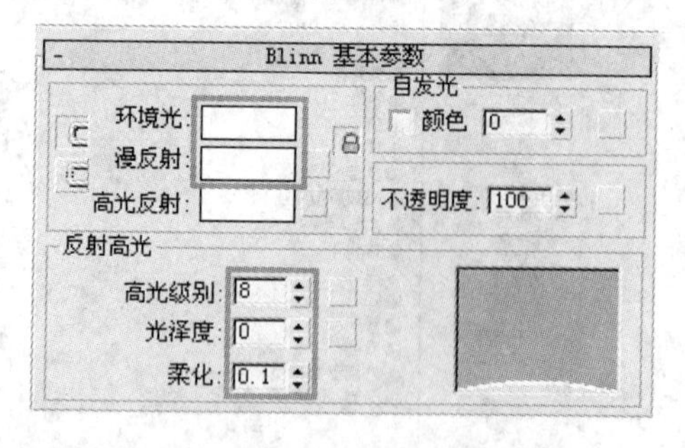

图 5-92 【Blinn 基本参数】卷展栏

(23) 在【贴图】卷展栏中单击【漫反射颜色】贴图通道右侧的长按钮，在弹出的【材质/贴图浏览器】对话框中双击“位图”贴图类型，选择本书配套光盘“贴图”文件夹中的“B-A-004.TIF”贴图文件，如图 5-93 所示。

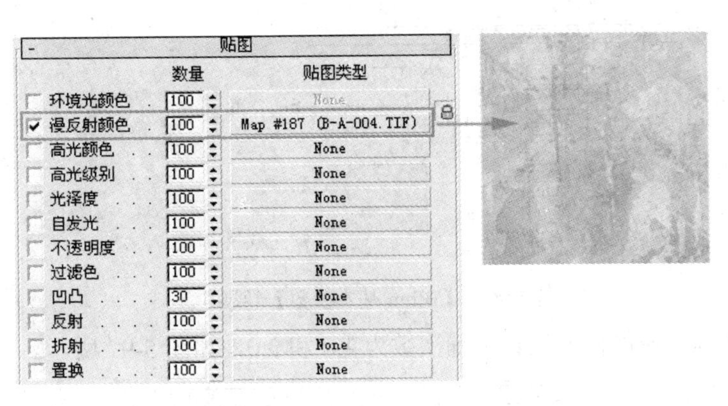

图 5-93　【贴图】卷展栏

(24) 在【坐标】卷展栏中设置平铺次数为 1.0 和 3.0，如图 5-94 所示。

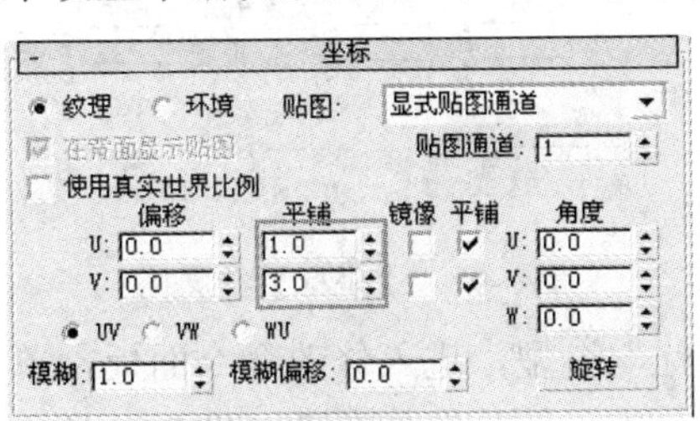

图 5-94　【坐标】卷展栏

(25) 单击 按钮，返回到上一层级。

(26) 在【贴图】卷展栏中设置【凹凸】贴图通道的【数量】值为 60，然后单击右侧的长按钮，在弹出的【材质/贴图浏览器】对话框中双击“位图”贴图类型，选择本书配套光盘“贴图”文件夹中的“SF-40.tif”贴图文件，如图 5-95 所示。

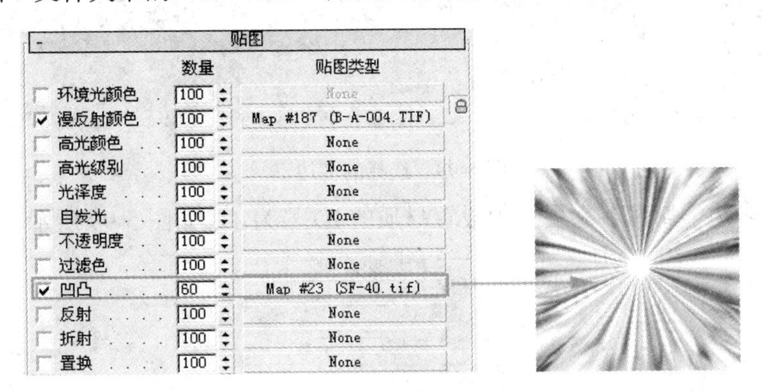

图 5-95　【贴图】卷展栏

(27) 连续单击 按钮，返回到顶层级。

(28) 单击 2 号(ID #2)材质右侧的长按钮，进入 2 号材质编辑环境。

(29) 在【Blinn 基本参数】卷展栏中设置【环境光】和【漫反射】颜色的 RGB 值为(243、240、221)，然后单击【漫反射】右侧的小按钮，为其指定本书配套光盘“贴图”文件夹中的“B-A-004.TIF”贴图文件，其它参数设置如图 5-96 所示。

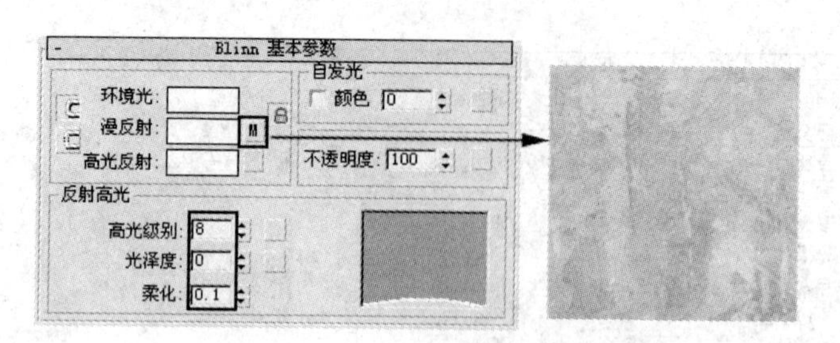

图 5-96 【Blinn 基本参数】卷展栏

(30) 在【坐标】卷展栏中设置平铺次数为 1.0 和 3.0，如图 5-97 所示。

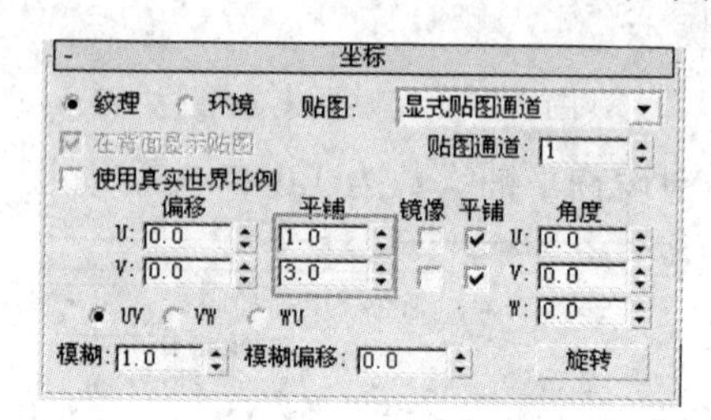

图 5-97 【坐标】卷展栏

(31) 在视图中选择“靠枕”造型，进入修改命令面板，单击【选择】卷展栏中的■按钮，进入【多边形】子对象层级，在视图中选择如图 5-98 所示的多边形。

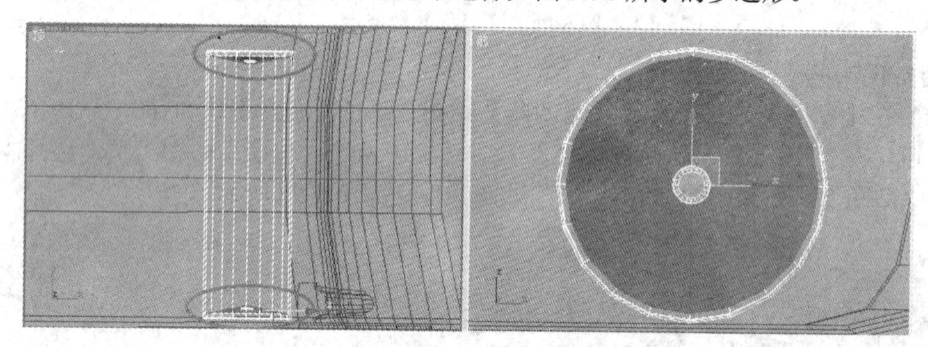

图 5-98 选择的多边形

(32) 在【多边形属性】卷展栏中设置材质的 ID 号为 1，如图 5-99 所示。

图 5-99 【多边形属性】卷展栏

(33) 单击菜单栏中的【编辑】/【反选】命令，选择“靠枕”造型的其它多边形，然后在【多边形属性】卷展栏中设置材质的 ID 号为 2。

(34) 在视图中选择“靠枕”造型，单击按钮，将刚才调配的“靠枕”材质赋予所选的造型。

(35) 单击按钮，进入修改命令面板，在【修改器列表】中选择【UVW 贴图】命令，在【参数】卷展栏中设置各项参数如图 5-100 所示。

(36) 在【材质编辑器】对话框中重新选择一个空白的示例球，命名为“地面”。

(37) 单击 Standard 按钮，在弹出的【材质/贴图浏览器】对话框中双击“无光/投影”材质类型，如图 5-101 所示。

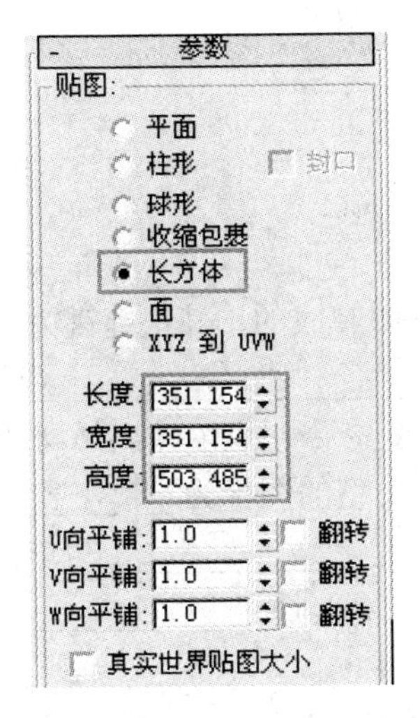

图 5-100　【参数】卷展栏

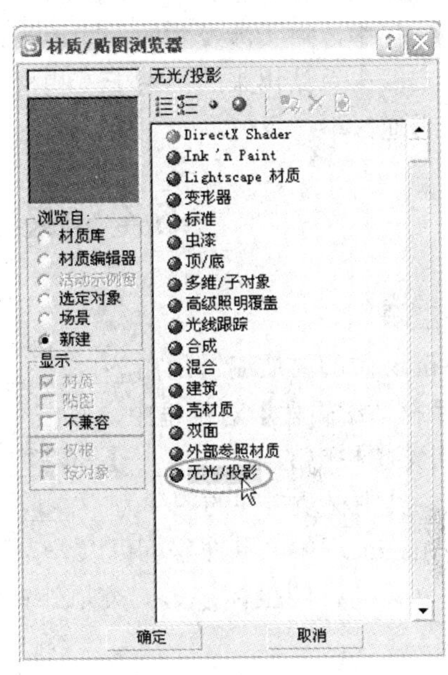

图 5-101　【材质/贴图浏览器】对话框

(38) 选择视图中的“地面”造型，单击按钮，将该材质赋予所选造型。

(39) 确认当前视图为相机视图，按下 F9 键快速渲染相机视图，渲染效果如图 5-102 所示。

图 5-102　渲染效果

(40) 单击菜单栏中的【文件】/【另存为】命令，将赋了材质后的文件重新命名保存。

5.3 课 堂 总 结

本课主要学习了 3ds max 中关于材质的编辑操作，其中重点介绍了【材质编辑器】对话框、【材质/贴图浏览器】对话框以及贴图坐标三大部分内容。限于篇幅，我们不能一一介绍每种贴图类型及材质的详细使用方法，只介绍了与效果图制作有关的材质内容。另外，我们针对这些内容讲述了三个实例，重点练习了材质的编辑方法。

在实例操作中，对于涉及到的一些参数设置，希望读者朋友能够有意识地模仿，因为这些都是在实践中总结出来的。对于一些材质的制作方法，建议读者朋友要认真领会，力求做到融会贯通，举一反三。

5.4 课 后 练 习

一、填空题

1．3ds max 中的材质编辑是在____________对话框中完成的，其快捷键为____键。

2．在【材质编辑器】对话框中，单击按钮可以____________________________。

3．单击菜单栏中的【________】/【____________】命令，可以弹出【材质/贴图浏览器】对话框，其中材质类型的图标为__________，贴图类型的图标为___________。

4．在 3ds max 中，贴图坐标可以分为两类：一类是_____________，也就是在创建对象时就直接创建的贴图坐标；另一类是外置贴图坐标，需要通过_____________修改命令完成。

二、操作题

材质的编辑是一个不断尝试与修改的过程，即使是经验丰富的高手也需要经过反复修改，才能获得真实的材质效果。打开本书配套光盘“调用”文件夹中的“中式餐椅.max”线架文件，为场景中的造型编辑材质，其中座垫部分为柔软的皮革材质，其它部分为木材质。餐椅造型的最终效果如图 5-103 所示。

图 5-103　赋材质后的餐椅造型

第 6 课

灵魂——灯光与相机的应用

主 要 内 容

- 灯光类型
- 灯光的设置方法
- 设置灯光的一般原则
- 相机的设置

6.1 课堂讲解

在现实生活中，光源按其形成方式可分为自然光与人造光两种。自然光泛指以日光、天体光、月光等天然光源来照明的光，其特点是照明效果简洁、统一、真实，且有一定的规律可循，并随季节、气候和地理位置的不同而改变。人造光是指由人类创造出来的光，如日常所见的荧光灯、白炽灯、石英灯、卤素灯等。人造光的种类不同、功能不同，其所营造的气氛也不同。本课学习 3ds max 灯光和相机的相关知识，这些内容是效果图表现的灵魂，合理的观察角度、真实的灯光效果是保证效果图品质的重要因素。

6.1.1 灯光类型

在 3ds max 中，单击创建命令面板中的按钮，并单击标准，在打开的下拉列表中可以观察到灯光有“标准”和“光度学”两种。“标准”灯光是效果图中使用最多的一种，它采用默认的线性渲染方式，工作效率比较高；而“光度学”灯光是真实的物理学灯光，它采用光能传递的渲染方式，效果比较真实，但渲染速度慢。

- 标准灯光：是基于计算机的模拟灯光系统，如日常照明、舞台或电影使用的灯光、太阳光等，均可用不同的方法进行模拟。这种类型的灯光不具有基于物理的强度值。
- 光度学灯光：使用光度学(光能)值来更精确地定义灯光，就像在真实世界一样。用户可以设置灯光的分布、强度、色温和其他真实灯光所具有的特性。将光度学灯光与光能传递解决方案结合起来，可以生成自然逼真的照明效果。

标准灯光共有 8 种对象类型，如图 6-1 所示，不同的灯光可以模拟不同的光源。

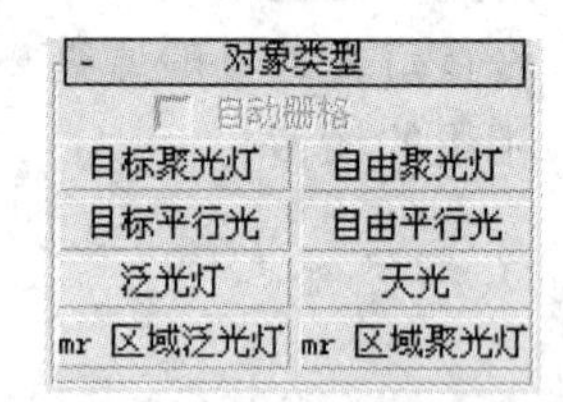

图 6-1　标准灯光的类型

6.1.2 灯光的设置方法

不同的灯光类型其参数设置也是不同的，其中，“mr 区域泛光灯”与“mr 区域聚光灯”两种灯光类型是相对 mental ray 渲染器而言的，这里只作了解即可，另外 6 种灯光需要我们熟练掌握。

1. 目标聚光灯与自由聚光灯

聚光灯的光线是从一个点发出，在传播过程中照亮的范围逐渐变大，从而形成一个锥形的照亮区，与日常所见的手电筒照明效果相似。在 3ds max 中，聚光灯包括目标聚光灯

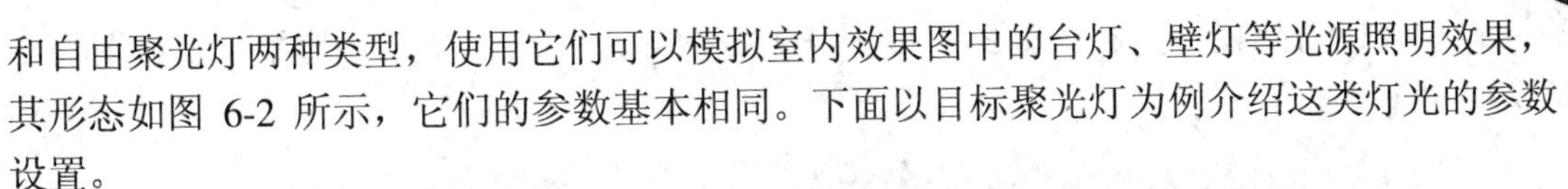

和自由聚光灯两种类型，使用它们可以模拟室内效果图中的台灯、壁灯等光源照明效果，其形态如图 6-2 所示，它们的参数基本相同。下面以目标聚光灯为例介绍这类灯光的参数设置。

目标聚光灯　　自由聚光灯

图 6-2　目标聚光灯与自由聚光灯的形态

边讲边练：目标聚光灯的参数设置

(1) 单击菜单栏中的【文件】/【打开】命令，打开本书配套光盘“调用”文件夹中的“墙面.max”线架文件，如图 6-3 所示。

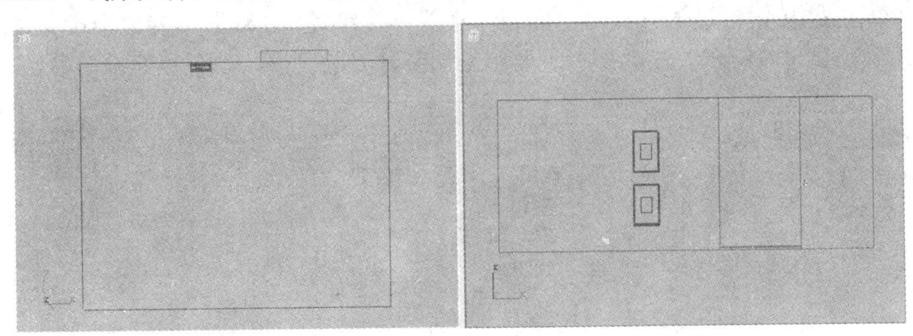

图 6-3　打开的文件

(2) 在创建命令面板中单击 按钮，单击【对象类型】卷展栏中的 目标聚光灯 按钮，在左视图中按住鼠标左键拖曳，创建一盏目标聚光灯，如图 6-4 所示。

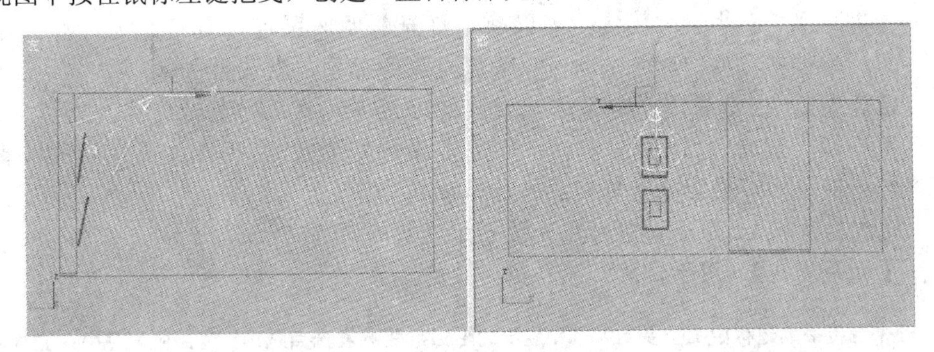

图 6-4　创建的目标聚光灯

在左视图中注意调整目标聚光灯的位置以及目标点的位置，使目标聚光灯的锥形框与墙体相交，保证聚光灯能够在墙体上照射出弧形光。

(3) 确认当前视图为相机视图，按下 F9 键快速渲染相机视图，渲染效果如图 6-5 所示。

图 6-5　创建灯光后的渲染效果

通过渲染发现，目标聚光灯投射的弧形边缘过于生硬。下面我们边调整边讲解各参数的作用。

(4) 单击按钮，进入修改命令面板，在【强度/颜色/衰减】卷展栏中设置【远距衰减】的参数如图 6-6 所示。该卷展栏主要用来调节灯光的亮度、颜色、衰减等参数。

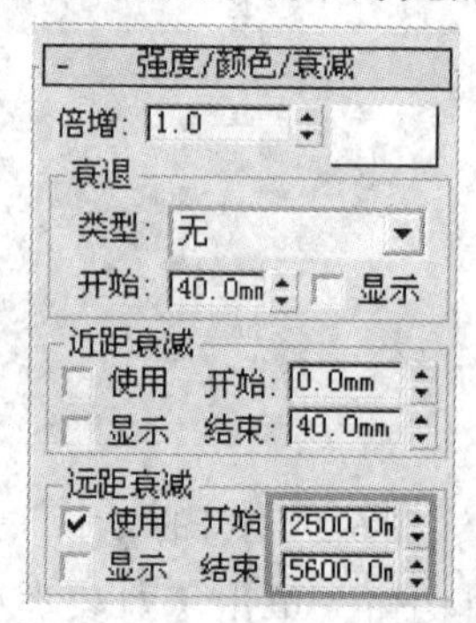

图 6-6　【强度/颜色/衰减】卷展栏

- 【倍增】：通过输入数值，可以确定灯光的明暗强度，数值越大，灯光越亮。单击其右侧的颜色块，可以设置灯光的颜色，默认为白色。
- 【类型】：该选项用于选择灯光衰减的方式，包括三种衰减方式："无"表示不产生衰减；"倒数"表示以倒数方式计算衰减；"平方反比"表示以真实环境中的灯光衰减计算公式来计算衰减。
- 【近距衰减】：用于设置灯光亮度开始衰减的距离。
- 【远距衰减】：用于设置灯光衰减为 0 的距离。

灯光在传播的过程中由于受到大气和尘埃的阻挡，距离发光点越远，光照强度越小，光线越弱，这种现象称为衰减。

(5) 调整参数后的目标聚光灯在视图中的形态如图 6-7 所示。

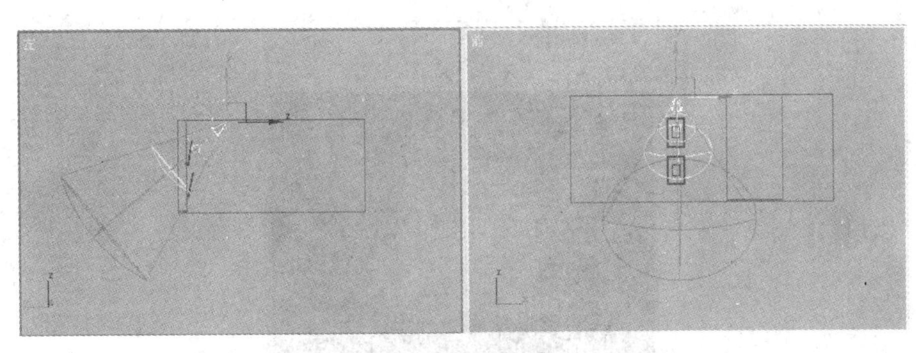

图 6-7　调整后的目标聚光灯形态

(6) 在【聚光灯参数】卷展栏中设置参数如图 6-8 所示。该卷展栏是聚光灯专有的参数选项，主要用于控制灯光的照亮范围。

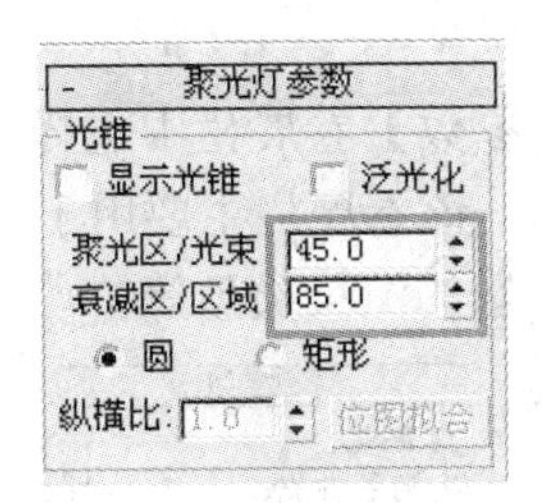

图 6-8　【聚光灯参数】卷展栏

- 【显示光锥】：选择该复选框后，将在视图中显示光锥，以便于观察。
- 【泛光化】：选择该复选框后，可以强迫聚光灯照亮锥形区以外的地方。
- 【聚光区/光束】：用于调整聚光区的范围，在视图中用浅蓝色锥形框表示。
- 【衰减区/区域】：用于调整聚光灯的衰退范围，在视图中用深蓝色锥形框表示，锥形框之外的范围不被照亮。
- 【圆】与【矩形】：用于决定聚光区和衰减范围是圆形还是方形。模拟光从窗户照射进来时，需要使用方形的照射区域。

(7) 调整参数后的目标聚光灯在视图中的形态如图 6-9 所示。

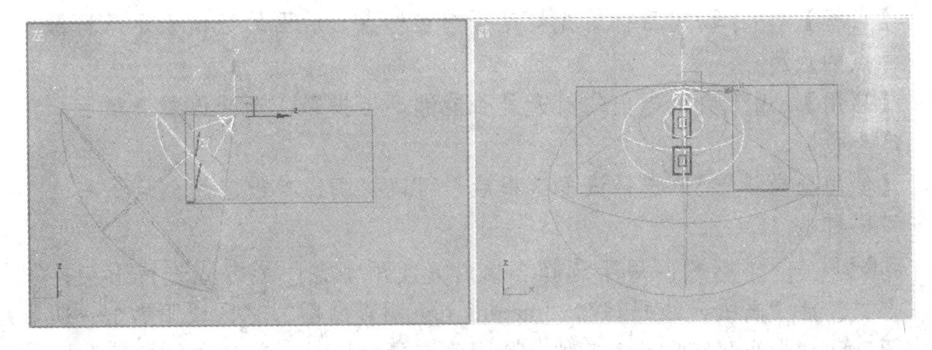

图 6-9　调整后的目标聚光灯形态

(8) 确认当前视图为相机视图，按下 F9 键快速渲染相机视图，渲染效果如图 6-10 所示。

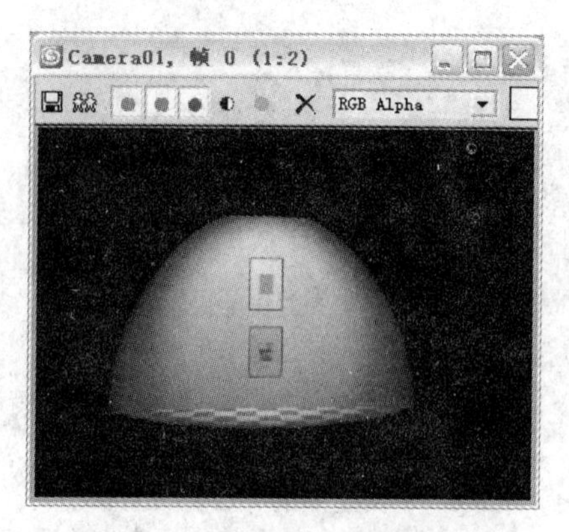

图 6-10　创建灯光后的渲染效果

通过渲染发现，目标聚光灯投射的弧形边缘已不再生硬。为了模拟灯光的真实感，下面我们为其设置阴影参数。

(9) 在修改命令面板的【常规参数】卷展栏中选择【阴影】选项组中的【启用】复选框，其它参数设置如图 6-11 所示。该卷展栏主要用于控制灯光的打开与关闭、排除/包含对象、是否投射阴影以及所投射阴影的渲染类型等。

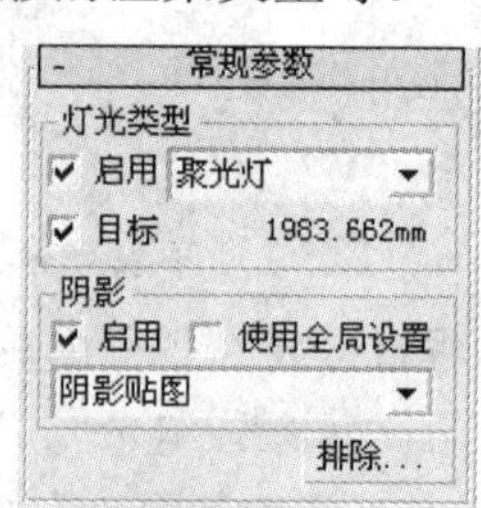

图 6-11　【常规参数】卷展栏

- 【启用】：用于设置灯光的开关，如果暂时不需要该灯光的照射，可以先将它关闭。
- 在 聚光灯 下拉列表中可以选择另外的灯光类型。如果选择的是标准灯光，则灯光类型可以在“泛光灯”、“聚光灯”和“平行光”之间转换。
- 【目标】：用于设定目标聚光灯是否有目标点，后面的数值表示从灯源到目标点的距离。
- 【启用】：用于决定当前的灯光是否能够产生投影，选择该复选框后，可以产生投影。
- 【使用全局设置】：选择该复选框后，可以将阴影参数应用到场景中的全部投影灯上。
- 阴影贴图 ：用于选择当前灯光使用哪种阴影方式进行渲染。阴影方式包括“高级光线跟踪”、“mental ray 阴影贴图”、“区域阴影”、“阴影贴图”和“光线跟踪阴影”5 种，不同的渲染方式对应着各自的参数卷展栏。
- 单击 排除... 按钮，将弹出如图 6-12 所示的【排除/包含】对话框，使用该对话框可以指定物体是否受灯光照射的影响。

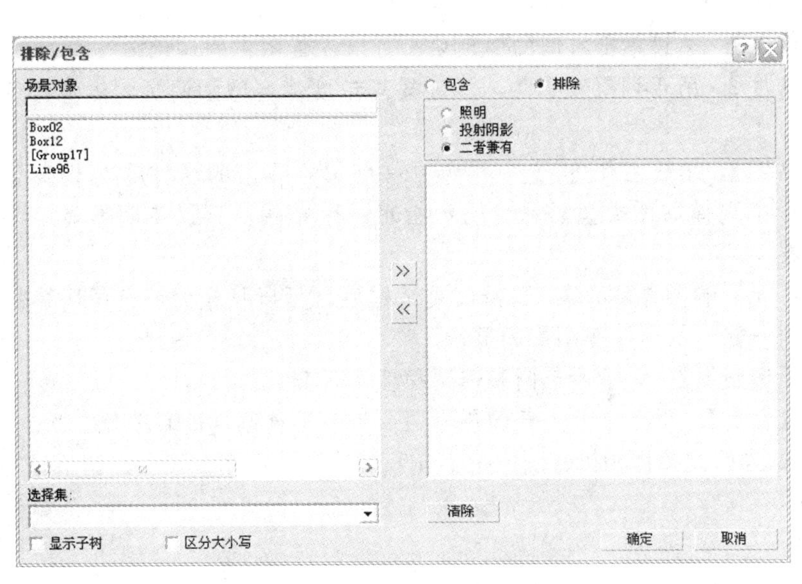

图 6-12　【排除/包含】对话框

(10) 确认当前视图为相机视图，按下 F9 键快速渲染相机视图，渲染效果如图 6-13 所示。

图 6-13　设置阴影后的渲染效果

由上图可以看出，得到的阴影效果过强，边缘生硬，下面继续进行调整。

(11) 在修改命令面板的【阴影参数】卷展栏中设置【密度】值为 0.5，如图 6-14 所示。该卷展栏用于调整阴影的颜色和深浅，以及是否使用贴图阴影等。

图 6-14　【阴影参数】卷展栏

- 【颜色】：通过单击右侧的颜色块，可以设置阴影的颜色。
- 【密度】：用于调节阴影的浓度。提高浓度值会增加阴影的黑暗程度，默认值为 1。
- 【贴图】：单击右侧的 无 按钮，在弹出的【材质/贴图浏览器】对话框中选择贴图类型，并为阴影指定一个贴图，可以使阴影显示为贴图的图案。
- 【灯光影响阴影颜色】：选择该复选框后，可以将光的颜色同阴影的颜色混合到一起，从而改变阴影的显示。
- 【不透明度】：用于调节阴影透明程度的百分比。
- 【颜色量】：用于调节大气颜色与阴影颜色混合程度的百分比。

(12) 确认当前视图为相机视图，按下 F9 键快速渲染相机视图，调整后的渲染效果如图 6-15 所示。

图 6-15　图像的渲染效果

在修改命令面板中可以看到，目标聚光灯除了前面讲述的卷展栏参数外，还有【高级效果】、【阴影贴图参数】和【大气和效果】等其它卷展栏。

【高级效果】卷展栏主要用于控制光线照亮物体表面的高级效果，如图 6-16 所示。

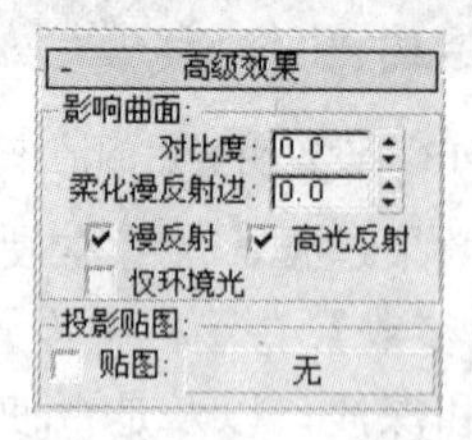

图 6-16　【高级效果】卷展栏

- 【对比度】：用于调节物体高光区与过渡区之间表面的对比度，值为 0 时是正常效果，对有些特殊效果(如外层空间中刺目的反光)需要增大对比度值。
- 【柔化漫反射边】：用于柔化过渡区与阴影区表面之间的边缘，避免产生清晰的明暗分界线。
- 【漫反射】：该选项用于控制打开或关闭灯光的漫反射效果。
- 【高光反射】：该选项用于控制打开或关闭灯光的高光成分。
- 【仅环境光】：选择该复选框时后，灯光仅以环境照明的方式影响物体表面

的颜色，类似于给模型均匀涂色。

- 【贴图】：单击右侧的 无 按钮，在弹出的【材质/贴图浏览器】对话框中选择一幅贴图，可以把贴图的图案投射到物体表面上。

如果在【常规参数】卷展栏中设置阴影渲染方式为“阴影贴图”，则会出现【阴影贴图参数】卷展栏，该卷展栏用于设置阴影贴图的各项参数，如图6-17所示。

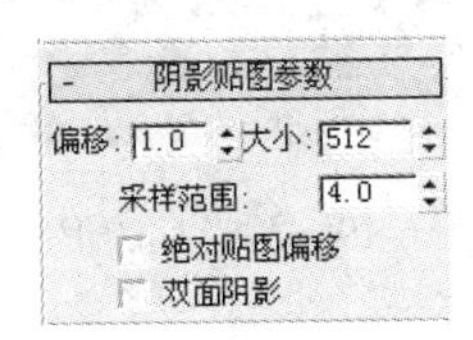

图6-17　【阴影贴图参数】卷展栏

- 【偏移】：用于设置阴影与物体之间的距离，值越小，阴影越接近物体。当发现阴影离物体太远而产生悬空现象时，就应减少偏移的数值。
- 【大小】：用于设定阴影的大小。如果阴影面积较大，则应提高该值，否则阴影会显得很粗糙。
- 【采样范围】：用于设置阴影中边缘区域的柔和程度，值越高，边缘越柔和，而阴影越模糊一些。

2．目标平行光与自由平行光

平行光是从一个圆形或方形表面发出，在传播过程中照亮的范围始终保持一致，所有光线的方向平行，从而形成一个圆筒或方筒的照亮区。在3ds max中，平行光包括目标平行光和自由平行光两种类型，使用它们可以模拟太阳等自然光，其形态如图6-18所示，参数设置可参考目标聚光灯。

目标平行光　　　　自由平等光

图6-18　目标平行光与自由平行光的形态

3．泛光灯

泛光灯具有全局照明功能，光线从一点向四面八方放射，是典型的点光源，没有明确的照射目标，常用来模拟环境光。它对营造画面气氛非常重要，其形态如图6-19所示。

泛光灯的参数与聚光灯大体相同，也可以进一步扩展功能，如灯光的衰减、投射阴影和图像等，与聚光灯的差别在于照射范围，一盏投影泛光灯相当于六盏聚光灯所产生的效果。另外，泛光灯还可以用来模拟灯泡、台灯等光源物体。

图 6-19　泛光灯的形态

4．天光

顾名思义，天光用来模拟日光效果。用户可以自行设置天空的颜色或为其指定贴图，天光的位置与被照射物体的距离都不影响它的照明效果，光线总是从头顶照射下来。天光通常结合光能传递来表现室外建筑效果图，其形态与参数如图 6-20 所示。

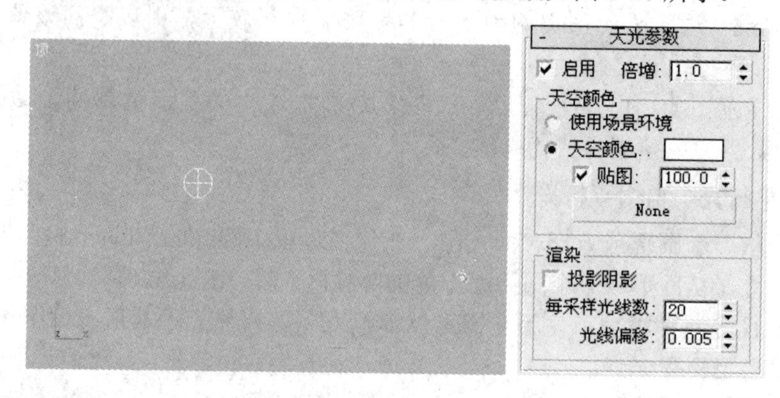

图 6-20　天光的形态与参数

- 【启用】: 用于打开或关闭天光。选择该复选框后，将在阴影和渲染计算的过程中利用天光来照亮场景。
- 【倍增】: 用于指定一个正值或负值来增强或减弱灯光的强度。
- 【使用场景环境】: 选择该项时，可以利用【环境】对话框中的环境色作为光的颜色，只有当光能传递处于激活状态时才有效。
- 【天空颜色】: 用于设置天空的颜色。
- 【贴图】: 用于调用一幅贴图来影响天光的颜色。贴图也只有使用光能传递时才起作用。

5．mr 区域泛光灯与 mr 区域聚光灯

mr 区域泛光灯与 mr 区域聚光灯是相对 mental ray 渲染器而言的灯光类型，其形态如图 6-21 所示。

如果使用了 mr 区域泛光灯或 mr 区域聚光灯，则除了前面的设置外，还包括【mental ray 间接照明】与【mental ray 灯光明暗器】两个卷展栏。其中，【mental ray 间接照明】卷展栏用于全局照明及焦散等的相关设置；【mental ray 灯光明暗器】卷展栏用于灯光明暗器与光子发射器明暗器等的相关设置，如图 6-22 所示。

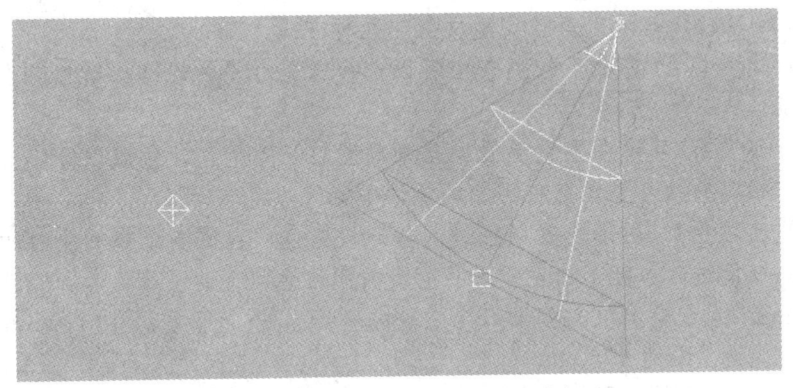

图 6-21 mr 区域泛光灯和 mr 区域聚光灯的形态

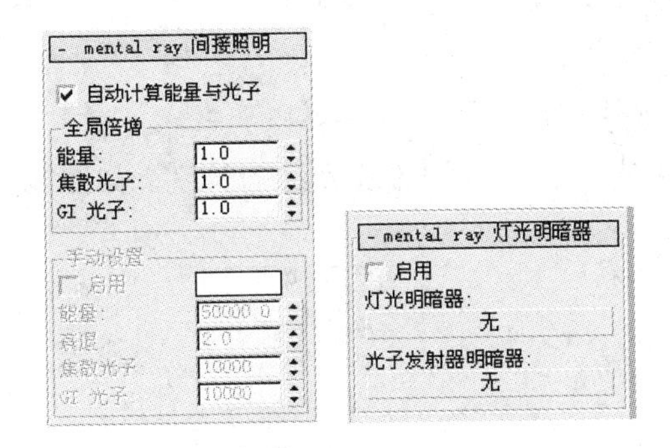

图 6-22 mr 区域泛光灯与 mr 区域聚光灯的参数设置

6. 光度学灯光

光度学灯光主要用于室内场景，并且最好结合【曝光控制】和【光能传递】高级照明渲染系统使用，这样可以使场景效果更加逼真。另外，在布置光度学灯光时，只要按照场景中出现的光源位置设置相应的灯光，就可以得到真实的渲染效果。

3ds max 9 提供了 10 种不同类型的光度学灯光，如图 6-23 所示。

下面介绍【光度学】灯光的常用参数。其【强度/颜色/分布】卷展栏如图 6-24 所示，在这里可以设置光度学灯光的分布类型，也可以定义灯光的颜色和强度。

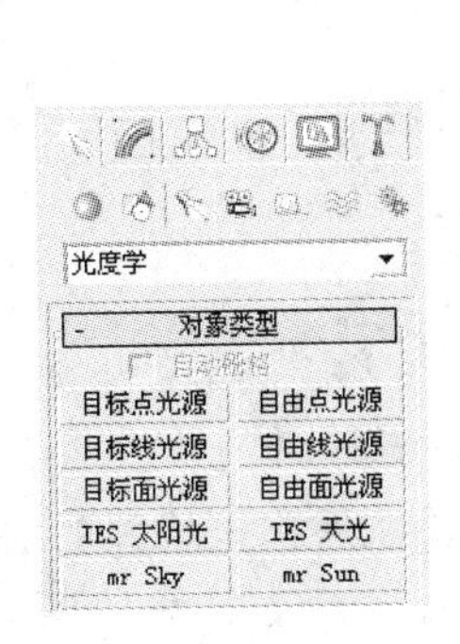

图 6-23 光度学灯光

强度/颜色/分布
分布: 等向
颜色
D65White
开尔文:
过滤颜色:
强度
结果强度: 2700.0 cd
lm cd lx:
2700.0
倍增:
灯光类型
灯光颜色

图 6-24 【强度/颜色/分布】卷展栏

- 【分布】: 用于设置光线从光源发射后在空间的分布方式，内容包括“等向”、“Web”、“聚光灯”、“漫反射”几种方式。

- 【灯光类型】：在该下拉列表中可以选择常见灯光的规格，模拟灯光的光谱特征。
- 【开尔文】：通过调整色温微调器来设置灯光的颜色，色温以开尔文度数显示，相应的颜色显示在右侧的颜色块中。
- 【过滤颜色】：用于设置颜色过滤器的过滤色，它影响着光的照射颜色。例如，红色过滤器置于白色光源上就会投射红色灯光。
- 【lm】：光通量单位，测量灯光发散的全部光能(光通量)。100 W 普通白炽灯的光通量约为 1750 lm。
- 【cd】：测量光的最大发光强度，通常是沿目标方向进行测量。100 W 普通白炽灯的发光强度约为 139 cd。
- 【lx】：测量被灯光照亮的表面面向光源方向上的照明度。勒克斯(lx)是国际场景单位，1 勒克斯等于 1 流明/平方米。
- 【倍增】：选择该选项后，可以以百分比的形式设置灯光的强度。

使用【线光源参数】卷展栏可以设置线光源的长度，如图 6-25 所示，其中只有一个【长度】选项。

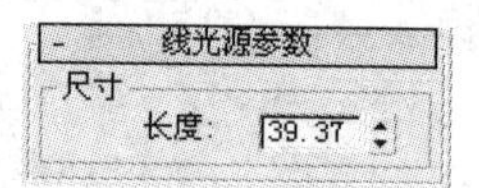

图 6-25 【线光源参数】卷展栏

使用【区域光源参数】卷展栏可以设置面光源的尺寸，如图 6-26 所示。

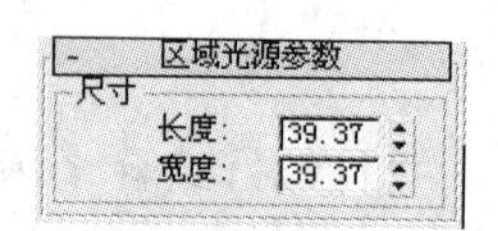

图 6-26 【区域光源参数】卷展栏

- 【长度】：用于设置面光源的长度。
- 【宽度】：用于设置面光源的宽度。

当使用了“Web”分布方式后，将出现【Web 参数】卷展栏，使用这些参数可以选择光域网文件并调整 Web 的方向，如图 6-27 所示。

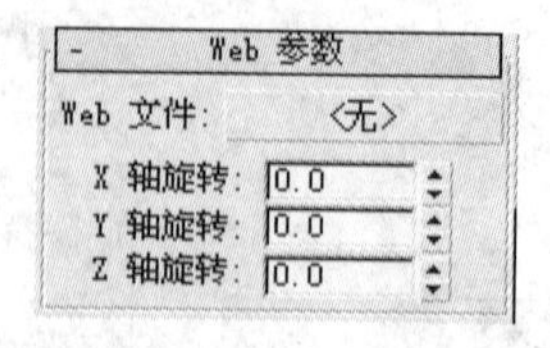

图 6-27 【Web 参数】卷展栏

- 【Web 文件】：单击右侧的长按钮，可以选择用作光域网的 IES 文件。
- 【X 轴旋转】：沿着 X 轴旋转光域网，旋转中心是光域网的中心，范围为 −180° ～180° 。
- 【Y 轴旋转】：沿着 Y 轴旋转光域网，旋转中心是光域网的中心，范围为

–180° ～180° 。

- 【Z 轴旋转】: 沿着 Z 轴旋转光域网，旋转中心是光域网的中心，范围为–180° ～180° 。

6.1.3　设置灯光的一般原则

在场景中使用灯光的目的有以下几点：

(1) 提高场景的照明程度。默认状态下，视图中的照明程度往往不够，很多复杂物体的表面都不能很好地表现出来，这时就需要为场景重设灯光来改善照明程度。

(2) 通过逼真的照明效果以提高场景的真实性。

(3) 为场景创建阴影，模拟真实环境。所有的灯光都可以产生阴影效果，当然，用户还可以自己设置灯光是否投射或接受阴影。

(4) 模拟场景中的光源。灯光本身是不能被渲染的，所以还需要创建符合光源的几何体模型相配合。

1．3ds max 中的布光原则

在 3ds max 场景中，黑色是基色，所以应注意“留黑”现象，这样可以使灯光的设置有调节的余地，产生微妙的光影变化。切勿将灯光设置太多、太亮，使整个场景一览无余，亮得没有一点层次和变化，会使渲染图像显得生硬。

灯光的设置不要太随意，应事前规划好。根据自己对灯光的设想有目的地去布置每一盏灯，明确每一盏灯的控制对象是灯光布置中的首要因素，使每盏灯尽量负担少的光照任务，虽然这会增加灯光的数量，使场景渲染时间变慢，但为了得到逼真的效果，这是十分必要的。

在布光时应做到每一盏灯都有切实的效果，那些效果不明显、可有可无的灯要删除，这样可以有效地提高渲染速度。

2．室内效果图布光原则

根据场景的大小，可以把它划分为小空间(如卧室、卫生间等)、大空间(如客厅、门厅等)、复杂空间(如剧院、教堂等)。

小空间的主光源只用一盏泛光灯，置于水平居中、垂直偏上的位置，辅助光源可以用数盏泛光灯，使用排除选项，使每盏灯只照亮一部分空间。

大空间的主光源要用两盏泛光灯，一盏照亮除天花板以外的所有造型，置于水平居中、前后偏前或偏后、垂直偏上的位置，使场景产生光的过渡，体现层次感。最好趋向天花板的位置，如果有灯池，就将它放在灯池中，模拟主光。另一盏使用排除选项只照亮天花板，在水平居中、前后偏前或偏后、垂直偏下靠近地面的位置。辅助光源的设置与小空间相同。

在为复杂空间布光之前，要将其划分为几个小空间或几个大空间，然后使用上述布光原则进行布光。如果主光在墙面上出现光斑，可以在出现光斑的主光旁边设置一盏倍增器为负值的吸光灯来减弱光斑，也可以通过移动主光的办法来解决。

3．室外建筑效果图布光原则

室外建筑效果图中灯光的设置很简单，用一盏目标平行光作为主光源模拟太阳光，照

亮整个场景及建筑的正立面，并计算阴影，置于与相机呈 90° 左右夹角的位置。用一盏或多盏泛光灯作为辅助光源，置于建筑的侧面，用于照亮建筑的局部，同时起到淡化阴影的作用，倍增器设置比主光要小。

6.1.4 相机的设置

在 3ds max 中，相机共有两种类型，分别为目标相机和自由相机。单击创建命令面板中的按钮，即可进入相机创建命令面板，如图 6-28 所示。

图 6-28 相机创建命令面板

- 目标相机：该相机类型包括两部分，即相机和相机目标点。与前面的目标聚光灯性质类似，一般把相机所处的位置称为观察点，将观察的对象称为目标点。用户可以单独调整相机和目标点。
- 自由相机：与目标相机相比，该相机类型没有目标点，只有相机，如果要进行调整，则只有通过一些工具来实现。

相对其它的创建工具而言，在室内设计中相机的创建非常简单，选择相机工具后，在视图中拖曳鼠标即可。创建了相机以后，单击按钮进入修改命令面板，在【参数】卷展栏中可以进行参数设置，如图 6-29 所示。

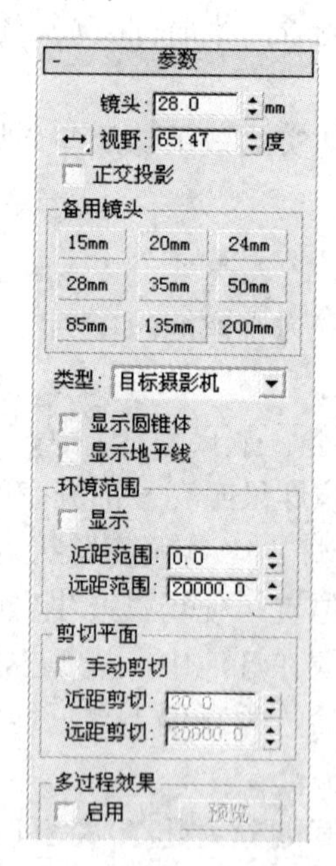

图 6-29 【参数】卷展栏

常用参数及选项的含义如下：

- 【镜头】：用于设置镜头焦距的长度。
- 【视野】：通过输入数值，可以确定相机在场景中看到的区域。

- 【备用镜头】：用于选择系统提供的镜头。
- 【剪切平面】：通过调整【近距剪切】和【远距剪切】的值，可以排除场景中的一些对象，只查看或渲染场景的某些部分，比【近距剪切】近或比【远距剪切】远的对象是不可视的。

6.2 课堂实训

灯光与相机被称为效果图的灵魂，它对于提高效果图的品质具有不可低估的作用。读者除了掌握前面我们介绍的知识要点以外，还要多加练习。下面进行相机与灯光的实训练习。

6.2.1 为布艺沙发设置相机与灯光

下面我们打开一个沙发造型，通过对场景设置灯光与相机来加强沙发的艺术表现。通过对比设置灯光和相机前后沙发的效果，可以加深对灯光的理解与认识。本例的最终效果如图 6-30 所示。

图 6-30　设置灯光与相机后的布艺沙发效果

(1) 单击菜单栏中的【文件】/【打开】命令，打开本书配套光盘“调用”文件夹中的“布艺沙发.max”线架文件，如图 6-31 所示。

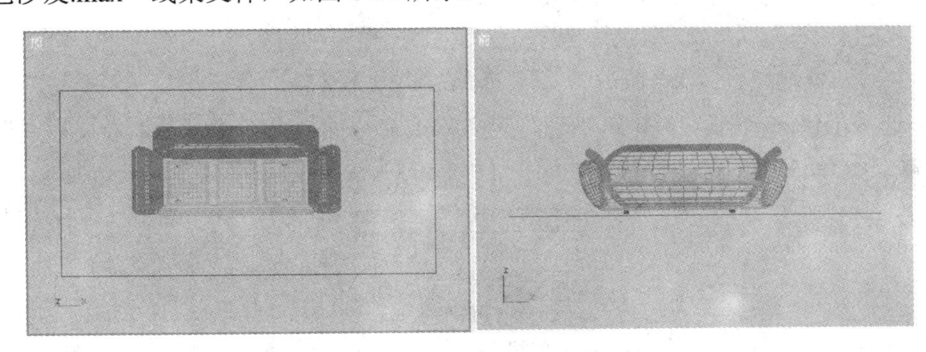

图 6-31　打开的文件

首先，我们为场景设置相机，以确定观察视角。

(2) 在视图控制区中激活按钮，在透视图中按住鼠标左键拖曳，调整沙发的观察角度，如图 6-32 所示。

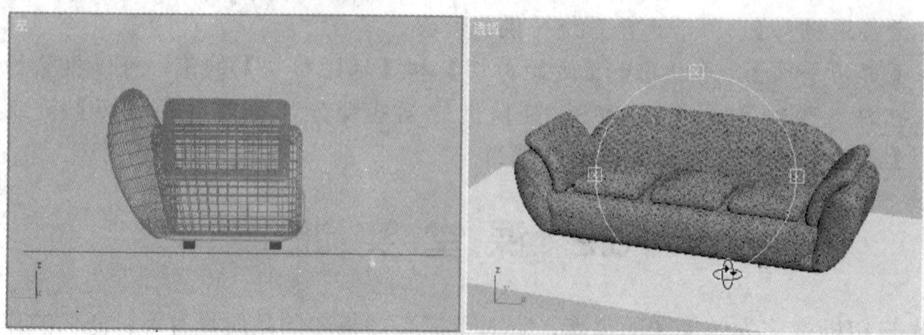

图 6-32　调整沙发的观察角度

(3) 确认当前视图为透视图，按下 Ctrl+C 键，为场景创建一架相机，调整相机的形态如图 6-33 所示。

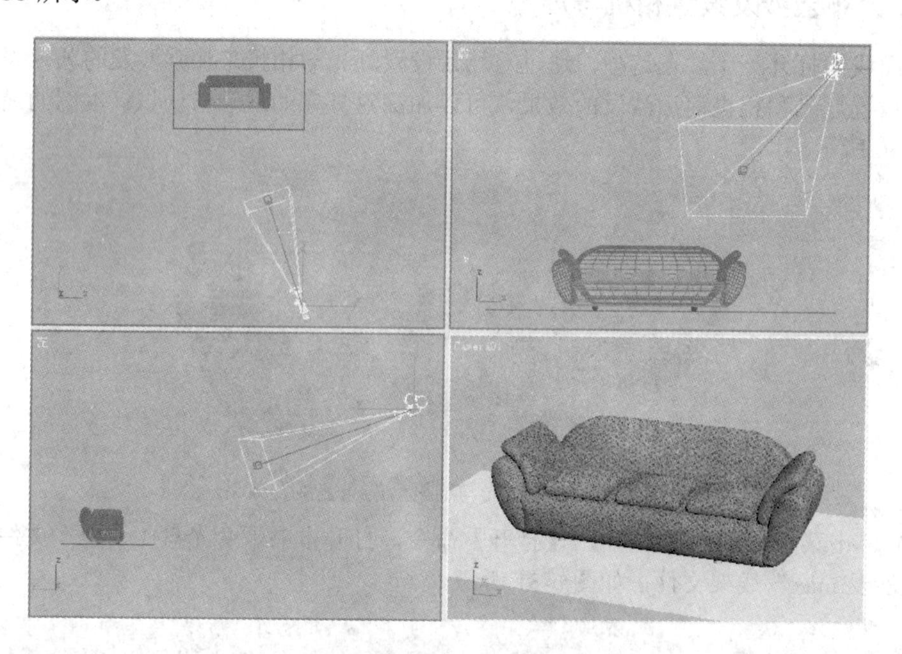

图 6-33　调整相机在视图中的形态

(4) 选择创建的相机，单击按钮，进入修改命令面板，在【参数】卷展栏中调整相机的参数如图 6-34 所示，这样我们就确定了沙发的观察角度。

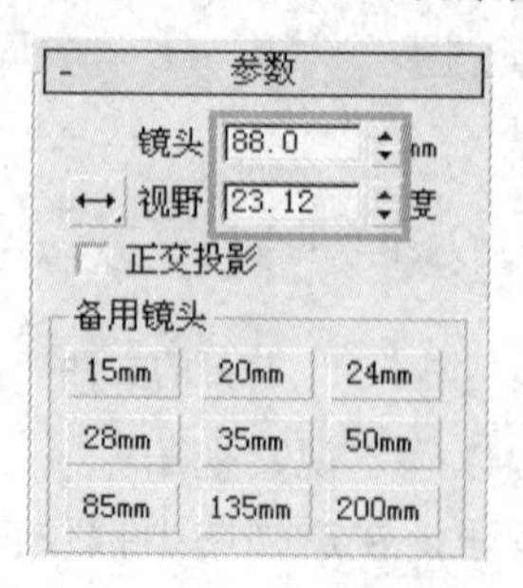

图 6-34　【参数】卷展栏

(5) 在创建命令面板中单击 按钮，单击【对象类型】卷展栏中的 目标聚光灯 按钮，在前视图中按住鼠标左键拖曳，创建一盏目标聚光灯，其参数均为默认，如图 6-35 所示。

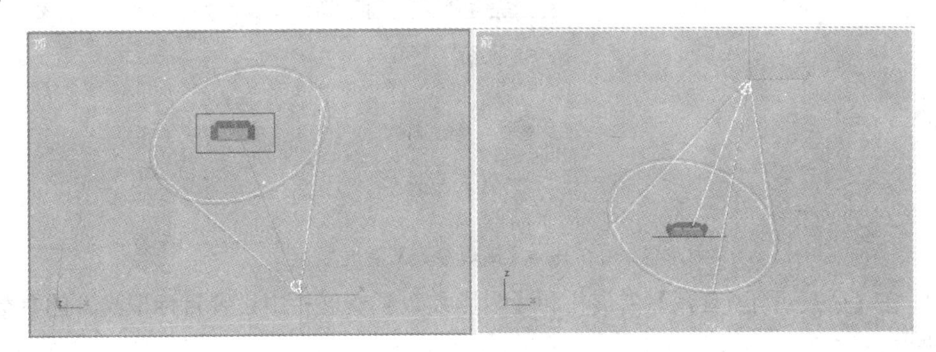

图 6-35　创建的目标聚光灯

(6) 单击工具栏中的 按钮，快速渲染相机视图，渲染效果如图 6-36 所示。

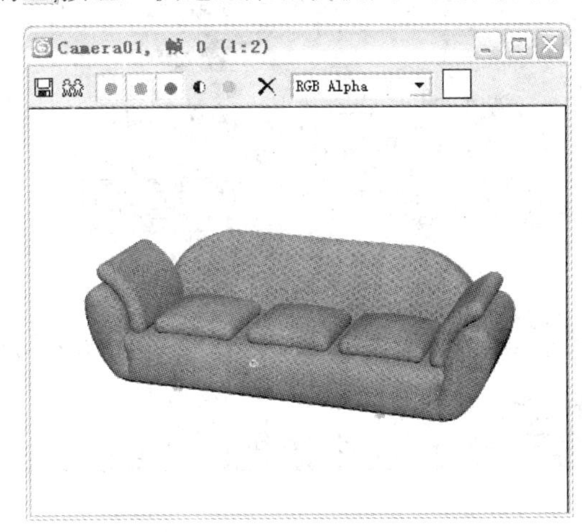

图 6-36　渲染效果

由上图可以观察到沙发造型过暗，因此要继续为其创建灯光。

(7) 单击【对象类型】卷展栏中的 目标聚光灯 按钮，在前视图中按住鼠标左键拖曳，创建一盏目标聚光灯，如图 6-37 所示。

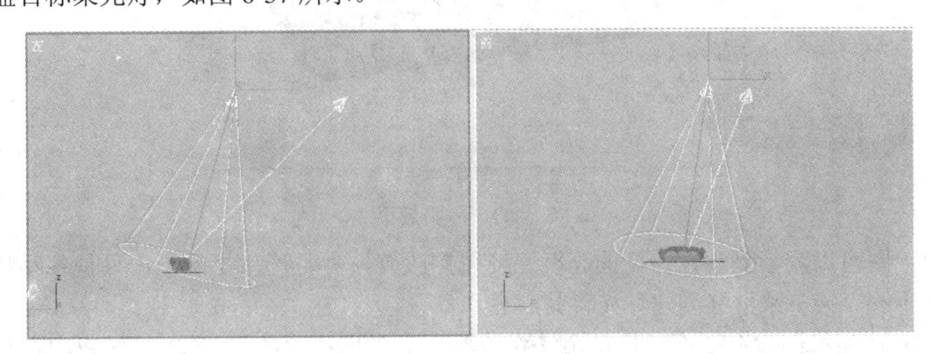

图 6-37　创建的目标聚光灯

(8) 选择刚创建的目标聚光灯，单击 按钮进入修改命令面板，在【常规参数】卷展栏中选择【阴影】选项组中的【启用】选项，使其投射阴影，如图 6-38 所示。

图 6-38 【常规参数】卷展栏

(9) 在【强度/颜色/衰减】卷展栏和【阴影参数】卷展栏中设置目标聚光灯的参数如图 6-39 所示。

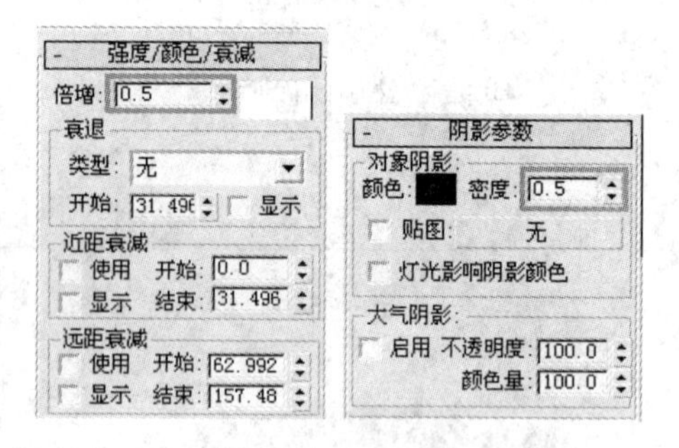

图 6-39 目标聚光灯的参数设置

(10) 单击工具栏中的 按钮，快速渲染相机视图，渲染效果如图 6-40 所示。

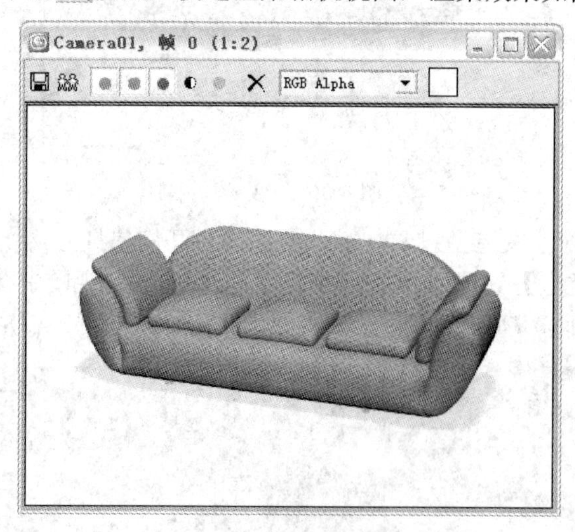

图 6-40 渲染效果

由上图可以观察到沙发造型的亮度已经得到改善，并且产生了阴影，只是各座垫的亮度还是不够。接下来继续创建灯光将其照亮。

(11) 在相机创建命令面板中单击【对象类型】卷展栏中的 泛光灯 按钮，在顶视图中创建一盏泛光灯，其位置如图 6-41 所示。

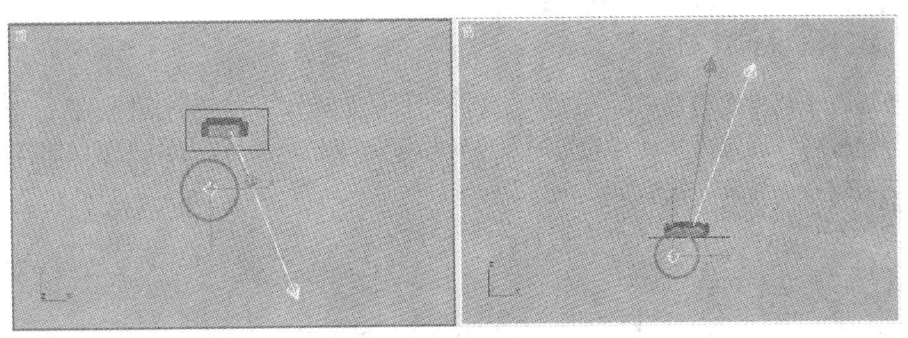

图 6-41　创建的泛光灯

(12) 选择创建的泛光灯，单击按钮进入修改命令面板，在【强度/颜色/衰减】卷展栏中设置参数如图 6-42 所示。

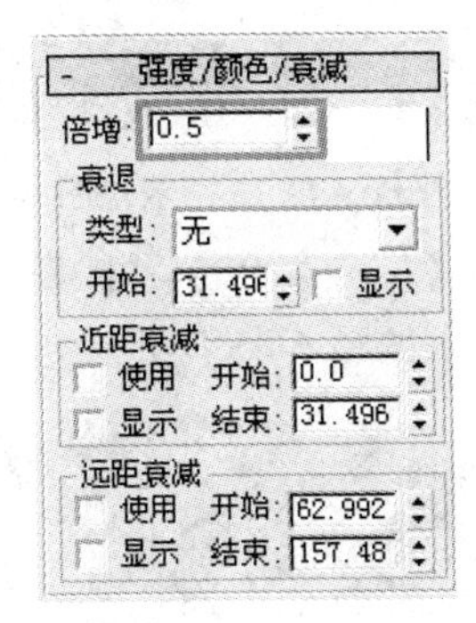

图 6-42　【强度/颜色/衰减】卷展栏

(13) 单击工具栏中的按钮，快速渲染相机视图，渲染效果如图 6-43 所示。

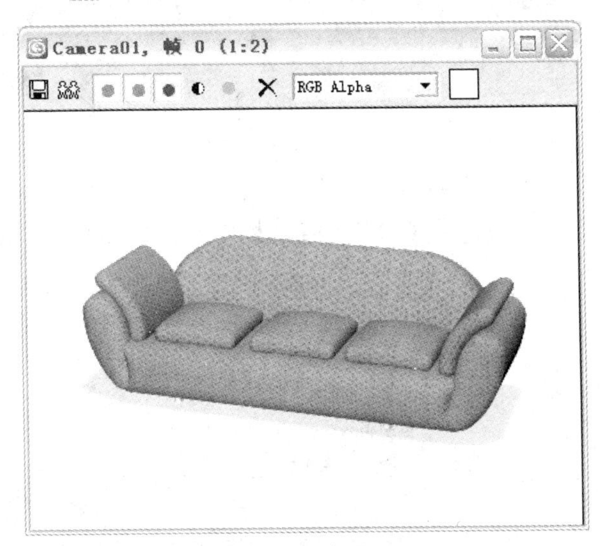

图 6-43　渲染效果

由上图可以看出，沙发的光照效果基本达到了令人满意的效果。单击菜单栏中的【文件】/【保存】命令，将设置灯光后的场景保存起来。

6.2.2 为卧室设置相机与灯光

上节通过布艺沙发造型学习了简单灯光与相机的创建，本节我们乘胜追击，继续学习灯光的创建技巧，通过为“卧室效果图”设置相机与灯光，学习较大场景的相机与灯光的创建方法与技巧。其最终效果如图6-44所示。

图6-44 卧室效果图

(1) 单击菜单栏中的【文件】/【打开】命令，打开本书配套光盘“调用”文件夹中的“卧室效果图模型.max”线架文件，如图6-45所示。

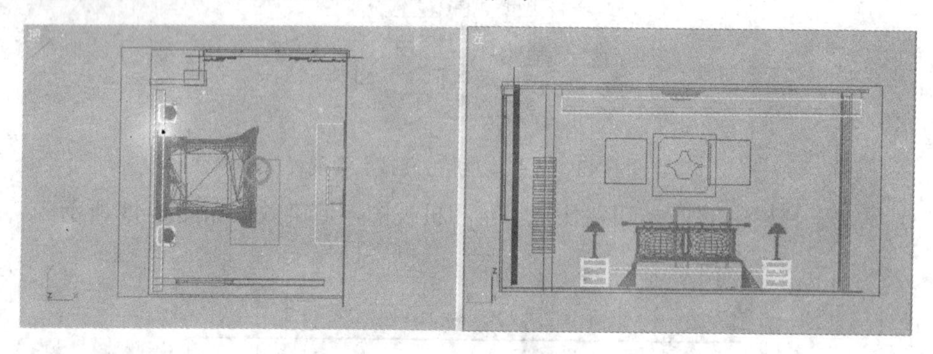

图6-45 打开的文件

(2) 在创建命令面板中单击按钮，单击【对象类型】卷展栏中的 目标 按钮，在顶视图中创建一架目标相机，在【参数】卷展栏中设置参数如图6-46所示。

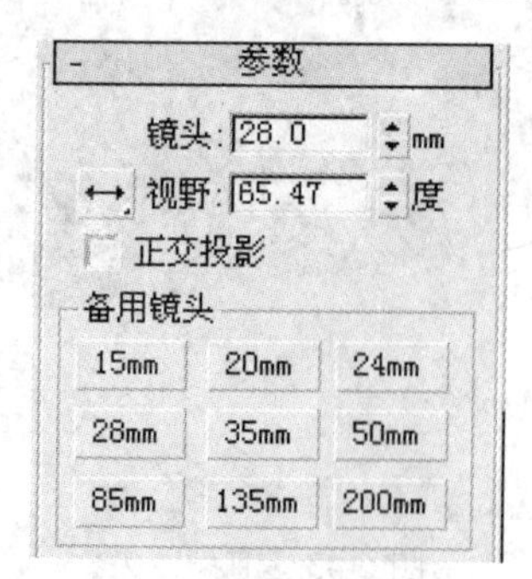

图6-46 【参数】卷展栏

(3) 运用工具栏中的工具，调整相机在视图中的位置如图6-47所示。

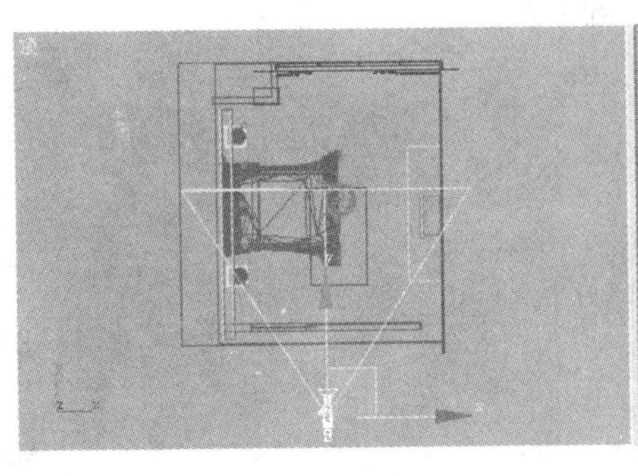

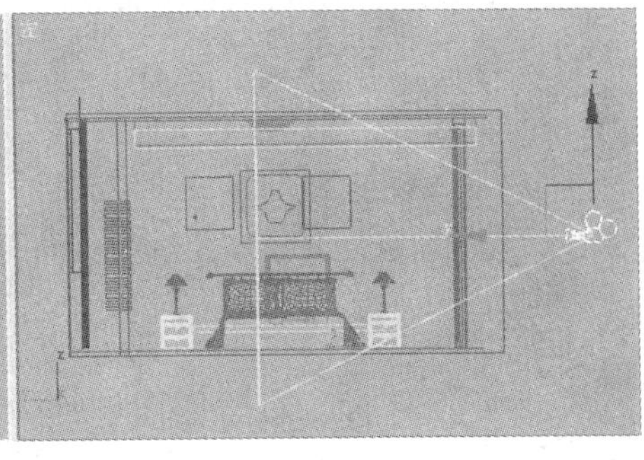

图 6-47　调整相机在视图中的位置

(4) 激活透视图，按下键盘上的 C 键，将透视图转换为相机视图。这时发现所有的视线都被挡住了，这是因为视点在墙外。

(5) 确认相机处于选择状态，在修改命令面板的【参数】卷展栏中设置【剪切平面】的参数如图 6-48 所示。

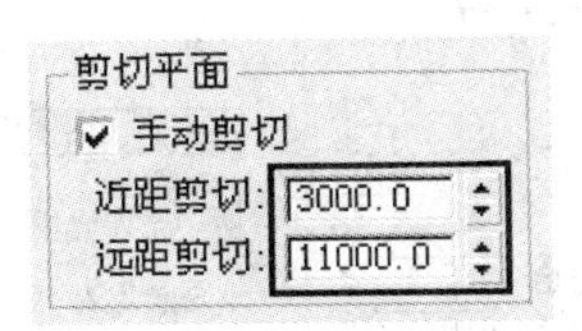

图 6-48　【剪切平面】的参数

(6) 此时，调整后的相机在视图中的形态如图 6-49 所示。

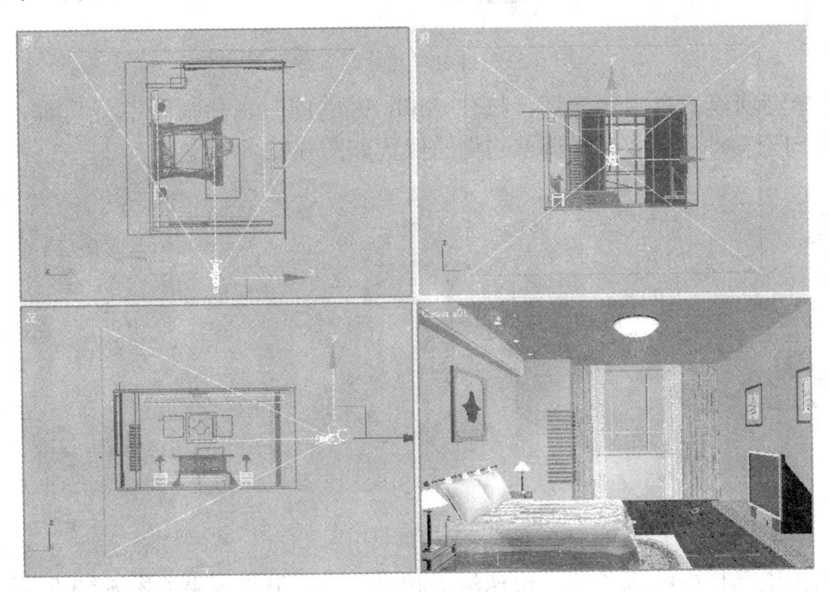

图 6-49　调整后的相机形态

(7) 在创建命令面板中单击 按钮，单击【对象类型】卷展栏中的 自由聚光灯 按钮，在顶视图的“筒灯”位置处创建一盏自由聚光灯，用于模拟筒灯的照明效果，如图 6-50 所示。

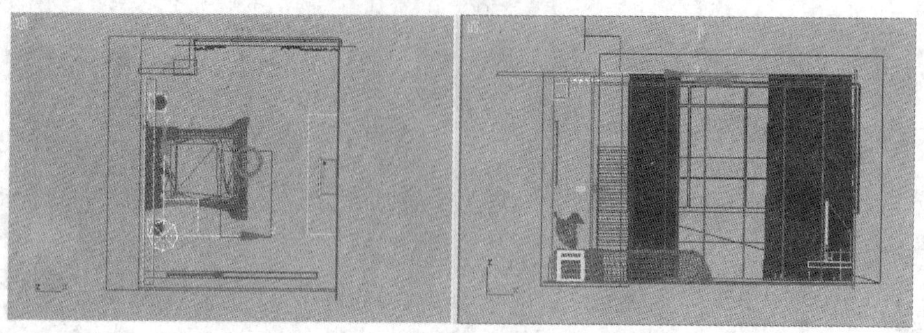

图 6-50　创建的自由聚光灯

(8) 选择自由聚光灯，单击 按钮进入修改命令面板，在【强度/颜色/衰减】和【聚光灯参数】卷展栏中设置自由聚光灯的各项参数如图 6-51 所示。

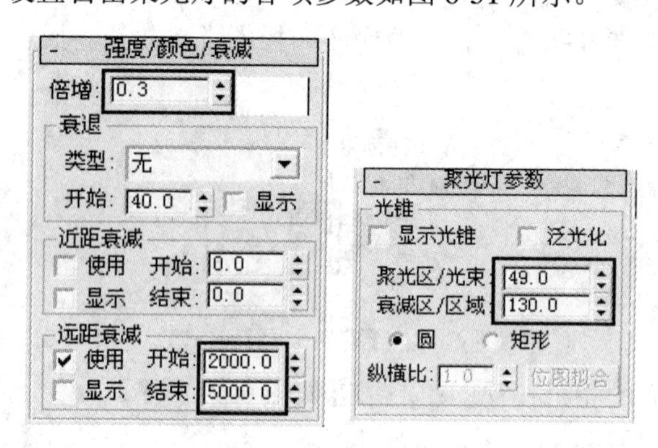

图 6-51　自由聚光灯的参数设置

(9) 选择刚创建的自由聚光灯，按住 Shift 键的同时在顶视图中将其沿 Y 轴以【实例】的方式向上移动复制 4 盏，调整它们的位置如图 6-52 所示。

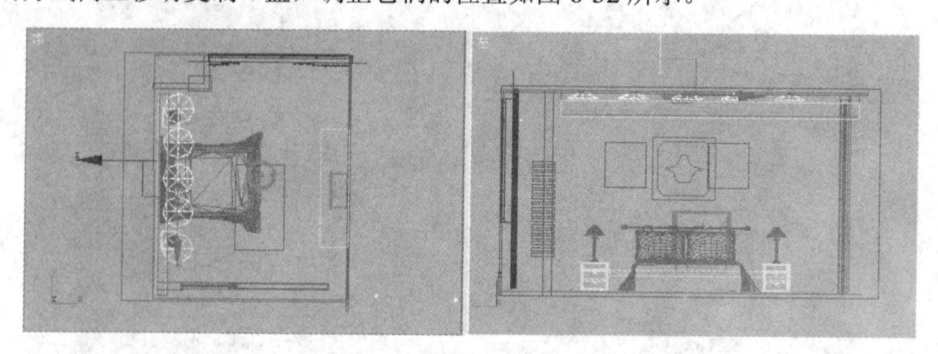

图 6-52　复制的自由聚光灯

(10) 单击工具栏中的 按钮，快速渲染相机视图，渲染效果如图 6-53 所示。

由上图可以看出，仅仅通过筒灯照明是不够的，场景过于暗淡。接下来我们创建一盏泛光灯，来模拟吸顶灯的照明效果，照亮整个空间。

(11) 在灯光创建命令面板中单击【对象类型】卷展栏中的 泛光灯 按钮，在顶视图中创建一盏泛光灯，调整其位置如图 6-54 所示。

图 6-53　渲染效果

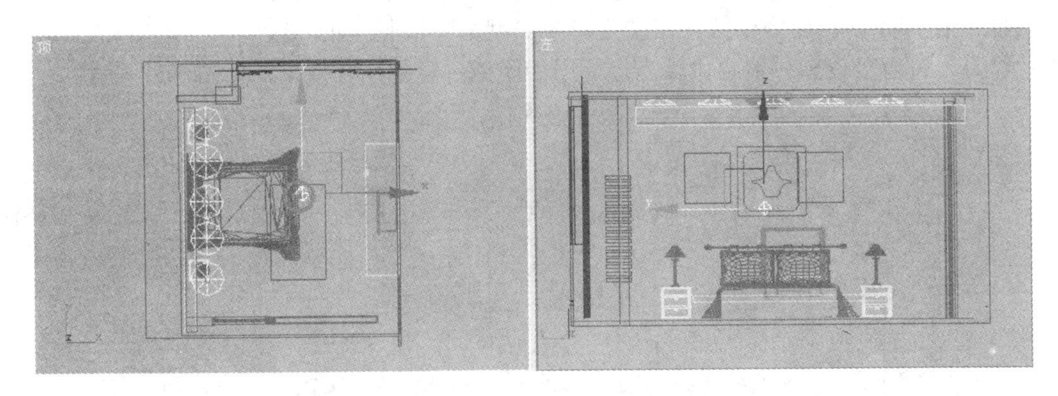

图 6-54　创建的泛光灯

(12) 单击按钮进入修改命令面板，在【常规参数】卷展栏中选择【阴影】选项组中的【启用】复选框，使其投射阴影。

(13) 在【强度/颜色/衰减】卷展栏、【阴影参数】卷展栏和【阴影贴图参数】卷展栏中设置灯光的各项参数如图 6-55 所示。

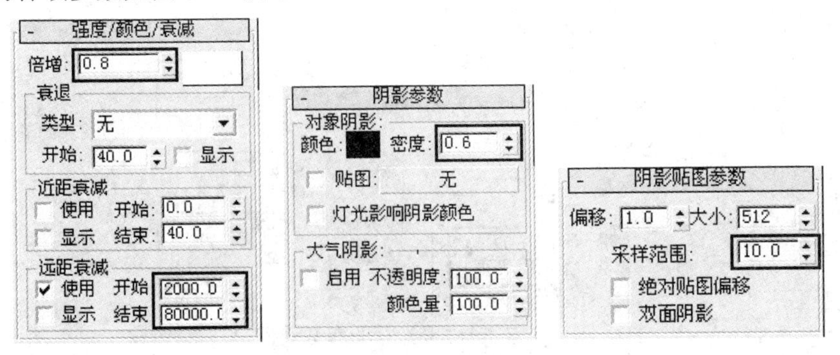

图 6-55　泛光灯的参数设置

(14) 单击工具栏中的按钮，快速渲染相机视图，渲染效果如图 6-56 所示。

图 6-56　渲染效果

由上图可以观察到，灯光效果已得到了基本改善，接下来为台灯制作光照效果。

(15) 在灯光创建命令面板中单击【对象类型】卷展栏中的 自由聚光灯 按钮，在顶视图的“台灯”位置处创建一盏自由聚光灯，用于模拟台灯的照明效果，如图 6-57 所示。

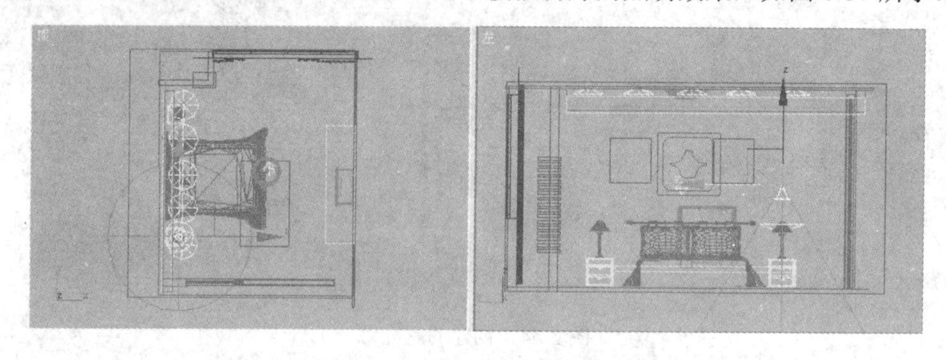

图 6-57　创建的自由聚光灯

(16) 选择刚创建的自由聚光灯，单击 按钮进入修改命令面板，设置灯光的各项参数如图 6-58 所示。

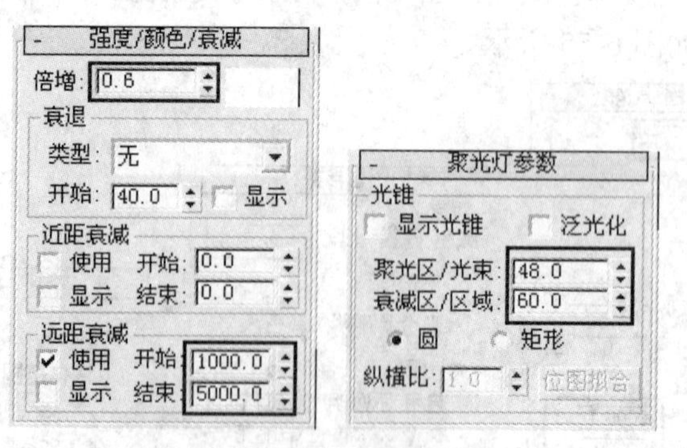

图 6-58　自由聚光灯的参数设置

(17) 选择刚创建的自由聚光灯，按住 Shift 键的同时在左视图中将其以【实例】的方式向左移动复制一盏，位置如图 6-59 所示。

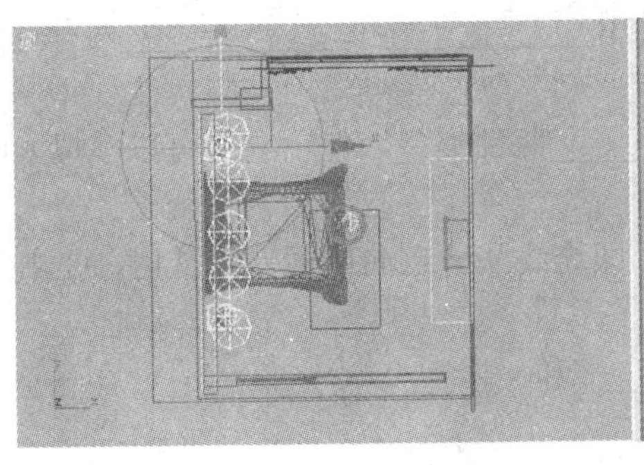

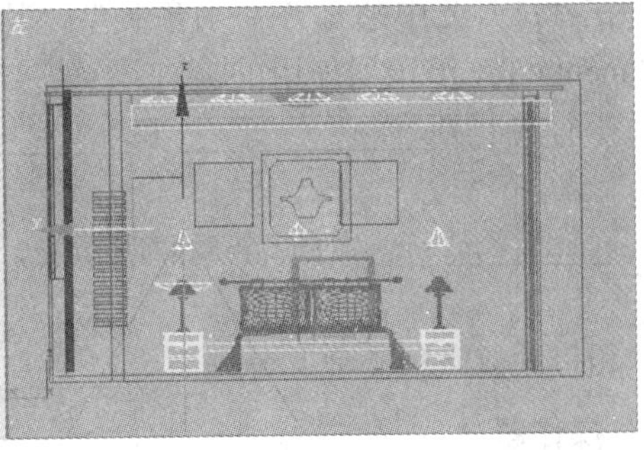

图 6-59　复制的自由聚光灯

(18) 单击工具栏中的按钮，快速渲染相机视图，渲染效果如图 6-60 所示。

图 6-60　渲染效果

(19) 单击菜单栏中的【文件】/【另存为】命令，将设置灯光后的文件保存为“卧室效果图灯光.max”文件。

6.3 课堂总结

本课从常用的角度出发，讲述了在室内设计中灯光与相机的使用方法与技巧，并通过两个实例——“布艺沙发”造型和“卧室效果图”由简到繁、由易到难地对所学知识进行了巩固。

在日常生活中，灯光照明效果很不一样，因此在使用 3ds max 创建灯光时要与现实紧密相连。创建相机时，镜头和位置设定得不同，得到的相机视图也是不同的，因此要合理设置好相机的角度和位置，从而增强效果图的表现力。

6.4 课后练习

一、填空题

1. 单击创建命令面板中的按钮，然后单击 标准 ，在打开的下拉列表中可以看到有两类灯光，即__________和__________________。

2．在标准灯光中共有 8 种对象类型，其中__________和__________两种灯光类型是针对 mental ray 渲染器使用的。

3．平行光包括__________和__________两种类型，使用它们可以模拟太阳等自然光。

4．__________灯有全局照明功能，即光线从一点向四面八方放射，是典型的点光源。

5．相机共有两种类型，分别为__________和__________。

二、操作题

请打开本书配套光盘“调用”文件夹中的“休闲椅.max”线架文件，为其设置灯光与相机，效果如图 6-61 所示。当然，也可以根据自己的喜好设置不同的相机与灯光。

图 6-61　设置相机与灯光后的造型

第 7 课

提炼——渲染输出与后期处理

主 要 内 容

- 渲染
- mental ray 渲染器
- 后期处理

7.1 课 堂 讲 解

为制作的场景设置完材质与灯光后，接下来的任务便是将其渲染输出。渲染输出的过程也就是将三维模型文件转化为二维图像或动画的过程。3ds max 软件提供了三个渲染器——默认扫描线渲染器、mental ray 渲染器和 VUE 文件渲染器，选择不同的渲染器与渲染方法，可以得到不同的效果。后期处理是在 Photoshop 中进行的，这是效果图制作的最后一道工序，主要任务是对输出图像的色调、亮度、对比度等进行调整，添加人物、植物、家具等配景，使其更加接近于现实，起到画龙点睛的作用。

7.1.1 渲染

在 3ds max 软件中提供了三个渲染器，分别是默认扫描线渲染器、mental ray 渲染器和 VUE 文件渲染器，每个渲染器的使用方法不同，读者可以根据场景需要使用不同的渲染器，在效果图制作中一般使用默认扫描线渲染器。本课主要以默认扫描线渲染器为主要学习内容，系统介绍有关渲染的方法与技巧。

- 默认扫描线渲染器：即系统默认采用的渲染器，它以一系列水平线来渲染场景。
- mental ray 渲染器：它以一系列的方形渲染块来渲染场景，不仅提供了特有的全局照明，而且还能够生成焦散照明效果。
- VUE 文件渲染器：这是一种特殊用途的渲染器，可以生成关于场景的 ASCII 文本说明。视图文件可以包含多个帧，并且可以指定变换、照明和视图的更改。

1. 渲染按钮及类型

渲染按钮位于主工具栏中，其中(渲染场景)和(快速渲染)按钮是经常使用的两种按钮。单击按钮，在弹出的【渲染场景】对话框中可以设置与渲染有关的参数。单击按钮将不弹出【渲染场景】对话框，而是直接快速渲染当前视图；单击二者之间的视图按钮，在弹出的下拉列表中可以选择渲染的类型，共有八种，如图 7-1 所示。

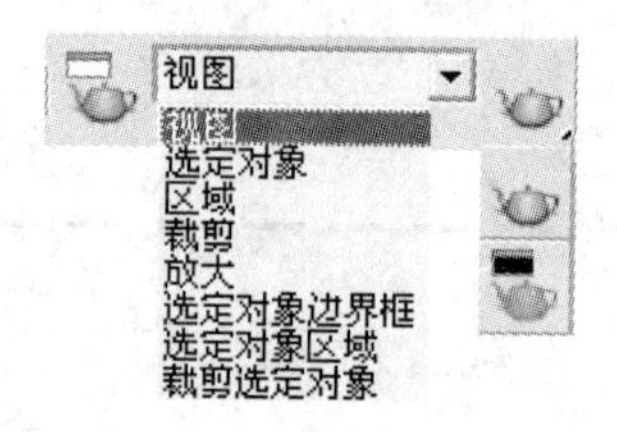

图 7-1　渲染的类型

- 【视图】：默认的渲染类型，使用该选项可渲染当前被激活的视图。
- 【选定对象】：使用该选项后，仅渲染当前视图中选定的对象。
- 【区域】：使用该选项后，当执行渲染命令以后，当前视图中会出现一个虚线区域框，用户可以随意改变区域框的大小，系统只渲染当前视图中区域框内的内容。当需要测试渲染场景的一部分时可以使用该选项。

- 【裁剪】：与【区域】类似，但输出图像的大小不同。选择【区域】选项后，区域框以外的对象不被渲染，渲染尺寸不变；选择【裁剪】选项后，区域框以外的对象不被渲染，渲染尺寸变小，区域框以外的部分被剪掉。
- 【放大】：使用该选项可以渲染当前视图中指定的区域，并将指定区域内的图像放大填充至整个图像尺寸。
- 【选定对象边界框】：选择该选项后，可以按照指定的比例调整区域框。当执行渲染命令时，将弹出【渲染边界框/选定对象】对话框，如图 7-2 所示，在该对话框中可以指定渲染的宽度和高度比例。

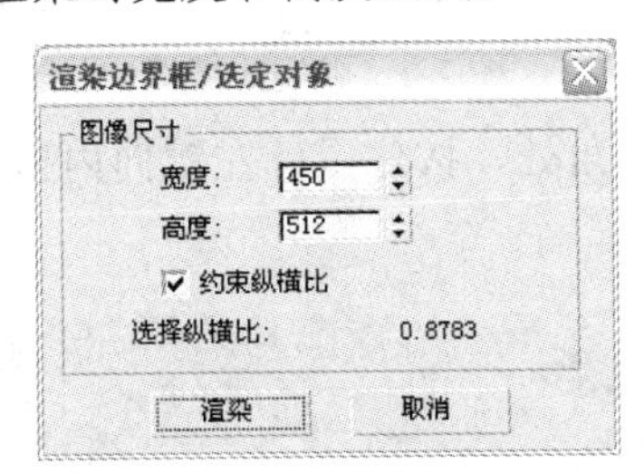

图 7-2　【渲染边界框/选定对象】对话框

- 【选定对象区域】：选择该选项后，将只渲染当前视图中选定的一个或多个对象，但不改变图像的渲染尺寸。
- 【裁剪选定对象】：选择该选项后，将只渲染当前视图中选定的一个或多个对象，同时剪掉选定对象以外的区域。

随堂练习：渲染类型的使用

(1) 单击菜单栏中的【文件】/【打开】命令，打开本书配套光盘“调用”文件夹中的“郁金香.max”文件，如图 7-3 所示，该文件中已经设置了合适的材质、灯光与相机，下面练习渲染操作。

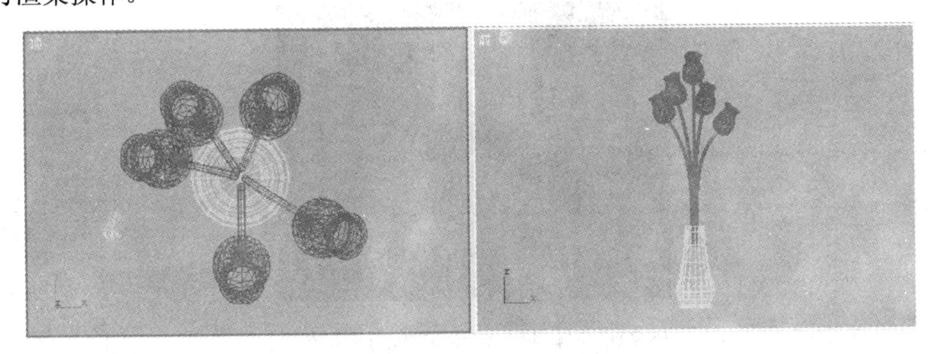

图 7-3　打开的文件

(2) 如果只想渲染花朵在视图中的效果，则可单击工具栏中的“视图”按钮，在弹出的下拉列表中选择“区域”选项，将其设置为“区域”渲染类型。

(3) 确认当前视图为相机视图，单击工具栏中的按钮，相机视图中将出现一个虚线区域框，如图 7-4 所示。

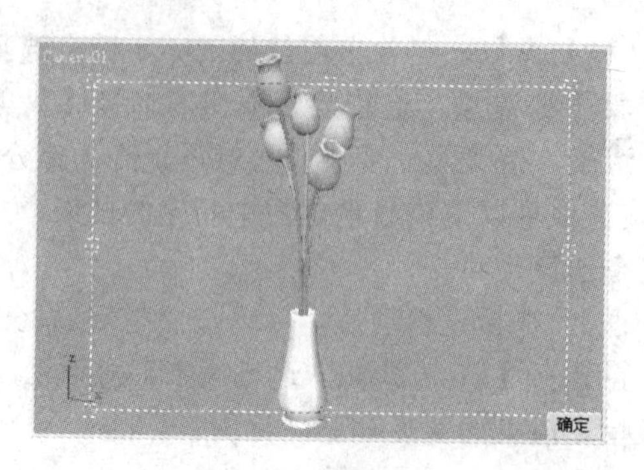

图 7-4　虚线区域框

(4) 将光标指向区域框的四角处，按住鼠标左键向内拖曳，调整虚线区域框的大小及位置，如图 7-5 所示。

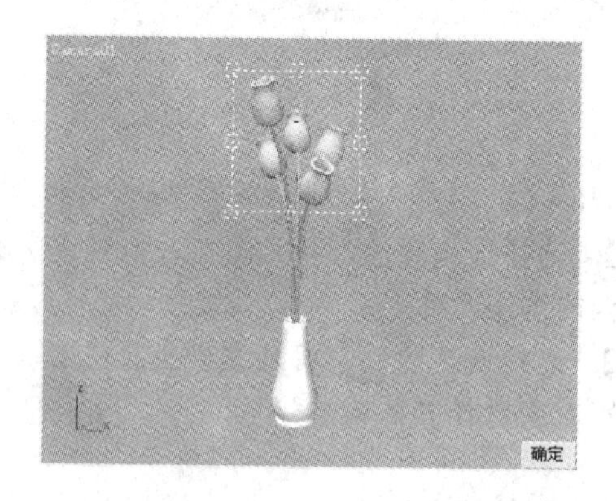

图 7-5　调整虚线区域框的大小及位置

(5) 单击相机视图右下角的 确定 按钮，快速渲染相机视图，结果如图 7-6 所示。

图 7-6　“区域”渲染类型的渲染效果

(6) 如果要在整个渲染画面中全部显示花朵部分，则可以在 视图 下拉列表中选择“裁剪”选项，将其设置为“裁剪”渲染类型。

(7) 单击工具栏中的按钮，相机视图中将出现一个虚线区域框，参照前面的操作方法调整虚线区域框的大小及位置，如图 7-7 所示。

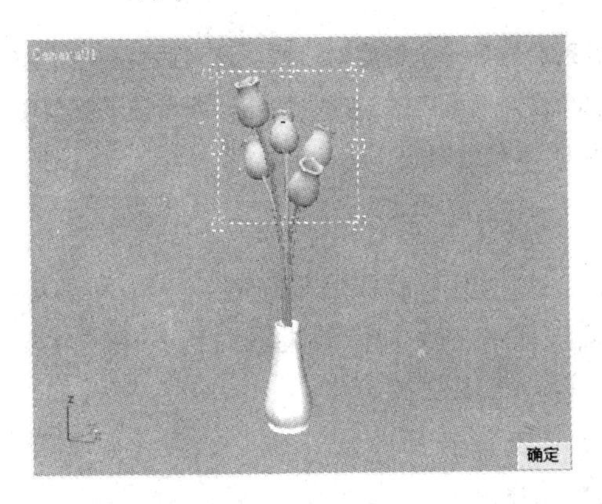

图 7-7　调整虚线区域框的大小及位置

(8) 单击相机视图右下角的 确定 按钮，快速渲染相机视图，结果如图 7-8 所示。

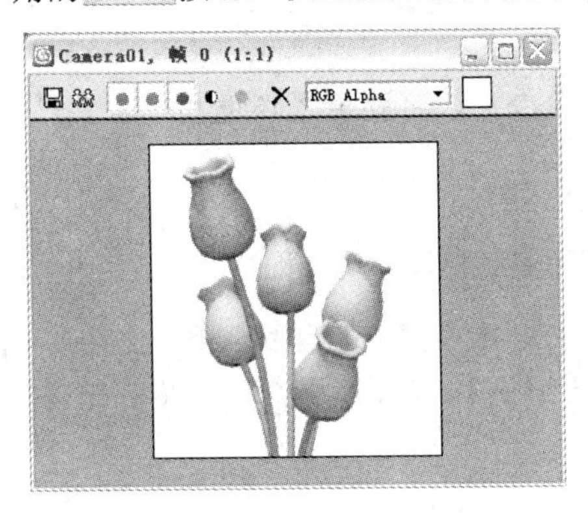

图 7-8　“裁剪”渲染类型的渲染效果

(9) 如果要全面地观察效果，则可以在 视图 下拉列表中选择“视图”选项，将其设置为“视图”渲染类型。

(10) 确认当前视图为相机视图，单击工具栏中的按钮，此时可以观察到全部的图像，结果如图 7-9 所示。

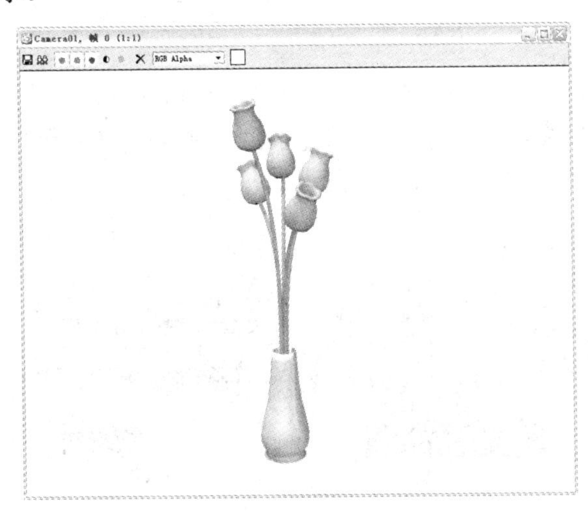

图 7-9　“视图”渲染类型的渲染效果

> 3ds max 软件在渲染时会显示一个进度对话框，该对话框显示了渲染进度和渲染参数设置。如果要停止渲染，则可以单击对话框中的 取消 按钮，或者按下键盘中的 Esc 键；如果要暂停渲染，则可以单击对话框中的 暂停 按钮。

2.【渲染】菜单

【渲染】菜单中的命令主要用于设置渲染场景、环境和渲染效果、使用 Video Post 合成场景以及访问 RAM 播放器等。在制作效果图时，其中的【渲染】、【环境】与【效果】三个命令使用比较频繁，需要牢固掌握。

- 【渲染】：作用与单击按钮相同，执行该命令后，将弹出【渲染场景】对话框，用于设置渲染参数。
- 【环境】：执行该命令后，将弹出【环境和效果】对话框，共有两个选项卡，其中【环境】选项卡用于设置大气效果和渲染背景；【效果】选项卡用于添加一些渲染特效。
- 【效果】：执行该命令后，将弹出【环境和效果】对话框，只是当前显示为【效果】选项卡。

随堂练习：设置背景颜色及环境贴图

(1) 参照前面的操作，打开本书配套光盘“调用”文件夹中的“郁金香.max”文件。

(2) 单击菜单栏中的【渲染】/【环境】命令，将弹出【环境和效果】对话框，如图 7-10 所示。

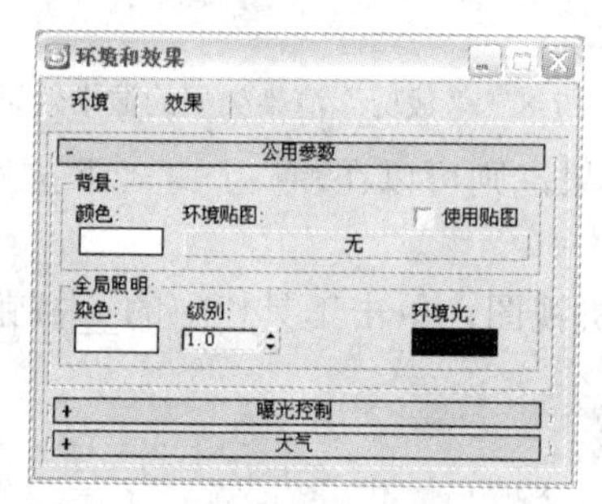

图 7-10 【环境和效果】对话框

(3) 单击【背景】选项组中的【颜色】色块，在弹出的【颜色选择器】对话框中设置颜色的 RGB 值为(0、0、0)，如图 7-11 所示。

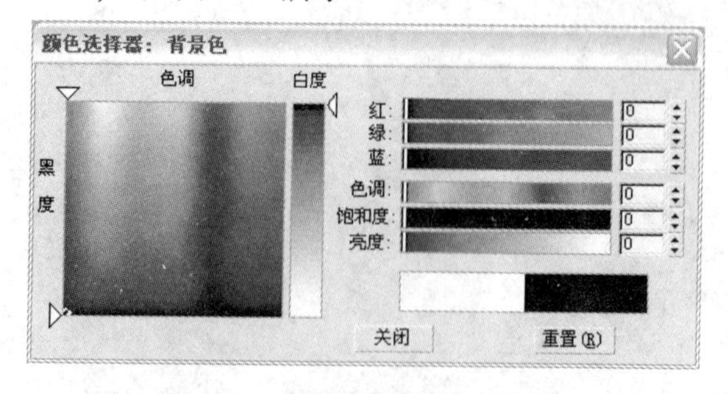

图 7-11 【颜色选择器】对话框

(4) 单击 关闭 按钮，完成背景颜色的设置，如图 7-12 所示。

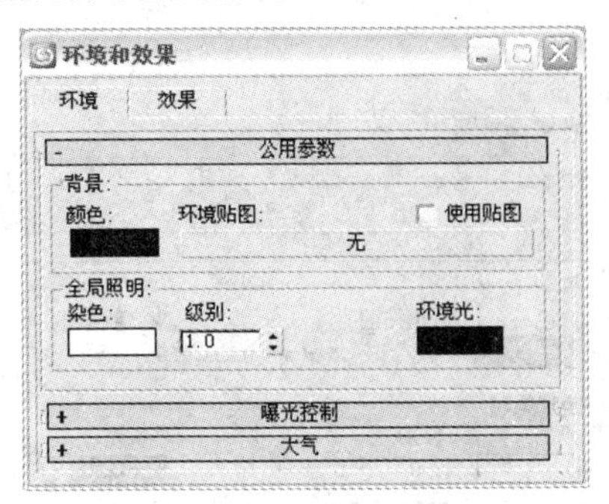

图 7-12　调整后的背景颜色

(5) 确认当前视图为相机视图，单击工具栏中的按钮，快速渲染相机视图，效果如图 7-13 所示。

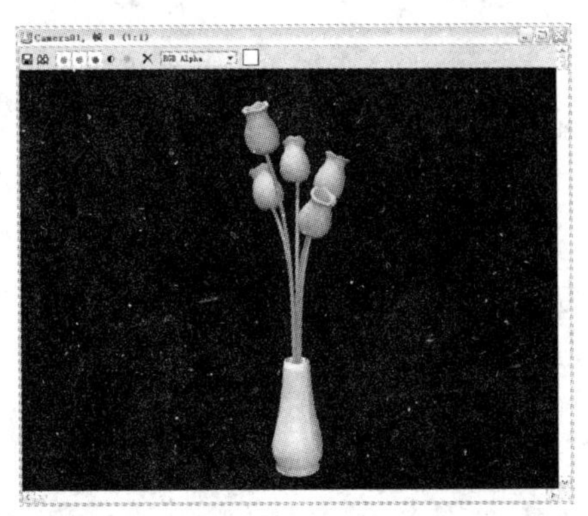

图 7-13　调整背景颜色后的渲染效果

如果对上述背景感觉不满意，则可在【环境和效果】对话框中进行环境贴图的相关设置。

(6) 在【环境】选项卡中单击 无 按钮，将弹出【材质/贴图浏览器】对话框，双击“位图”贴图类型，在弹出的【选择位图图像文件】对话框中选择本书配套光盘“贴图”文件夹中的“LIBA.JPG”文件，如图 7-14 所示。

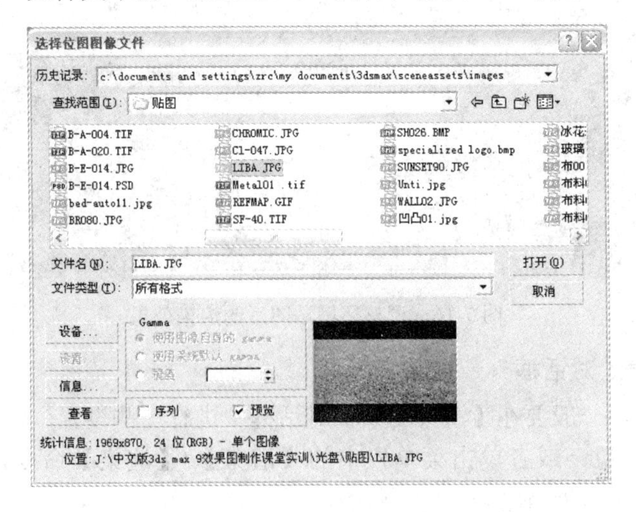

图 7-14　【选择位图图像文件】对话框

(7) 单击 打开(O) 按钮，完成环境贴图的设置，此时的【环境和效果】对话框如图 7-15 所示。

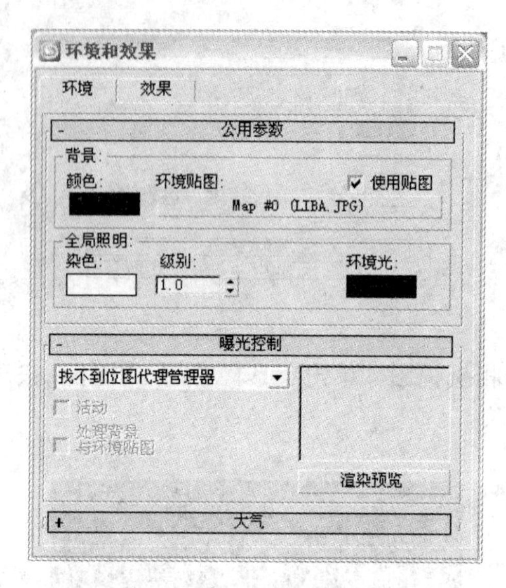

图 7-15 【环境和效果】对话框

(8) 确认当前视图为相机视图，单击工具栏中的按钮，快速渲染相机视图，效果如图 7-16 所示。

图 7-16 调整环境贴图后的渲染效果

3. 【渲染场景】对话框

在渲染场景时，一般要在【渲染场景】对话框中进行一些设置，以满足渲染要求。单击工具栏中的按钮，或者单击菜单栏中的【渲染】/【渲染】命令，将弹出【渲染场景】对话框，如图 7-17 所示。

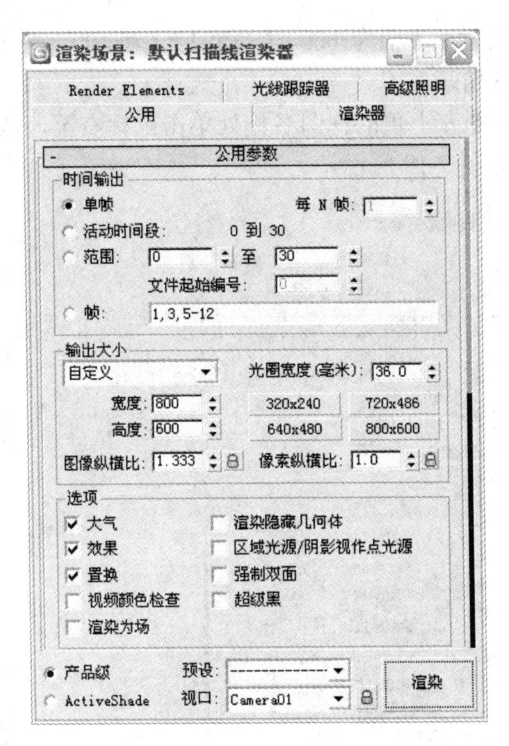

图 7-17　【渲染场景】对话框

【渲染场景】对话框中的参数众多，限于篇幅，我们只针对一些与渲染效果图关系密切的参数进行介绍。

【时间输出】选项组用于确定将要对哪些帧进行渲染。

- 选择【单帧】选项时，将只对当前帧进行渲染，得到静态图像。
- 选择【活动时间段】选项时，将对当前活动的时间段进行渲染。
- 选择【范围】选项时，可以任意设置渲染的范围，这里还可以指定为负数。
- 选择【帧】选项时，可以选择指定的单帧或时间段进行渲染。

【输出大小】选项组用于确定渲染图像的尺寸大小。

- 【宽度】：用于设置渲染图像的宽度，单位为像素。
- 【高度】：用于设置渲染图像的高度，单位为像素。
- 预设按钮：单击预设的尺寸按钮，可以直接指定渲染图像的尺寸大小。
- 【图像纵横比】：用于设置渲染图像的长宽比。
- 【像素纵横比】：用于设置图像像素本身的长宽比。

【选项】选项组用于设置不同的渲染选项。例如，选择【大气】选项后，将对场景中的大气效果(如雾、体积光、特效)进行渲染。在渲染效果图时，这里取默认设置即可。

随堂练习：【渲染场景】对话框的使用

(1) 参照前面的操作方法，打开本书配套光盘“调用”文件夹中的“郁金香.max”线架文件。

(2) 单击工具栏中的按钮，将弹出【渲染场景】对话框，在【公用】选项卡的【公用参数】卷展栏中设置【宽度】值为 600、【高度】值为 800，在【视口】下拉列表中选择"Camera01"，如图 7-18 所示。

(3) 在 Camera01 视图左上角的视图名称处单击鼠标右键，从弹出的快捷菜单中选择【显示安全框】命令，如图 7-19 所示。

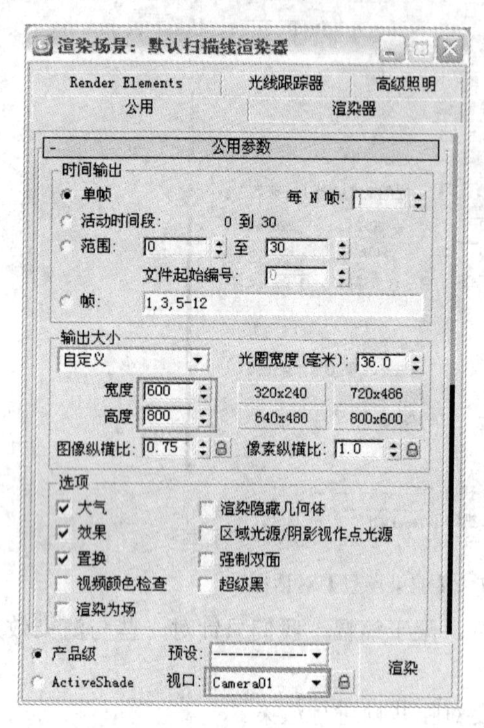

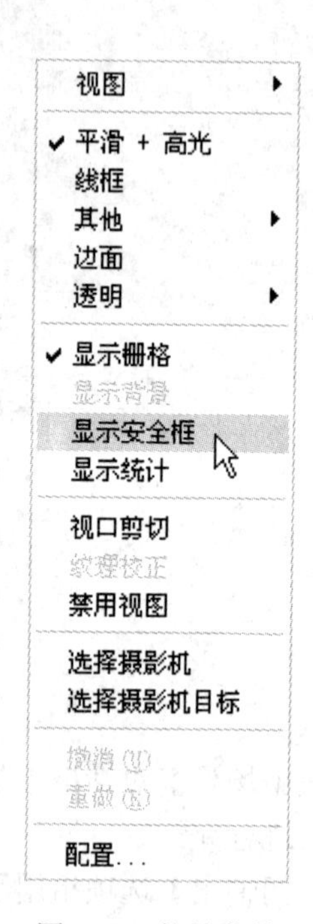

图 7-18 【渲染场景】对话框

图 7-19 快捷菜单

(4) 显示安全框后的相机(Camera01)视图如图 7-20 所示。

图 7-20 显示安全框后的相机视图

如果构图不合理，则需进一步调整。上图中的模型对象显示偏小，下面将其调整至合理大小。

(5) 在视图控制区中激活 ⊳ 按钮，在相机(Camera01)视图中按住鼠标左键向上拖曳，放大显示造型，如图 7-21 所示。

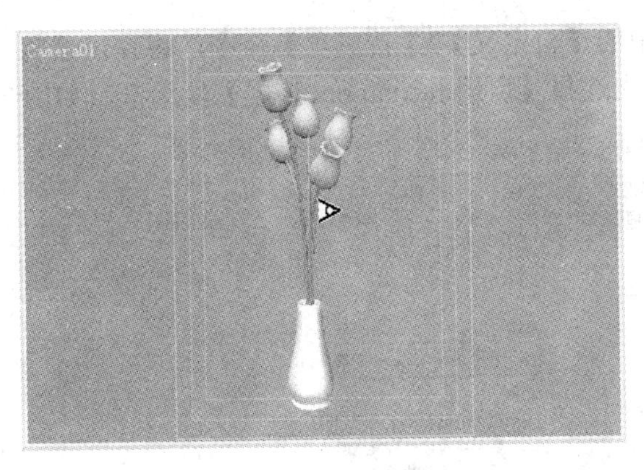

图 7-21　放大显示造型

(6) 单击对话框中的 渲染 按钮，渲染相机(Camera01)视图，效果如图 7-22 所示。

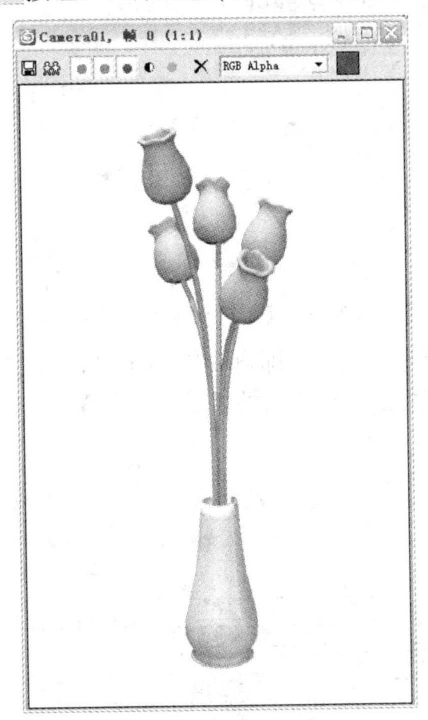

图 7-22　渲染效果

7.1.2　mental ray 渲染器

自 3ds max 6 版本以来，渲染方面的一大特点就是无缝集成了 mental ray 3.2 渲染器，3ds max 9 简体中文版仍然传承了这一优点。这一功能让用户不必以插件的形式来使用 mental ray 3.2 渲染器，可以对其直接进行控制，并且可以放心使用 3ds max 自带的材质。

mental ray 是世界一流的光线跟踪和扫描线渲染软件包，它在电影领域得到了广泛的应用和认可，被认为是市场上最高级的三维渲染解决方案。

在 3ds max 中使用 mental ray 渲染器之前，必须先启用并激活该渲染器，操作步骤如下：

(1) 单击菜单栏中的【自定义】/【首选项】命令，将弹出【首选项设置】对话框，在【mental ray】选项卡中选择【启用 mental ray 扩展】复选框，如图 7-23 所示。

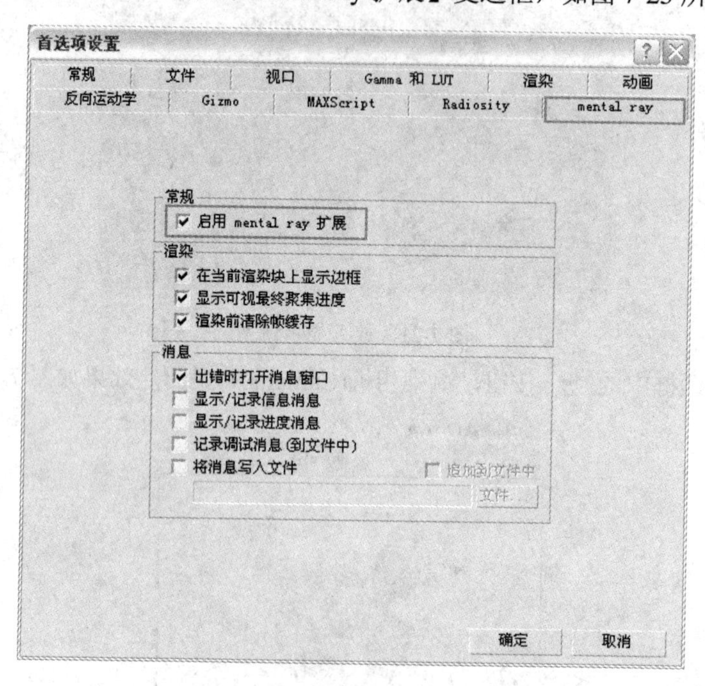

图 7-23 【首选项设置】对话框

(2) 单击对话框中的 确定 按钮，即可启用 mental ray 渲染器。

(3) 单击工具栏中的按钮，在弹出的【渲染场景】对话框中展开【指定渲染器】卷展栏，如图 7-24 所示。

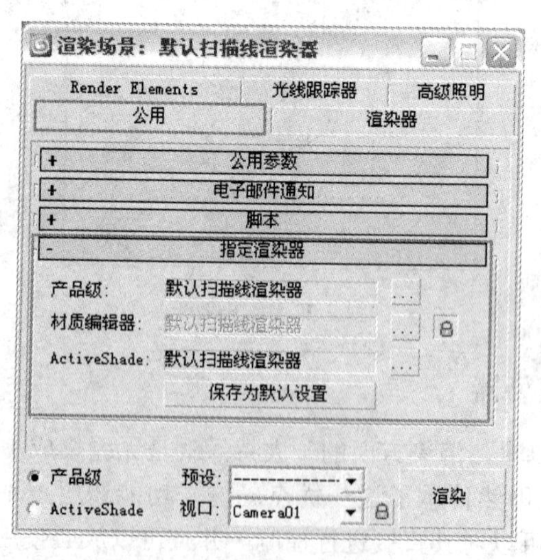

图 7-24 【渲染场景】对话框

(4) 单击【产品级】右侧的按钮，在弹出的【选择渲染器】对话框中选择“mental ray 渲染器”选项，如图 7-25 所示。

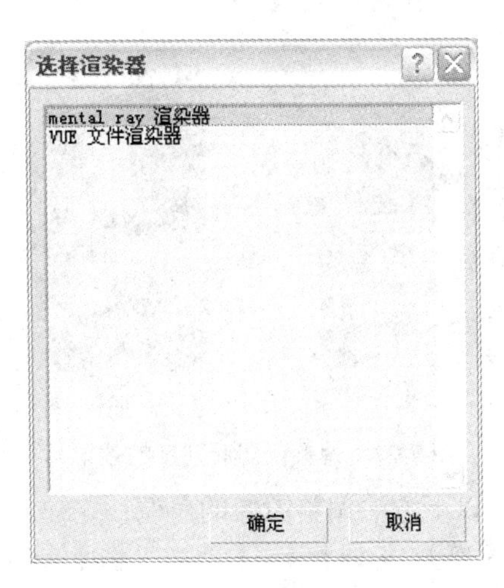

图 7-25　【选择渲染器】对话框

(5) 单击 确定 按钮，将 mental ray 渲染器设置为当前渲染器，如图 7-26 所示。

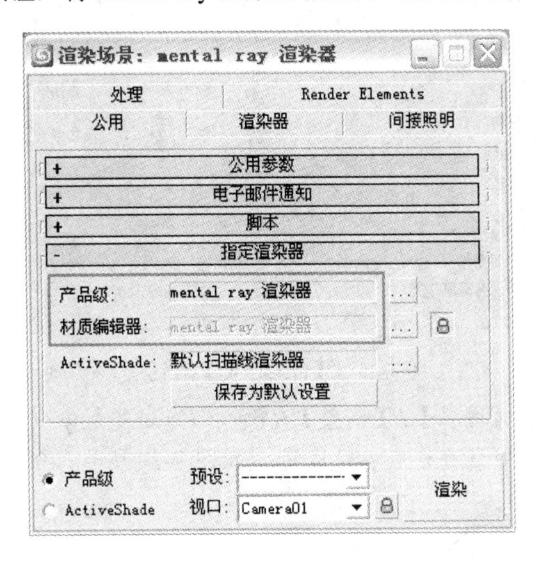

图 7-26　【渲染场景】对话框

通过以上操作，我们就将 mental ray 渲染器设置成了当前渲染器，这样就可以使用 mental ray 渲染器渲染场景了。

7.1.3　后期处理

利用 3ds max 制作的效果图一般都需要进行后期处理，如调整图像整体色调、亮度与对比度以及添加植物、配景等，这些操作可以通过 Photoshop 软件完成。

1. 调整整体色调

利用 3ds max 软件制作的效果图在整体色调上往往很难达到预期的效果，经过 Photoshop 处理后，整个图像的色调就会得到很大改善。图 7-27 所示为调整色调前、后的效果(由于黑白印刷可能看不出效果，左侧图像偏冷偏暗，右侧图像偏暖偏亮)。

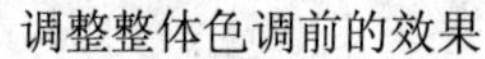

调整整体色调前的效果

调整整体色调后的效果

图 7-27　调整色调前、后的效果

在 Photoshop 中可以使用以下方法调整图像的色调：

- 单击菜单栏中的【图像】/【调整】/【色彩平衡】命令，在弹出的【色彩平衡】对话框中设置合适的参数即可，如图 7-28 所示。

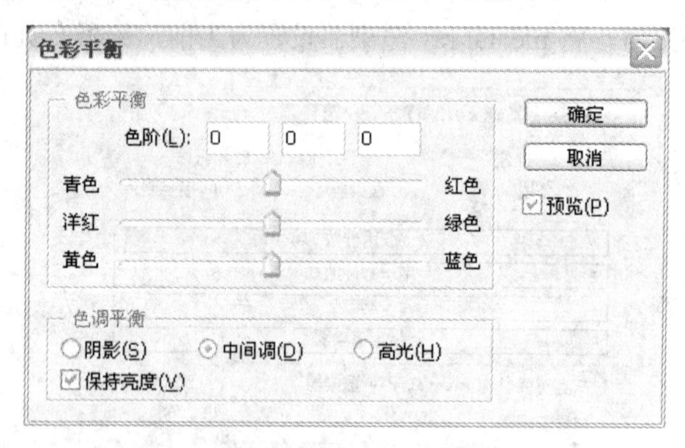

图 7-28　【色彩平衡】对话框

- 单击菜单栏中的【图像】/【调整】/【色相/饱和度】命令，在弹出的【色相/饱和度】对话框中设置相应参数即可，如图 7-29 所示。

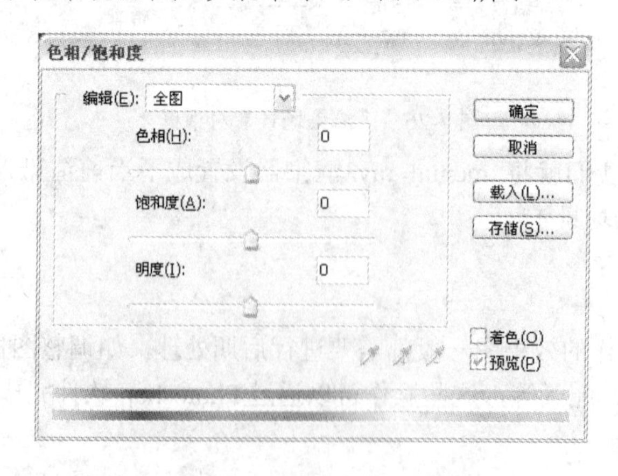

图 7-29　【色相/饱和度】对话框

- 单击菜单栏中的【图像】/【调整】/【变化】命令，在弹出的【变化】对话框中设置相应的参数即可，如图 7-30 所示。

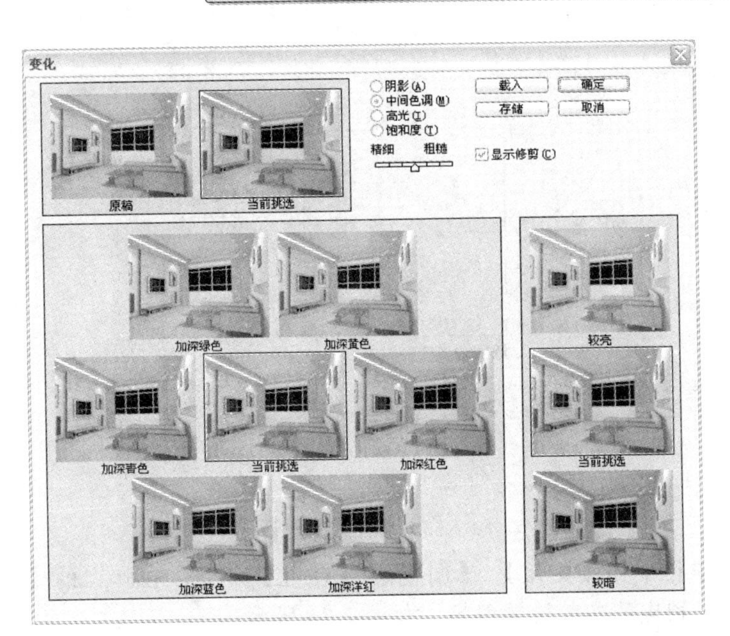

图 7-30　【变化】对话框

2．调整亮度与对比度

利用 3ds max 软件渲染出来的图像一般都比较暗，这时可以在 Photoshop 中调整其亮度与对比度。图 7-31 所示是调整亮度与对比度前、后的效果。

调整亮度与对比度前的效果

调整亮度与对比度后的效果

图 7-31　调整亮度与对比度前、后的效果

在 Photoshop 中可以使用以下方法调整图像的亮度与对比度：

- 单击菜单栏中的【图像】/【调整】/【亮度/对比度】命令，在弹出的【亮度/对比度】对话框中设置相应的参数即可，如图 7-32 所示。

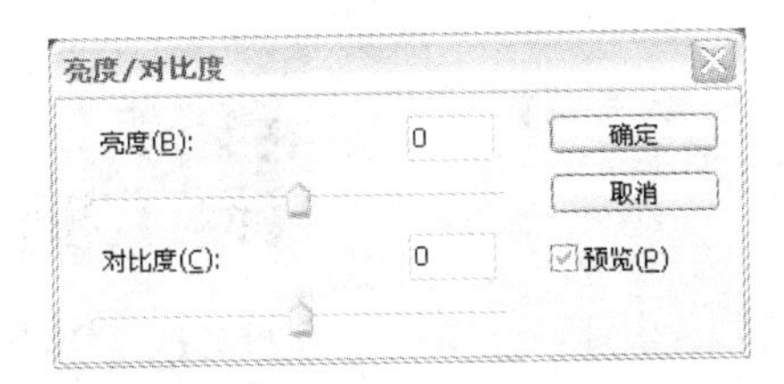

图 7-32　【亮度/对比度】对话框

- 单击菜单栏中的【图像】/【调整】/【曲线】命令，在弹出的【曲线】对话框中设置相应的参数即可，如图 7-33 所示。

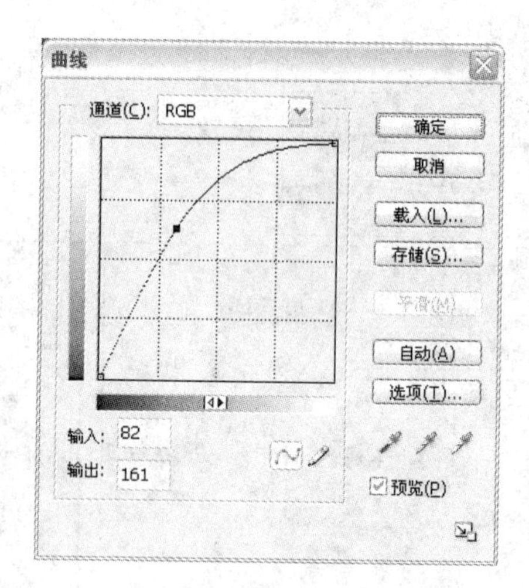

图 7-33　【曲线】对话框

- 单击菜单栏中的【图像】/【调整】/【色阶】命令，在弹出的【色阶】对话框中进行相应的参数设置即可，如图 7-34 所示。

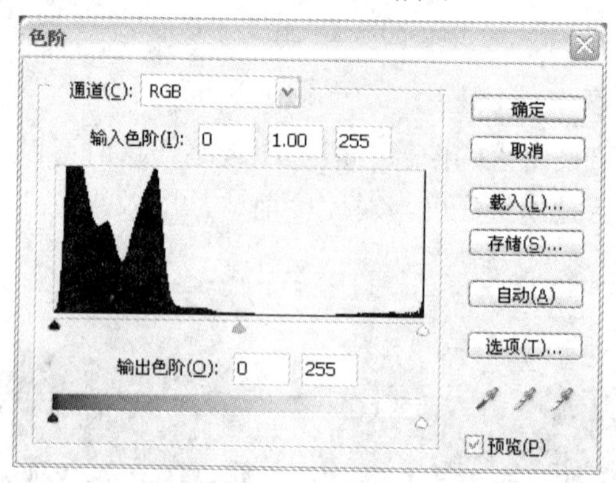

图 7-34　【色阶】对话框

3．添加配景

添加配景就是为渲染输出的图像调入相应的人物、植物、家具等配景，从而使效果更加真实。调入配景时，要根据要求对其大小、位置、亮度、对比度、色调等进行调整，使整个空间搭配协调，真正起到锦上添花的作用。图 7-35 所示为添加配景前、后的效果。

添加配景前的效果

添加配景后的效果

图 7-35　添加配景前、后的效果

7.2 课堂实训

渲染输出与后期处理过程是最令人兴奋的，此时每一位效果图制作者都会有一种成就感，经过前面艰辛的劳作，终于可以看到自己的成品效果图了。不过，渲染与后期处理也有很多技巧，需要通过练习来不断提高。

7.2.1 渲染欧式门图像

在前面几课中，我们制作了很多室内效果图的小构件，学习了本课内容以后，就可以将它们渲染出来了，看一看效果如何。下面，以“欧式门”为例学习渲染图像、设置渲染图像的大小和背景颜色以及保存渲染图像的方法。本例渲染效果如图 7-36 所示。

图 7-36　欧式门的渲染效果

(1) 单击菜单栏中的【文件】/【打开】命令，打开本书配套光盘“调用”文件夹中的“欧式门.max”线架文件，如图 7-37 所示，该文件已经设置了合适的材质、灯光与相机，只进行渲染练习。

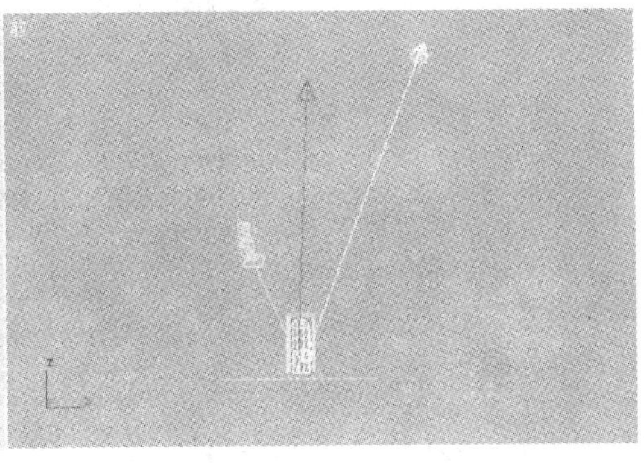

图 7-37　打开的文件

(2) 单击菜单栏中的【渲染】/【环境】命令，将弹出【环境和效果】对话框，在【环境】选项卡中单击【背景】选项组中的【颜色】色块，在打开的【颜色选择器】对话框中设置颜色的 RGB 值为(255、255、255)，如图 7-38 所示。

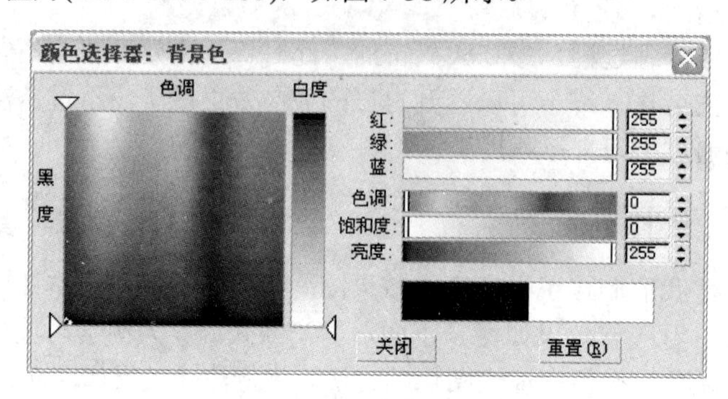

图 7-38 【颜色选择器】对话框

(3) 单击 关闭 按钮，关闭【环境和效果】对话框，完成对背景颜色的设置。

(4) 单击主工具栏中的按钮，将弹出【渲染场景】对话框，在【公用】选项卡的【公用参数】卷展栏中设置【宽度】值为 600、【高度】值为 800，在底端的【视口】下拉列表中选择“Camera01”，如图 7-39 所示。

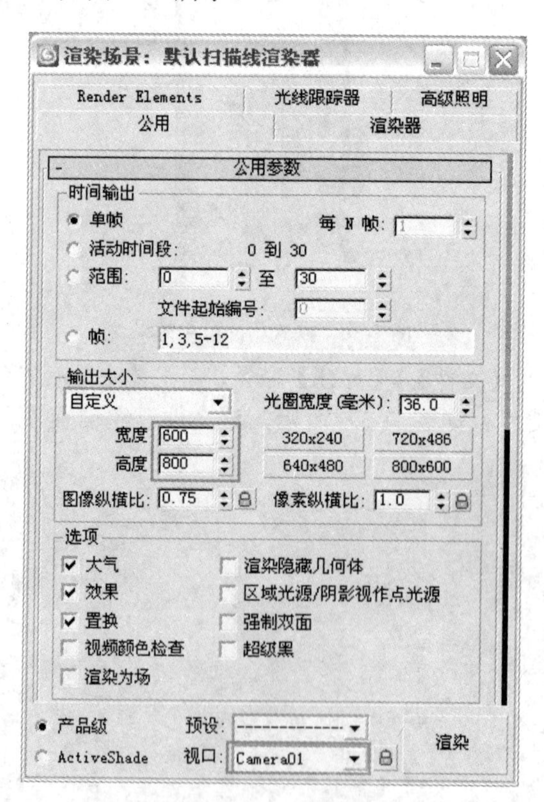

图 7-39 【渲染场景】对话框

(5) 单击 渲染 按钮，渲染相机视图，渲染效果如图 7-40 所示。

图 7-40　渲染效果

(6) 单击渲染窗口中的🖫按钮，在弹出的【浏览图像供输出】对话框中将渲染结果保存为“欧式门.tif”，如图 7-41 所示。

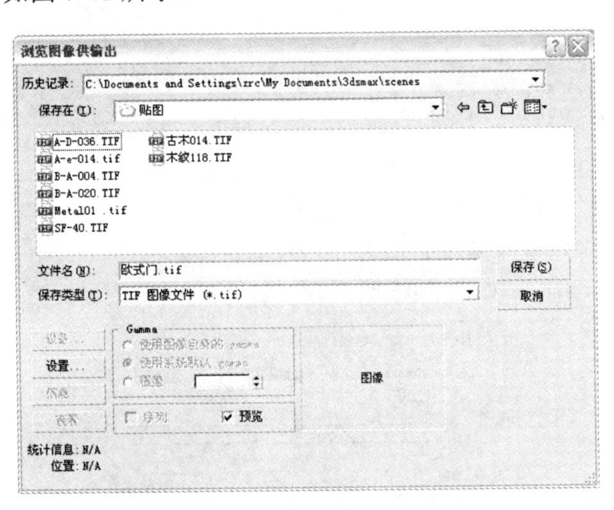

图 7-41　【浏览图像供输出】对话框

(7) 单击 保存(S) 按钮，在弹出的【TIF 图像控制】对话框中选择【存储 Alpha 通道】复选框，并设置输出图像的分辨率为 300.0，如图 7-42 所示。

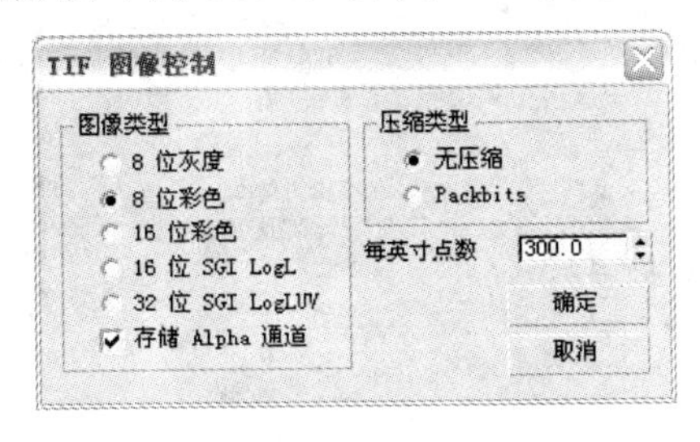

图 7-42　【TIF 图像控制】对话框

(8) 单击 确定 按钮，完成对“欧式门.tif”图像的输出保存。

7.2.2 渲染卧室效果图

本节将渲染上一次课完成的卧室效果图。作为一个比较完善的效果图来说，其渲染方法及技巧与上节中室内小构件的渲染方法相同，无非是渲染时间更长一些。通常情况下，场景越复杂、灯光越多，渲染就会越慢。卧室效果图的渲染效果如图7-43所示。

图7-43 卧室效果图的渲染效果

(1) 单击菜单栏中的【文件】/【打开】命令，打开本书配套光盘“调用”文件夹中的“卧室效果图灯光.max”线架文件，如图7-44所示，该文件已经设置了合适的材质、灯光与相机，只需渲染即可。

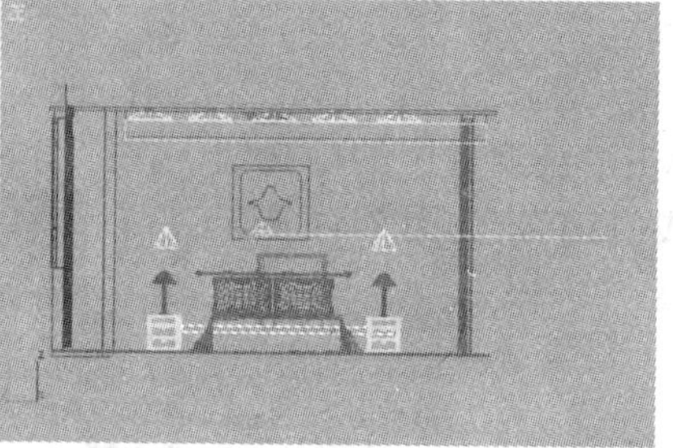

图7-44 打开的文件

(2) 单击主工具栏中的按钮，将弹出【渲染场景】对话框，在【公用】选项卡的【公用参数】卷展栏中设置【宽度】值为1500、【高度】值为1125，在底端的【视口】下拉列表中选择“Camera01”，如图7-45所示。

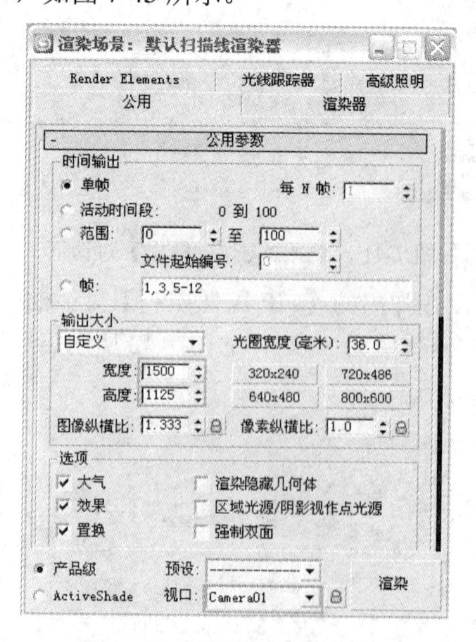

图7-45 【渲染场景】对话框

(3) 单击 渲染 按钮，快速渲染相机视图，渲染结果如图 7-46 所示。

图 7-46　渲染效果

(4) 单击渲染窗口中的按钮，在弹出的【浏览图像供输出】对话框中将渲染结果保存为“卧室效果图.tif”，如图 7-47 所示。

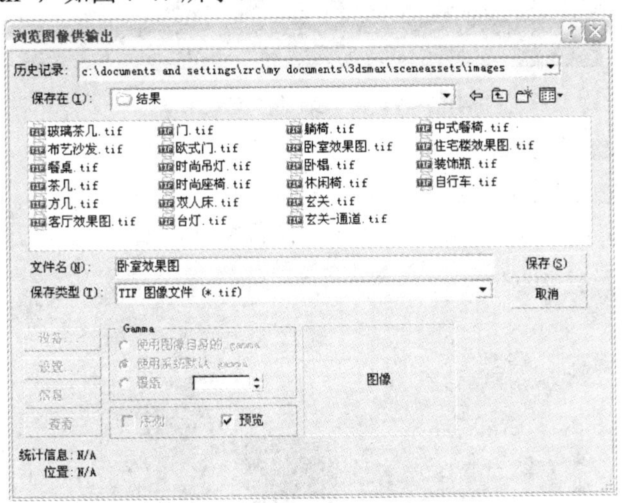

图 7-47　【浏览图像供输出】对话框

(5) 单击 保存(S) 按钮，在弹出的【TIF 图像控制】对话框中选择【存储 Alpha 通道】复选框，并设置输出图像的分辨率为 300.0，如图 7-48 所示。

图 7-48　【TIF 图像控制】对话框

(6) 单击 确定 按钮，完成对“卧室效果图.tif”图像的输出保存。

7.2.3　对卧室效果图进行后期处理

利用 Photoshop 对效果图进行后期处理是制作效果图的最后一道工序，这是提高效果图质量的关键步骤之一。这一过程主要包括色彩校正、添加配景等内容，但是要注意一点，向家装效果图中添加配景时应尽量避免添加人物。图 7-49 所示为经过后期处理的卧室效果图。

图 7-49　处理后的卧室效果图

(1) 启动 Photoshop CS2 软件。

(2) 单击菜单栏中的【文件】/【打开】命令，打开本书配套光盘“结果”文件夹中的“卧室效果图.tif”文件，这是前面渲染输出的图像文件，如图 7-50 所示。

图 7-50　打开的图像文件

(3) 单击菜单栏中的【图像】/【调整】/【曲线】命令，在弹出的【曲线】对话框中设置参数，如图 7-51 所示。

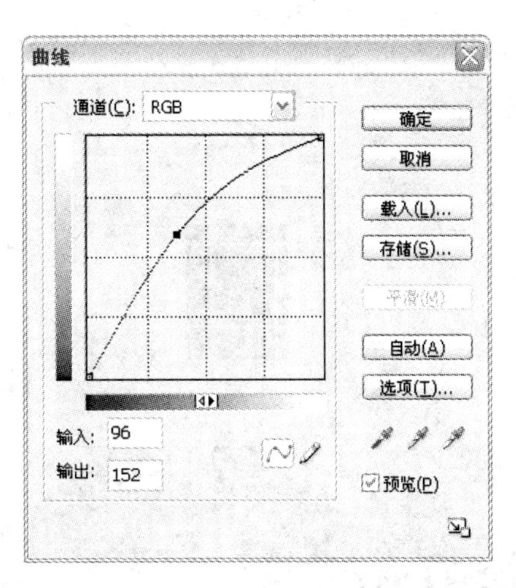

图 7-51 【曲线】对话框

(4) 单击 确定 按钮，将图像整体提亮。

(5) 单击菜单栏中的【文件】/【打开】命令，打开本书配套光盘“后期”文件夹中的“巾.psd”文件，如图 7-52 所示。

图 7-52 打开的图像文件

(6) 选择工具箱中的工具，将打开的图像拖曳到“卧室效果图”图像窗口中，此时【图层】面板中将自动生成一个新图层。

(7) 按下 Ctrl+T 键，为图像添加变形框，然后将光标指向变形框任意一角的控制点，当光标变为倾斜的双向箭头时，按住 Shift 键的同时向内拖曳鼠标，将图像等比例缩小，如图 7-53 所示。

(8) 按下回车键确认变换操作，然后使用工具将图像调整到床体的上方，图像效果如图 7-54 所示。

图 7-53　等比例缩小图像

图 7-54　调整后的图像效果

(9) 单击菜单栏中的【图像】/【调整】/【色相/饱和度】命令，在弹出的【色相/饱和度】对话框中设置各项参数如图 7-55 所示。

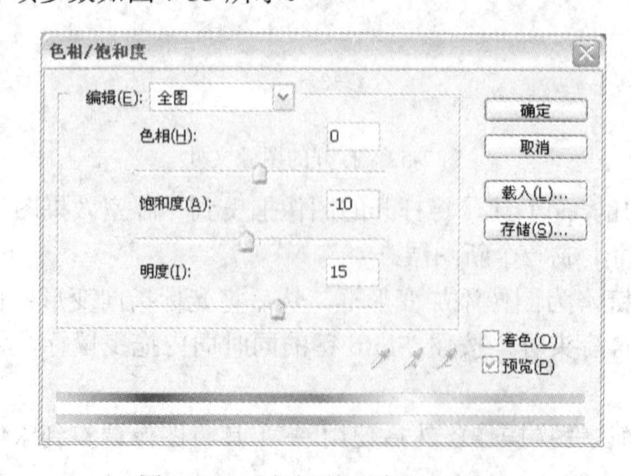

图 7-55　【色相/饱和度】对话框

(10) 单击 确定 按钮，将巾图像适当调亮。

(11) 单击菜单栏中的【图层】/【图层样式】/【投影】命令，在弹出的【图层样式】对话框中设置参数如图 7-56 所示。

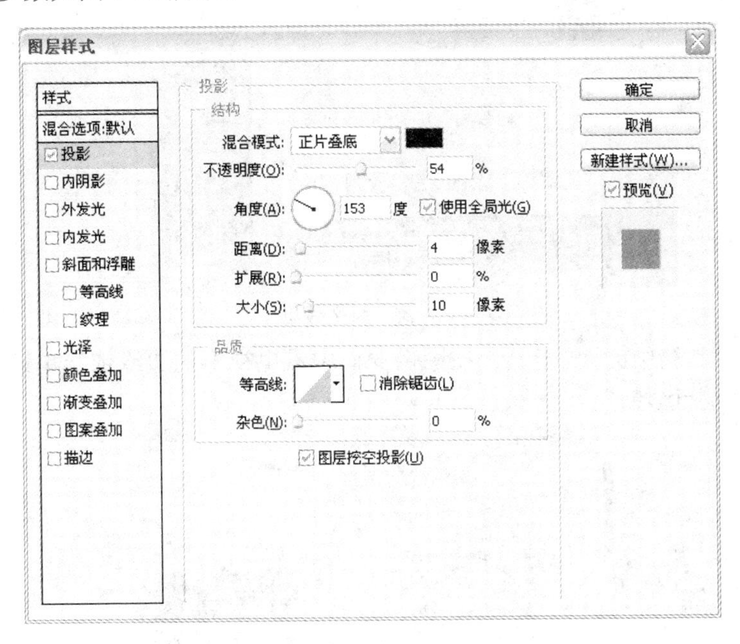

图 7-56　【图层样式】对话框

(12) 单击 确定 按钮，为其添加一点阴影效果，使其更有空间感，图像效果如图 7-57 所示。

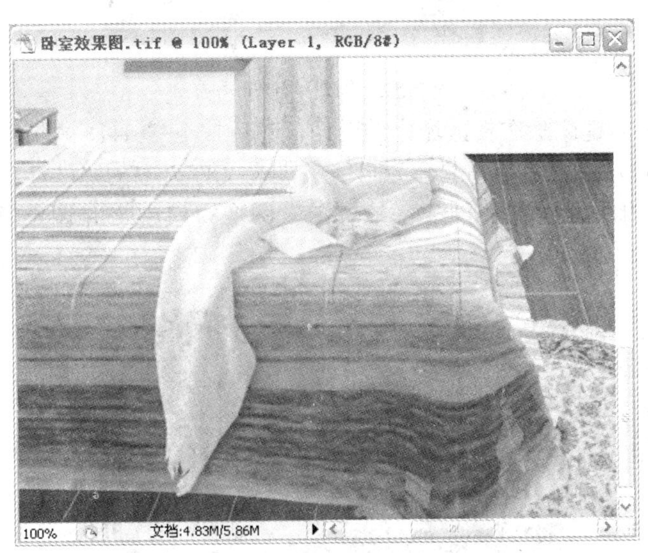

图 7-57　图像效果

(13) 用同样的方法，打开本书配套光盘“后期”文件夹中的“G-027.psd”文件，使用工具将其中的图像拖曳到“卧室效果图”图像窗口中，并调整大小与位置如图 7-58 所示。

图 7-58　图像效果

(14) 选择工具箱中的工具，在图像窗口中沿电视柜的边缘依次单击鼠标，创建如图 7-59 所示的选择区域。

图 7-59　创建的选择区域

(15) 按下 Delete 键删除选择区域内的图像，然后按下 Ctrl+D 键取消选择区域。

(16) 用同样的方法打开本书配套光盘“后期”文件夹中的“C-C-014.psd”文件，使用工具将其中的图像拖曳到“卧室效果图”图像窗口中，并调整其大小与位置如图 7-60 所示。

图 7-60　图像效果

(17) 继续打开本书配套光盘“后期”文件夹中的“A-A-005.psd”文件，使用工具将其中的图像拖曳到“卧室效果图”图像窗口中，如图 7-61 所示。

图 7-61　添加的图像

(18) 单击菜单栏中的【编辑】/【变换】/【水平翻转】命令，将其水平翻转。

(19) 按下 Ctrl+T 键添加变形框，参照前面的操作方法将其调整到适当大小，并移动到如图 7-62 所示的位置。

图 7-62　调整图像的大小和位置

(20) 继续打开本书配套光盘“后期”文件夹中的“书本.tif”文件，使用工具将其中的图像拖曳到“卧室效果图”图像窗口中，并调整其大小与位置如图 7-63 所示。

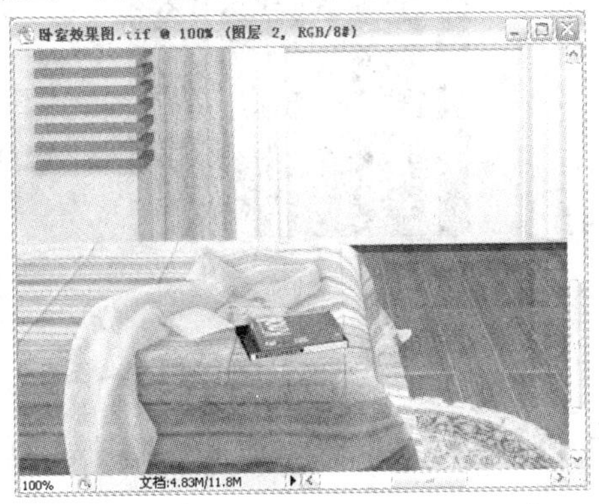

图 7-63　调整后的图像效果

(21) 继续打开本书配套光盘“后期”文件夹中的“HUANJING.JPG”文件，如图 7-64 所示。

图 7-64　打开的图像文件

(22) 按下 Ctrl+A 键，将图像全部选择，然后按下 Ctrl+C 键复制所选图像。

(23) 切换到“卧室效果图”图像窗口，选择工具箱中的工具，在工具选项栏中设置参数如图 7-65 所示。

图 7-65　魔棒工具选项栏

(24) 按住 Shift 键的同时依次单击每一个窗格，建立选择区域，如图 7-66 所示。

图 7-66　建立的选择区域

(25) 单击菜单栏中的【编辑】/【贴入】命令，将刚才复制的图像粘贴到选择区域中，图像效果如图 7-67 示。

图 7-67　图像效果

(26) 单击菜单栏中的【图像】/【调整】/【色相/饱和度】命令，在弹出的【色相/饱和度】对话框中设置各项参数如图 7-68 所示。

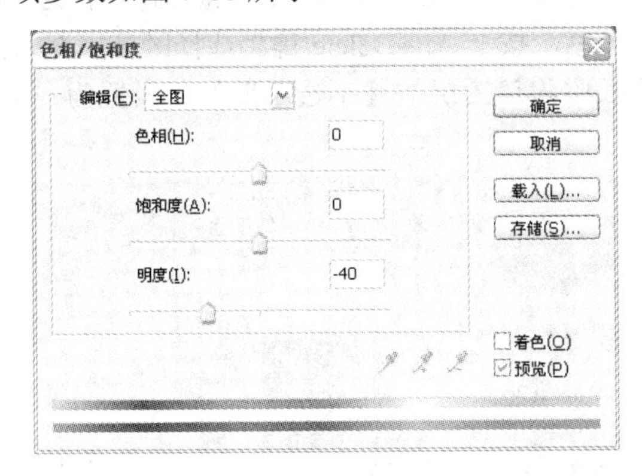

图 7-68　【色相/饱和度】对话框

(27) 单击 确定 按钮，将粘贴的窗外图像亮度调暗，结果如图 7-69 所示。

图 7-69　调整后的图像效果

(28) 在【图层】面板中单击 按钮，建立一个新图层，并将该层调整到面板的最上方。

(29) 选择工具箱中的 工具，在工具选项栏中设置【羽化】值为 100，然后在图像中建立如图 7-70 所示的选择区域。

图 7-70　建立的选择区域

(30) 单击菜单栏中的【选择】/【反选】命令，将图像反向选择。

(31) 设置前景色为黑色，按下 Alt+Delete 键将选择区域填充为黑色，然后取消选区。

(32) 在【图层】面板中将该图层的【不透明度】值设置为 36%，图像效果如图 7-71 所示。

图 7-71　图像效果

(33) 在【图层】面板中单击 按钮，在打开的菜单中选择【色彩平衡】命令，在弹出的【色彩平衡】对话框中设置各项参数如图 7-72 所示。

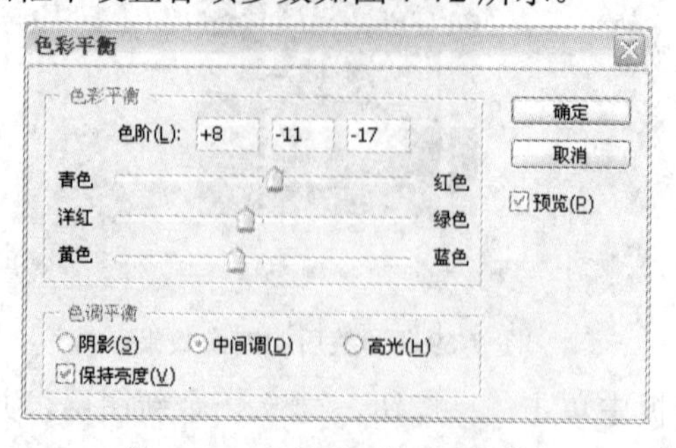

图 7-72　【色彩平衡】对话框

(34) 单击 确定 按钮，最终的图像效果如图 7-73 所示。

图 7-73 最终的图像效果

(35) 按下 Ctrl+S 键，保存对文件的修改。

7.3 课堂总结

本课主要介绍了渲染输出与后期处理的相关内容，这是效果图制作的最后一道工序，其重要性同样不可忽视。如果后期处理不好，则会导致“功亏一篑”的后果。

本课只是从常用角度出发，对渲染类型、菜单命令、常用按钮以及【渲染场景】对话框进行了介绍。由于篇幅所限，特别是后期处理的内容，只是略作提示。如果要从事效果图后期处理工作，仅仅掌握这些内容是远远不够的，这需要读者系统地学习 Photoshop 软件知识。

7.4 课后练习

一、填空题

1．3ds max 中提供了三个附带渲染器，分别为________________、______________和________________，使用不同的渲染器会得到不同的渲染效果。

2．单击工具栏中的 视图 按钮，在打开的下拉列表中可以选择渲染类型，共有八种，分别是___________、____________、_____________、____________、____________、_______________、_______________、______________。

3．单击菜单栏中的【渲染】/【环境】命令，可以弹出______________对话框，其中的【环境】选项卡用于设置____________和____________。

4．使用 3ds max 制作的效果图一般都需要进行后期处理，这项工作是在_______中完成的。

二、操作题

在前几课中，我们制作了很多效果图小构件造型，读者朋友可以尝试将它们进行渲染输出。练习时要注意不同的【渲染】按钮、类型及【渲染场景】对话框的使用。

第 8 课

实战——制作玄关效果图

主 要 内 容

- 室内效果图表现技术
- 制作流程
- 课堂实训

8.1 课堂讲解

玄关是指靠近大门的区域，它可以是一个封闭、半封闭或开放的空间，也被称做门厅。它是进门后的第一道风景，其实用性、装饰性和艺术性是整个居室气氛的概括。玄关的作用如下：一是为了保持主人的私密性；二是起到装饰作用；三是方便客人脱衣、换鞋、挂帽。在玄关的设计中，既要表现出居室的整体风格，又要兼顾展示、更衣、引导、分隔空间等实用功能。在本例的设计中，重点考虑了玄关与客厅风格相协调，地面材料选用防水耐磨、坚固美观的磨光大理石拼花，效果如图 8-1 所示。

图 8-1　玄关效果图

8.1.1　室内效果图表现技术

要制作出精美的效果图，除了熟练掌握软件以外，还要注意多观察生活，一切事物的创作都来源于生活。对于室内效果图的表现，要注重以下几个方面的内容：

(1) 控制好整体色调。室内效果图偏暖色调的比较多，这也比较迎合人们的心理。因此，在表现室内效果图时，要把整体控制在统一的色调之中，这样可以较好地表现环境气氛。一般情况下，家装、酒店、会议室等室内效果图多采用暖色调；而大型的公共空间(如飞机场、候车室、宾馆的大厅等)多采用冷色调。

效果图整体色调的偏暖或偏冷可以通过 Photoshop 后期处理完成，也可以在 3ds max 中通过灯光的颜色和贴图材质来表现。

一般情况下，就整体空间设计而言，可以遵循这样一个基本过程：

① 先确定地面的颜色，以此作为定调的标准。

② 根据地面的颜色确定顶棚的颜色，通常顶棚的颜色明度较高，与地面成对比关系。

③ 确定墙面的颜色，它是顶棚与地面颜色的过渡，常采用中间的灰色调，同时要考虑同家具颜色的衬托与对比。

④ 确定家具的颜色，其颜色无论在明度、饱和度或色相上都要与整体形成统一。

(2) 控制好整体亮度。效果图的亮度要符合事实，无论是表现夜景还是日景，都要把

握好光线的变化。就技术而言，在设置灯光时要避免出现大块的光斑，也要避免出现大块的不合理阴影；另外，还要注意光能传递效果的表现。

在布光合理的前提下，最后可以通过 Photoshop 调整效果图的整体亮度，从而达到一种合理的视觉效果。

(3) 处理好阴影效果。光与影是密不可分的，因此，在表现室内效果图时要注意影子的处理。首先，在一般的环境中是不存在纯黑色阴影的；其次，影子的边缘应稍微模糊减淡；最后，如果室内不止一个光源，则影子的方向会不一致。

除此以外，我们还要考虑这样几个方面：室内空间形态、陈设、布置的构成；各种造型因素的明暗关系；各种造型的质地效果；室内各造型之间的比例关系等。这些都是影响最终效果图质量的直接因素。

8.1.2　制作流程

在设计玄关时，要与客厅的整体风格相协调，地面装饰材料宜选用防水耐磨、坚固美观且易清洁的材料，如磨光大理石。玄关的贮藏功能以鞋柜为主，用于存放鞋类、雨具、衣物等。

本例效果图的制作流程如图 8-2 所示。

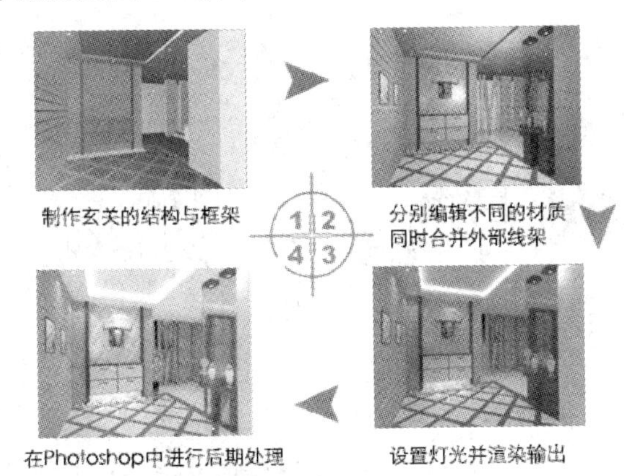

图 8-2　玄关效果图制作流程

- 建模。在制作效果图时，建模有两种基本途径：一种是在没有图纸的情况下直接建模；另一种是借助图纸进行建模。在本例中我们采用后一种方法，其优势是比较容易控制比例关系。
- 内部造型的创建。内部造型包括装饰线、艺术墙、地面拼花、室内楼梯等。
- 编辑材质。材质是表现效果图视觉效果的重要环节，本例中我们使用了建筑材质，这是一种制作效果图的专用材质，表现效果极佳。
- 合并家具造型。制作效果图时，很多造型可以从自己的模型库中调用，然后进行缩放、旋转等处理，使之与场景匹配。本例中合并的造型有干竹、干枝、扶手、装饰柱、装饰画、鹅卵石等。
- 设置灯光。在制作室内效果图时，将灯光、建筑材质与光能传递解决方案结合起来，可以生成自然逼真的照明效果。

- 后期处理。使用 Photoshop 软件对渲染输出的图像进行后期处理，包括调整图像的色调、修复图像、添加配景等。

8.2 课 堂 实 训

玄关模型的制作比较简单，可参照导入的图纸，使用基本几何体来完成。需要大家注意的是，对于重点表现的部分建模要精细，而对于相机视野之外的部分则可以忽略不建。

8.2.1 基本框架的创建

对于室内效果图的制作，可以借助于 CAD 图形文件进行建模，这样可以快速、高效地完成建模工作。

(1) 启动 3ds max 9 中文版软件，单击菜单栏中的【文件】/【导入】命令，导入本书配套光盘“CAD”文件夹中的“玄关.dwg”文件。

(2) 在导入的 CAD 图形上单击鼠标右键，从弹出的快捷菜单中选择【冻结当前选择】命令，如图 8-3 所示，这样就可以将导入的 CAD 图形作为底图使用，以方便建模时进行描线。

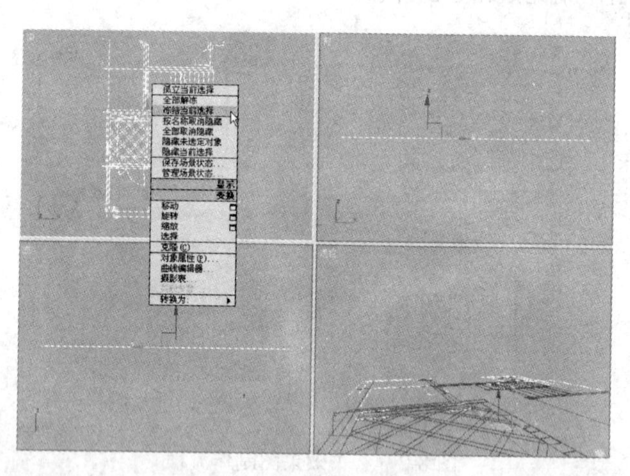

图 8-3 冻结导入的图纸

(3) 在图形创建命令面板中单击 线 按钮，在顶视图中依据底图绘制一条封闭的二维线形，如图 8-4 所示。

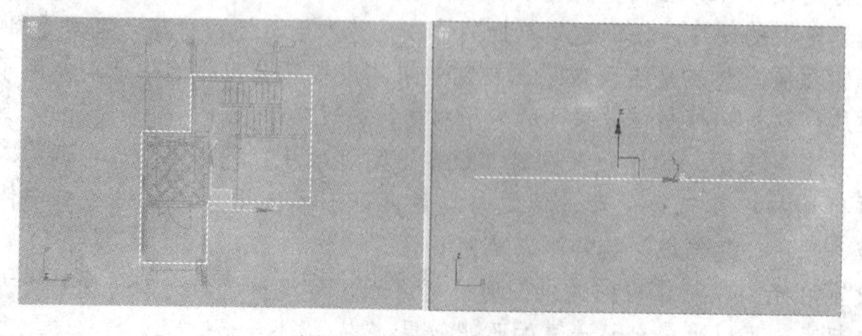

图 8-4 绘制的二维线形

(4) 按下 3 键进入【样条线】子对象层级，在【几何体】卷展栏中设置【轮廓】值为 –240，按下回车键将其扩展轮廓。

(5) 在修改命令面板的【修改器列表】中选择【挤出】命令，在【参数】卷展栏中设置挤出的【数量】为 2700.0，将挤出的造型命名为“墙体”，如图 8-5 所示。

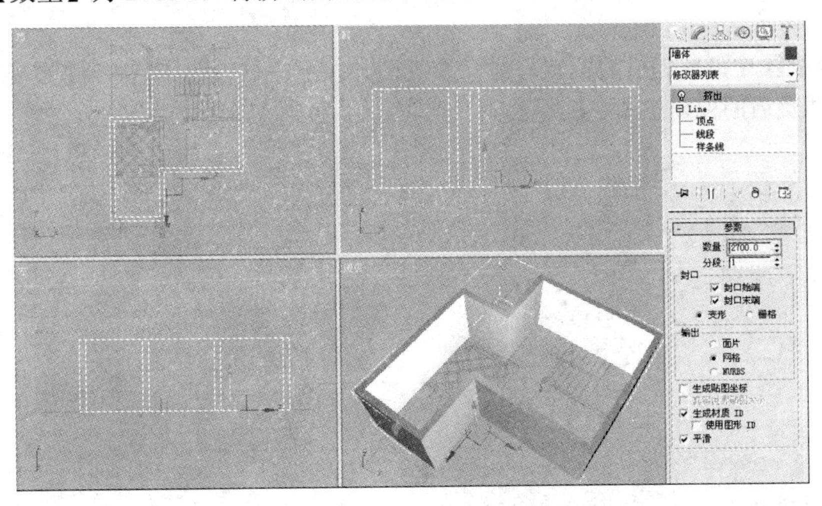

图 8-5　挤出的“墙体”造型

(6) 在顶视图中创建一个【长度】为 9090、【宽度】为 7408、【高度】为 0.2 的长方体，将其命名为“地面”，调整其位置如图 8-6 所示。

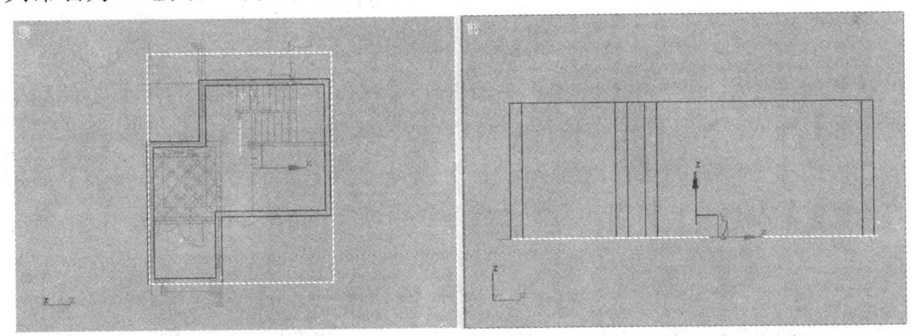

图 8-6　创建的“地面”造型

(7) 在前视图中选择“地面”造型，用移动复制的方法将其复制一个，在修改命令面板中修改其【高度】为 30，调整其位置如图 8-7 所示，并命名为“顶”造型。

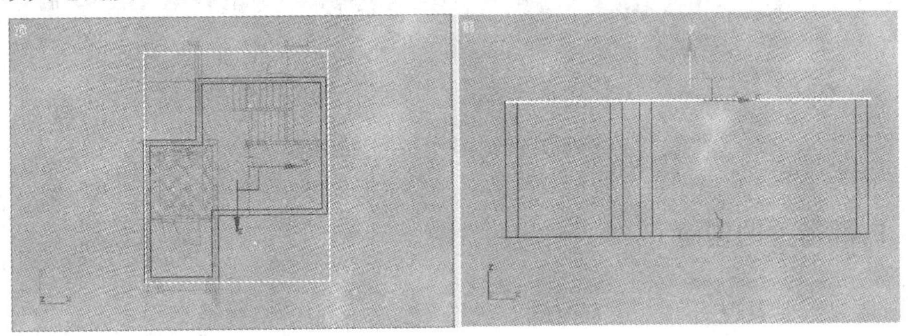

图 8-7　复制的“顶”造型

下面我们先创建一架相机来确定观察视角，对于可见的部分进行精细建模，不可见部分则可以忽略不建。这样既节省时间，又可以减少模型面数，从而提高工作效率。

(8) 在相机创建命令面板中单击【对象类型】卷展栏中的 目标 按钮，在顶视图中创建一架相机，设置【镜头】值为 24.0、【视野】值为 73.74、【目标距离】值为 2751.918。

(9) 在视图中调整相机的位置。激活透视图，按下键盘中的 C 键，将透视图转换为相机视图，调整后的视角如图 8-8 所示。

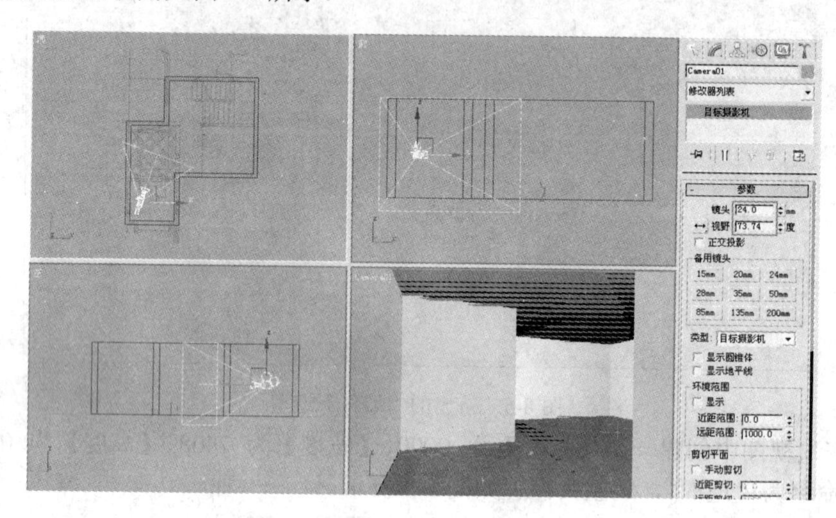

图 8-8　创建的相机

(10) 在顶视图中绘制一个【长度】为 1960、【宽度】为 1700 的矩形，然后取消勾选【开始新图形】选项，在顶视图中依据 CAD 底图再绘制一条封闭的二维线形。

(11) 在修改命令面板的【修改器列表】中选择【挤出】命令，在【参数】卷展栏中设置挤出的【数量】为 60，将挤出的造型命名为“吊顶”，位置如图 8-9 所示。

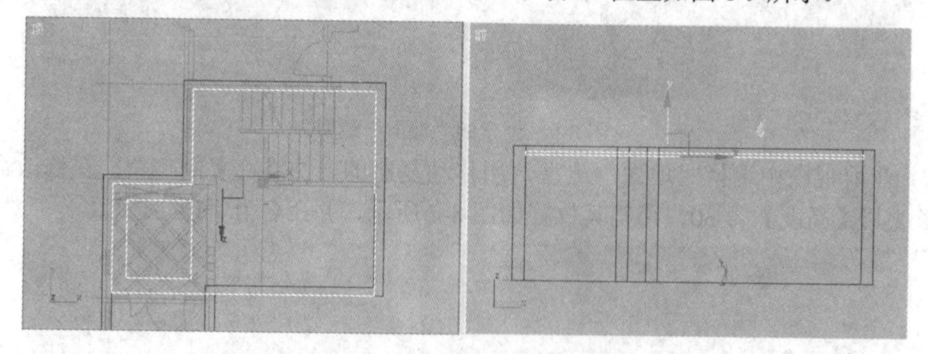

图 8-9　挤出的“吊顶”造型

8.2.2　内部造型的创建

室内效果图要表现的重点是室内的各种造型。本例中的室内造型很多，如装饰线、艺术墙、地面拼花、室内楼梯等，下面逐一进行创建。

(1) 在顶视图中依据 CAD 底图捕捉顶点绘制一条二维线形，如图 8-10 所示。

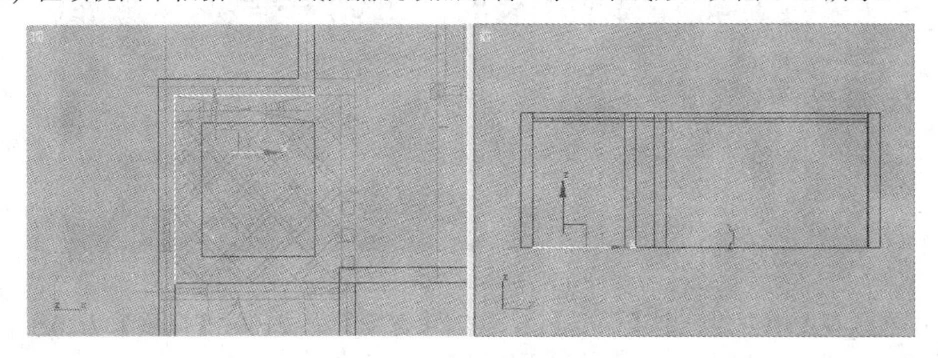

图 8-10　绘制的二维线形

(2) 按下 3 键进入【样条线】子对象层级，在【几何体】卷展栏中设置【轮廓】值为 10，按下回车键将其扩展轮廓。

(3) 在修改命令面板的【修改器列表】中选择【挤出】命令，在【参数】卷展栏中设置挤出的【数量】为 120，将挤出的造型命名为“装饰线”，调整其位置如图 8-11 所示。

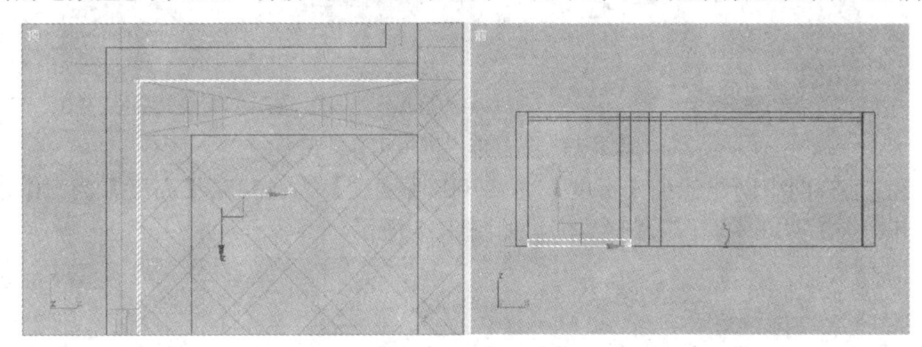

图 8-11　挤出的“装饰线”造型

(4) 在前视图中将“装饰线”造型以【实例】的方式沿 Y 轴垂直向上移动复制 20 个，位置如图 8-12 所示。

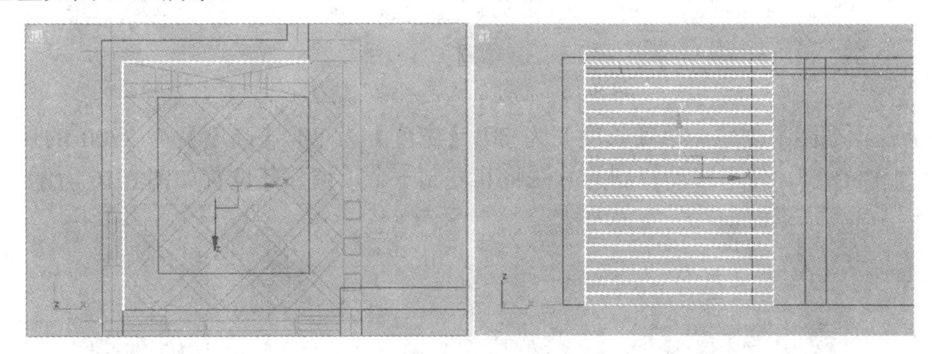

图 8-12　复制的造型

(5) 在顶视图中依据 CAD 底图捕捉顶点进行描线，然后在修改命令面板的【修改器列表】中选择【挤出】命令，设置挤出的【数量】为 0.5，将挤出的造型命名为“拼花”，调整其位置如图 8-13 所示。

图 8-13　挤出的“拼花”造型

(6) 在顶视图中创建一个【长度】为 400、【宽度】为 2100、【高度】为 0.5 的长方体，将其命名为“拼花 01”，调整其位置如图 8-14 所示。

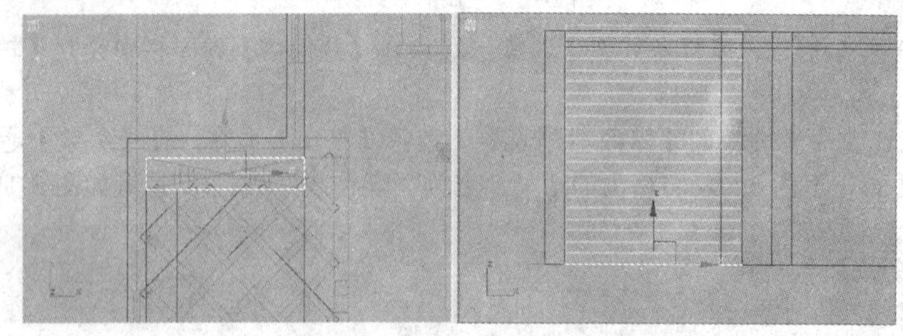

图 8-14　创建的“拼花 01”造型

(7) 在前视图中创建一个【长度】为 2700、【宽度】为 1345、【高度】为 10 的长方体，将其命名为“艺术墙”，调整其位置如图 8-15 所示。

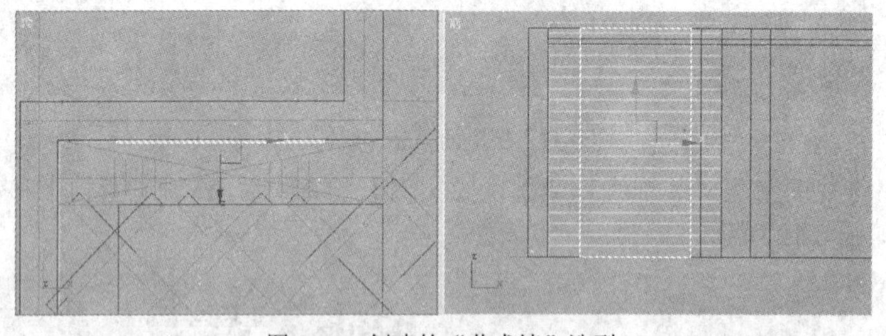

图 8-15　创建的“艺术墙”造型

(8) 在顶视图中创建一个【长度】为 80、【宽度】为 80、【高度】为 2700 的长方体，并命名为“立柱”，使用移动复制的方法将其复制一个，调整其位置如图 8-16 所示。

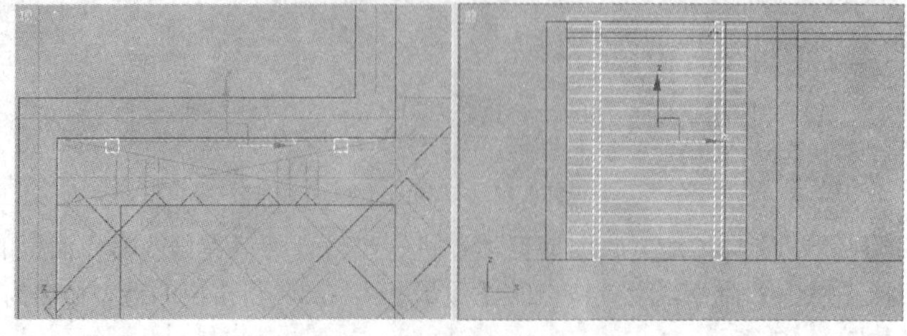

图 8-16　创建及复制的造型

(9) 在顶视图中创建一个【长度】为 260、【宽度】为 1345、【高度】为 700 的长方体，将其命名为“柜子”，再创建一个【长度】为 290、【宽度】为 1385、【高度】为 30 的长方体，将其命名为“大理石台面”，调整其位置如图 8-17 所示。

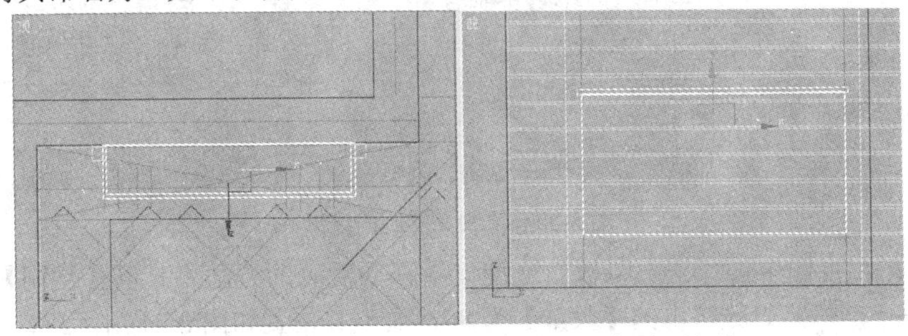

图 8-17 创建的“柜子”和“大理石台面”造型

(10) 继续在前视图中创建一个【长度】为 320、【宽度】为 640、【高度】为 15 的长方体，将其命名为“柜门”，再创建一个【长度】为 20、【宽度】为 200、【高度】为 10 的长方体，将其命名为“把手”，调整其位置如图 8-18 所示。

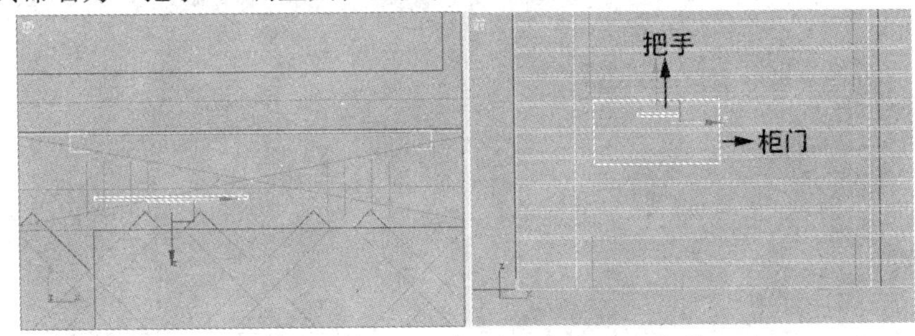

图 8-18 创建的“柜门”和“把手”造型

(11) 在前视图中选择“柜门”和“把手”造型，用移动复制的方法将其复制 3 组，调整其位置如图 8-19 所示。

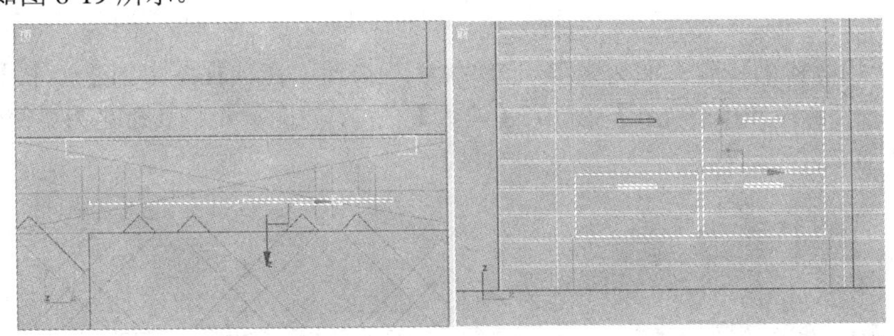

图 8-19 复制的造型

(12) 在顶视图中依据 CAD 底图绘制一个【长度】为 192、【宽度】为 200 的矩形，然后选择矩形，单击鼠标右键，在弹出的快捷菜单中选择【转换为】/【转换为可编辑样条线】命令，将其转换为可编辑样条线；按下 3 键进入【样条线】子对象层级，用移动复制的方法将其复制两个，如图 8-20 所示。

(13) 在修改命令面板的【修改器列表】中选择【挤出】命令，在【参数】卷展栏中设置挤出的【数量】为 650，将挤出的造型命名为“木隔板”。

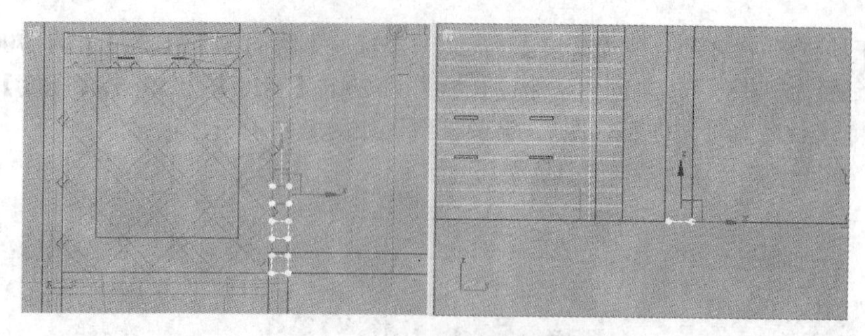

图 8-20 绘制及复制的线形

(14) 在左视图中选择“木隔板”造型，用移动复制的方法将其以【复制】的方式沿 Y 轴复制一个，然后修改挤出的【数量】为 80，调整其位置如图 8-21 所示。

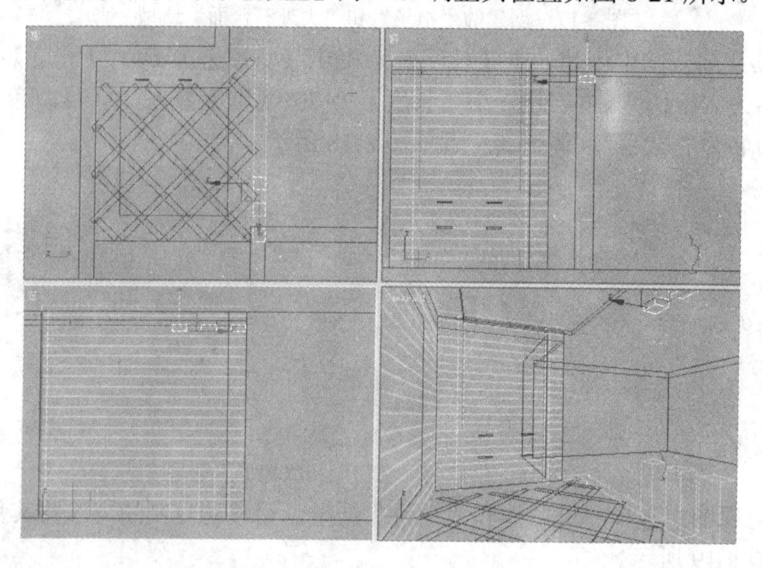

图 8-21 复制的造型

(15) 在几何体创建命令面板中单击 管状体 按钮，在顶视图中创建一个【半径 1】为 30、【半径 2】为 40、【高度】为 10、【边数】为 17 的圆管，将其命名为“筒灯”，调整其位置如图 8-22 所示。

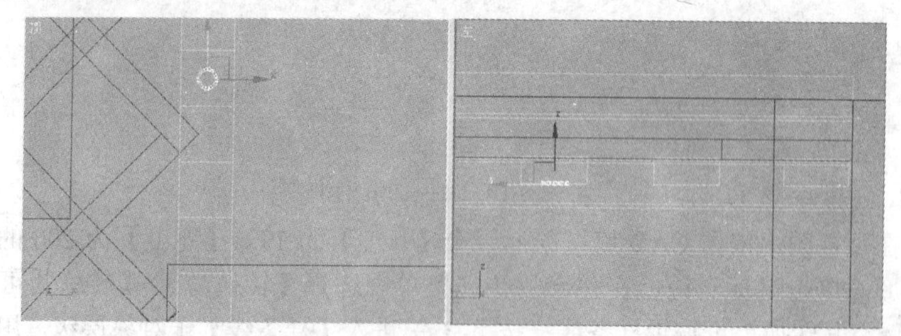

图 8-22 创建的“筒灯”造型

(16) 在几何体创建命令面板中单击 圆柱体 按钮，在顶视图中创建一个【半径】为 35、【高度】为 10、【边数】为 7 的圆柱体，将其命名为“灯”，调整其位置如图 8-23 所示。

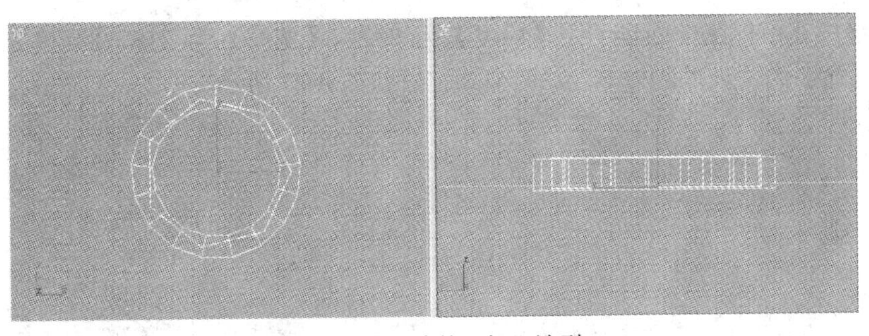

图 8-23　创建的“灯”造型

(17) 在顶视图中同时选择“筒灯”和“灯”造型，用移动复制的方法将其以【实例】的方式复制 2 组，调整其位置如图 8-24 所示。

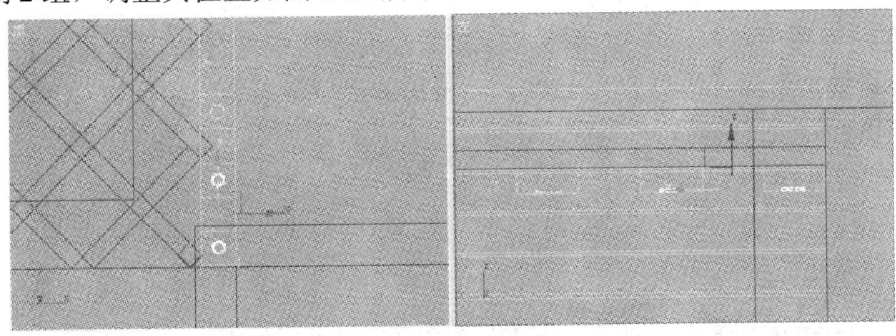

图 8-24　复制的造型

(18) 在左视图中创建一个【长度】为 2521、【宽度】为 1000、【高度】为 10 的长方体，将其命名为“玻璃隔板”，调整其位置如图 8-25 所示。

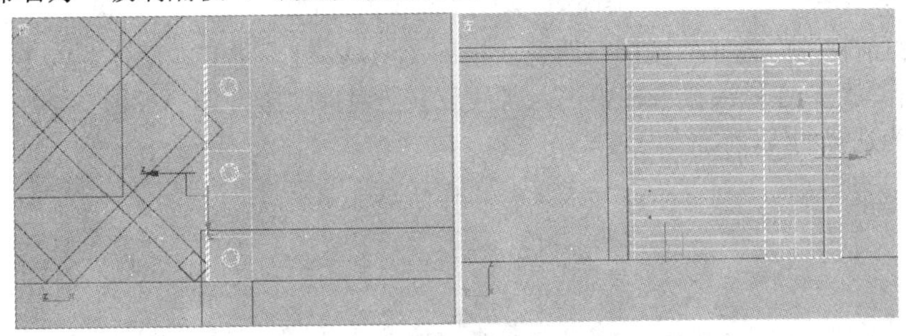

图 8-25　创建的“玻璃隔板”造型

(19) 在顶视图中选择“玻璃隔板”造型，将其以【实例】的方式沿 X 轴移动复制一个，调整其位置如图 8-26 所示。

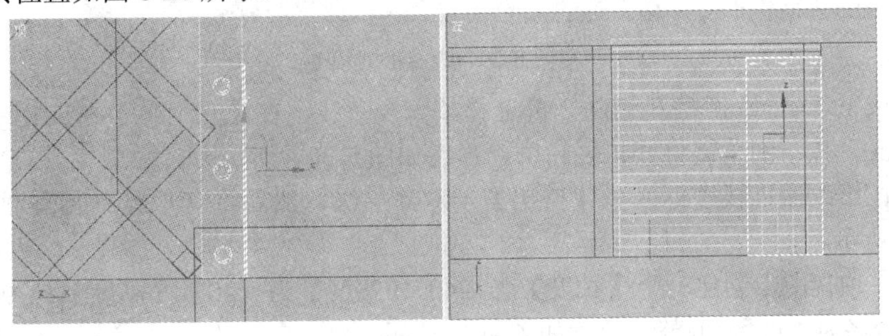

图 8-26　复制的造型

(20) 继续在前视图中创建一个【长度】为 2521、【宽度】为 218、【高度】为 10 的长方体，将其命名为“玻璃隔板 02”，调整其位置如图 8-27 所示。

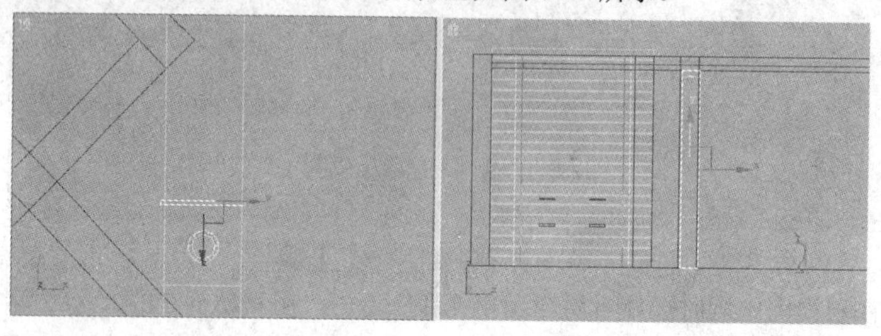

图 8-27 创建的“玻璃隔板 02”造型

(21) 在前视图中绘制一条二维线形，在修改命令面板的【修改器列表】中选择【挤出】命令，设置挤出的【数量】为 1200，将挤出的造型命名为“楼梯”，如图 8-28 所示。

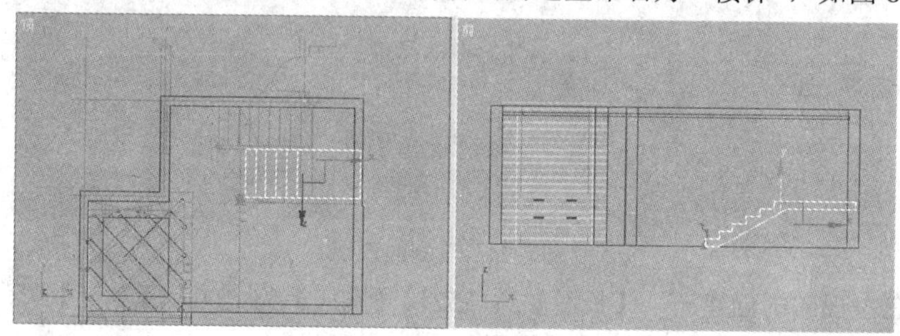

图 8-28 挤出的“楼梯”造型

(22) 在前视图中选择“楼梯”造型，按下 Ctrl+V 键，将其在原位置以【复制】的方式复制一个，然后在修改器堆栈中进入【线段】子对象层级，选择如图 8-29 所示的线段(红色部分为选择的线段)。

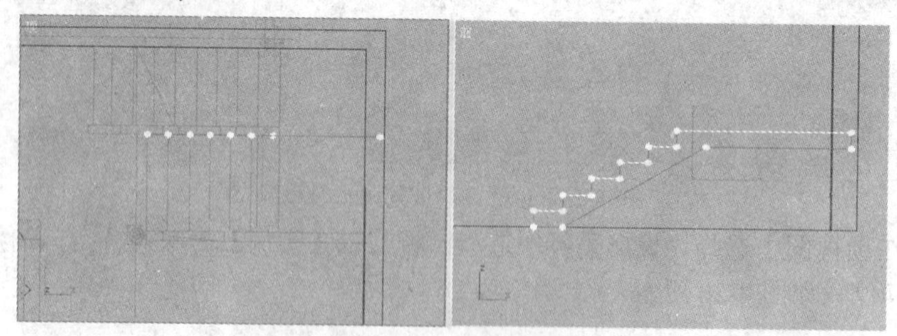

图 8-29 选择的线段

(23) 按下 Delete 键将其删除，再选择整个样条线，在【几何体】卷展栏中设置【轮廓】值为 20，按下回车键将其扩展轮廓，形态如图 8-30 所示。

(24) 在修改器堆栈中返回到【挤出】子对象层级，然后将其重新命名为“沿”，结果如图 8-31 所示。

(25) 在顶视图中创建一个【长度】为 240、【宽度】为 1407、【高度】为 900 的长方体，将其命名为“板”，调整其位置如图 8-32 所示。

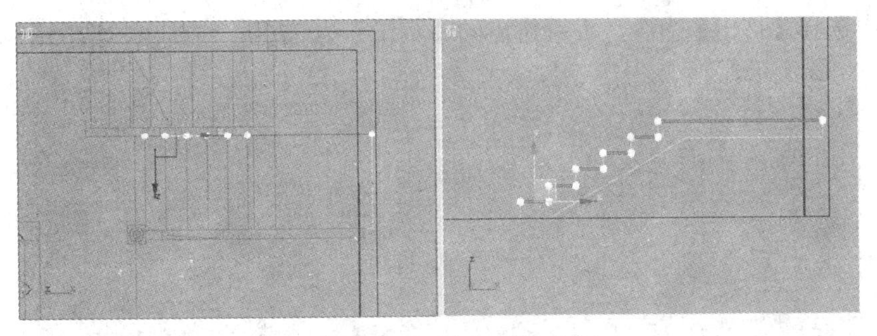

图 8-30　扩展轮廓后的形态

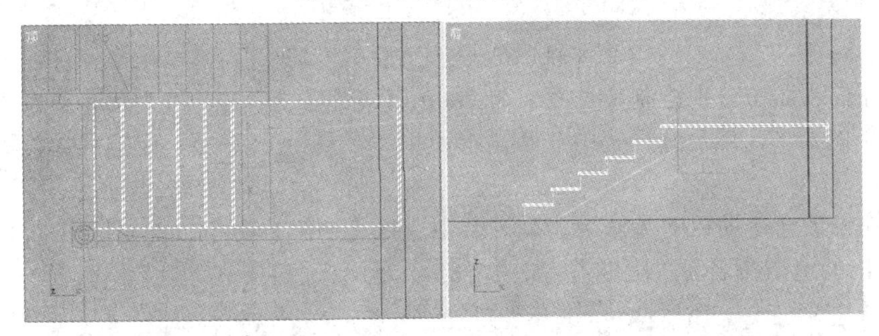

图 8-31　调整后的形态

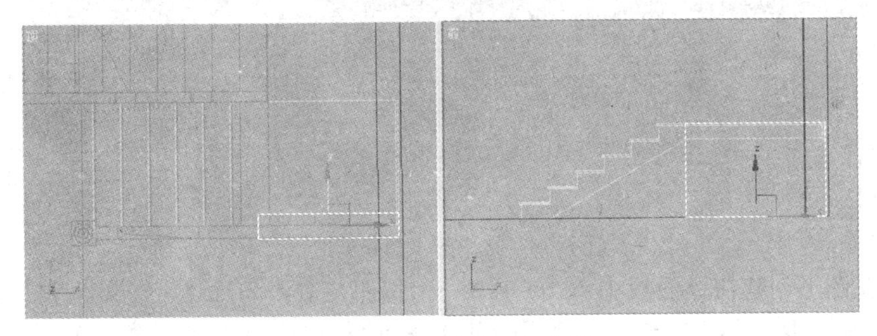

图 8-32　创建的“板”造型

(26) 在前视图中选择“板”造型，将其以【复制】的方式移动复制一个，在修改命令面板中修改其【宽度】为 400、【高度】为 2700，将其命名为“墙板”，调整其位置如图 8-33 所示。

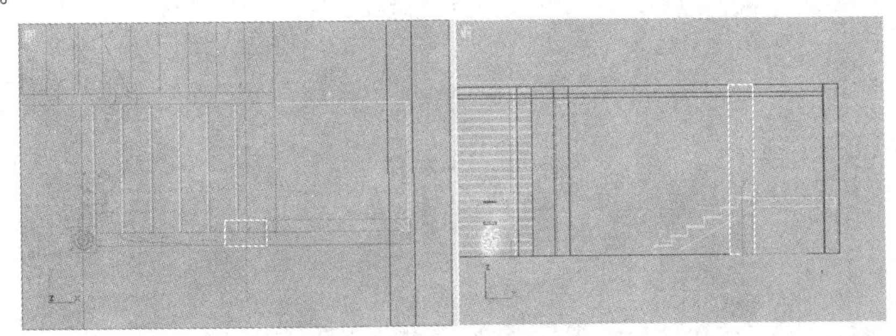

图 8-33　复制的“墙板”造型

(27) 在图形创建命令面板中单击 矩形 按钮，取消勾选【开始新图形】选项，然后在顶视图中绘制 3 个【长度】为 100、【宽度】为 550 的矩形，在修改命令面板的【修改

器列表】中选择【挤出】命令，设置挤出的【数量】为 2700，将挤出的造型命名为“墙板01”，如图 8-34 所示。

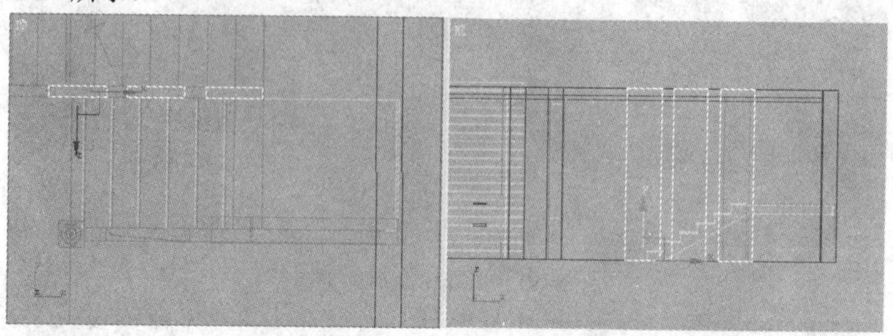

图 8-34　挤出的“墙板 01”造型

(28) 在前视图中分别绘制【长度】为 2800、【宽度】为 1220 和【长度】为 2005、【宽度】为 803 的矩形，然后选择其中一个矩形，将其转换为可编辑样条线，并将它们附加在一起。

(29) 在修改命令面板的【修改器列表】中选择【挤出】命令，设置挤出的【数量】为 120，将挤出的造型命名为“隔断”，如图 8-35 所示。

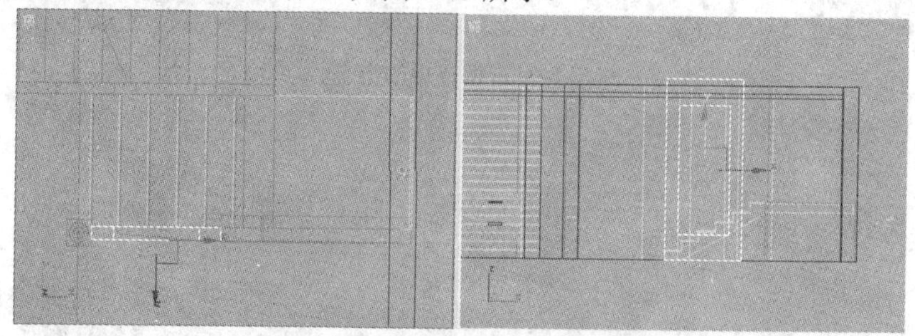

图 8-35　挤出的“隔断”造型

(30) 在图形创建命令面板中单击 线 按钮，取消勾选【开始新图形】选项，在前视图中绘制线形，然后在修改命令面板的【修改器列表】中选择【挤出】命令，设置挤出的【数量】为 150.0，将挤出的造型命名为“隔断纹理”，如图 8-36 所示。

图 8-36　挤出的“隔断纹理”造型

(31) 在顶视图中创建一个【长度】为 240、【宽度】为 240、【高度】为 650 的长方体，将其命名为“柱”，调整其位置如图 8-37 所示。

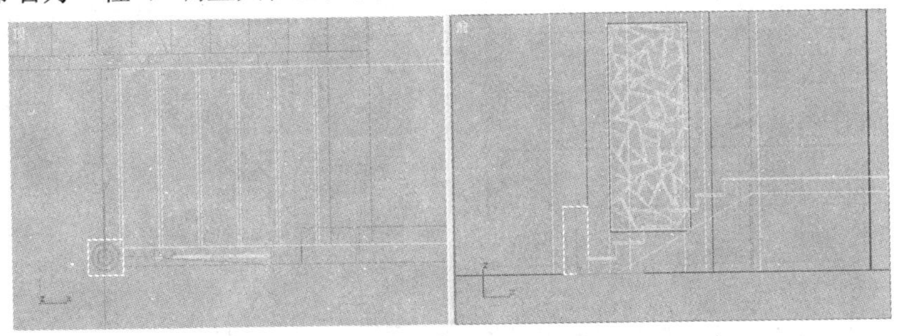

图 8-37　创建的“柱”造型

(32) 在顶视图中创建一个【长度】为 260、【宽度】为 260、【高度】为 450 的长方体，再创建一个【长度】为 260、【宽度】为 260、【高度】为 30 的长方体，分别命名为“压顶”和“压顶 01”，调整其位置如图 8-38 所示。

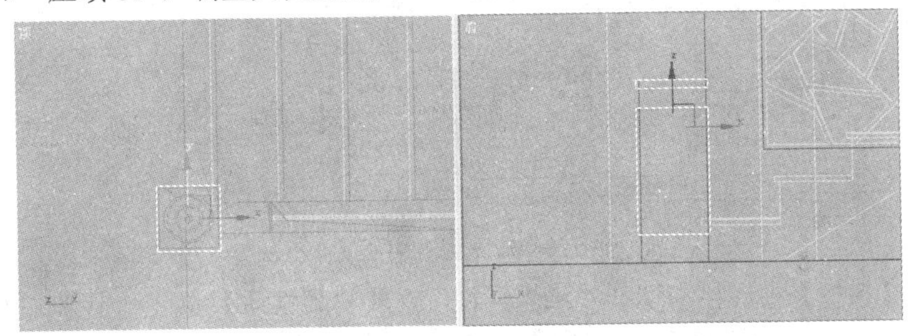

图 8-38　创建的“压顶”和“压顶 01”造型

(33) 在顶视图中同时选择“筒灯”和“灯”造型，用移动复制的方法将其复制多个，调整其位置如图 8-39 所示。

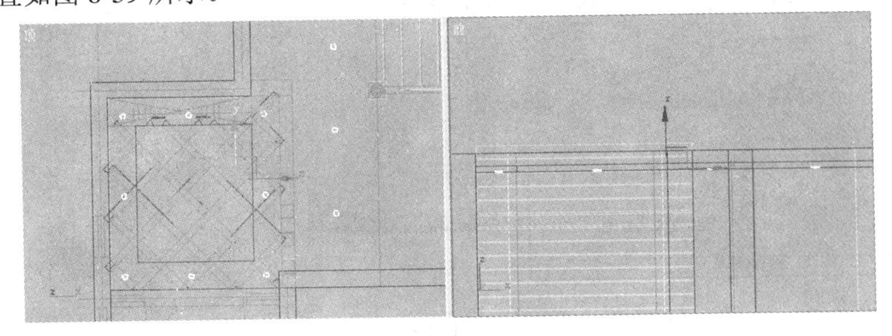

图 8-39　复制的造型

8.2.3　编辑材质

编辑材质是表现效果图视觉效果的重要环节，只有为模型赋上合适的材质，模型才能表现出逼真的自然效果。下面，我们为创建的模型编辑材质。

(1) 按下 M 键，打开【材质编辑器】对话框，选择一个空白的示例球，命名为“乳胶漆”材质。单击工具行右侧的 Standard 按钮，在弹出的【材质/贴图浏览器】对话框中

双击“建筑”材质类型，如图8-40所示。

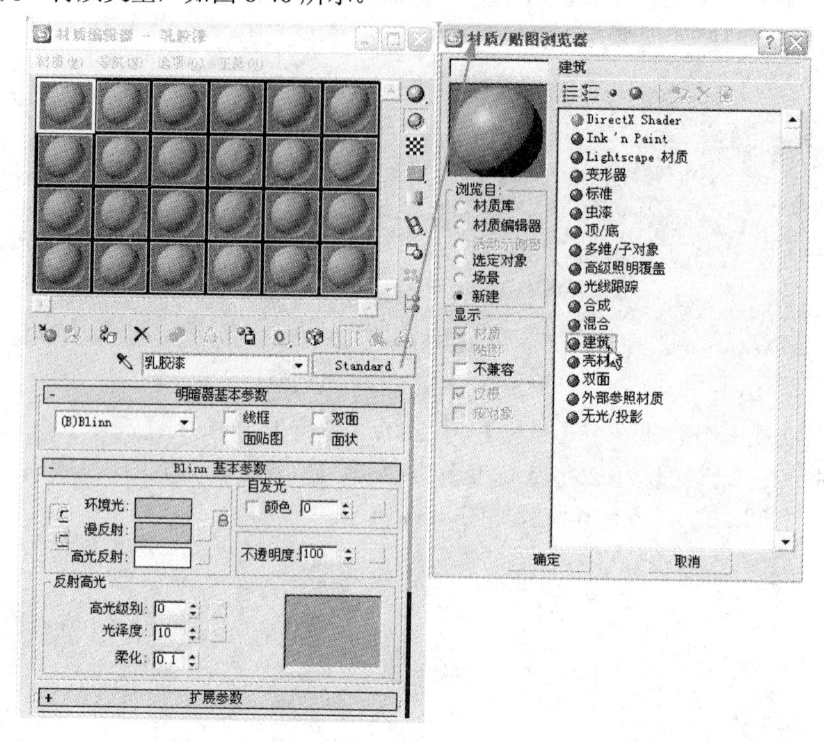

图8-40　材质参数设置

(2) 在【模板】卷展栏中选择“纸”属性，在【物理性质】卷展栏中单击【漫反射颜色】右侧的颜色块，设置颜色的RGB值如图8-41所示。

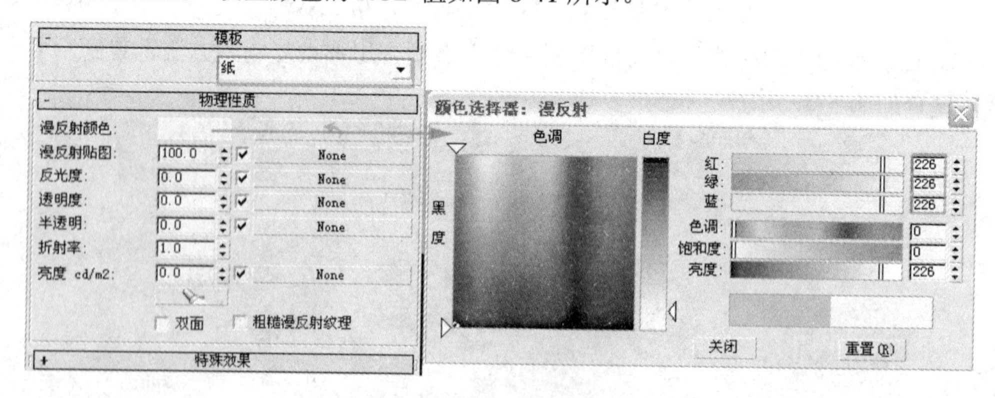

图8-41　材质参数设置

(3) 在视图中选择“墙体”、“板”、“顶”、“吊顶”和所有的“柜门”造型，将编辑好的材质赋予它们。

(4) 在【材质编辑器】对话框中选择一个空白的示例球，命名为“地砖”材质，然后单击工具行右侧的 Standard 按钮，在弹出的【材质/贴图浏览器】对话框中双击“建筑”材质类型。

(5) 在【模板】卷展栏中选择“瓷砖，光滑的”属性，在【物理性质】卷展栏中单击【漫反射贴图】右侧的长按钮，在弹出的【材质/贴图浏览器】对话框中双击“位图”贴

图类型，为其指定本书配套光盘“贴图”文件夹中的“米黄色地砖.jpg”贴图文件，其它参数设置如图 8-42 所示。

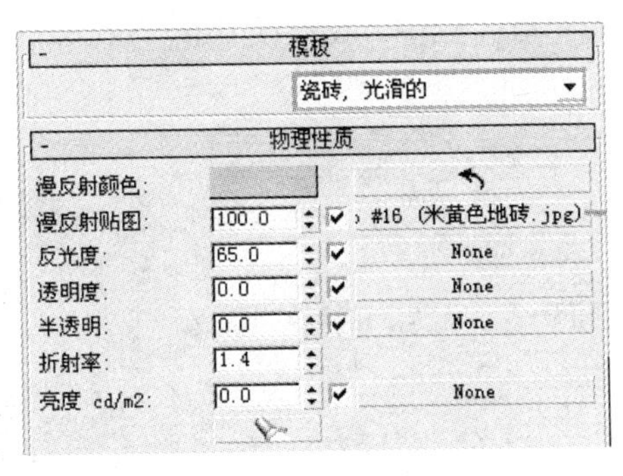

图 8-42　材质参数设置

(6) 单击工具行中的按钮，返回顶层级，然后在视图中选择“地面”造型，将编辑好的材质赋予它。

(7) 在修改命令面板的【修改器列表】中选择【UVW 贴图】命令，在【参数】卷展栏中选择【平面】选项，设置【长度】为 500、【宽度】为 500。

(8) 在【材质编辑器】对话框中选择一个空白的示例球，命名为“涂料”材质，单击工具行右侧的 Standard 按钮，在弹出的【材质/贴图浏览器】对话框中双击“建筑”材质类型。

(9) 在【模板】卷展栏中选择“纸”属性，在【物理性质】卷展栏中单击【漫反射颜色】右侧的颜色块，设置颜色的 RGB 值为(242、138、86)，其它参数设置如图 8-43 所示。

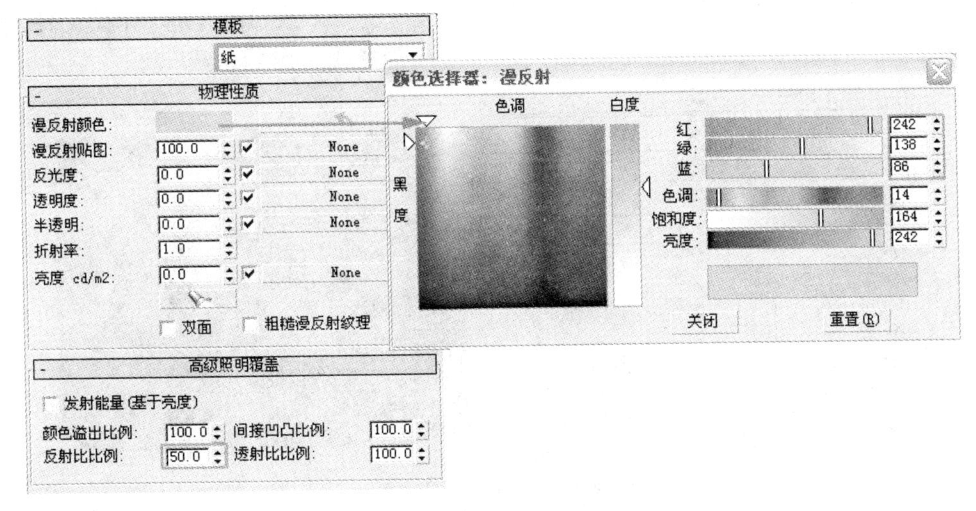

图 8-43　材质参数设置

(10) 在视图中选择所有的“装饰线”造型，将编辑好的材质赋予它们。

(11) 在【材质编辑器】对话框中选择一个空白的示例球，命名为“大理石”材质，单击工具行右侧的 Standard 按钮，在弹出的【材质/贴图浏览器】对话框中双击“建筑”材质类型。

(12) 在【模板】卷展栏中选择“瓷砖，光滑的”属性，在【物理性质】卷展栏中单击【漫反射贴图】右侧的长按钮，在弹出的【材质/贴图浏览器】对话框中双击“位图”贴图类型，为其指定本书配套光盘“贴图”文件夹中的“YG800881.jpg”贴图文件，其它参数设置如图 8-44 所示。

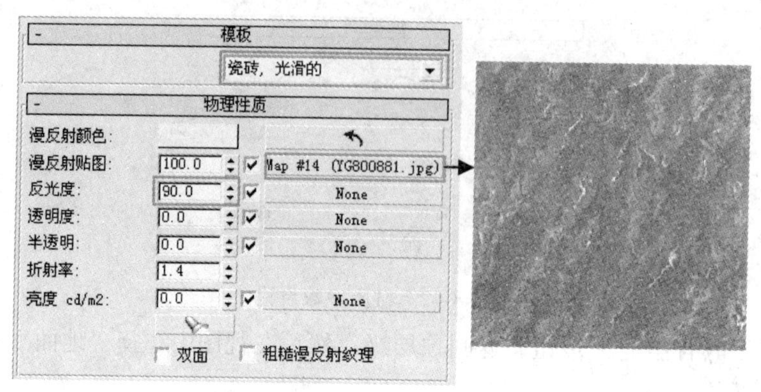

图 8-44　材质参数设置

(13) 在视图中选择“拼花”、“大理石台面”、“沿”、“压顶”和“压顶 01”造型，将编辑好的材质赋予它们。

(14) 在【材质编辑器】对话框中选择一个空白的示例球，命名为“木纹”材质，单击工具行右侧的 Standard 按钮，在弹出的【材质/贴图浏览器】对话框中双击“建筑”材质类型。

(15) 在【模板】卷展栏中选择“油漆光泽的木材”属性，在【物理性质】卷展栏中单击【漫反射贴图】右侧的长按钮，在弹出的【材质/贴图浏览器】对话框中双击“位图”贴图类型，为其指定本书配套光盘“贴图”文件夹中的“木纹-183.TIF”贴图文件，如图 8-45 所示。

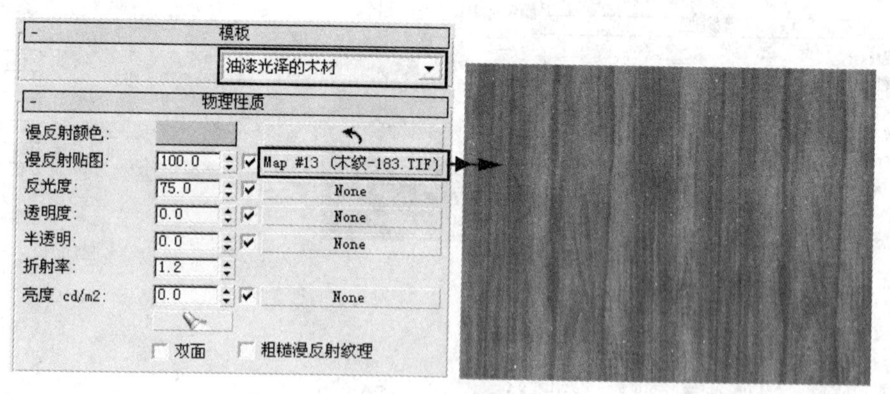

图 8-45　材质参数设置

(16) 在视图中选择所有的“把手”、“柜子”、“隔断”、“木隔板”、“木隔板 01”及所有的“立柱”造型，将编辑好的材质赋予它们。

(17) 在修改命令面板的【修改器列表】中选择【UVW 贴图】命令，在【参数】卷展栏中选择【长方体】选项，设置【长度】、【宽度】、【高度】均为 300。

(18) 在【材质编辑器】对话框中选择一个空白的示例球，命名为“鹅卵石”材质，然

后在【Blinn 基本参数】卷展栏中单击【漫反射】右侧的小按钮，在弹出的【材质/贴图浏览器】对话框中双击“位图”贴图类型，为其指定本书配套光盘“贴图”文件夹中的“Pk200066.jpg”贴图文件，如图 8-46 所示。

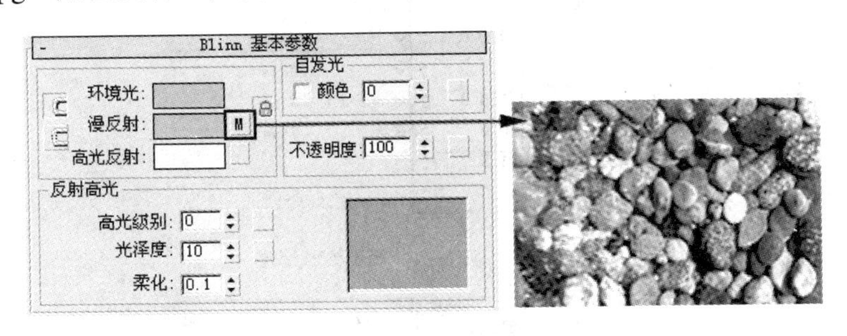

图 8-46　材质参数设置

(19) 在视图中选择“拼花 01”造型，将编辑好的材质赋予它。

(20) 在【材质编辑器】对话框中选择一个空白的示例球，命名为“金属”材质，单击工具行右侧的 Standard 按钮，在弹出的【材质/贴图浏览器】对话框中双击“建筑”材质类型。

(21) 在【模板】卷展栏中选择“金属”属性，在【物理性质】卷展栏中单击【漫反射颜色】右侧的颜色块，设置颜色的 RGB 值为(206、206、206)，如图 8-47 所示。

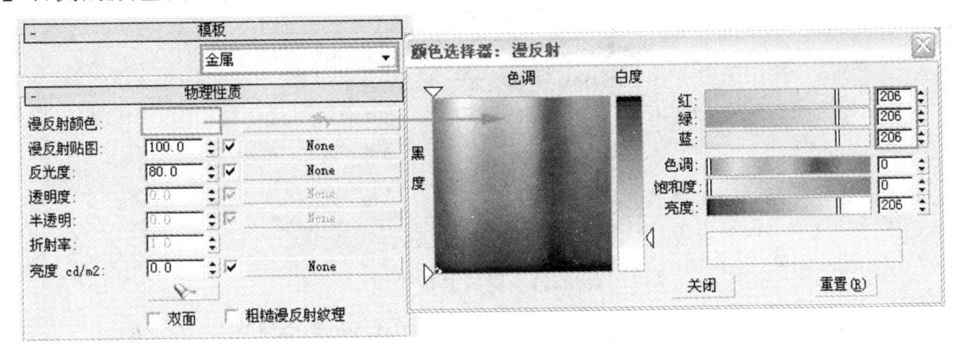

图 8-47　材质参数设置

(22) 在视图中选择所有的“筒灯”造型，将编辑好的材质赋予它们。

(23) 在【材质编辑器】对话框中选择一个空白的示例球，命名为“自发光”材质，在【Blinn 基本参数】卷展栏中设置【环境光】、【漫反射】颜色的 RGB 值为(255、255、255)，然后设置【自发光】的值为 100。

(24) 在视图中选择所有的“灯”造型，将编辑好的材质赋予它们。

(25) 在【材质编辑器】对话框中选择一个空白的示例球，命名为“玻璃”材质，单击工具行右侧的 Standard 按钮，在弹出的【材质/贴图浏览器】对话框中双击“建筑”材质类型。

(26) 在【模板】卷展栏中选择“玻璃-清析”属性，在【物理性质】卷展栏中单击【漫反射颜色】右侧的颜色块，设置颜色的 RGB 值为(232、241、239)，其它参数设置如图 8-48 所示。

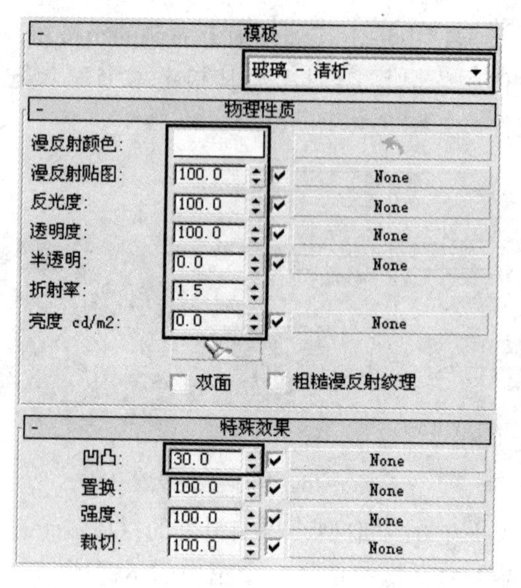

图 8-48 材质参数设置

(27) 在【特殊效果】卷展栏中单击【凹凸】右侧的长按钮，在弹出的【材质/贴图浏览器】对话框中双击“噪波”贴图类型，在【噪波参数】卷展栏中设置参数如图 8-49 所示。

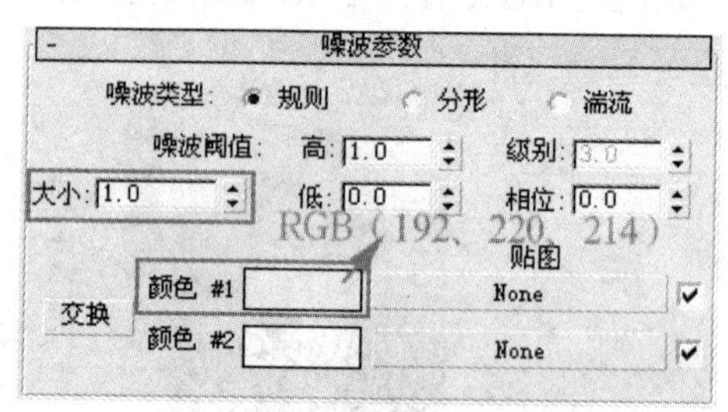

图 8-49 材质参数设置

(28) 在视图中选择所有的“玻璃隔板”造型，将编辑好的材质赋予它们。

(29) 在【材质编辑器】对话框中选择一个空白的示例球，命名为“大理石”材质，在【Blinn 基本参数】卷展栏中单击【漫反射】右侧的小按钮，在弹出的【材质/贴图浏览器】对话框中双击“位图”贴图类型，为其指定本书配套光盘“贴图”文件夹中的“Sa164.jpg”贴图文件，如图 8-50 所示。

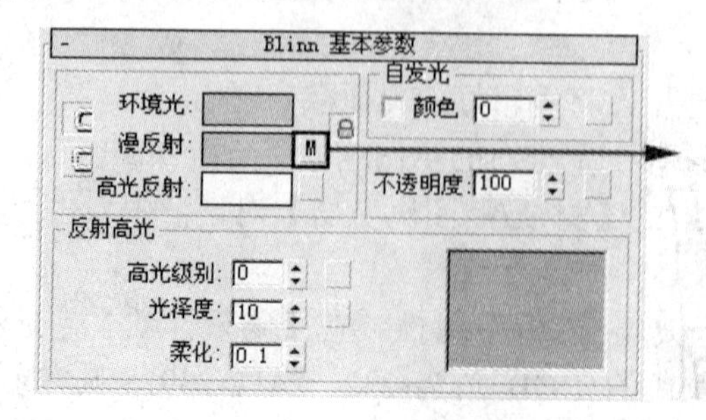

图 8-50 材质参数设置

(30) 在视图中选择“楼梯”和“柱”造型，将编辑好的材质赋予它们。

(31) 在【材质编辑器】对话框中选择一个空白的示例球，命名为“壁纸”材质，单击工具行右侧的 Standard 按钮，在弹出的【材质/贴图浏览器】对话框中双击“建筑”材质类型。

(32) 在【模板】卷展栏中选择“纸”属性，在【物理性质】卷展栏中单击【漫反射贴图】右侧的长按钮，在弹出的【材质/贴图浏览器】对话框中双击“位图”贴图类型，为其指定本书配套光盘“贴图”文件夹中的“brick.jpg”贴图文件，如图 8-51 所示。

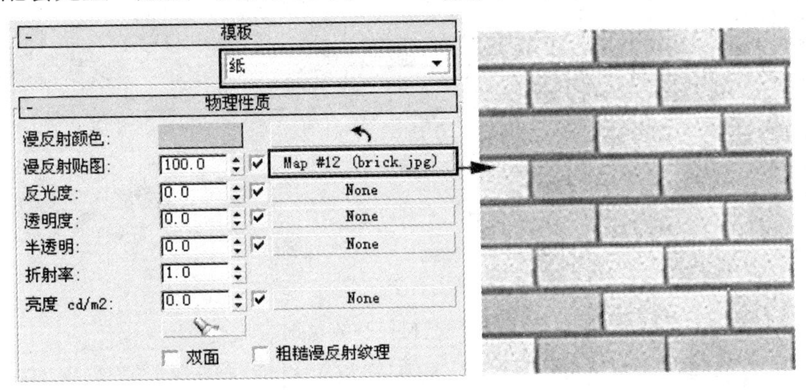

图 8-51　材质参数设置

(33) 在视图中选择“墙板”和“墙板 01”造型，将编辑好的材质赋予它们。

(34) 在【材质编辑器】对话框中选择一个空白的示例球，命名为“隔断”材质，单击工具行右侧的 Standard 按钮，在弹出的【材质/贴图浏览器】对话框中双击“建筑”材质类型。

(35) 在【模板】卷展栏中选择“瓷砖，光滑的”属性，然后在【物理性质】卷展栏中单击【漫反射颜色】右侧的颜色块，设置颜色的 RGB 值为(251、192、32)，其它参数设置如图 8-52 所示。

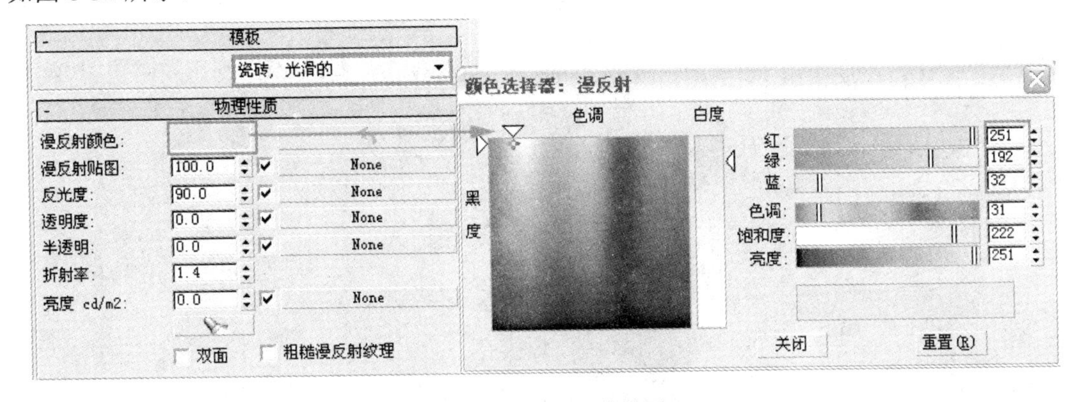

图 8-52　材质参数设置

(36) 在视图中选择“隔断纹理”造型，将编辑好的材质赋予它。

(37) 在【材质编辑器】对话框中选择一个空白的示例球，命名为“装饰”材质，单击工具行右侧的 Standard 按钮，在弹出的【材质/贴图浏览器】对话框中双击“建筑”材质类型。

(38) 在【模板】卷展栏中选择“瓷砖，光滑的”属性，在【物理性质】卷展栏中单击【漫反射贴图】右侧的长按钮，在弹出的【材质/贴图浏览器】对话框中双击“位图”贴图类型，为其指定本书配套光盘“贴图”文件夹中的“embed.jpg”贴图文件，如图 8-53 所示。

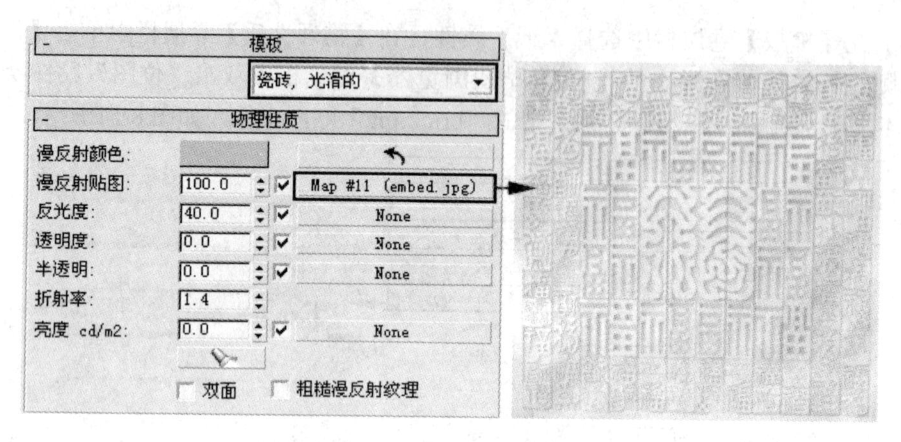

图 8-53 材质参数设置

(39) 在视图中选择“艺术墙”造型，将编辑好的材质赋予它。

8.2.4 合并家具

在效果图制作过程中，并不是所有的造型都需要一一建模，很多造型可以从自己的模型库中调用，以减少建模的工作量。读者可以根据实际需要对这些造型进行缩放、旋转等处理，以使这些造型与场景相匹配。

(1) 单击菜单栏中的【文件】/【合并】命令，在打开的【合并文件】对话框中选择本书配套光盘“调用”文件夹中的“干竹.max”线架文件，将干竹造型合并到场景中，使用✥工具调整其位置如图 8-54 所示。

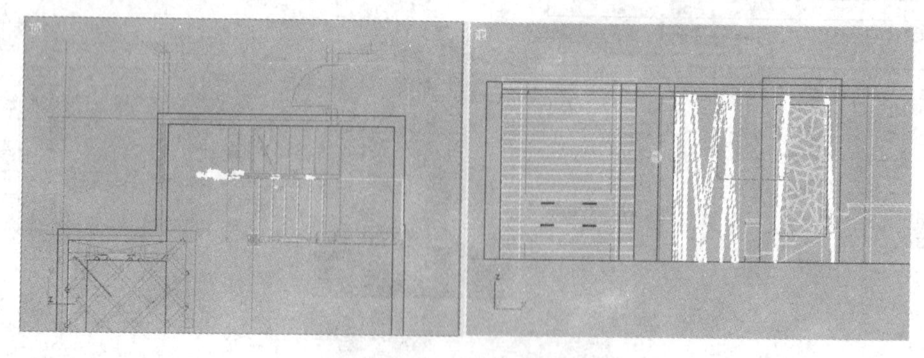

图 8-54 合并的造型

(2) 继续使用【合并】命令将本书配套光盘“调用”文件夹中的“扶手.max”和“装饰柱”线架文件合并到场景中，调整其位置如图 8-55 所示。

(3) 再使用【合并】命令将本书配套光盘“调用”文件夹中的“干枝.max”线架文件合并到场景中，然后使用移动复制的方法将其复制 2 组，调整其位置如图 8-56 所示。

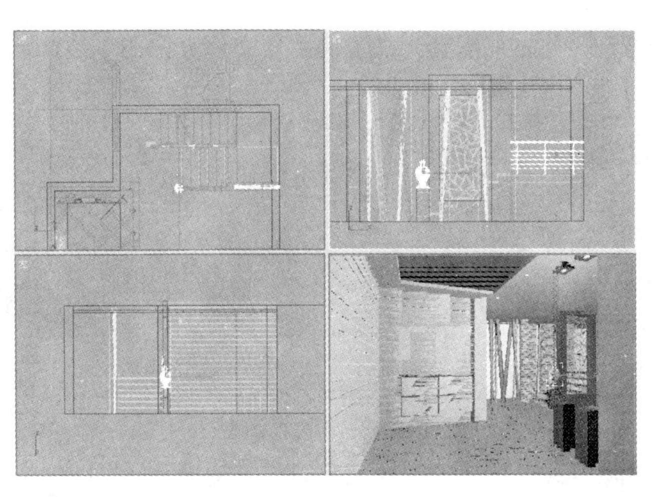

图 8-55 合并的造型

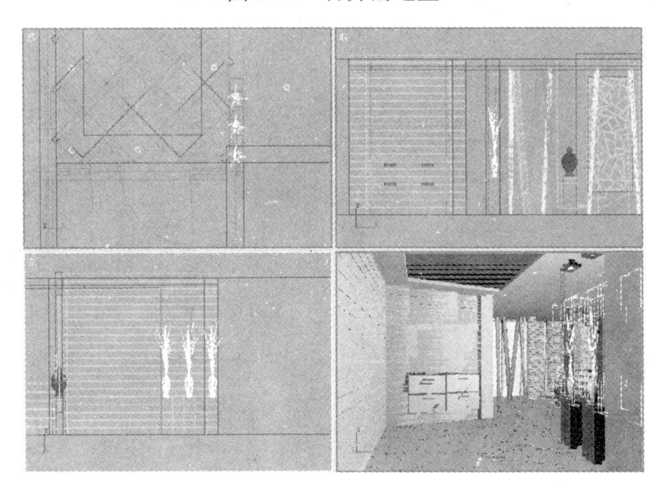

图 8-56 合并及复制的造型

(4) 继续将本书配套光盘“调用”文件夹中的“鹅卵石.max”线架文件合并到场景中，使用工具调整其位置如图 8-57 所示。

图 8-57 合并的造型

(5) 用同样的方法，将本书配套光盘“调用”文件夹中的“装饰造型.max”线架文件合并到场景中，调整其位置如图 8-58 所示。

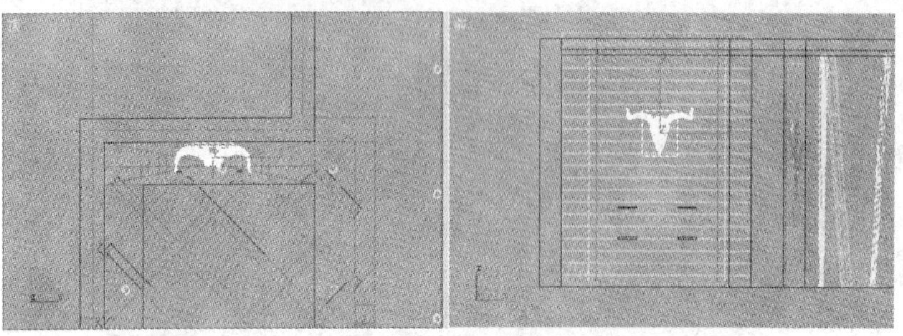

图 8-58　合并的造型

(6) 再将本书配套光盘“调用”文件夹中的“装饰画.max”线架文件合并到场景中，用移动复制的方法将其复制一组，调整其位置如图 8-59 所示。

图 8-59　合并及复制的造型

(7) 激活相机视图，单击工具栏中的按钮，快速渲染相机视图，渲染效果如图 8-60 所示。

图 8-60　渲染效果

8.2.5　灯光的设置

一般家庭都非常重视玄关的装饰和摆设，使其尽量整洁雅致，庄重大方。通常情况下，采用吸顶筒灯、简练的吊顶或者造型别致的壁灯来保证玄关的光照效果，使环境空间显得高雅一些。下面我们来设置玄关的灯光。

(1) 在灯光创建命令面板的 标准 下拉列表中选择“光度学”选项。

(2) 在【对象类型】卷展栏中单击 自由线光源 按钮，在顶视图中创建一盏自由线光源，在视图中调整其位置如图 8-61 所示。

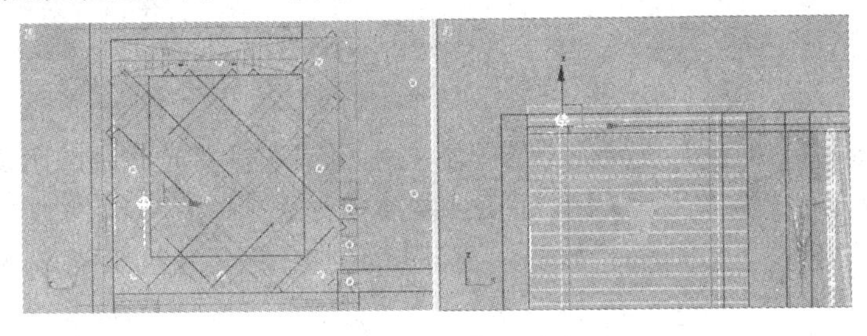

图 8-61　创建的自由线光源

(3) 进入修改命令面板，在【强度/颜色/分布】和【线光源参数】卷展栏中设置灯光的参数如图 8-62 所示。

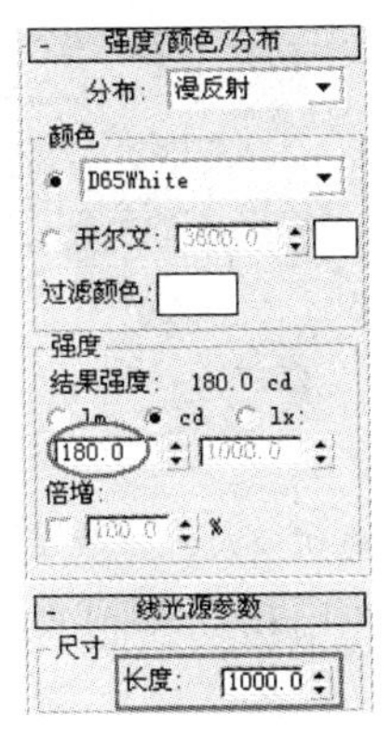

图 8-62　灯光参数设置

(4) 在顶视图中选择自由线光源，使用移动(或旋转)复制的方法将其沿灯槽的位置复制 5 盏，位置如图 8-63 所示。

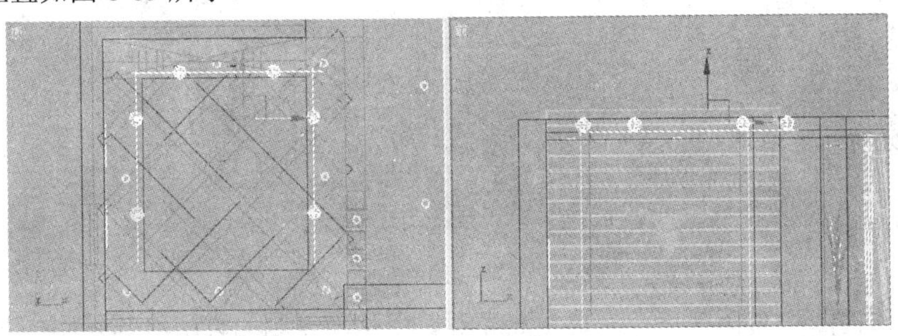

图 8-63　复制的自由线光源

(5) 在灯光创建命令的【对象类型】卷展栏中单击 自由点光源 按钮，在顶视图中创建一盏自由点光源，位置如图8-64所示。

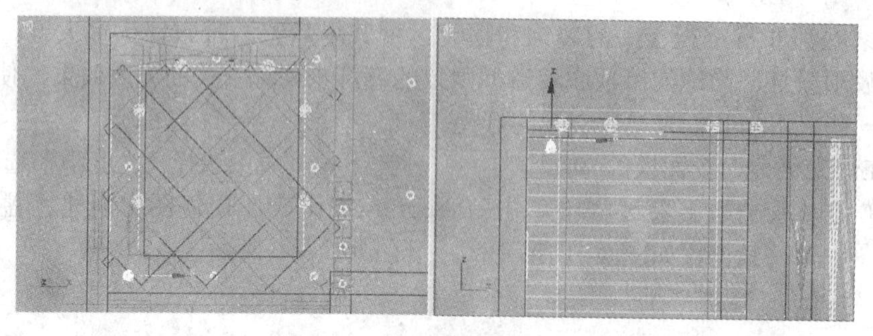

图8-64 创建的自由点光源

(6) 进入修改命令面板，在【常规参数】卷展栏中选择“光线跟踪阴影”投影方式；在【强度/颜色/分布】卷展栏中设置灯光强度为280.0；在【Web参数】卷展栏中单击【Web文件】右侧的 <无> 按钮，为其指定本书配套光盘“光域网”文件夹中的“22223.IES”文件，如图8-65所示。

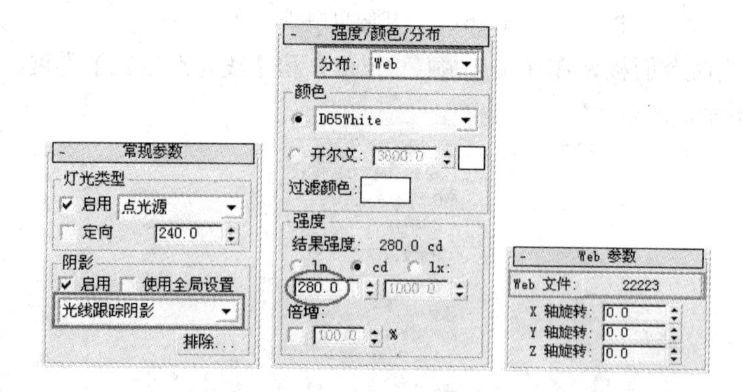

图8-65 灯光参数设置

(7) 在顶视图中选择自由点光源，用移动复制的方法将其沿筒灯的位置进行复制，结果如图8-66所示。

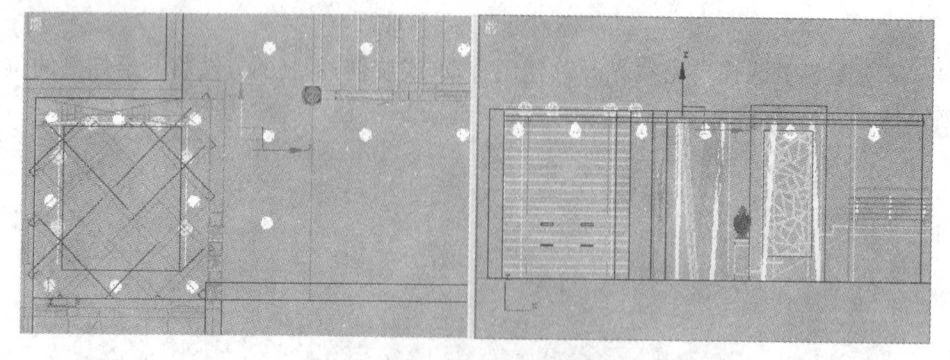

图8-66 复制的自由点光源

(8) 在顶视图中选择任意一盏自由点光源，用移动复制的方法将其复制一盏，修改其强度值为330cd，然后将修改后的自由点光源移动复制2盏，位置如图8-67所示。

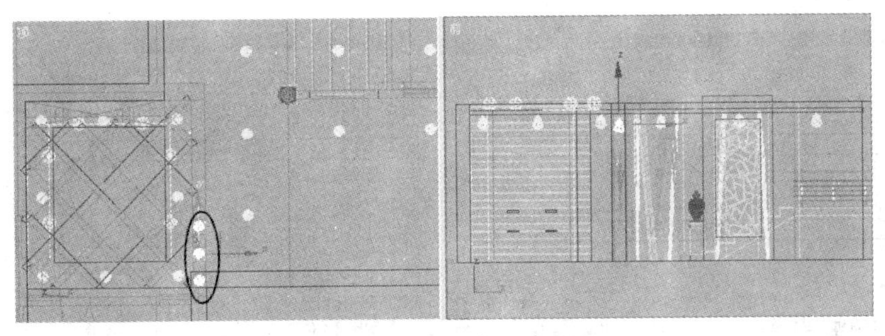

图 8-67　复制的自由点光源

(9) 在顶视图中创建一盏自由线光源，调整其位置如图 8-68 所示。

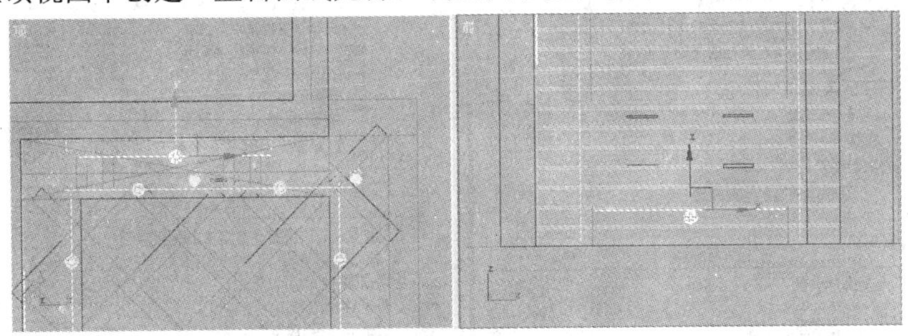

图 8-68　创建的自由线光源

(10) 进入修改命令面板，在【常规参数】卷展栏中选择“阴影贴图”投影方式，在【强度/颜色/分布】卷展栏和【线光源参数】卷展栏中设置参数如图 8-69 所示。

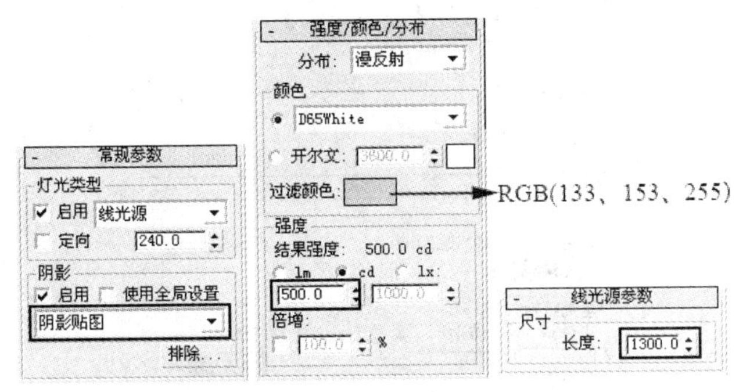

图 8-69　灯光参数设置

(11) 单击菜单栏中的【渲染】/【高级照明】/【光能传递】命令，在弹出的【渲染场景】对话框中设置参数如图 8-70 所示。

(12) 在【光能传递处理参数】卷展栏中单击 设置... 按钮，打开【环境和效果】对话框，在【曝光控制】卷展栏中选择“对数曝光控制”属性，其它参数设置如图 8-71 所示。

(13) 关闭【环境和效果】对话框，在【渲染场景】对话框的【光能传递处理参数】卷展栏中单击 开始 按钮，进行光能传递求解计算。

(14) 计算完毕后，在【渲染场景】对话框中单击【公用】选项卡，设置【输出大小】选项组中的【宽度】为 2048、【高度】为 1536；在【渲染输出】选项组中单击 文件... 按钮，为渲染输出的文件指定名称与格式，如图 8-72 所示。

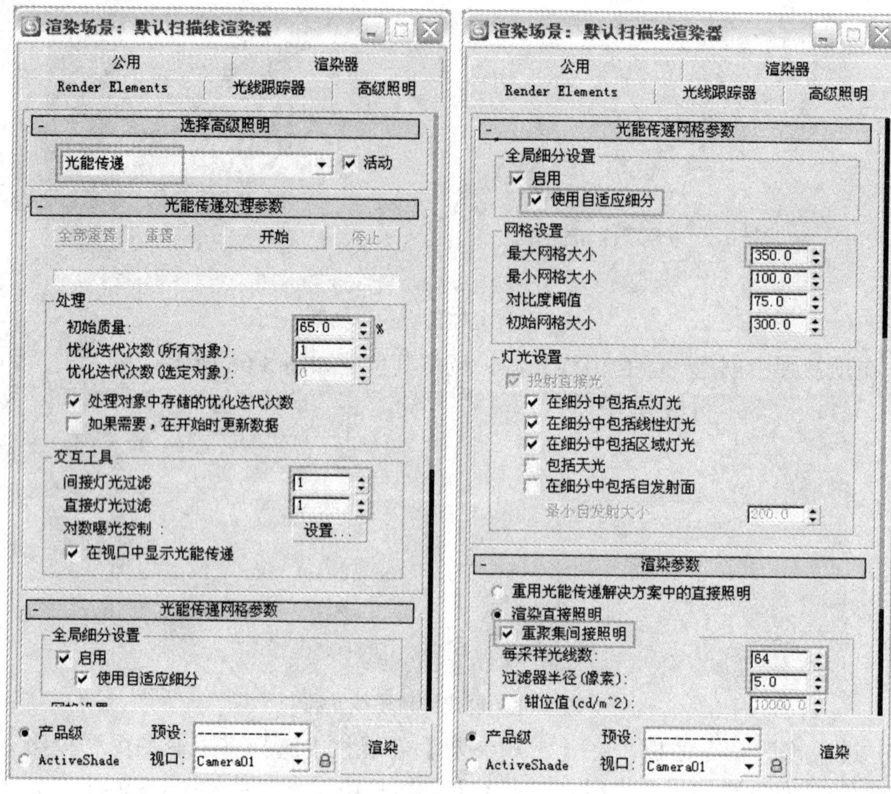

图 8-70 【渲染场景】对话框

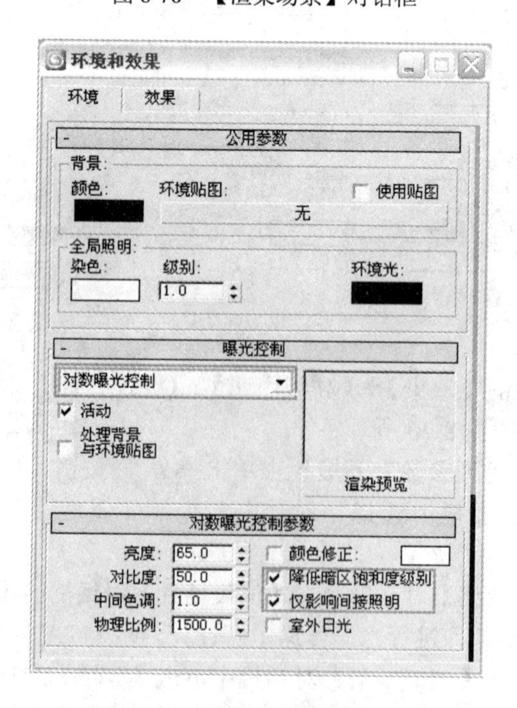

图 8-71 【环境和效果】对话框

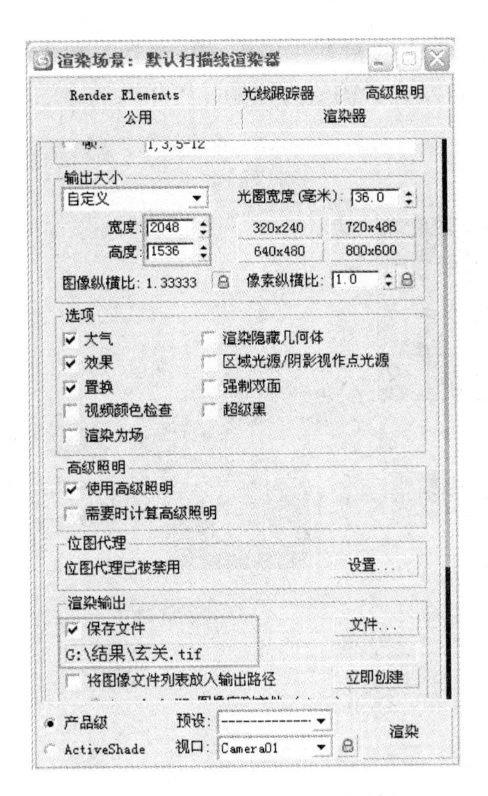

图 8-72　【渲染场景】对话框

(15) 单击 渲染 按钮，渲染相机视图，效果如图 8-73 所示。

图 8-73　渲染效果

(16) 按下 Ctrl+S 键，将当前场景保存为“玄关.max”文件。

(17) 单击菜单栏中的【文件】/【另存为】命令，将当前场景另存为“玄关-通道.max”文件。

(18) 按下 M 键，打开【材质编辑器】对话框，选择“乳胶漆”材质，单击工具行右侧的 Standard 按钮，在弹出的【材质/贴图浏览器】对话框中双击“标准”材质类型。

(19) 在【Blinn 基本参数】卷展栏中设置【环境光】和【漫反射】颜色的 RGB 值为(150、235、236)，设置【自发光】的值为 100。用相同的方法将其它材质调整为不同的颜色，如图 8-74 所示。

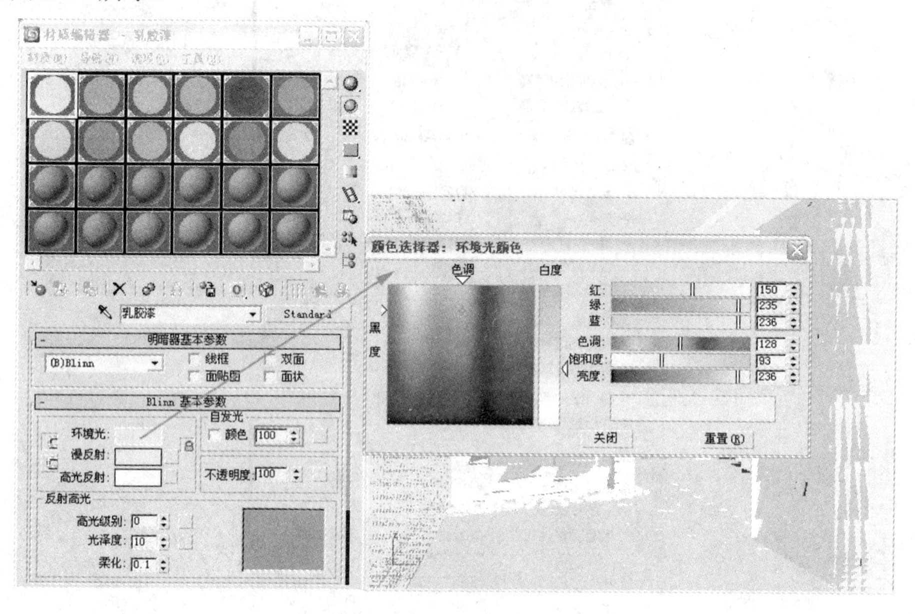

图 8-74　调整单色材质

(20) 在视图中选择所有的灯光并将其删除。

(21) 按下 F10 键，打开【渲染场景】对话框，单击 渲染 按钮，重新渲染相机视图，效果如图 8-75 所示。该图像将在后期处理中作为“通道图”使用，以方便建立选区。

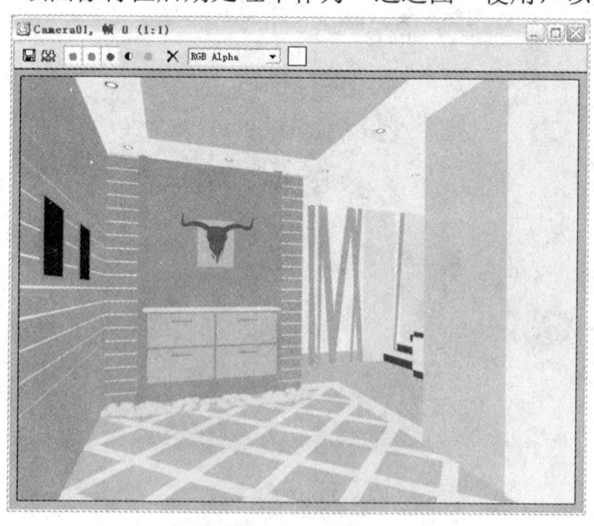

图 8-75　渲染效果

8.2.6　利用 Photoshop 进行后期处理

后期处理是整个效果图制作过程中的最后一个环节。这一过程主要做一些色彩的调

整、光影的处理、饰物的添加等工作，目的是将室内空间设计方案表现得更完美。

(1) 启动 Photoshop CS 2 中文版软件。

(2) 单击菜单栏中的【文件】/【打开】命令，打开前面渲染输出的“玄关.tif”和“玄关-通道.tif”文件。

(3) 激活“玄关-通道”图像窗口，按下 Ctrl+A 键全选图像，再按下 Ctrl+C 键复制图像。

(4) 切换到“玄关”图像窗口，按下 Ctrl+V 键，将复制的图像粘贴到当前窗口中，这时【图层】面板中将生成一个“图层 1”。

(5) 在【图层】面板中双击“背景”图层，将背景图层转换为普通图层——“图层 2”，如图 8-76 所示。

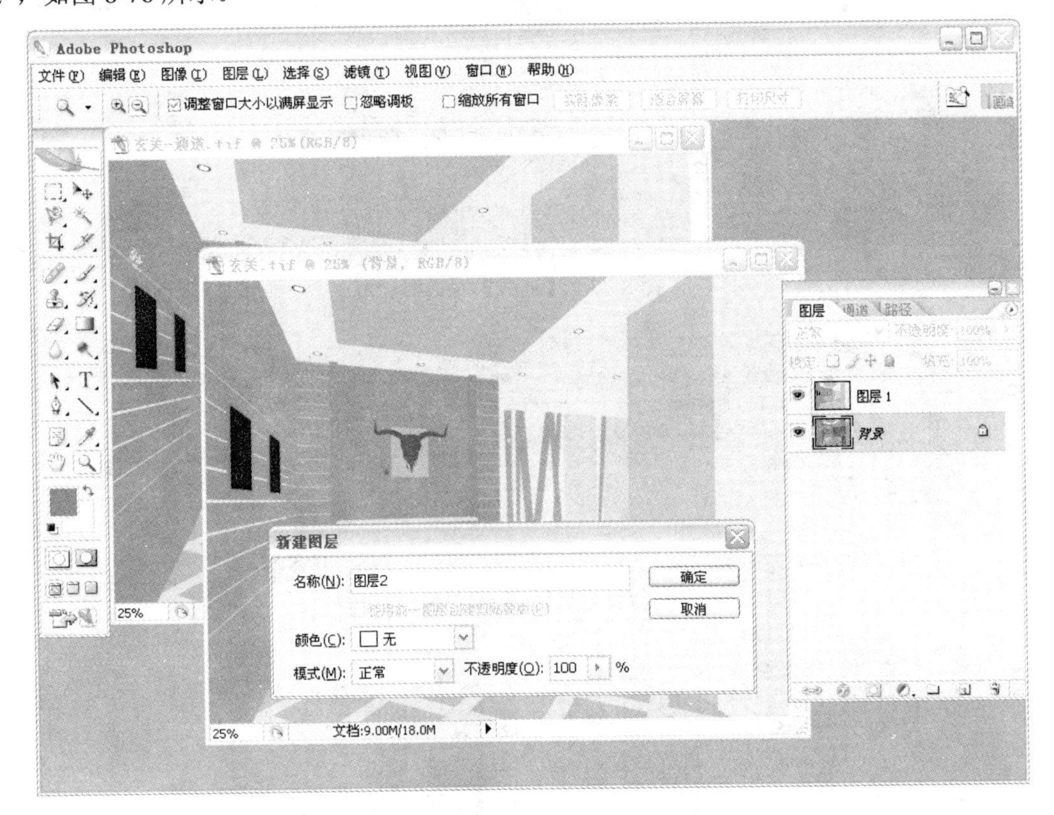

图 8-76　转换图层

(6) 在【图层】面板中将“图层 2”调整到“图层 1”的上方，并选择“图层 2”为当前图层。

(7) 按下 Ctrl+M 键，在打开的【曲线】对话框中调整曲线如图 8-77 所示。

(8) 单击 确定 按钮，调整图像的亮度。

(9) 在【图层】面板中选择“图层 1”为当前图层。

(10) 选择工具箱中的魔棒工具，在地面上单击鼠标，然后单击鼠标右键，在弹出的快捷菜单中选择【选取相似】命令，选择所有的地面，如图 8-78 所示。

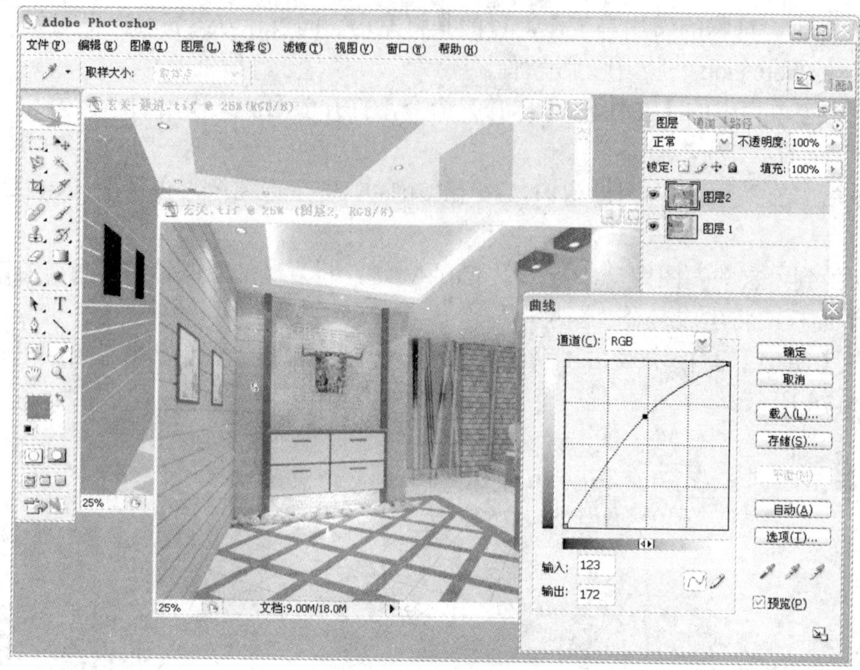

图 8-77 【曲线】对话框

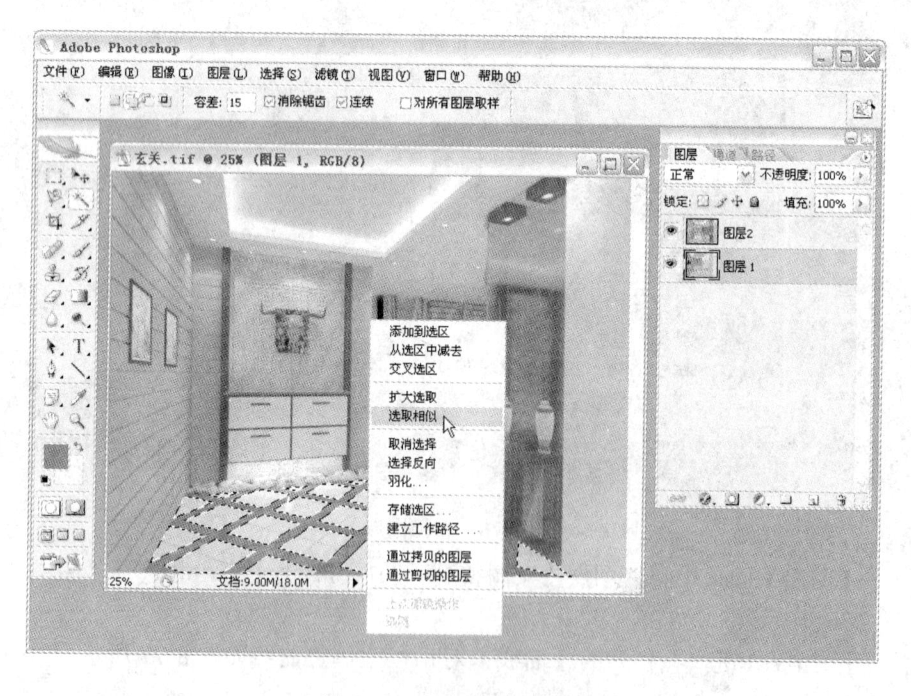

图 8-78 选择所有的地面

(11) 在【图层】面板中选择“图层 2”为当前图层，按下 Ctrl+J 键，将选择的图像复制到一个新图层“图层 3”中。

(12) 单击菜单栏中的【图像】/【调整】/【色阶】命令(或者按下 Ctrl+L 键)，在打开的【色阶】对话框中设置参数如图 8-79 所示。

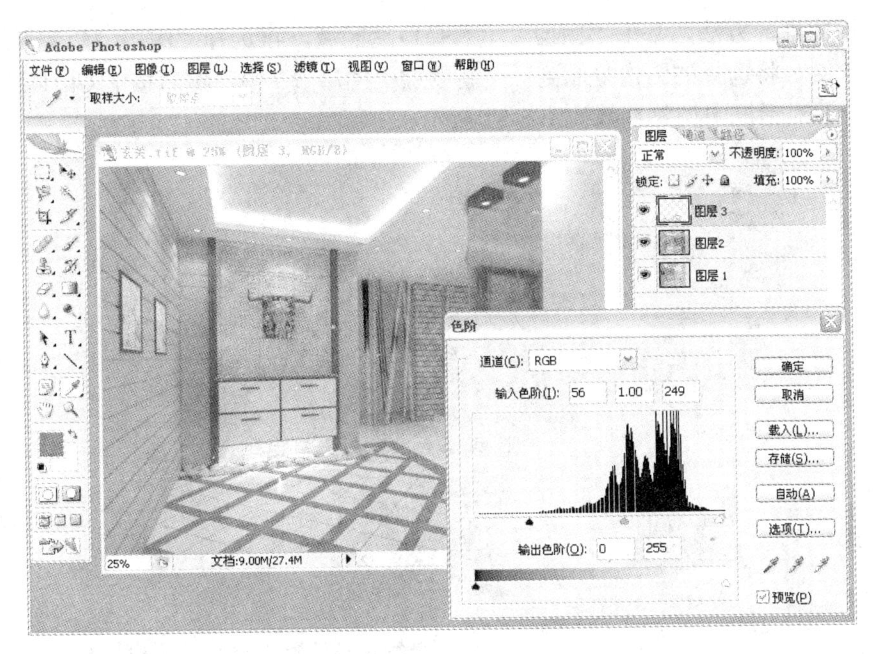

图 8-79 【色阶】对话框

(13) 单击 确定 按钮，改变地面的色阶范围。

(14) 参照前面的操作方法，通过“图层 1”选择顶部与部分墙面区域，然后选择“图层 2”为当前图层，按下 Ctrl+J 键，将选择的图像复制到一个新图层“图层 4”中。

(15) 单击菜单栏中的【图像】/【调整】/【曲线】命令(或者按下 Ctrl+M 键)，在打开的【曲线】对话框中调整曲线的状态如图 8-80 所示。

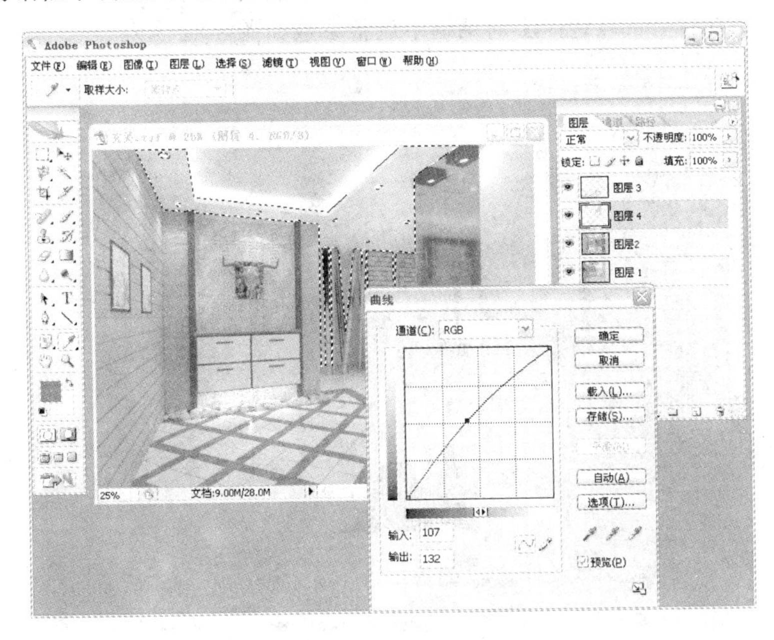

图 8-80 【曲线】对话框

(16) 单击 确定 按钮，改变顶部与部分墙面的亮度。

(17) 用同样的方法，基于“图层 1”选择玻璃区域，再选择“图层 2”为当前图层，按下 Ctrl+J 键，将选择的图像复制到一个新图层“图层 5”中，然后按下 Ctrl+L 键，在打开的【色阶】对话框中调整参数如图 8-81 所示。

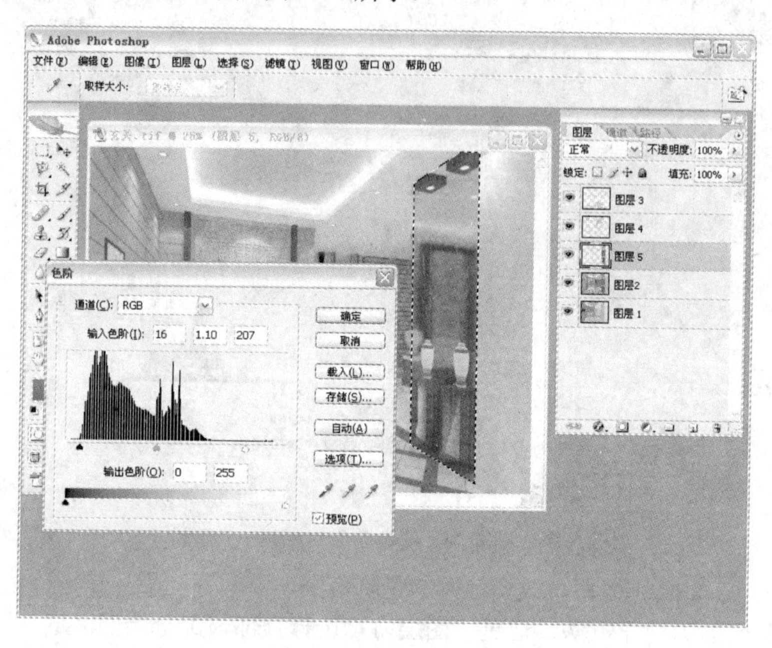

图 8-81 【色阶】对话框 1

(18) 单击 确定 按钮，改变玻璃的色阶范围。

(19) 参照前面的方法选择艺术墙部分，并将其复制到一个新图层“图层 6”中，然后按下 Ctrl+L 键，在打开的【色阶】对话框中调整参数如图 8-82 所示。

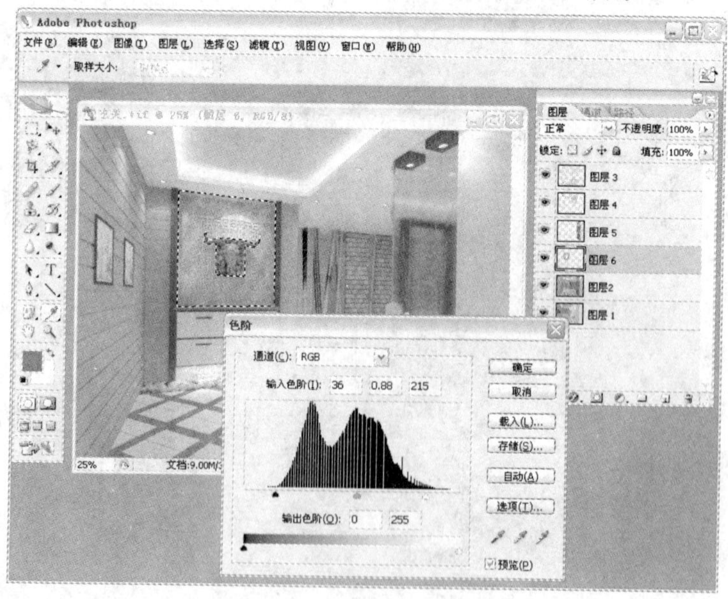

图 8-82 【色阶】对话框 2

(20) 单击 确定 按钮，调整艺术墙的色阶范围。

(21) 用同样的方法，基于“图层 1”选择艺术墙中间的装饰造型，并将其复制到一个新图层中。单击菜单栏中的【图像】/【调整】/【亮度/对比度】命令，在弹出的【亮度/对比度】对话框中设置参数如图 8-83 所示，再单击 确定 按钮，调整图像的亮度。

图 8-83　【亮度/对比度】对话框

(22) 按下 Ctrl+L 键，在打开的【色阶】对话框中调整色阶值如图 8-84 所示，然后单击 确定 按钮。

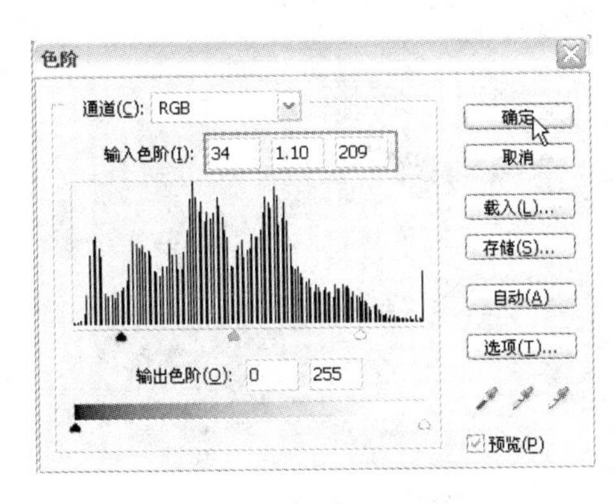

图 8-84　【色阶】对话框

(23) 同样，基于“图层 1”选择墙体上的装饰条区域，并将其复制到一个新图层“图层 8”中。

(24) 单击菜单栏中的【滤镜】/【杂色】/【添加杂色】命令，在弹出的【添加杂色】对话框中设置参数如图 8-85 所示，单击 确定 按钮，为墙体添加杂色效果。

(25) 在【图层】面板中复制墙体所在的“图层 8”，得到“图层 8 副本”。

(26) 设置前景色为黑色，选择工具栏中的渐变工具 ，在工具选项栏中选择“前景到透明”渐变色，在图像窗口中从左至右拖曳鼠标，填充渐变色，最后在【图层】面板中调整该层的【不透明度】为 20%，效果如图 8-86 所示。

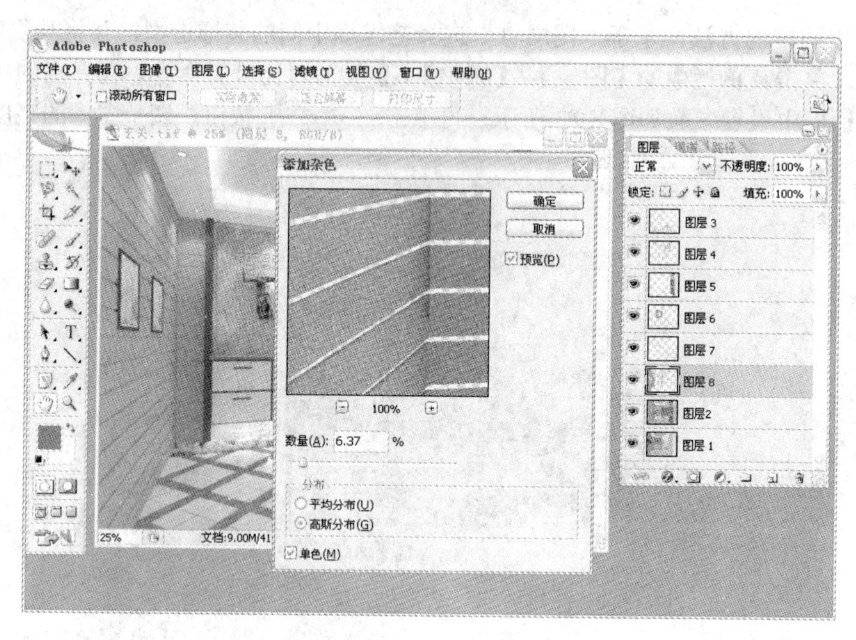

图 8-85 【添加杂色】对话框

图 8-86 墙体效果

(27) 打开本书配套光盘“后期”文件夹中的“植物.psd”文件，使用移动工具将其拖曳至“玄关”图像窗口中，将该图像所在的图层调整到【图层】面板的最上方。

(28) 按下 Ctrl+T 键，为图像添加变形框，然后适当调整图像的大小和位置，并确认变换操作。

(29) 按下 Ctrl+L 键，在打开的【色阶】对话框中调整参数如图 8-87 所示，单击 确定 按钮，将植物调亮一些。

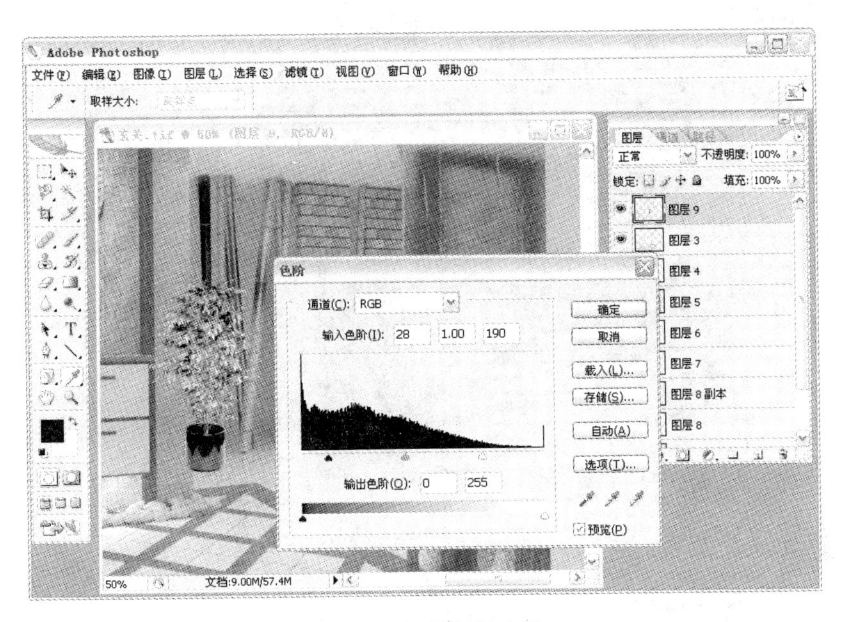

图 8-87　调整植物亮度

(30) 选择工具箱中的矩形选框工具，选择被墙体遮挡的植物部分，如图 8-88 所示，按下 Delete 键删除选择的图像，结果如图 8-89 所示。

图 8-88　选择的图像

图 8-89　删除图像

(31) 在【图层】面板中复制植物所在的图层，然后单击菜单栏中的【编辑】/【变换】/【垂直翻转】命令，将复制的植物翻转，作为倒影，并调整到合适的位置。

(32) 单击【图层】面板下方的按钮，添加图层蒙版，选择工具箱中的渐变工具，在工具选项栏中选择“黑色到白色”渐变色，然后从下向上拖曳鼠标，制作出倒影的渐隐效果。最后，在【图层】面板中调整【不透明度】为 68%，效果如图 8-90 所示。

(33) 选择工具箱中的裁剪工具，在图像上拖曳鼠标，创建一个裁切框，调整其大小和位置如图 8-91 所示。

(34) 按下回车键，裁切图像，再按下 Ctrl+Shift+E 键，合并所有的图层。最终的图像效果如图 8-92 所示。

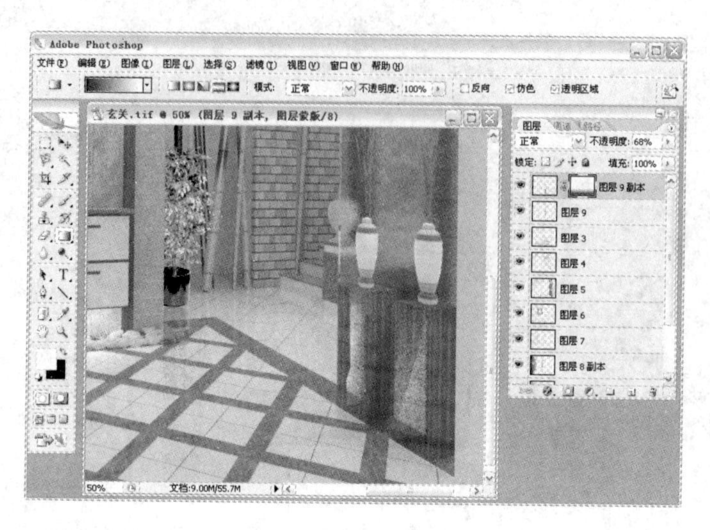

图 8-90　倒影的效果

图 8-91　创建的裁切框

图 8-92　图像效果

(35) 单击菜单栏中的【文件】/【另存为】命令，将文件保存为“玄关.psd”文件。

8.3 课堂总结

熟能生巧——这句话在效果图设计行业得到了淋漓尽致的体现。技术的提高得益于不断的练习，因此，对于初学者而言，多看勤练才是最好的学习方法。在本课中，我们通过一个完整的玄关效果图制作实例进一步将前面所学的知识融会贯通，从玄关的建模、赋材质到相机与灯光的设置、渲染输出、后期处理，对整个知识都进行了详细的讲述，请读者多练习几遍。

第 9 课

实战——制作住宅楼效果图

主 要 内 容

- 室外效果图表现要点
- 制作流程
- 课堂实训

9.1 课 堂 讲 解

上一课重点学习了室内效果图的制作，这节课仍然进行实战练习，重点学习室外效果图的制作技术。对于室外效果图来说，住宅楼效果图是最常见的一种效果图类型，也是室外效果图的典型代表。本课将以住宅楼效果图为例，学习室外效果图的表现方法。最终的效果如图 9-1 所示。

图 9-1　住宅楼效果图

9.1.1　室外效果图的表现要点

室外效果图的表现手法与室内效果图存在一定的差别，这里简要叙述几点，供读者在制作室外效果图时参考。

1．色彩的处理

制作效果图时色彩的运用原则如下：

首先，确定效果图的主色调。任何一幅美术作品必须具有一个主色调，效果图也是如此。这就像乐曲的主旋律一样，主导了整个作品的艺术氛围。

其次，处理好统一与变化的关系。主色调强调了色彩风格的统一，但是通篇都使用一种颜色，就会使作品失去活力，表现出的情感也非常单一，甚至死板。所以，要在统一的基础上求变，力求表现出建筑的韵律感、节奏感。

最后，处理好色彩与空间的关系。由于色彩能够影响物体的大小、远近等物理属性，因此，利用这种特性可以在一定程度上改变建筑空间的大小、比例、透视等视觉效果。例如，墙面大就用收缩色，墙面小就用膨胀色，这样可以在一定程度上改善效果图的视觉效果。

2．环境的处理

室外建筑效果图的环境通常也称为配景，主要包括天空、配景楼、树木、花草、车辆、人物等，还可以根据需要添加路灯、路标、喷泉、休息椅、长廊等建筑小品。

对于室外建筑效果图而言，天空是必需的环境元素，不同的时间与气候，天空的色彩

是不同的，它也会影响效果图的表现意境。

造型简洁、体积较小的室外建筑物，如果没有过多的配景楼、树木与人物等衬景，则可以使用浮云多变的天空图，以增加画面的景观。造型复杂、体积庞大的室外建筑物，则可以使用平和宁静的天空图，以突出建筑物的造型特征，缓和画面的纷繁。如果是地处闹市的商业建筑，则为了表现其繁华热闹的景象，可以使用夜景天空图。

室外建筑效果图的绿化是一项很重要的工作，主要包括树木、丛林、草坪、花圃等配景的添加与营造。树木丛林作为建筑效果图的主要配景之一，可起到充实与丰富画面的作用。树木的组合要自如，或相连，或孤立，或交错。

在室外建筑效果图中，添加车辆和人物可以增强效果图的生气，使画面更具生机。通常情况下，在一些公共建筑和商业建筑的入口处以及住宅小区的小路上，可以添加一些人物；在一些繁华的商业街中可以添加一些静止或运动的车辆，以增强画面的生活气息。在添加车辆和人物时要适度，不要造成纷乱现象，冲淡主题。

3．构图的处理

对于建筑效果图来说，可以按照平衡、比例、对比等原则进行构图。

● 平衡

所谓平衡，是指空间构图中各元素的视觉分量给人以稳定的感觉。不同的形态、色彩、质感在视觉传达和心理上会产生不同的分量感觉，只有不偏不倚的稳定状态，才能产生平衡、庄重、肃穆的美感。平衡有对称平衡和非对称平衡之分，对称平衡是指画面中心两侧或四周的元素具有相等的视觉分量，给人以安全、稳定、庄严的感觉；非对称平衡是指画面中心两侧或四周的元素比例不等，但是利用视觉规律，通过大小、形状、远近、色彩等因素来调节构图元素的视觉分量，从而达到一种平衡状态，给人以新颖、活泼、运动的感觉。例如，相同的两个物体，深色的物体要比浅色的物体感觉上重一些；表面粗糙的物体要比表面光滑的物体显得重一些。

● 比例

在进行效果图构图时，比例问题是很重要的。比例主要包括两个方面：一是指造型比例，二是指构图比例。

首先，对于效果图中的各种造型，不论其形状如何，都存在着长、宽、高三个方向的度量。这三个方向上的度量比例一定要合理，物体才会给人以美感。例如，制作一座楼房的室外效果图，其中长、宽、高就是一个比例问题，只有把长、宽、高之间的比例设置合理，效果图看起来才逼真，这是每位从事效果图制作的朋友都能体会到的。实际上，在建筑和艺术领域有一个非常实用的比例关系，那就是黄金分割——1∶1.618，这对于制作建筑造型具有一定的指导意义。当然，不同的问题还要结合实际情况进行不同的处理。

其次，当具备了比例和谐的造型后，把它放在一个环境之中时，需要强调构图比例，理想的构图比例是 2∶3、3∶4、4∶5 等。对于室外效果图来说，主体与环境设施、人体、树木等要保持合理的比例。

● 对比

有效地运用任何一种差异，通过大小、形状、方向、明暗及情感等对比方式，都可以引起读者的注意力。在制作效果图时，应用最多的是明暗对比，这主要体现在灯光的处理技术上。

9.1.2 制作流程

本例讲述的住宅楼效果图属于现代建筑风格中的一种，造型和材质的搭配非常具有现代感，也是现代民居中比较流行的一种建筑造型。

本例效果图的制作流程如图 9-2 所示。

- 建模。通常情况下只创建能看到的正立面、侧立面、房顶以及老虎窗等建筑构件，对于看不见的部分不必建模。
- 编辑材质。住宅楼效果图使用的材质非常简单，编辑这些材质时也有一定的讲究，要想得到理想的渲染效果，材质的调配必须到位。
- 设置相机与灯光。室外效果图的相机一般定位在 1.7 米左右的水平面上，这样可以真实地模拟人眼观察建筑时的视觉效果。灯光的创建遵循两点法，即使用一盏目标聚光灯来模拟太阳的光照效果，使用另一盏泛光灯来模拟地面的反光和环境光。
- 后期处理。一幅效果图的基本层次应该分为远景、中景和近景。一般将主体放在中景位置，其他两个层次作为陪衬，依据这个原则来构建环境。

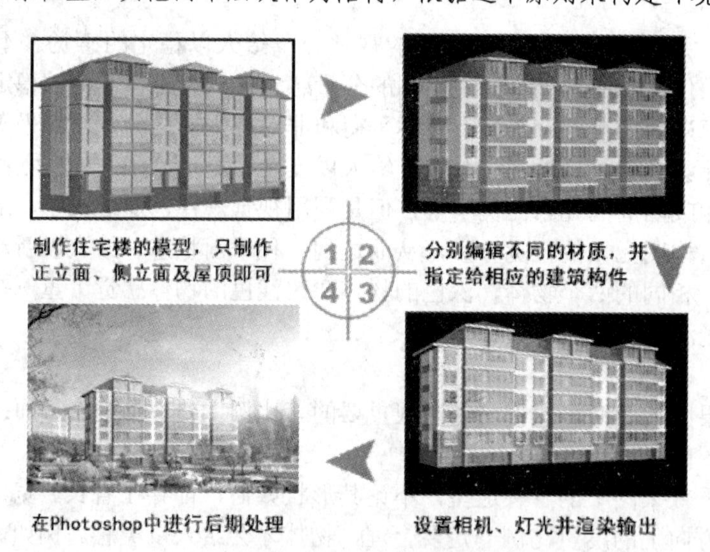

图 9-2 住宅楼效果图制作流程

9.2 课堂实训

在制作这个效果图时，可分三部来完成，即“住宅楼正立面”、“住宅楼侧立面”、“住宅楼的整合”部分。这样，可以将一个比较大的模型化整为零，更容易理解与操作。

9.2.1 制作正立面

制作住宅楼正立面墙体时可分四步完成，分别是正立面墙体、凸窗造型、阳台和阁楼造型。

1．正立面墙体的制作

(1) 单击菜单栏中的【文件】/【重置】命令，重新设置系统。

(2) 单击创建命令面板中的 按钮，在【对象类型】卷展栏中单击 矩形 按钮，在前视图中绘制一个【长度】为 5000、【宽度】为 14400 的矩形，再绘制两个【长度】为 1800、【宽度】为 1800 的矩形，它们的形态及位置如图 9-3 所示。

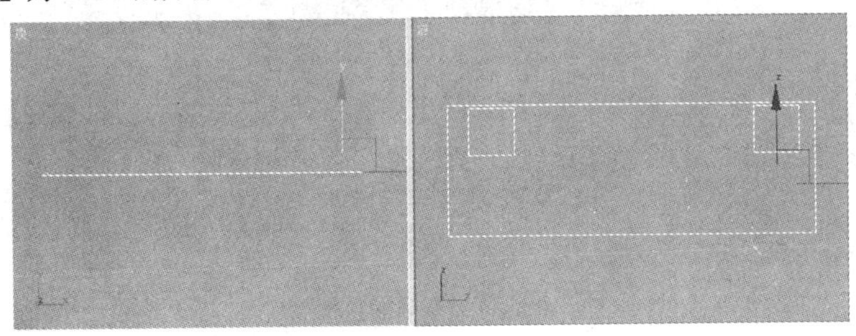

图 9-3　绘制的矩形(1)

(3) 继续在前视图中绘制两个【长度】为 2400、【宽度】为 3000 的矩形，其形态与位置如图 9-4 所示。

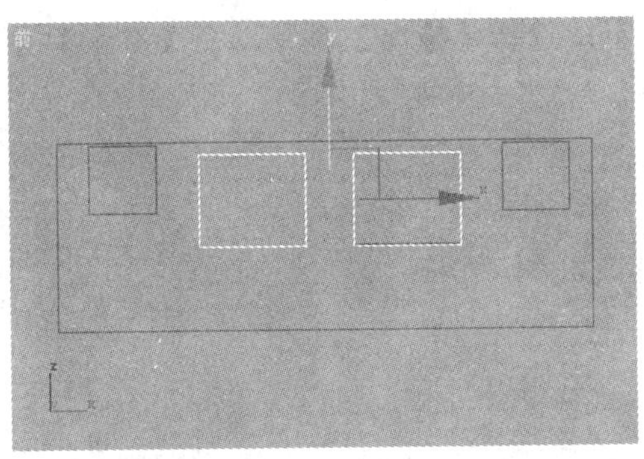

图 9-4　绘制的矩形(2)

(4) 任意选择一个矩形，进入修改命令面板，在【修改器列表】中选择【编辑样条线】命令，单击【几何体】卷展栏中的 附加 按钮，然后在视图中依次拾取其它矩形，将它们附加为一体。

(5) 在【修改器列表】中选择【挤出】命令，在【参数】卷展栏中设置【数量】值为 300，将挤出后的造型命名为“下层墙体”，其形态如图 9-5 所示。

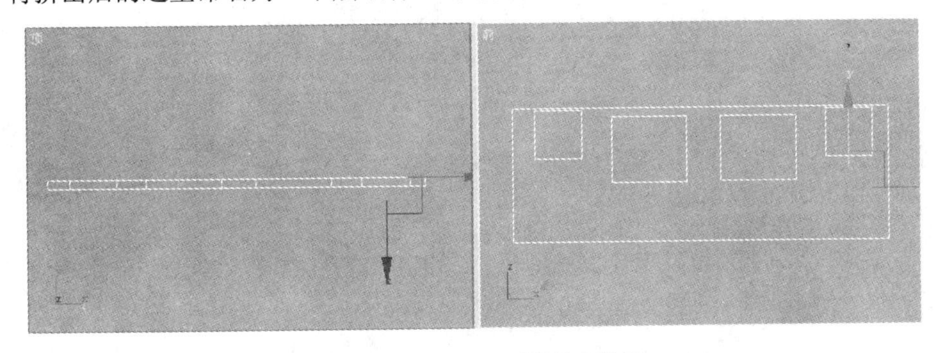

图 9-5　挤出的“下层墙体”造型

(6) 在前视图中绘制一个【长度】为11500、【宽度】为14400的大矩形；再绘制8个【长度】为1800、【宽度】为1800和8个【长度】为2400、【宽度】为3000的矩形，其形态与位置如图9-6所示。

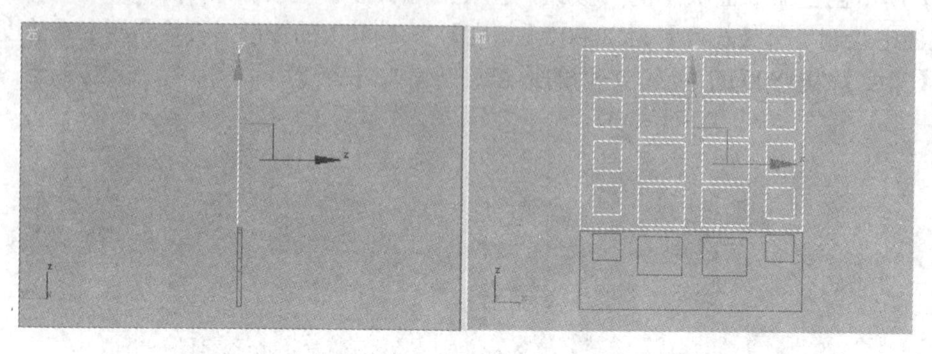

图9-6　绘制的矩形(3)

(7) 在视图中选择外侧的大矩形，进入修改命令面板，在【修改器列表】中选择【编辑样条线】命令，单击【几何体】卷展栏中的 附加 按钮，然后在视图中依次拾取其它矩形，将它们附加为一体。

(8) 在【修改器列表】中选择【挤出】命令，在【参数】卷展栏中设置【数量】为300，将挤出后的造型命名为"上层墙体"，其形态及位置如图9-7所示。

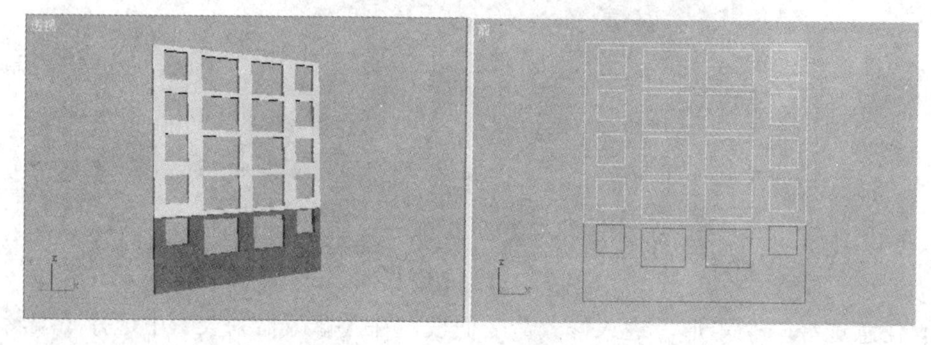

图9-7　挤出的"上层墙体"造型

(9) 单击创建命令面板中的 按钮，在【对象类型】卷展栏中单击 长方体 按钮，在前视图中创建一个【长度】为100、【宽度】为14650、【高度】为450的长方体，作为正立面的"脚线01"造型，位置如图9-8所示。

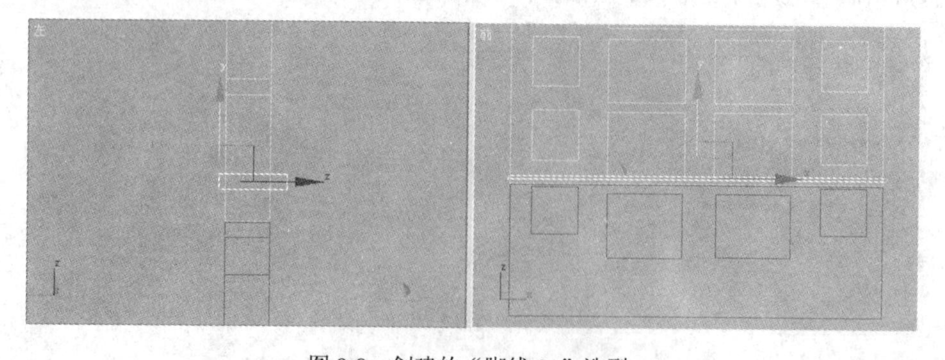

图9-8　创建的"脚线01"造型

(10) 在前视图中再创建一个【长度】为 200、【宽度】为 14520、【高度】为 360 的长方体，作为正立面的“脚线 02”造型，其形态及位置如图 9-9 所示。

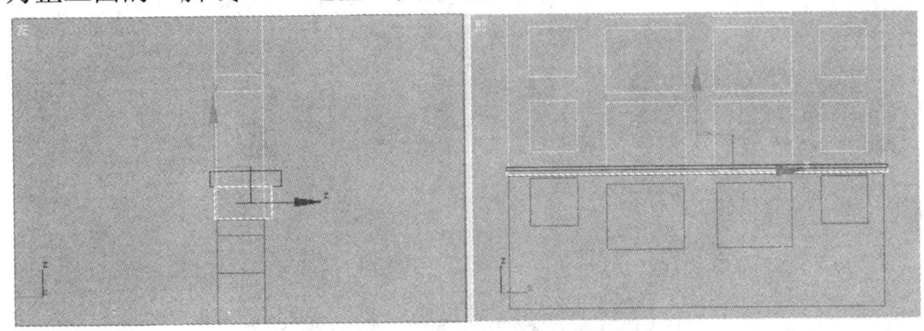

图 9-9 创建的“脚线 02”造型

(11) 在视图中同时选择“脚线 01”和“脚线 02”造型，在前视图中将其沿 Y 轴向上以【实例】的方式复制一组，位置如图 9-10 所示。

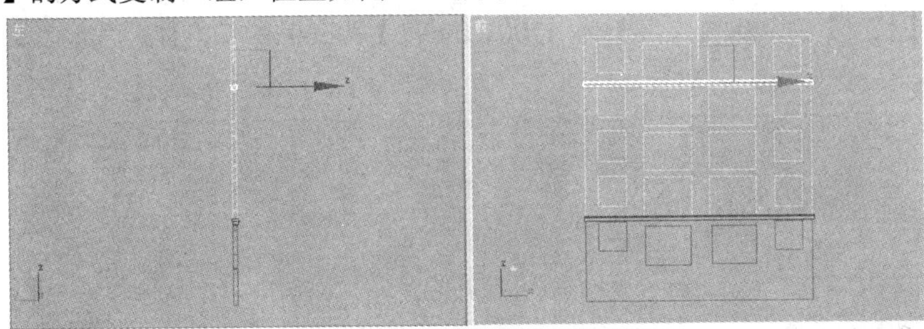

图 9-10 复制的造型

2．凸窗造型的制作

(1) 在视图中选择所有的造型，单击鼠标右键，从弹出的快捷菜单中选择【隐藏当前选择】命令，将所有造型都隐藏起来。

(2) 在前视图中绘制一个【长度】和【宽度】均为 1800 的矩形。

(3) 进入修改命令面板，在【修改器列表】中选择【编辑样条线】命令，在【选择】卷展栏中单击按钮进入【样条线】子对象层级，在视图中选择整个样条线，然后在【几何体】卷展栏中 轮廓 按钮右侧的数值框中输入 60，按下回车键对其扩展轮廓。

(4) 在【修改器列表】中选择【挤出】命令，在【参数】卷展栏中设置【数量】为 60，则挤出后的造型形态如图 9-11 所示。

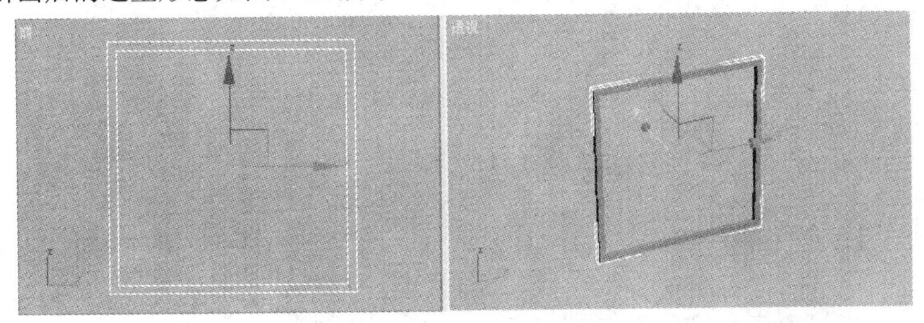

图 9-11 挤出后的造型形态

(5) 单击创建命令面板中的按钮，在【对象类型】卷展栏中单击 长方体 按钮，在前视图中创建一个【长度】为 1680、【宽度】和【高度】均为 60 的长方体，如图 9-12 所示。

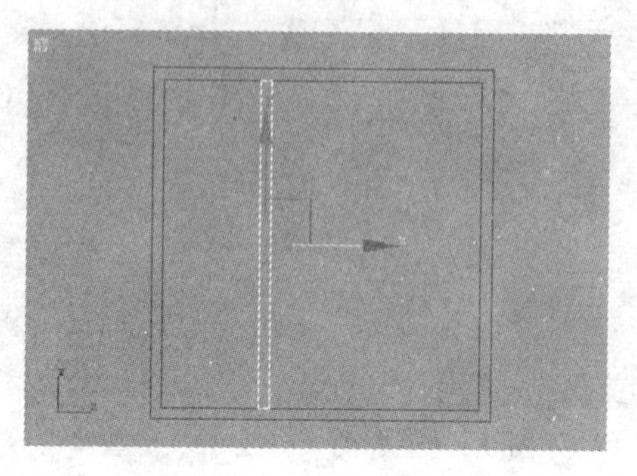

图 9-12　创建的长方体(1)

(6) 在前视图中创建两个【长度】为 60、【宽度】为 510、【高度】为 60 的长方体，再创建一个【长度】为 60、【宽度】为 1700、【高度】为 60 的长方体，其形态及位置如图 9-13 所示。

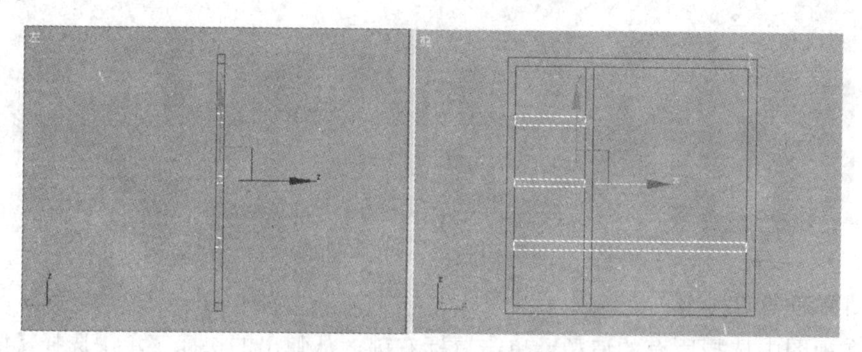

图 9-13　创建的长方体(2)

(7) 用同样的方法，在左视图中制作侧面窗框造型，位置如图 9-14 所示。

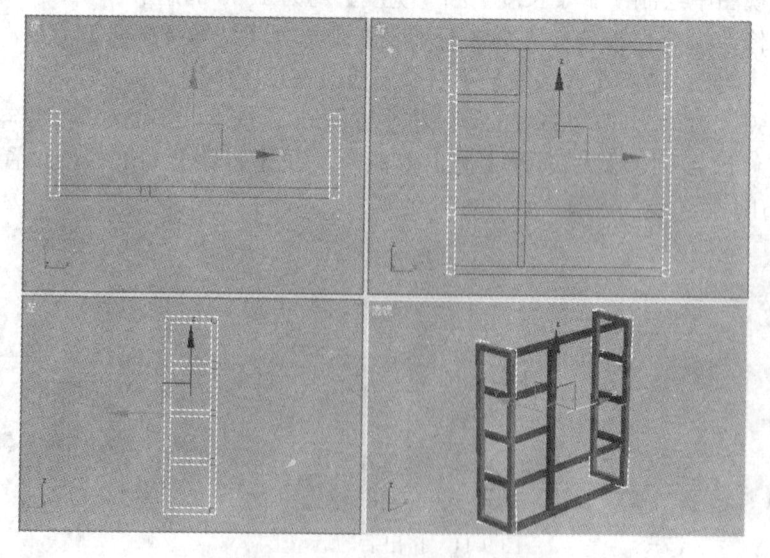

图 9-14　制作的侧面窗框造型

(8) 在视图中选择任意一个长方体，单击鼠标右键，从弹出的快捷菜单中选择【转换为】/【转换为可编辑网格】命令，在【编辑几何体】卷展栏中单击 附加 按钮，然后在视图中依次拾取其它窗框造型，将它们附加为一体，并命名为“凸窗框”造型。

(9) 在前视图中绘制一个【长度】为 1700、【宽度】为 1750、【高度】为 450 的长方体，命名为“凸窗玻璃”造型，其形态及位置如图 9-15 所示。

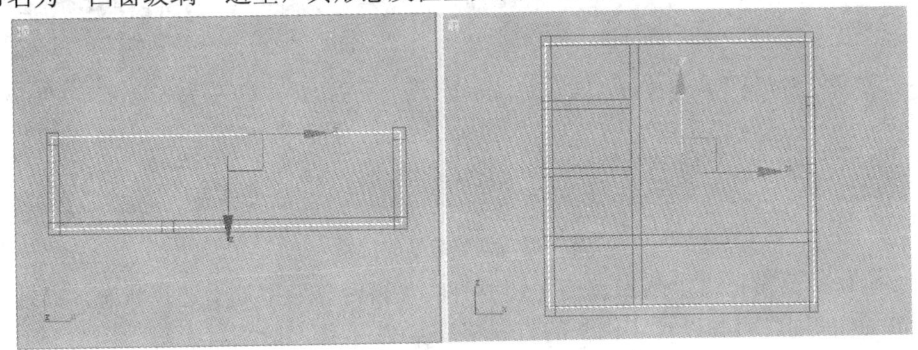

图 9-15　创建的“凸窗玻璃”造型

(10) 在顶视图中创建一个【长度】为 900、【宽度】为 2000、【高度】为 100 的长方体，命名为“窗台”造型，其形态及位置如图 9-16 所示。

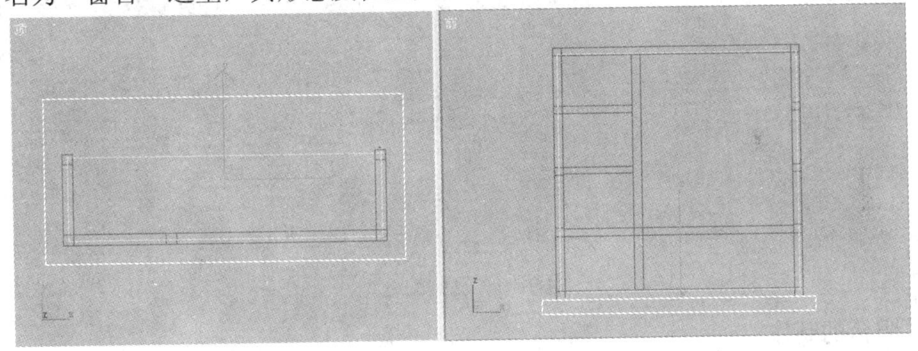

图 9-16　创建的“窗台”造型

(11) 在前视图中选择“窗台”造型，将其沿 Y 轴向上以【实例】的方式复制一个，调整复制造型的位置如图 9-17 所示。

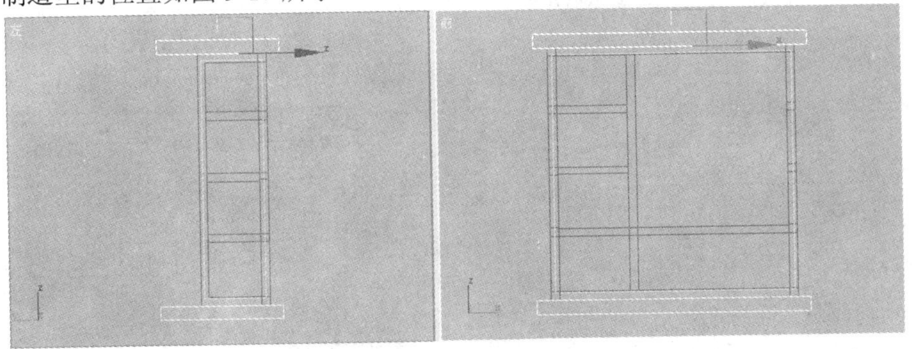

图 9-17　复制的造型

(12) 在视图中单击鼠标右键，从弹出的快捷菜单中选择【全部取消隐藏】命令，将隐藏的造型显示出来。

(13) 单击工具栏中的按钮，在视图中同时选择“凸窗框”、“凸窗玻璃”和所有的“窗台”造型，将它们移动到“下层墙体”造型的窗洞位置上，如图 9-18 所示。

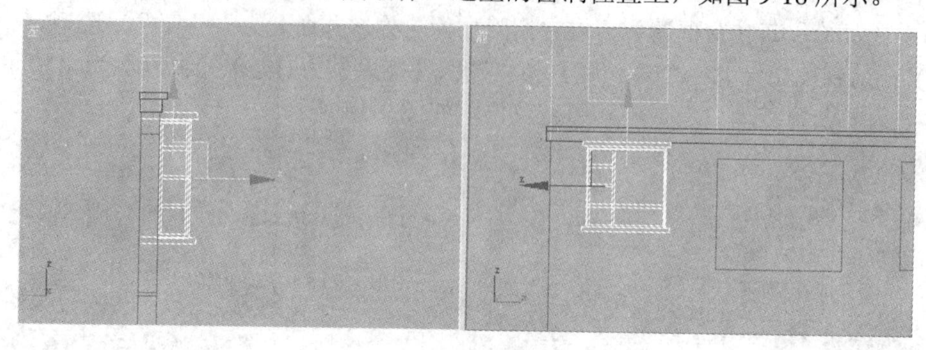

图 9-18　调整造型的位置

(14) 确认“凸窗框”、“凸窗玻璃”和所有的“窗台”造型处于选择状态，在前视图中按住 Shift 键的同时将其以【实例】的方式移动复制 9 组，分别置于每一个窗洞位置上，如图 9-19 所示。

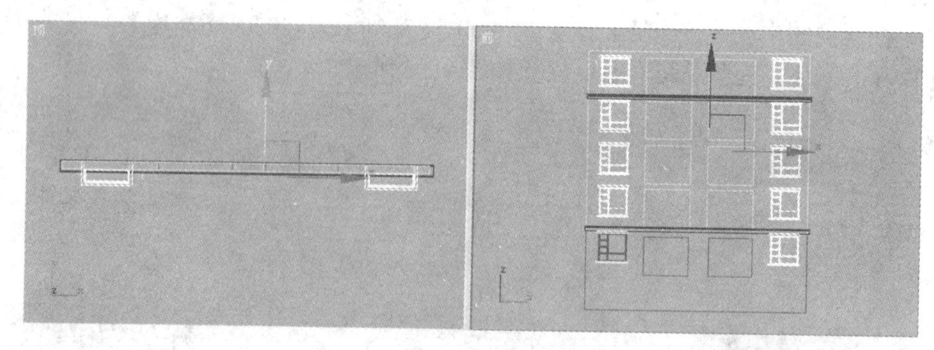

图 9-19　复制的造型

3．阳台的制作

(1) 单击创建命令面板中的按钮，在【对象类型】卷展栏中单击 长方体 按钮，在顶视图中创建一个【长度】为 1600、【宽度】为 240、【高度】为 16400 的长方体，命名为“阳台左侧面”造型，如图 9-20 所示。

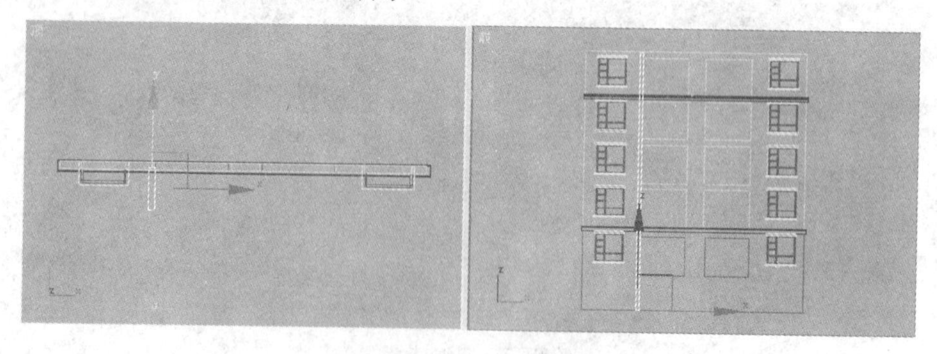

图 9-20　创建的“阳台左侧面”造型

(2) 选择“阳台左侧面”造型，按住 Shift 键的同时在前视图中将其沿 X 轴以【实例】的方式移动复制一个，命名为“阳台右侧面”造型，调整其位置如图 9-21 所示。

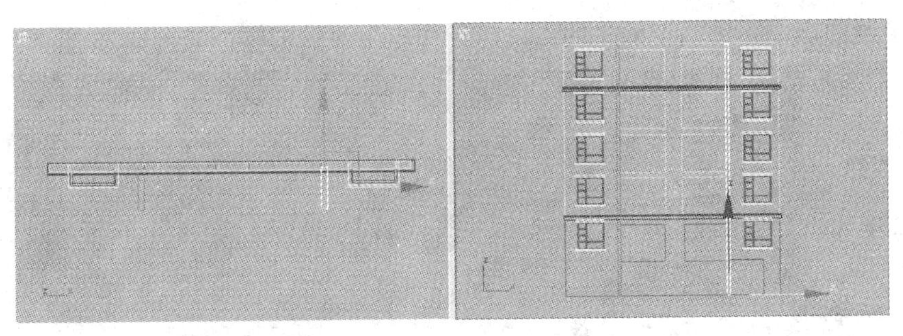

图 9-21　复制的“阳台右侧面”造型

(3) 在前视图中创建一个【长度】为 200、【宽度】为 8000、【高度】为 2000 的长方体，命名为“阳台底”造型，位置如图 9-22 所示。

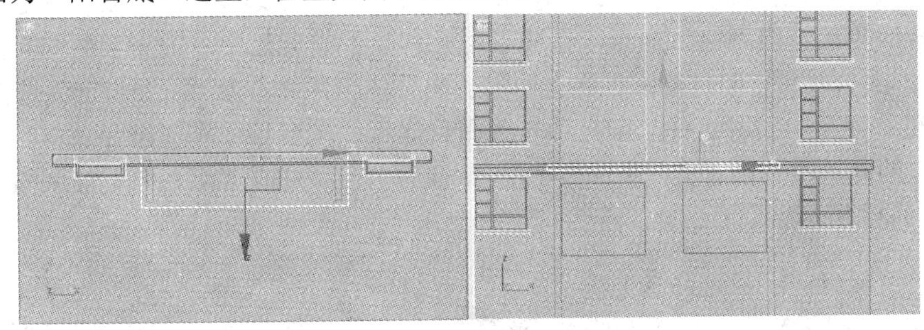

图 9-22　创建的“阳台底”造型

(4) 在顶视图中创建一个【长度】为 200、【宽度】为 7200、【高度】为 1000 的长方体，命名为“阳台墙”造型，位置如图 9-23 所示。

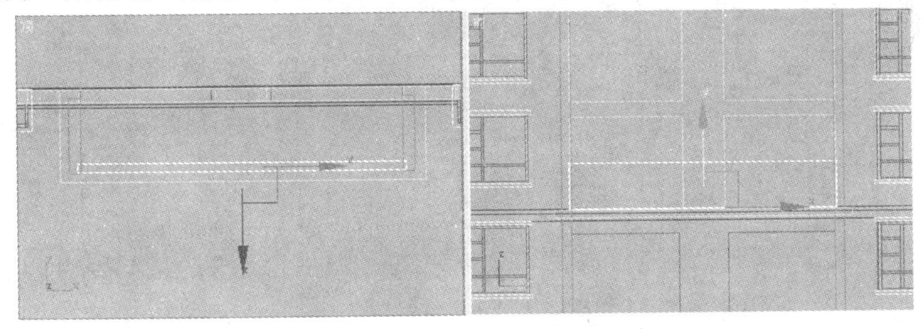

图 9-23　创建的“阳台墙”造型

(5) 在前视图中创建一个【长度】为 100、【宽度】为 7800、【高度】为 1800 的长方体，命名为“阳台顶”造型，位置如图 9-24 所示。

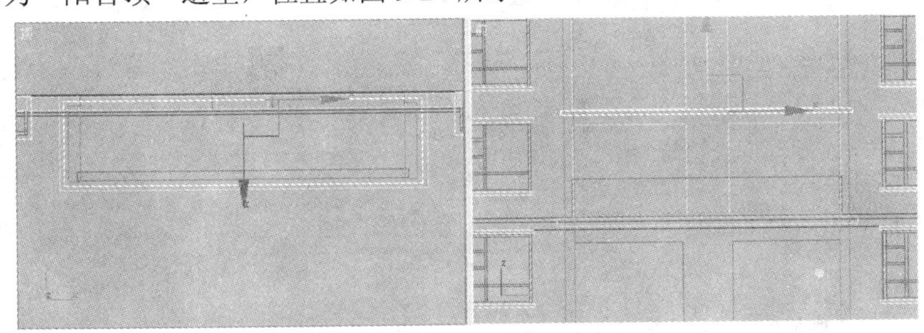

图 9-24　创建的“阳台顶”造型

(6) 参照前面制作“凸窗框”的方法，制作出阳台的窗框，如图 9-25 所示。

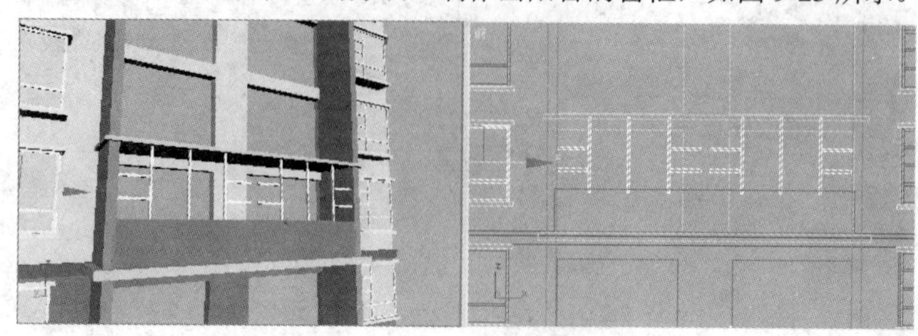

图 9-25　制作的阳台窗框

(7) 在视图中选择任意一个长方体，单击鼠标右键，从弹出的快捷菜单中选择【转换为】/【转换为可编辑网格】命令，在【编辑几何体】卷展栏中单击 附加 按钮，然后在视图中依次拾取其它阳台窗框，将它们附加为一体，并命名为“阳台窗框”造型。

(8) 在前视图中同时选择“阳台顶”、“阳台底”、“阳台墙”和“阳台窗框”造型，按住 Shift 键的同时将其以【实例】的方式沿 Y 轴向上移动复制 3 组，向下复制移动 1 组，结果如图 9-26 所示。

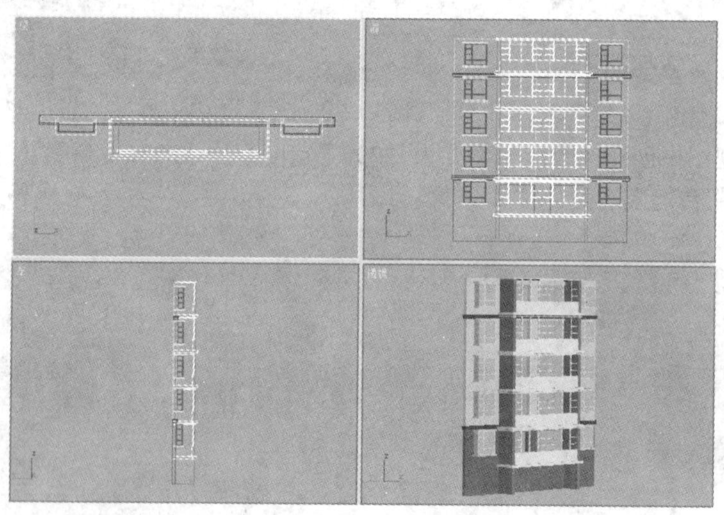

图 9-26　复制的造型

(9) 在前视图中选择“阳台顶”造型，按住 Shift 键的同时将其以【实例】的方式沿 Y 轴向下移动复制一个，放置在最底层阳台的下方，如图 9-27 所示。

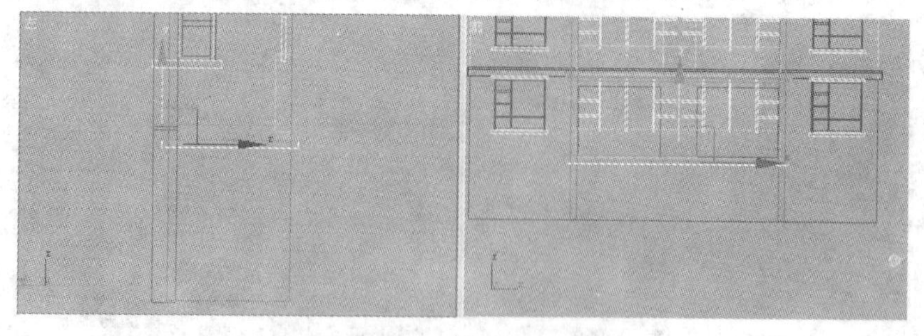

图 9-27　复制的造型

(10) 在前视图中选择“阳台底”造型，按住 Shift 键的同时将其以【实例】的方式沿 Y 轴向上移动复制一个，放置在最顶层阳台的上方，如图 9-28 所示。

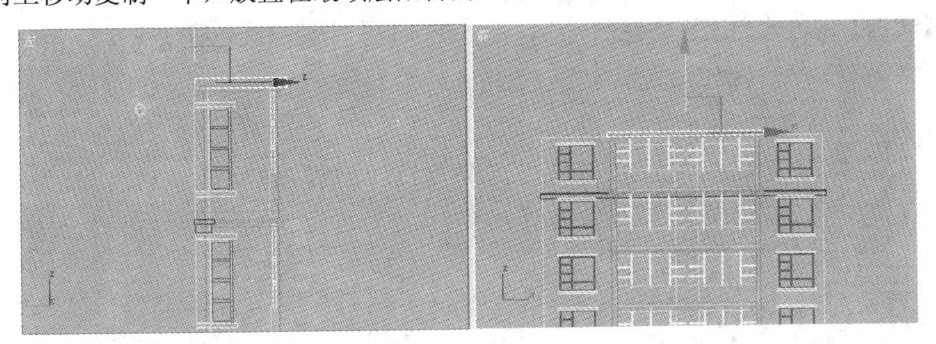

图 9-28　复制的造型

(11) 在前视图中创建一个【长度】为 14500、【宽度】为 7400、【高度】为 5 的长方体，命名为“阳台玻璃”造型，位置如图 9-29 所示。

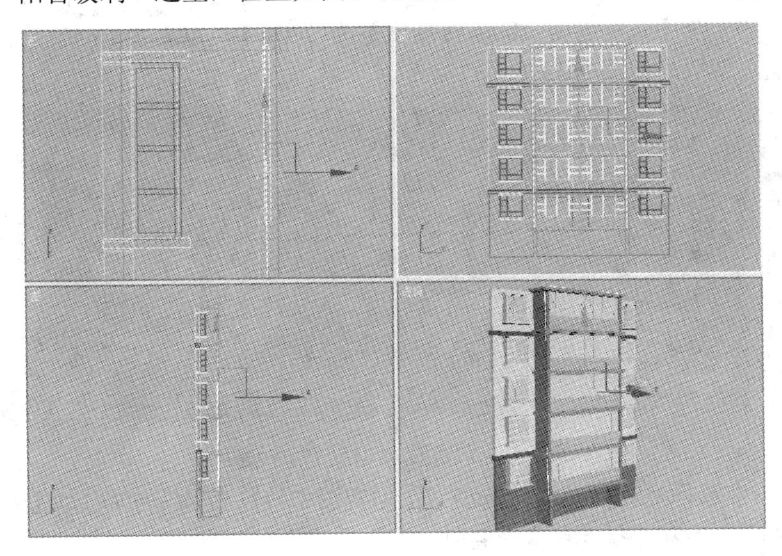

图 9-29　创建的“阳台玻璃”造型

(12) 在顶视图中创建一个【长度】为 3000、【宽度】为 240、【高度】为 17500 的长方体，命名为“阳台分隔”造型，位置如图 9-30 所示。

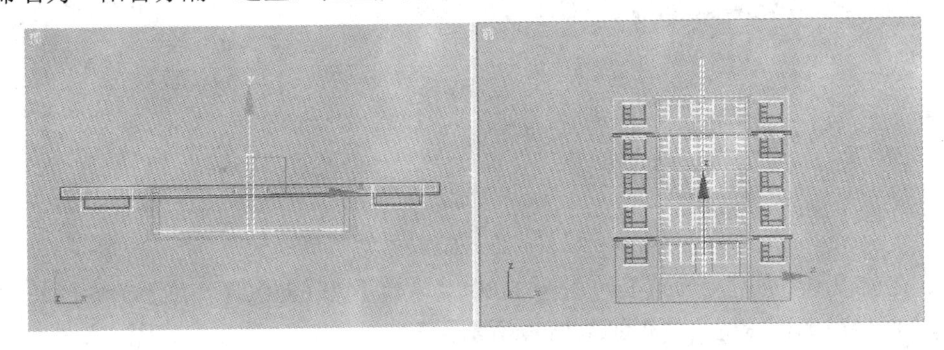

图 9-30　创建的“阳台分隔”造型

4．阁楼的制作

(1) 在前视图中选择“阳台墙”和“阳台窗框”造型，按住 Shift 键的同时将其沿 Y 轴以【实例】的方式向上移动复制一组，然后在顶视图中调整其位置如图 9-31 所示。

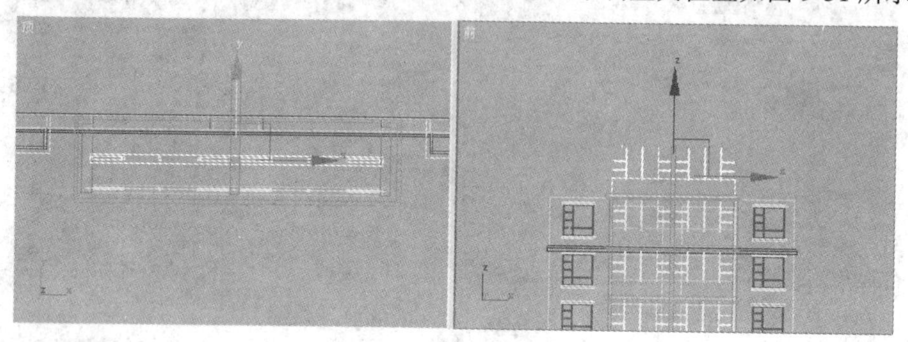

图 9-31　复制的造型

(2) 单击创建命令面板中的按钮，在【对象类型】卷展栏中单击 长方体 按钮，在顶视图中创建一个【长度】为 2000、【宽度】为 200、【高度】为 2650 的长方体，命名为“阁楼左墙”造型，如图 9-32 所示。

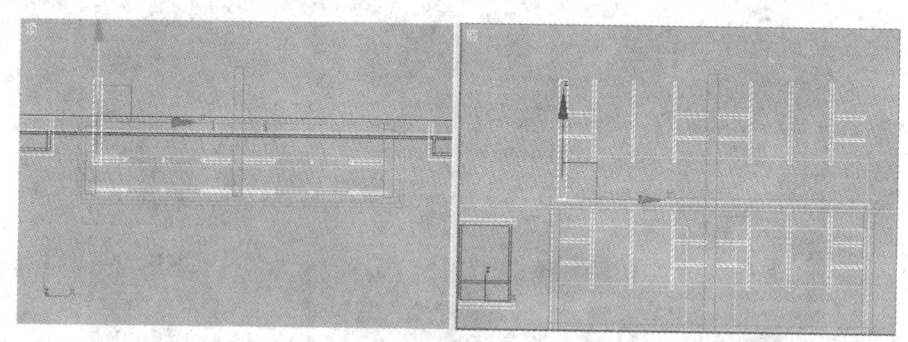

图 9-32　创建的“阁楼左墙”造型

(3) 在视图中选择“阁楼左墙”造型，在顶视图中将其沿 X 轴向右以【实例】的方式移动复制一个，命名为“阁楼右墙”造型，其位置如图 9-33 所示。

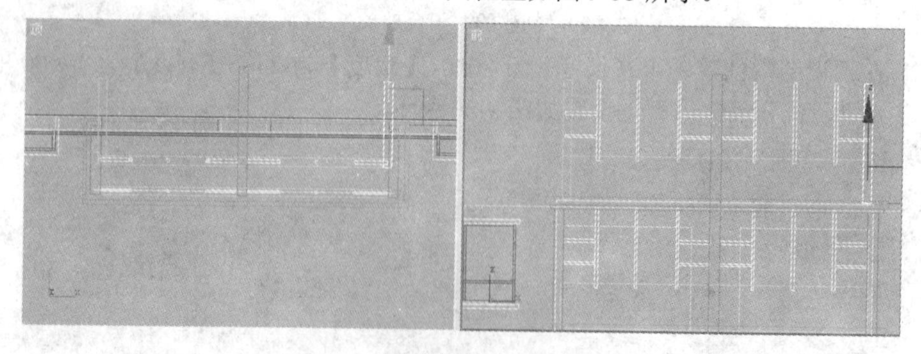

图 9-33　复制的“阁楼右墙”造型

(4) 在前视图中创建一个【长度】为 1700、【宽度】为 6850、【高度】为 5 的长方体，命名为“阁楼玻璃”造型，位置如图 9-34 所示。

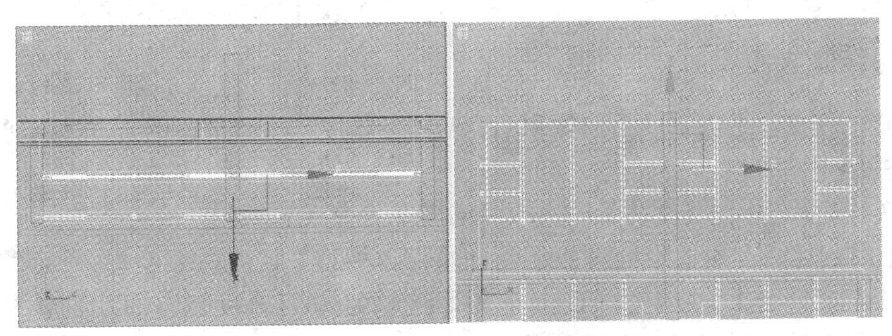

图 9-34　创建的“阁楼玻璃”造型

(5) 在顶视图中创建一个【长度】为 4500、【宽度】为 7600、【高度】为 300 的长方体，命名为“小顶”造型，位置如图 9-35 所示。

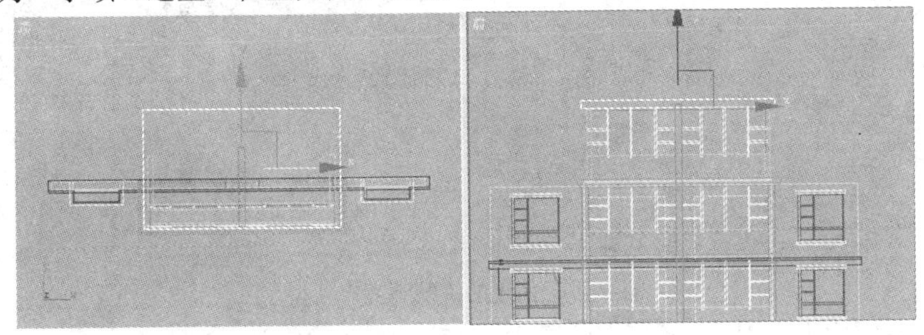

图 9-35　创建的“小顶”造型

(6) 单击创建命令面板中的按钮，在【对象类型】卷展栏中单击 四棱锥 按钮，在顶视图中创建一个【宽度】为 7400、【深度】为 4200、【高度】为 1200 的四棱锥，命名为“尖顶”造型，如图 9-36 所示。

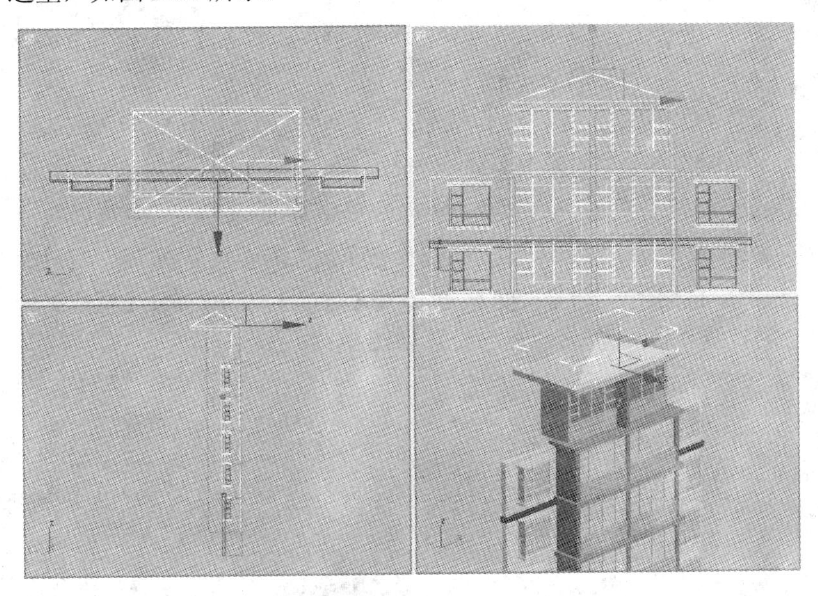

图 9-36　创建的“尖顶”造型

(7) 单击菜单栏中的【文件】/【保存】命令，将场景保存为“住宅-正立面.max”文件。

9.2.2 制作侧立面

住宅楼的侧立面造型主要由墙体和凸窗两部分构成，墙体是使用长方体创建的，凸窗是通过合并线架完成的。

(1) 单击菜单栏中的【文件】/【重置】命令，重新设置系统。

(2) 单击创建命令面板中的按钮，在【对象类型】卷展栏中单击 长方体 按钮，在左视图中创建一个【长度】为 5000、【宽度】为 9400、【高度】为 300 的长方体，命名为“侧下墙”造型，形态如图 9-37 所示。

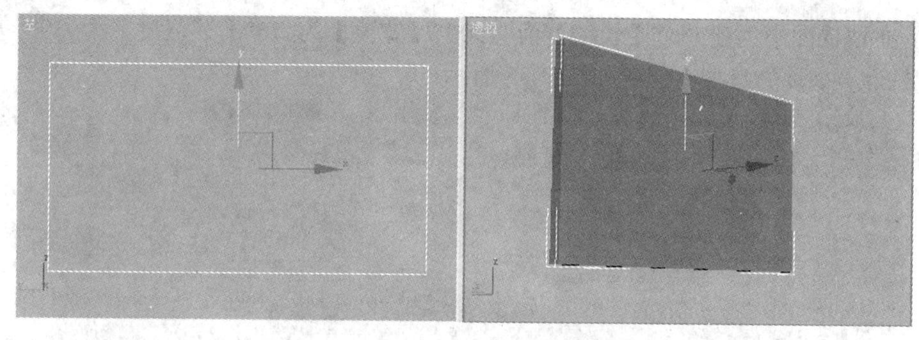

图 9-37 创建的“侧下墙”造型

(3) 在左视图中再创建一个【长度】为 11500、【宽度】为 9400、【高度】为 300 的长方体，命名为“侧上墙”造型，形态如图 9-38 所示。

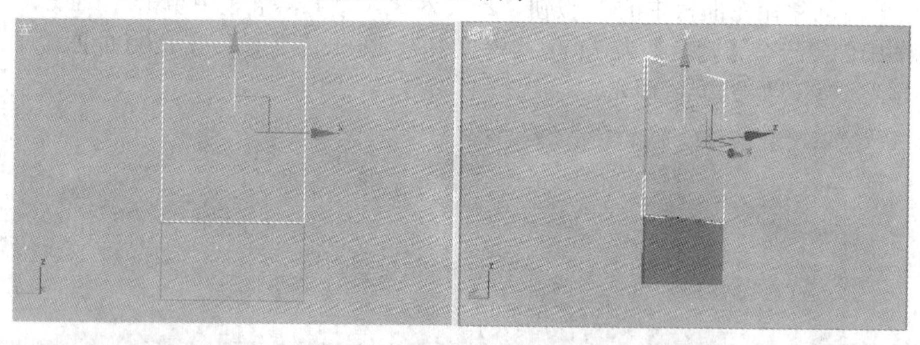

图 9-38 创建的“侧上墙”造型

(4) 在左视图中再创建一个【长度】为 100、【宽度】为 10000、【高度】为 450 的长方体，命名为“侧脚线 01”造型，形态与位置如图 9-39 所示。

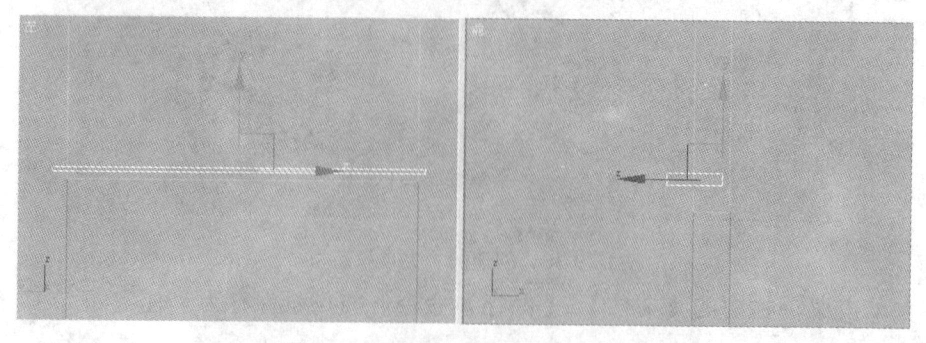

图 9-39 创建的“侧脚线 01”造型

(5) 在左视图中再创建一个【长度】为 200、【宽度】为 9600、【高度】为 450 的长方体，命名为“侧脚线 02”造型，形态与位置如图 9-40 所示。

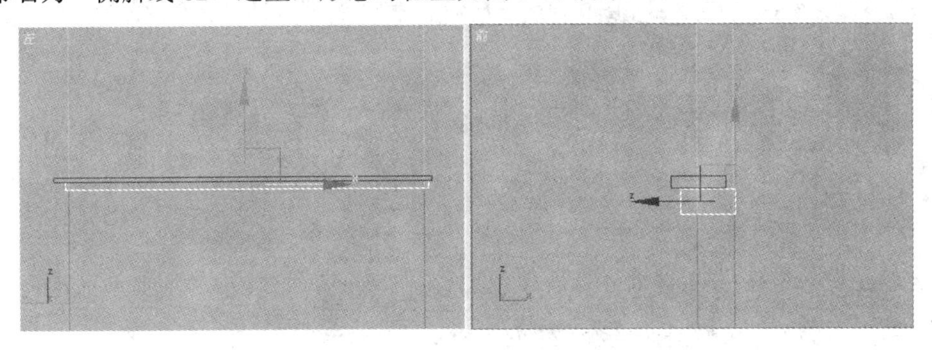

图 9-40　创建的“侧脚线 02”造型

(6) 在左视图中同时选择“侧脚线 01”和“侧脚线 02”造型，然后将其沿 Y 轴向上以【实例】的方式移动复制一组，位置如图 9-41 所示。

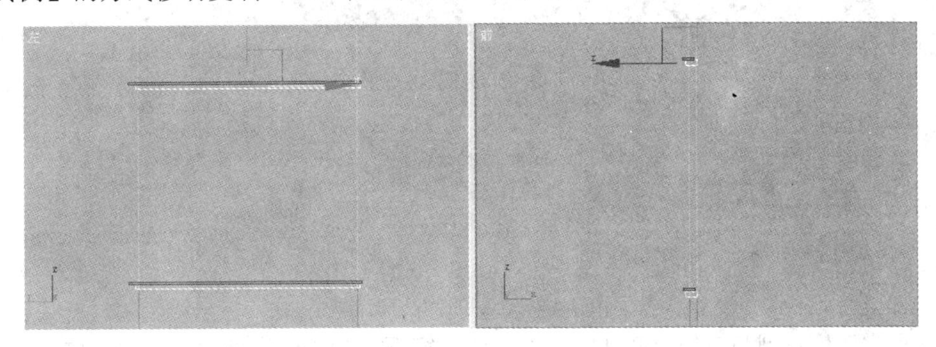

图 9-41　复制的造型

(7) 单击菜单栏中的【文件】/【合并】命令，在弹出的【合并文件】对话框中选择本书配套光盘“调用”文件夹中的“侧凸窗.max”线架文件，如图 9-42 所示。

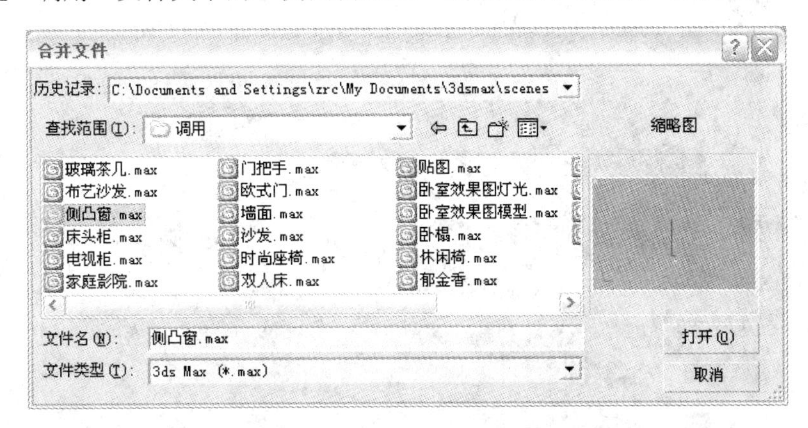

图 9-42　【合并文件】对话框

(8) 单击 打开(O) 按钮，则弹出【合并-侧凸窗.max】对话框，如图 9-43 所示。

(9) 在对话框中先单击左下角的 全部(A) 按钮，再单击 确定 按钮，将侧凸窗造型合并到场景中，然后调整其位置如图 9-44 所示。

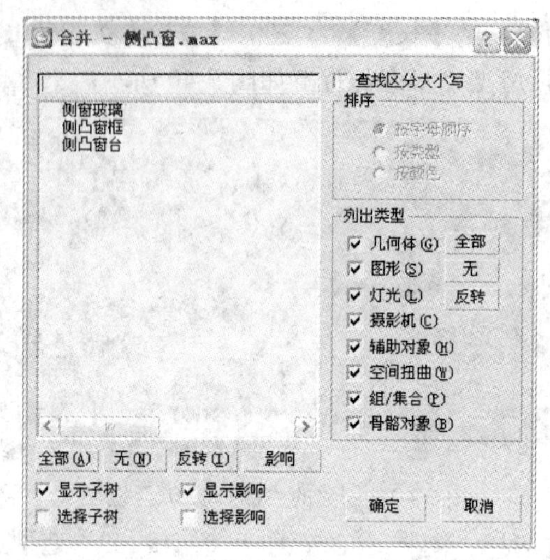

图 9-43 【合并-侧凸窗.max】对话框

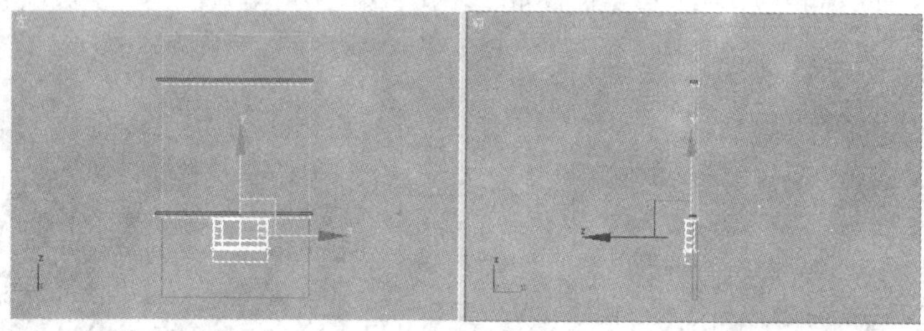

图 9-44 合并的侧凸窗造型

(10) 选择构成侧凸窗的“侧凸窗台”、“侧凸窗框”和“侧窗玻璃”造型，按住 Shift 键的同时在左视图中将其沿 Y 轴以【实例】的方式向上移动复制 4 组，结果如图 9-45 所示。

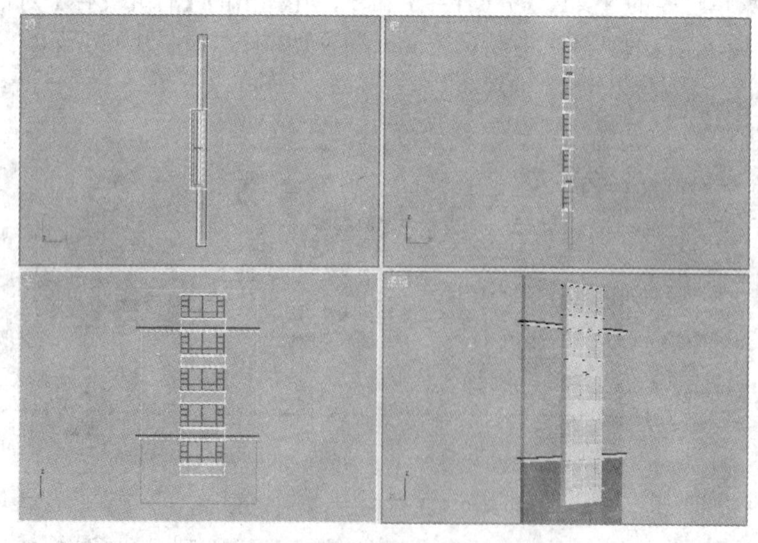

图 9-45 复制的造型

(11) 单击菜单栏中的【文件】/【保存】命令，将场景保存为“住宅-侧立面.max”文件。

9.2.3　模型的整合

本节中我们将把前面制作的住宅楼正立面、侧立面线架文件合并到一起，然后制作住宅楼的屋顶造型，从而完成整个模型的创建。

(1) 单击菜单栏中的【文件】/【重置】命令，重新设置系统。

(2) 单击菜单栏中的【文件】/【打开】命令，打开前面保存的“住宅-正立面.max”线架文件。

(3) 单击工具栏中的 按钮，框选所有的造型，按住 Shift 键的同时在前视图中将其沿 X 轴以【实例】的方式向右移动复制 2 组，结果如图 9-46 所示。

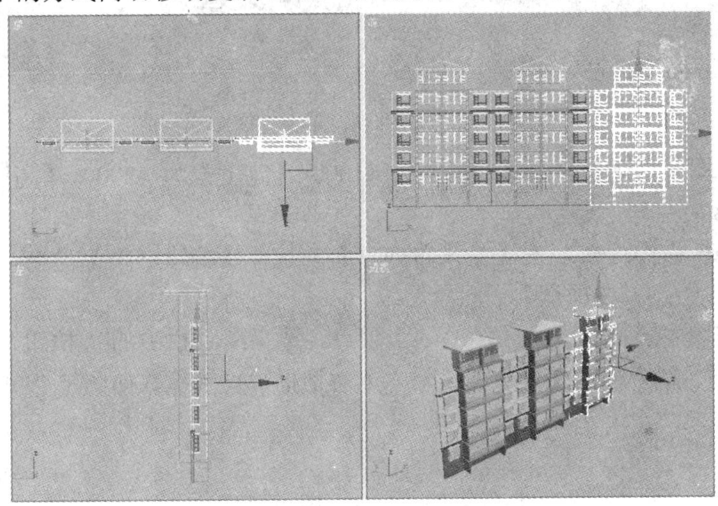

图 9-46　复制的造型

(4) 参照前面介绍的方法，单击菜单栏中的【文件】/【合并】命令，将前面制作的“住宅-侧立面.max”线架文件合并到当前场景中。

(5) 单击工具栏中的 按钮，将合并进来的“住宅-侧立面”造型移动到如图 9-47 所示的位置。

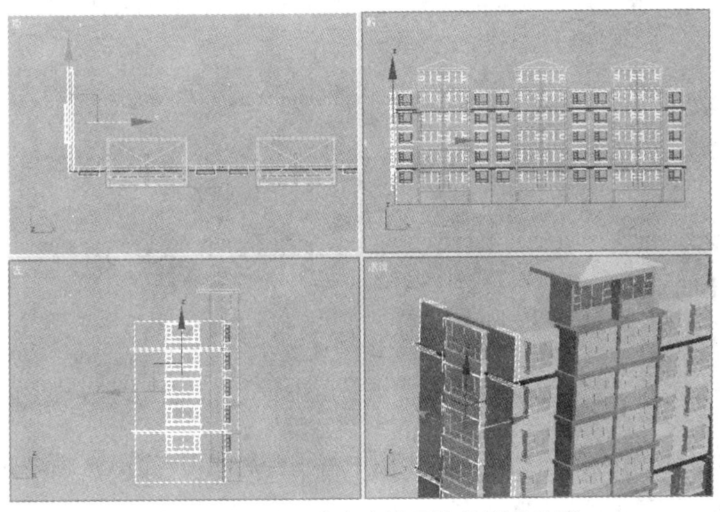

图 9-47　调整“住宅-侧立面”造型的位置

(6) 单击创建命令面板中的 按钮，在【对象类型】卷展栏中单击 长方体 按钮，在顶视图中创建一个【长度】为 11000、【宽度】为 45000、【高度】为 300 的长方体，命名为“平顶”造型，如图 9-48 所示。

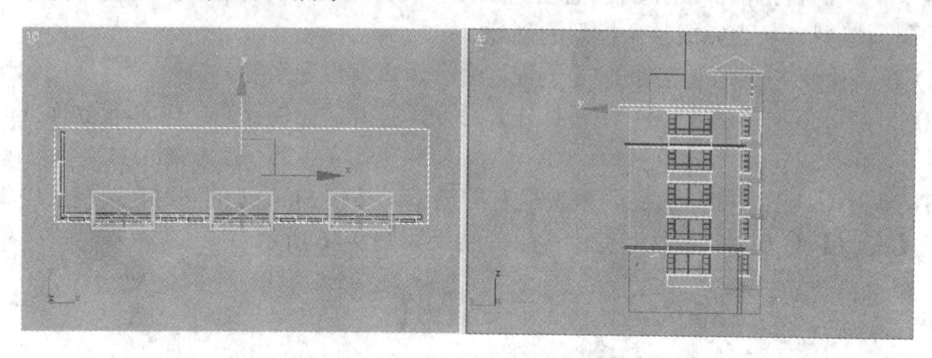

图 9-48　创建的“平顶”造型

(7) 在顶视图中再创建一个【长度】为 11000、【宽度】为 45000、【高度】为 3000 的长方体，命名为“屋顶”造型。

(8) 进入修改命令面板，在【修改器列表】中选择【编辑网格】命令，在【选择】卷展栏中单击 按钮进入【顶点】子对象层级。

(9) 在左视图中选择长方体顶端的四个顶点，选择工具栏中的 按钮，然后在该按钮上单击鼠标右键，在弹出的【缩放变换输入】对话框中设置参数如图 9-49 所示。

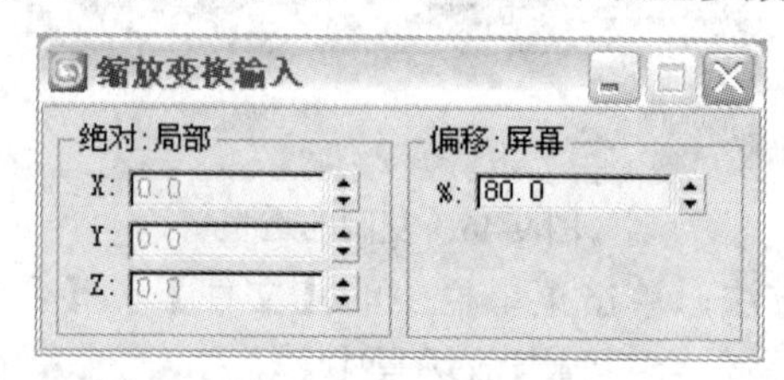

图 9-49　【缩放变换输入】对话框

(10) 接着在顶视图中使用 工具锁定 Y 轴，拖曳鼠标将选择的顶点收缩到重合为止，其形态如图 9-50 所示。

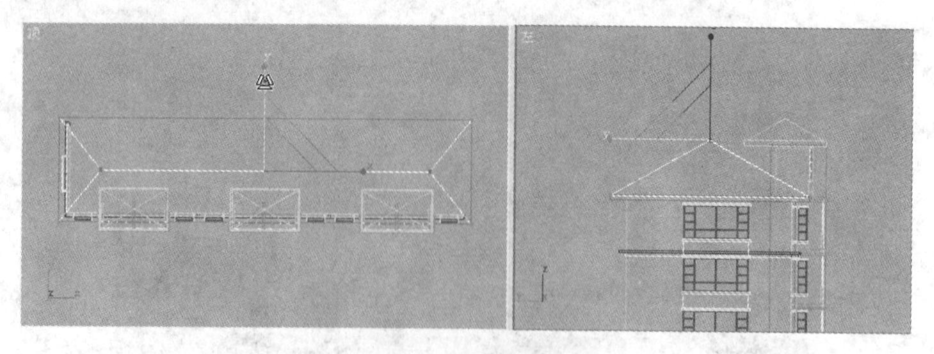

图 9-50　调整顶点的形态

(11) 选择工具栏中的 按钮，在顶视图中将重合后的顶点沿 Y 轴略向下移动一点，结果如图 9-51 所示。

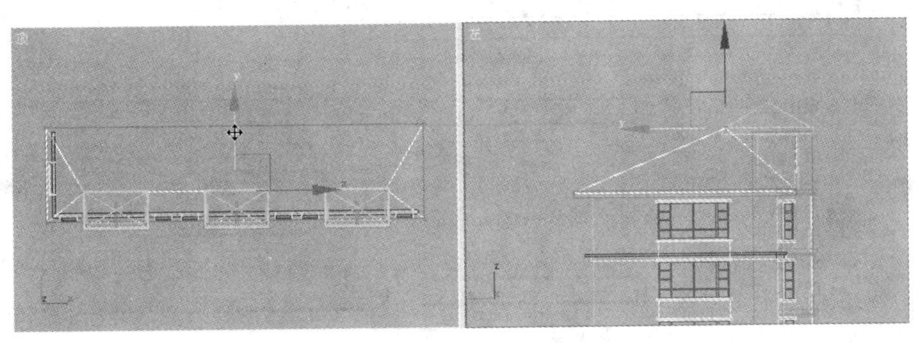

图 9-51　调整顶点的位置

创建效果图模型时，看不到的部分可以省略建模。因此，本例的顶部模型只建立了能看到的部分，这样可以加快渲染速度，提高工作效率。

(12) 单击菜单栏中的【文件】/【另存为】命令，将场景另存为“住宅-整合.max”文件。

9.2.4　编辑材质

住宅楼的材质由下层墙体材质、上层墙体材质、玻璃材质、瓦材质、橙色涂料材质组成。下面我们来编辑这些材质。

1．编辑下层墙体材质

(1) 单击工具栏中的按钮，在打开的【材质编辑器】对话框中选择一个空白的示例球，将其命名为“下层墙体”材质。

(2) 在【Blinn 基本参数】卷展栏中设置【环境光】和【漫反射】颜色的 RGB 值为(150、150、150)，设置其它参数如图 9-52 所示。

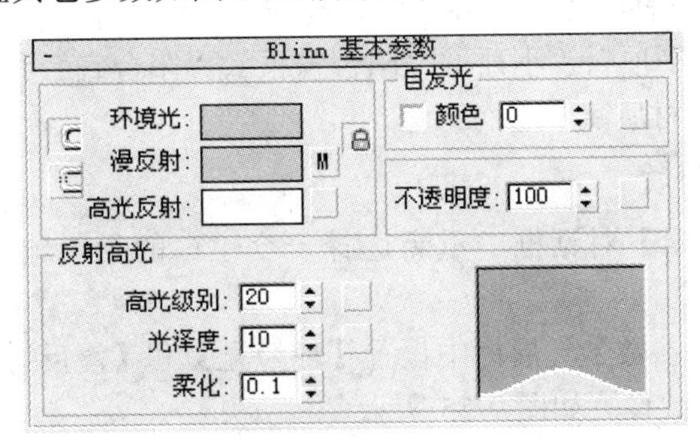

图 9-52　【Blinn 基本参数】卷展栏

(3) 在【贴图】卷展栏中单击【漫反射颜色】右侧的长按钮，为其指定本书配套光盘“贴图”文件夹中的“BR080.JPG”贴图文件。

(4) 在【贴图】卷展栏中拖曳【漫反射颜色】右侧的长按钮到【凹凸】右侧的长按钮上，将贴图以【实例】的方式复制到【凹凸】贴图通道上，其它参数设置如图 9-53 所示。

(5) 在视图中选择所有的“下层墙体”和“侧下墙”造型，单击【材质编辑器】对话框中的按钮，将编辑好的材质赋予它们。

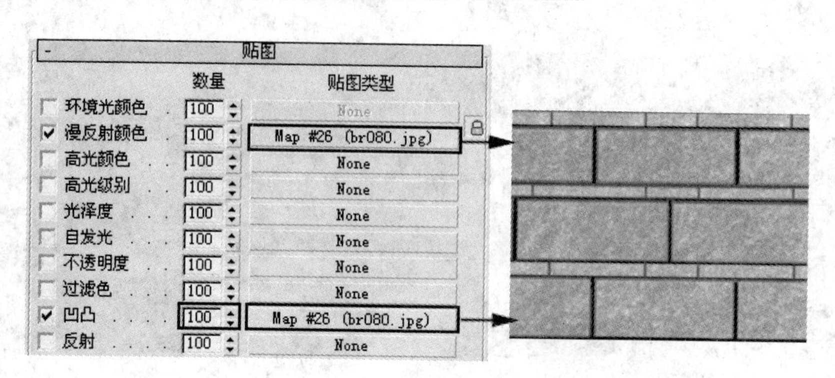

图 9-53 【贴图】卷展栏

2. 编辑上层墙体材质

(1) 在【材质编辑器】对话框中重新选择一个空白的示例球，将其命名为“上层墙体”材质。

(2) 在【Blinn 基本参数】卷展栏中设置【环境光】、【漫反射】和【高光反射】颜色的 RGB 值均为(255、255、255)，如图 9-54 所示。

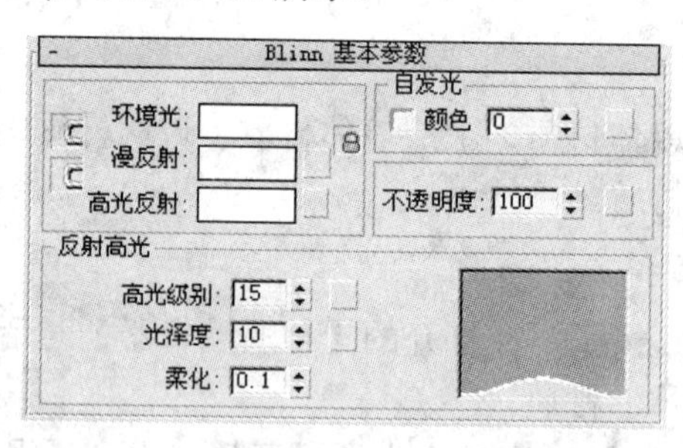

图 9-54 【Blinn 基本参数】卷展栏

(3) 在视图中选择所有的“上层墙体”、“脚线”、“侧上墙”、“侧脚线”、“侧凸窗框”、“凸窗框”、“窗台”、“平顶”、“小顶”、“阳台窗框”、“阳台底”和“阳台顶”等造型，单击按钮，将调配好的材质赋予它们。

3. 编辑橙色涂料材质

(1) 在【材质编辑器】对话框中重新选择一个空白的示例球，将其命名为“橙色涂料”材质。

(2) 在【Blinn 基本参数】卷展栏中设置【环境光】和【漫反射】颜色的 RGB 值均为(245、110、0)，其它参数设置如图 9-55 所示。

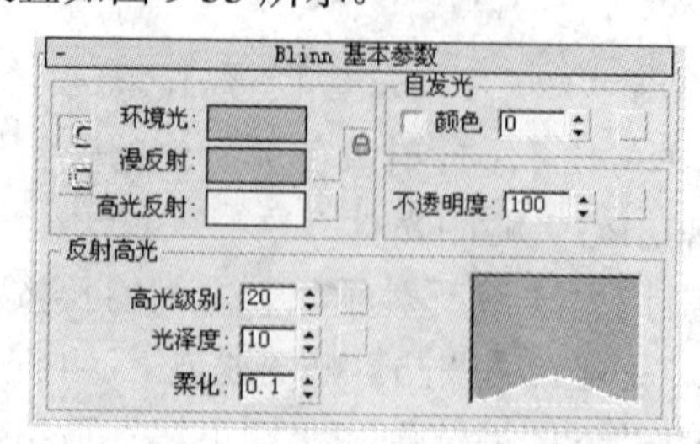

图 9-55 【Blinn 基本参数】卷展栏

(3) 在视图中选择所有的“阳台分隔”、“阳台墙”、“阳台右侧面”、“阳台左侧面”、“阁楼右墙”、“阁楼左墙”和“侧凸窗台”造型，单击按钮，将编辑好的材质赋予它们。

4．编辑玻璃材质

(1) 在【材质编辑器】对话框中重新选择一个空白示例球，将其命名为“玻璃”材质。

(2) 在【Blinn 基本参数】卷展栏中设置【环境光】和【漫反射】颜色的 RGB 值均为(122、167、175)，单击【漫反射】右侧的小按钮，为其指定本书配套光盘“贴图”文件夹中的“A-85F.JPG”贴图文件，其它参数设置如图 9-56 所示。

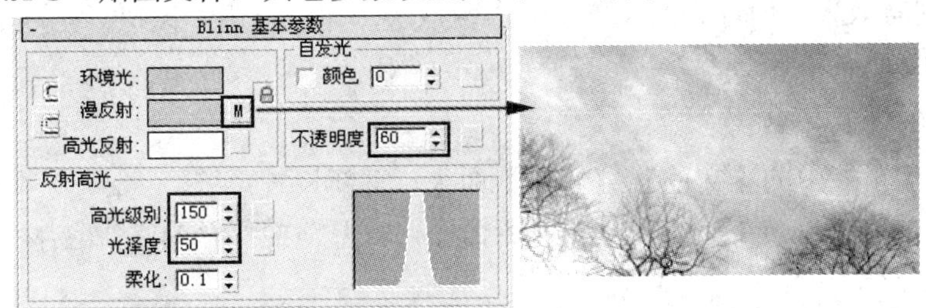

图 9-56　【Blinn 基本参数】卷展栏

(3) 在【贴图】卷展栏中设置【反射】的【数量】值为 30，然后单击其右侧的长按钮，在弹出的【材质/贴图浏览器】对话框中双击“光线跟踪”选项。

(4) 在视图中选择所有的“玻璃”造型，进入修改命令面板，在【修改器列表】中选择【UVW 贴图】命令，在【参数】卷展栏中选择【长方体】选项，然后单击 适配 按钮，使贴图与玻璃大小匹配。

(5) 单击【材质编辑器】对话框中的按钮，将编辑好的材质赋予它们。

5．编辑瓦材质

(1) 在【材质编辑器】对话框中重新选择一个空白的示例球，将其命名为“瓦”材质。

(2) 在【Blinn 基本参数】卷展栏中设置【高光级别】值为 35、【光泽度】值为 25。

(3) 在【贴图】卷展栏中单击【漫反射颜色】右侧的长按钮，为其指定本书配套光盘“贴图”文件夹中的“青瓦.jpg”贴图文件。

(4) 在【坐标】卷展栏中设置 U、V 方向上的平铺次数均为 2，然后单击按钮返回上一层级。

(5) 在【贴图】卷展栏中拖曳【漫反射颜色】右侧的长按钮到【凹凸】右侧的长按钮上，将贴图以【实例】的方式复制到【凹凸】贴图通道上，其它参数设置如图 9-57 所示。

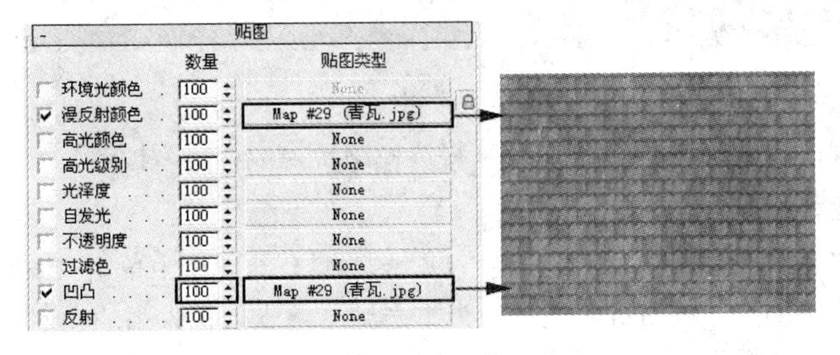

图 9-57　【贴图】卷展栏

(6) 在视图中选择所有的“尖顶”和“屋顶”造型，进入修改命令面板，在【修改器列表】中选择【UVW 贴图】命令，在【参数】卷展栏中选择【长方体】选项。

(7) 单击【材质编辑器】对话框中的按钮，将编辑好的材质赋予它们。

至此，住宅楼的材质制作完成。单击菜单栏中的【文件】/【另存为】命令，将场景保存为“住宅-材质.max”文件。

9.2.5 设置相机和灯光

在室外效果图中，设置相机时一般以人的视线高度来确定相机的位置，这样可以得到正常视野的观察效果。而灯光的设置多采用两点法，即一盏用于模拟日光，一盏用于模拟环境光和地面反光。

1. 相机的设置

(1) 单击菜单栏中的【文件】/【重置】命令，重新设置系统。

(2) 单击菜单栏中的【文件】/【打开】命令，打开前面保存的“住宅-材质.max”线架文件。

(3) 单击创建命令面板中的按钮，在【对象类型】卷展栏中单击 目标 按钮，在顶视图中创建一架目标相机。

(4) 在修改命令面板的【参数】卷展栏中设置【镜头】值为 45 mm，然后调整相机的位置如图 9-58 所示。

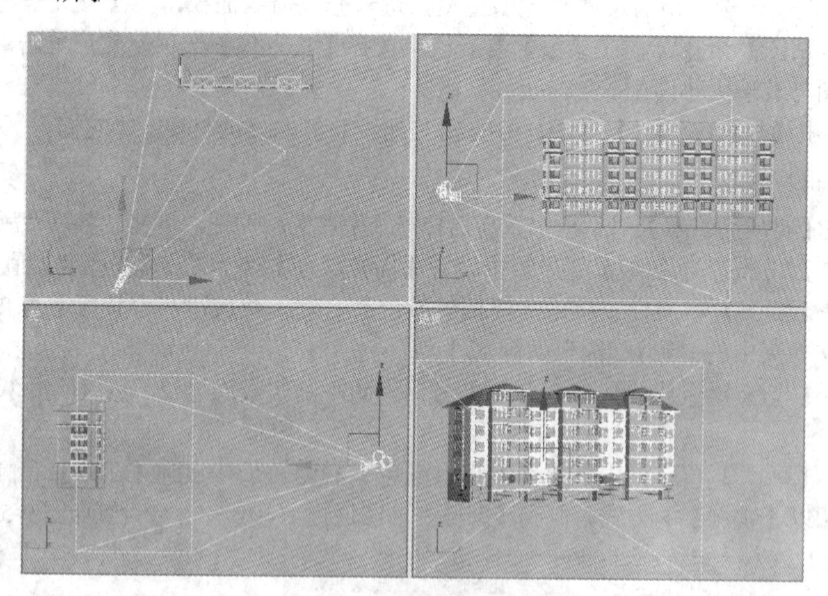

图 9-58 调整相机的位置

(5) 激活透视图，按下键盘中的 C 键，将透视图转换成相机视图。

2. 灯光的设置

(1) 单击创建命令面板中的按钮，在【对象类型】卷展栏中单击 目标聚光灯 按钮。

(2) 在顶视图中创建一盏目标聚光灯作为主光源，用以模拟太阳的光照效果。

(3) 在修改命令面板中设置目标聚光灯的各项参数如图 9-59 所示。

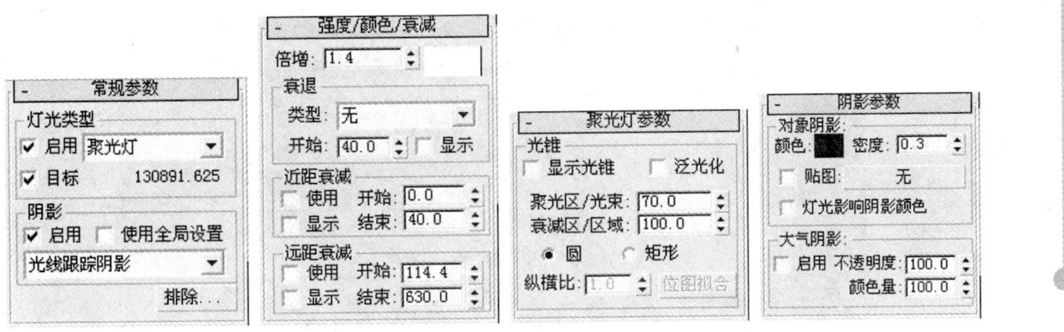

图 9-59　目标聚光灯的参数设置

(4) 单击工具栏中的按钮，将创建的目标聚光灯移动到如图 9-60 所示的位置。

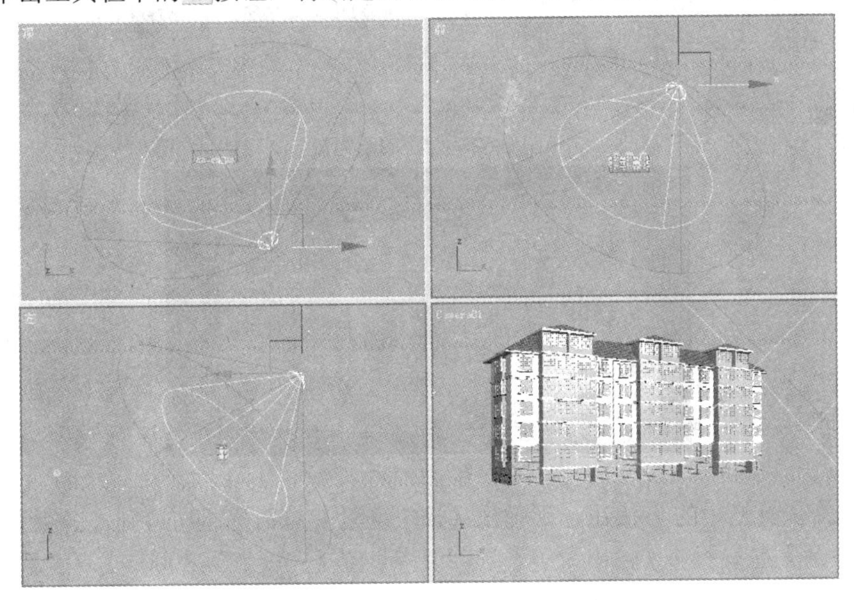

图 9-60　调整目标聚光灯的位置

(5) 在顶视图中再创建一盏泛光灯作为辅助光源，来照亮住宅的侧面。

(6) 在修改命令面板中设置泛光灯的各项参数如图 9-61 所示。

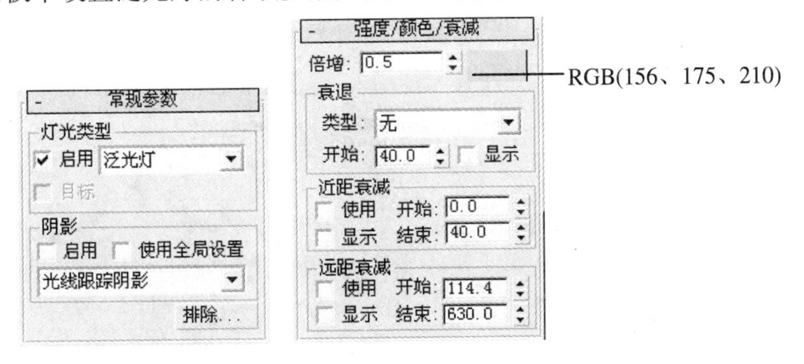

图 9-61　泛光灯的参数设置

(7) 单击工具栏中的按钮，将泛光灯移动到如图 9-62 所示的位置。

(8) 单击工具栏中的按钮，快速渲染相机视图，则住宅楼的渲染效果如图 9-63 所示。

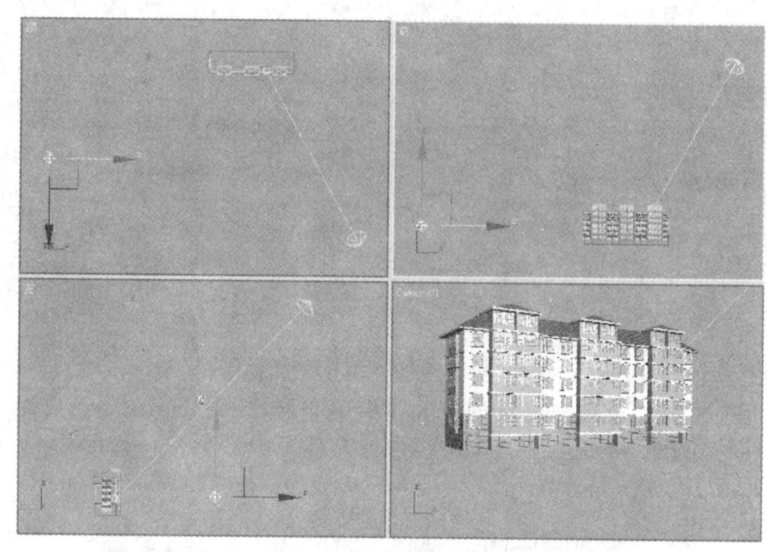

图 9-62 创建的泛光灯

图 9-63 住宅楼的渲染效果

(9) 单击工具栏中的 按钮，则弹出【渲染场景】对话框，切换到【公用】选项卡，在【公用参数】卷展栏的【输出大小】选项组中设置【宽度】为 3000、【高度】为 2250。

(10) 单击【渲染输出】选项组中的 文件... 按钮，在弹出的【渲染输出文件】对话框中设置渲染图像的保存路径、名称和文件类型，如图 9-64 所示。

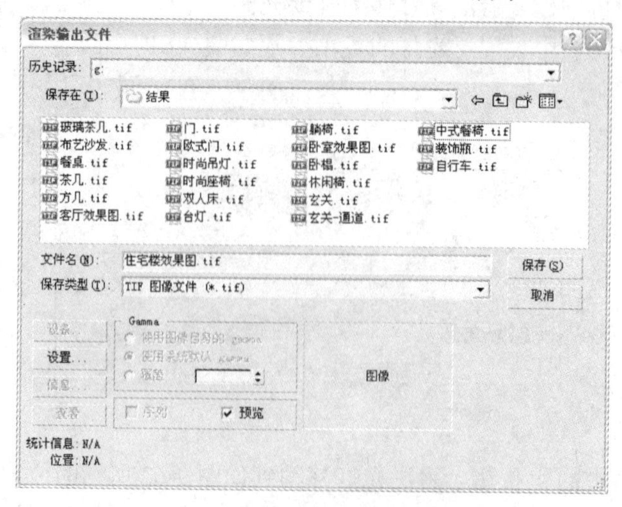

图 9-64 【渲染输出文件】对话框

(11) 单击 保存(S) 按钮，返回【渲染场景】对话框，在【视口】下拉列表中选择“Camera01”选项，如图 9-65 所示。

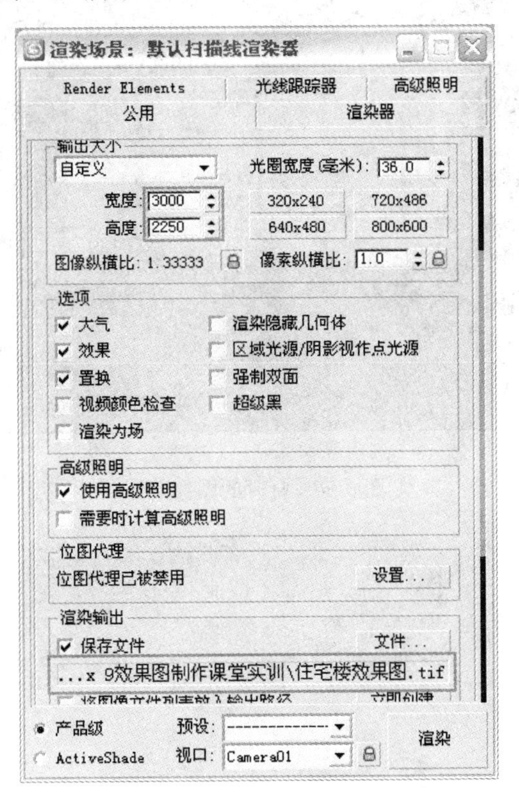

图 9-65　【渲染场景】对话框

(12) 单击 渲染 按钮，则完成后的效果就渲染输出到了指定的文件夹中。

(13) 渲染完成后，单击菜单栏中的【文件】/【另存为】命令，将场景保存为“住宅-灯光.max”文件。

9.2.6　后期处理

本节将在 Photoshop 中对住宅楼效果图进行后期处理，主要构建住宅楼的周围环境，以及对楼体进行亮度调整，以反映住宅楼的真实效果。

(1) 启动 Photoshop CS2 软件。

(2) 单击菜单栏中的【文件】/【打开】命令，打开前面渲染输出的“住宅楼效果图.tif”图像文件，如图 9-66 所示。

(3) 单击菜单栏中的【窗口】/【通道】命令，打开【通道】面板，按住 Ctrl 键的同时单击“Alpha 1”通道，这时恰好选择了住宅楼，按下 Ctrl+C 键，将其复制。

(4) 单击菜单栏中的【文件】/【打开】命令，打开本书配套光盘“后期”文件夹中的“背景.jpg”文件，将其另存为“住宅楼效果图.psd”文件。

(5) 按下 Ctrl+V 键，粘贴复制的住宅楼，然后将其调整至合适的大小，结果如图 9-67 所示。

图 9-66　打开的图像文件

图 9-67　图像效果

(6) 单击菜单栏中的【文件】/【打开】命令，打开本书配套光盘“后期”文件夹中的“地面.psd”文件，如图 9-68 所示。

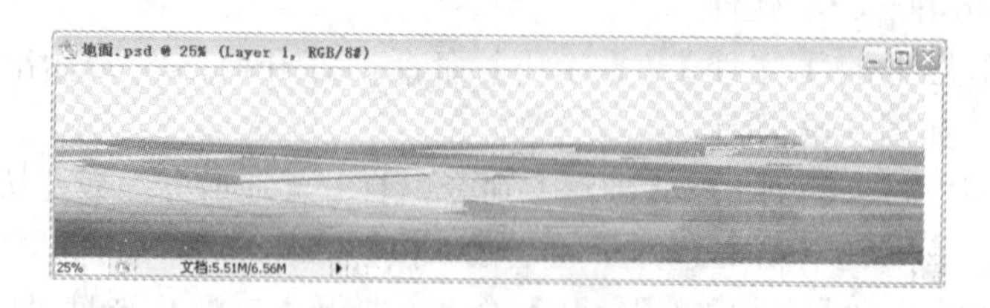

图 9-68　打开的图像文件

(7) 选择工具箱中的 工具，将其中的地面图像拖曳到“住宅楼效果图”图像窗口中，然后按下 Ctrl+T 键，将图像调整至合适的大小和位置，并将其置于住宅楼的下方，如图 9-69 所示。

图 9-69　图像效果

(8) 在【图层】面板中将住宅楼所在的“图层 1”复制一层，得到“图层 1 副本”层，并将该层调整到“图层 1”的下方，然后按下 Ctrl+T 键，等比例缩小复制的图像，并调整到如图 9-70 所示的位置。

图 9-70　调整后的图像效果

(9) 在【图层】面板中将“图层 1 副本”层的【不透明度】值设置为 60%，则图像效果如图 9-71 所示。

图 9-71　图像效果

(10) 继续打开本书配套光盘“后期”文件夹中的“背景楼.psd”、“背景树 01.psd”和“背景树 02.psd”文件，如图 9-72 所示。

图 9-72　打开的图像文件

(11) 使用工具将打开的图像依次拖动到“住宅楼效果图”图像窗口中，然后在【图层】面板中将对应的图层调至“图层 1”的下方，结果如图 9-73 所示。

图 9-73　图像效果

(12) 用同样方法，打开本书配套光盘“后期”文件夹中的“水面.psd”文件，使用工具将其拖动到“住宅楼效果图”图像窗口中，然后在【图层】面板中将对应的图层调至“图层 1”的上方，效果如图 9-74 所示。

图 9-74　图像效果

(13) 继续打开本书配套光盘“后期”文件夹中的“树.psd”文件，如图 9-75 所示。

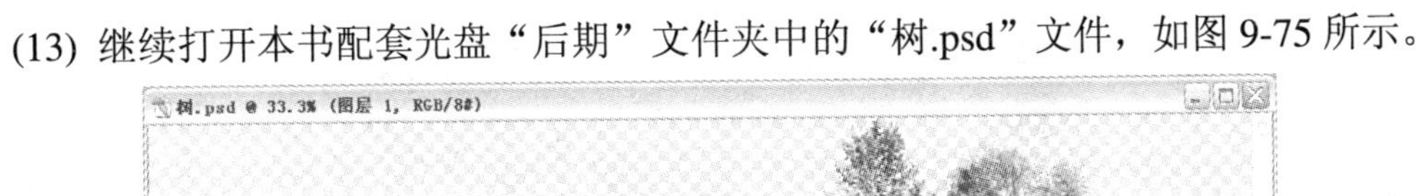

图 9-75 打开的图像文件

(14) 使用 工具将打开的配景图像拖曳到“住宅楼效果图”图像窗口中，并在【图层】面板中将对应的图层调整到最顶层，结果如图 9-76 所示。

图 9-76 图像效果

(15) 继续打开本书配套光盘“后期”文件夹中的“石头.psd”、“石头 02.psd”和“花 04.psd”文件，如图 9-77 所示。

图 9-77 打开的图像文件

(16) 使用 工具将它们依次拖动到“住宅楼效果图”图像窗口中，并在【图层】面板中将对应的图层调整到最顶层，则图像效果如图 9-78 所示。

(17) 继续打开本书配套光盘“后期”文件夹中的“树.psd”、“人.psd”和“飞鸟.psd”文件，使用 工具将它们依次拖动到“住宅楼效果图”图像窗口中，然后调整至适当大小，并移动到合适的位置，结果如图 9-79 所示。

图 9-78　图像效果

图 9-79　图像效果

(18) 按住 Ctrl 键的同时单击【图层】面板中的“图层 1”，选择住宅楼。

(19) 进入【通道】面板，单击面板下方的 按钮，建立一个“Alpha 1”通道。

(20) 选择工具箱中的 工具，设置前景色为白色，背景色为黑色，在图像窗口中的选择区域内从右上方向左下方拖曳鼠标，填充渐变色，如图 9-80 所示。

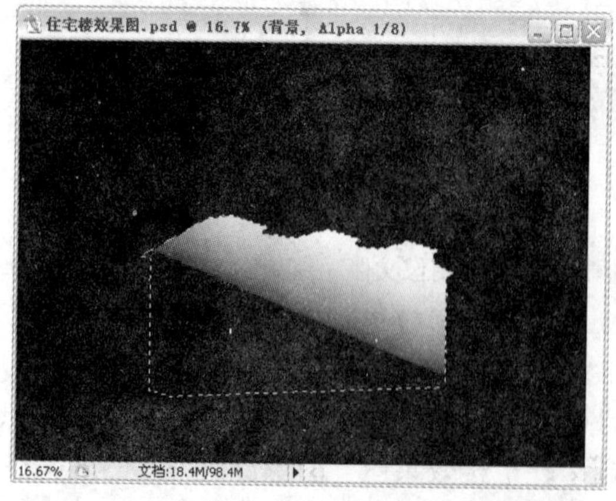

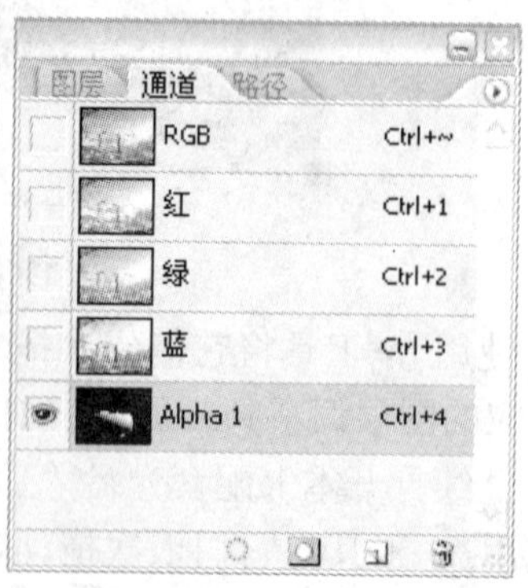

图 9-80　填充渐变色

(21) 按住 Ctrl 键的同时单击“Alpha 1”通道，重新载入选择区域，然后返回【图层】面板，单击“图层 1”，使其成为当前图层。

(22) 单击菜单栏中的【图像】/【调整】/【曲线】命令，在弹出的【曲线】对话框中设置参数如图 9-81 所示。

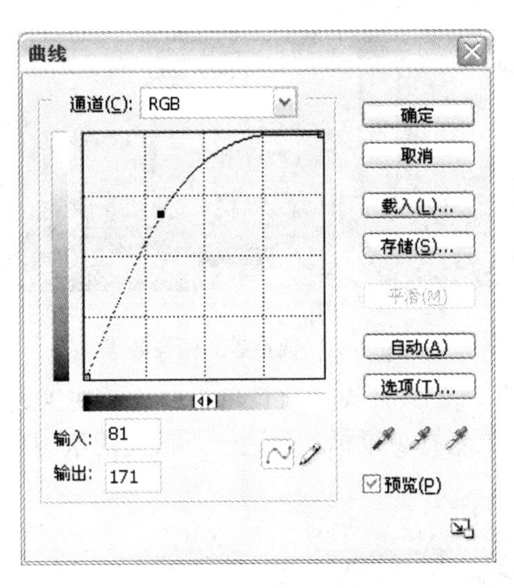

图 9-81 【曲线】对话框

(23) 单击 确定 按钮，使住宅楼的右上方偏亮。

(24) 单击菜单栏中的【选择】/【反选】命令，建立反向选择区域。

(25) 单击菜单栏中的【图像】/【调整】/【曲线】命令，在弹出的【曲线】对话框中设置参数如图 9-82 所示。

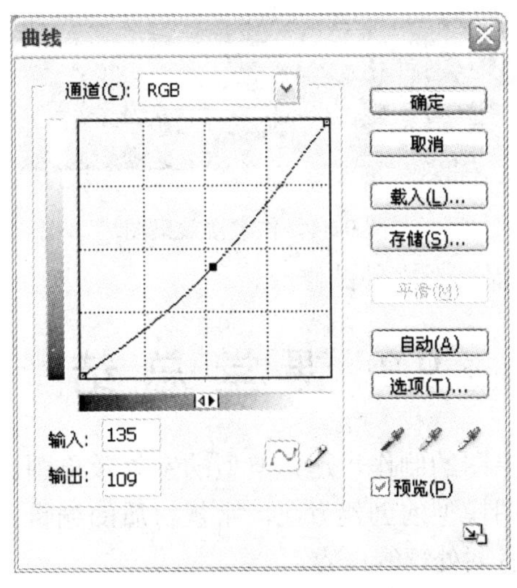

图 9-82 【曲线】对话框

(26) 单击 确定 按钮，使住宅楼的左下方偏暗，则调整后的效果更加真实，如图 9-83 所示。

图 9-83　调整后的图像效果

(27) 选择工具箱中的工具，设置前景色为白色，在工具选项栏中设置合适的笔头大小，然后在住宅楼的右上角拖曳鼠标，营造一点日光的氛围。最终的住宅楼效果图如图 9-84 所示。

图 9-84　住宅楼效果图

(28) 按下 Ctrl+S 键，保存对文件的修改。

9.3 课堂总结

本课介绍了住宅楼效果图的制作，这是典型的室外效果图。我们详细讲解了具体的制作过程，其中涉及了效果图模型的创建方法，常规材质的编辑，相机的设置方法，两点法布光技术，渲染输出以及后期处理等内容。

至此，本书内容全部结束，希望通过这种课堂实训的方式，使得广大读者能够掌握制作室内、外效果图的一些常规方法和应用技巧，迈出成为效果图制作高手的第一步。

课后练习答案

第 1 课

一、填空题

1. 表达设计意图　研究建筑造型　模拟实际效果　表现艺术效果
2. 简单易用　易修改，可重用　准确真实　易存储，易传输
3. 　【Autodesk】
4. 视图区　命令面板　视图控制区
5. 最大化显示选定对象
6. 创建命令面板　修改命令面板　层次命令面板　运动命令面板　显示命令面板　工具命令面板

二、操作题

(略)

第 2 课

一、填空题

1. 几何体　图形　灯光　相机　辅助对象　空间扭曲　系统
2. 使用选择按钮　区域选择　根据名称选择　过滤选择
3. Ctrl　Alt
4. 【组】/【解组】
5.
6. 修改对象的历史记录　创建参数　所用的修改命令
7. 【弯曲】　高度分段数
8. 复制　实例　参考

二．操作题

(略)

第 3 课

一、填空题

1．线

2．顶点　　分段　　样条线

3．挤出

4．车削

5．倒角

二、操作题

(略)

第 4 课

一、填空题

1．路径　　截面

2．三维对象　　【并集】　　【交集】

3．复合对象

4．顶点　　边　　边界　　多边形　　元素

二、操作题

(略)

第 5 课

一、填空题

1．【材质编辑器】　　M

2．将当前材质赋给场景中被选择的造型

3．【渲染】/【材质/贴图浏览器】　　蓝色的小球　　绿色平行四边形

4．内置贴图坐标　　【UVW 贴图】

二、操作题

(略)

第 6 课

一、填空题

1．标准灯光　　光度学灯光

2. mr 区域泛光灯　　mr 区域聚光灯

3. 目标平行光　　自由平行光

4. 泛光灯

5. 目标相机　　自由相机

二、操作题

(略)

第7课

一、填空题

1、默认扫描线渲染器　　mental ray 渲染器　　VUE 文件渲染器

2、视图　　选定对象　　区域　　裁剪　　放大　　选定对象边界框　　选定对象区域　　裁剪选定对象

3、【环境和效果】　　大气效果　　渲染背景

5、Photoshop

二、操作题

(略)